KB051983

최신개정판

CONQUEST 조경기능사 실기정복

최신개정판
CONQUEST 조경기능사 실기정복

초　　판 1쇄 발행 | 2020년 3월 31일
개 정 판 1쇄 발행 | 2023년 5월 1일

지 은 이 : 성운환경조경 · 김진호 편저
펴 낸 곳 : 도서출판 조경
펴 낸 이 : 박명권
주　　소 : 서울특별시 서초구 방배로 143 그룹한빌딩 2층
전　　화 : (02)521-4626
팩　　스 : (02)521-4627
출판등록 : 1987년 11월 27일
등록번호 : 제2014-000231호

※ 본서의 정오표는 성운환경조경 홈페이지(www.aul.co.kr)에 게시되어 있습니다. 불편을 드려 죄송합니다.
※ 파본은 교환하여 드립니다.

ISBN 979-11-6028-024-1 (13520)

최신개정판

CONQUEST 조경기능사 실기정복

한 방에 끝내는 2차 실기

성운환경조경 · 김진호 편저

머리말

이 책은 국가자격증인 조경기능사를 준비하기 위한 교재로 출간되었습니다. 조경기능사를 준비하는 개인이나 기관에서도 체계화된 학습과정을 세울 수 있도록 하여, 학습의 방향과 수준의 정도를 세밀하게 정할 수 있는 근거가 되도록 하였습니다.

조경설계

조경기능사를 준비하는 수험생이 가장 어려워하는 부분이며, 많은 시간을 투자하여야 좋은 결과를 낼 수 있는 부분입니다. 무작정 도면을 따라 그리기 보다는 문제의 조건과 설계의 내용을 이해하고, 표현해야 할 내용의 정도와 표현 방법 등을 정하는 것이 중요합니다. 여기서는 '조경설계제도'에 대한 접근과 알아두어야 할 부분을 세밀하게 구분하였고, 설명과 예시를 통하여 '조경설계제도'에 대한 거부감으로부터 벗어날 수 있도록 구성하였습니다. 특히, 설계제도에 대한 도면뿐만 아니라 도면의 내용을 이해할 수 있도록 부분적인 입면도와 단면도, 전체적인 투시도를 프리핸드스케치로 제공하여, 설계과제에 대한 이해도를 높일 수 있는 체계를 확립하였습니다.

조경시공작업

조경기능사를 준비하는 수험생의 두 번째 관문은 시험장에서 실제 작업을 직접적으로 행함으로써 평가를 받는 '조경시공작업'입니다. 수험생 대부분이 직접적인 경험을 갖지 않은 상태에서 시험을 준비하게 되므로 막연함이 앞설 수 있으나, 시공경험이 없는 초보자도 시험장에 당당하게 들어갈 수 있도록 구성하였습니다. 작업과제의 내용과 시공방법을 이해하고, 숙지할 수 있도록 작업의 순서에 맞는 설명과 사진을 제시하여, 책의 내용을 하나씩 따라해 보며 직접적인 시공을 할 수 있도록 하였습니다. 또한, 사진의 내용과 설명을 입체적으로 연결시켜 시뮬레이션화 하면 큰 효과가 있을 것입니다.

조경수목감별

조경수목에 대한 지식보다는 수목의 형태적 특성을 알아야 하는 부분입니다. 실기시험 중 가장 배점이 낮은 관계로 조경기능사를 준비하는 수험생들이 가장 가벼이 여기고, 가장 하기 싫어하는 부분이나, 나무의 대한 공부를 할 수 있는 기회이기도 합니다. 공단에서 발표된 '표준수종 120종'에 대한 특징을 사진과 함께 구체적으로 설명하였으며, 설명된 내용은 그 어느 수목도감의 내용보다 자세하고, 충실할 것으로 자부하는 바입니다. 지면의 제한으로 많은 사진을 제공하지 못한 것이 안타까우나, 그것은 온라인상의 여러 정보로 보충이 가능할 것입니다.

어느 시험이든 쉬운 것은 없습니다. 일정 시간을 투자하고 연습하는 과정이 필요한 것은 누구나 잘 알고 있습니다. 다만, 그 시간을 단축시키고자 노력하고 준비하는 과정에서 이 책을 출간하게 되었습니다. 이 책이 조경기능사자격증을 준비하는 여러분께 도움을 드리고, 우리나라가 아름다운 환경 선진 국가로 나아가는 길에 조금이나마 도움이 될 수 있으면 하는 바람입니다. 여러분의 새로운 도전에 지지를 보내며, 합격을 기원합니다.
마지막으로 본서의 출간을 위해 힘써주신 학원의 여러 선생님과 '도서출판 조경'의 관계자 여러분께 진심으로 감사를 드립니다.

성운환경조경 김진호

Part 1 조경설계

C·O·N·T·E·N·T·S

Part 2 조경시공작업

C·O·N·T·E·N·T·S

Part 3 조경수목감별

◈ 조경기능사 출제기준(실기) ◈

구분	관련사항
시험과목	조경설계(50점), 수목의 감별(10점), 조경시공작업(40점)
검정방법	작업형(3시간 30분 정도)
합격기준	총점 60점 이상 득점자

실기과목명	주요항목	세부항목	세세항목
조경 기초 실무	1. 조경기초설계	1. 조경디자인요소 표현하기	1. 점, 선, 면 등을 활용하여 각종 도형을 그릴 수 있다. 2. 레터링기법과 도면기호를 도면에 표기할 수 있다. 3. 조경식물재료와 조경인공재료의 특징을 표현할 수 있다. 4. 조경기초도면을 작성할 수 있다.
		2. 조경식물재료 파악하기	1. 조경식물재료의 성상별 종류를 구별할 수 있다. 2. 조경식물재료의 외형적 특성을 비교할 수 있다. 3. 조경식물재료의 생리적 특성을 조사할 수 있다. 4. 조경식물재료의 기능적 특성을 구분할 수 있다. 5. 조경식물재료의 규격을 조사하여 가격을 확인할 수 있다.
		3. 조경인공재료 파악하기	1. 조경인공재료의 종류를 파악할 수 있다. 2. 조경인공재료의 종류별 특성을 조사할 수 있다. 3. 조경인공재료의 종류별 활용 사례를 조사할 수 있다. 4. 조경인공재료의 생산 규격을 조사하여 가격을 확인할 수 있다.
		4. 전산응용도면(CAD) 작성하기	1. CAD에서 작성한 도면을 저장하고 출력할 수 있다.
	2. 조경설계	1. 대상지 조사하기	1. 대상지 주변의 여건과 계획 내용을 고려하여 특성을 찾을 수 있다. 2. 대상지 현황을 조사하고 분석할 수 있다. 3. 대상지 경계가 확정된 기본도(basemap)를 작성할 수 있다. 4. 조사된 자료를 바탕으로 현황 분석도를 작성할 수 있다.
		2. 관련분야 설계 검토하기	1. 건축 도면을 검토하여 건축설계의 개요와 건물 내·외 공간의 관계, 출입 동선 등을 파악할 수 있다. 2. 토목도면을 검토하여 주요 지점의 표고, 옹벽구조물, 차량 접근도로, 우배수 시설 등을 파악할 수 있다. 3. 전기, 설비도면을 검토하여 전기 및 설비 관련 부대시설 등을 파악할 수 있다.
		3. 기본계획안 작성하기	1. 세부적인 공간과 동선을 배치하여 기본구상개념도를 작성할 수 있다. 2. 세부 공간별 구상 내용에 맞는 이미지와 스케치를 작성하고 검토할 수 있다. 3. 동선을 배치하고 지반고에 따라 계단과 경사로 등을 계획할 수 있다. 4. 경관연출을 위해 지반고를 결정하고 포장 등을 계획할 수 있다. 5. 세부공간 기능과 경관연출을 위해 조경식물의 크기와 식재위치를 계획할 수 있다. 6. 세부공간 기능과 경관연출을 위해 주요 점경물과 조경시설을 배치할 수 있다. 7. 다양한 채색 도구와 표현기법을 활용하여 기본계획안을 작성할 수 있다.
		4. 조경기반 설계하기	1. 계획 지반고를 결정하고 부지 정지설계를 할 수 있다. 2. 지반고를 검토하여 조경구조물, 주차장, 대문, 담장 등을 설계할 수 있다. 3. 관련분야 계획에 맞추어 배수, 급수, 전기 등의 필요한 기반시설을 설계할 수 있다.

실기과목명	주요항목	세부항목	세세항목
		5. 조경식재 설계하기	1. 조경 내 식물생육을 위한 식재기반을 설계할 수 있다. 2. 식물의 생태적 특성을 고려하여 정원의 주요 식물을 선정할 수 있다. 3. 식물의 생육환경과 경관을 고려하여 식재설계할 수 있다. 4. 정원식재를 위한 평면도, 입면도, 단면도, 상세도 등을 작성할 수 있다.
		6. 조경시설 설계하기	1. 정원공간의 기능과 미적효과를 고려하여 조경시설을 선정하고 배치할 수 있다. 2. 연못, 벽천, 실개천, 분수 등 수경시설을 설계할 수 있다. 3. 원로의 기능에 맞는 포장 재료와 단면 상세를 결정하고 상세패턴설계를 할 수 있다. 4. 투사등, 볼라드등, 잔디등, 벽부착등 등을 활용한 조명설계를 할 수 있다. 5. 정원시설의 평면도, 입면도, 단면도, 상세도 등을 작성할 수 있다.
		7. 조경설계도서 작성하기	1. 조경의 공사비를 산출할 수 있다. 2. 설계 도면과 공사시방서를 작성할 수 있다.
	3. 기초 식재공사	1. 굴취하기	1. 설계도서에 의한 수목의 종류, 규격, 수량을 파악할 수 있다. 2. 굴취지의 현장여건을 파악할 수 있다. 3. 수목뿌리 특성에 적합한 뿌리분 형태를 만들 수 있다. 4. 적합한 결속재료를 이용하여 뿌리분 감기를 할 수 있다. 5. 굴취 후 운반을 위한 보호조치를 할 수 있다.
		2. 수목 운반하기	1. 수목의 상하차 작업을 할 수 있다. 2. 수목의 운반 작업을 할 수 있다. 3. 수목특성을 고려하여 수목의 보호조치를 할 수 있다.
		3. 교목 식재하기	1. 수목별 생리특성, 형태, 식재시기를 고려하여 시공할 수 있다. 2. 설계도서에 따라 적절한 식재패턴으로 식재할 수 있다. 3. 수목 종류 및 규격에 적합한 식재를 할 수 있다. 4. 식재 전 정지·전정을 하여 수목의 수형과 생리를 조절할 수 있다. 5. 식재 전후 수목의 활착을 위하여 적절한 조치를 수행할 수 있다.
		4. 관목 식재하기	1. 설계서에 의거 관목을 식재할 수 있다. 2. 관목 종류별 생리특성, 형태, 식재시기를 고려하여 단위면적당 적정수량으로 식재할 수 있다. 3. 관목의 종류, 규격, 특성에 적합하게 식재 할 수 있다. 4. 식재 전후 관목의 활착을 위한 보호조치를 수행할 수 있다.
		5. 지피 초화류 식재하기	1. 지피 초화류의 특성을 고려하여 설계도서와 현장상황의 적합성을 판단할 수 있다. 2. 지피 초화류의 종류별 식재시기를 고려하여 식재할 수 있다. 3. 설계서에 따라 지피·초화류의 생태 특성을 고려하여 단위 면적당 적정 수량으로 식재할 수 있다. 4. 활착을 위한 부자재의 사용과 관수 등 적절한 보호조치를 할 수 있다.
	4. 조경시설물공사	1. 시설물 설치 전 작업하기	1. 설계도서를 근거로 설치할 시설물의 수량을 파악 할 수 있다. 2. 각 시설물의 재료와 설치 공법을 설치 작업 이전에 검수 할 수 있다. 3. 각 시설물의 적정한 기초, 마감재, 결합부를 이해하고 시공할 수 있다.
		2. 안내시설물 설치하기	1. 안내시설물의 현장시공 적합성을 검토할 수 있다. 2. 안내시설물의 설치 장소의 적합성을 검토 할 수 있다. 3. 기초부와의 연결, 바탕면과의 연결부 등에 적합하게 시공할 수 있다.
		3. 옥외시설물 설치하기	1. 설계된 옥외시설물의 현장시공 적합성을 검토할 수 있다. 2. 옥외시설물의 설치 장소의 적합성을 검토 할 수 있다. 3. 옥외시설물의 높이, 폭, 포장처리, 기울기 등을 적합하게 시공할 수 있다.
		4. 놀이시설 설치하기	1. 설계된 놀이시설의 현장설치에 대한 적합성을 검토하고 시공할 수 있다. 2. 놀이시설물의 설치 장소의 안정성을 검토할 수 있다. 3. 하부 포장재별로 연계성을 고려하여 시공할 수 있다.

실기과목명	주요항목	세부항목	세세항목
		5. 운동시설 설치하기	1. 설계된 운동시설의 현장설치에 대한 적합성을 검토하고 시공할 수 있다. 2. 운동시설물의 설치 장소의 적합성을 검토할 수 있다. 3. 운동시설에 적합한 포장재를 선정하여 시공할 수 있다.
		6. 경관조명시설 설치하기	1. 설계된 경관조명시설의 현장설치에 대한 적합성을 검토할 수 있다. 2. 경관조명등 설치 장소의 적합성을 검토할 수 있다. 3. 주변 경관에 적합한 등기구 설치공사를 할 수 있다.
		7. 환경조형물 설치하기	1. 제작된 환경조형물과 디자인 개념의 적합성에 대해 검토할 수 있다. 2. 환경조형물 설치 장소의 적합성을 검토할 수 있다. 3. 작가 및 설계자의 작품의도를 충분한 협의과정을 거치면서 시공할 수 있다.
		8. 데크시설 설치하기	1. 설계된 데크시설의 현장설치에 대한 적합성을 검토할 수 있다. 2. 데크시설물의 재료 선정과 공법의 적합성을 검토할 수 있다. 3. 데크를 구조적으로 안정되게 시공 할 수 있다.
		9. 펜스 설치하기	1. 설계된 펜스의 현장설치에 대한 적합성을 검토할 수 있다. 2. 펜스의 설치 장소의 적합성을 검토 할 수 있다. 3. 펜스를 구조적으로 안정되게 시공할 수 있다.
	5. 조경포장공사	1. 조경 포장기반 조성하기	1. 포장설계도면에 따라 현장에 포장공간별로 정확히 구획할 수 있다. 2. 설계도서에 따라 기초 토공사 후 원지반 다짐을 할 수 있다. 3. 기층재를 설계도서에 따라 균일한 두께로 포설하고 다짐할 수 있다. 4. 설계도서에 따라 건식과 습식의 방법에 따른 기반조성을 할 수 있다.
		2. 조경 포장경계 공사하기	1. 설계도서와 현장상황을 검토하여 마감높이와 구배를 결정할 수 있다. 2. 정해진 위치에 규준틀을 설치하고, 겨냥줄을 조일 수 있다. 3. 설계도면에 따라 포장경계를 설치할 수 있다.
		3. 친환경흙포장 공사하기	1. 설계도서의 배합기준에 따라 재료 배합을 할 수 있다. 2. 색상, 두께, 재질 등을 동일하게 유지하며 시공할 수 있다. 3. 포장 후 패인 곳은 동일 재질 및 색깔로 보완 시공할 수 있다.
		4. 탄성포장 공사하기	1. 설계도서에 적합한 탄성포장재 하부 기층을 설치할 수 있다. 2. 공사시방서에 따라 현장타설 탄성포장공사를 할 수 있다. 3. 설계도서에 따라 조립형 탄성포장재를 조립하여 시공할 수 있다.
		5. 조립블록 포장 공사하기	1. 설계도서에 따라 건식, 습식 공사법으로 시공할 수 있다. 2. 설계도서에 따라 조립블록을 포설하고 줄눈을 조정할 수 있다. 3. 포장 단부를 마감블록으로 마감할 수 있다. 4. 줄눈을 채우고 표면을 다져 마감공사를 할 수 있다.
		6. 조경 투수포장 공사하기	1. 설계도서에 따라 투수포장재를 균일하게 포설할 수 있다. 2. 가열 혼합물은 포설 후 적절한 장비를 선정하여 균일하게 전압하여 평탄성을 확보할 수 있다. 3. 표층을 마무리한 뒤 표면이 상하지 않도록 잘 보양할 수 있다.
		7. 조경 콘크리트포장 공사하기	1. 기층재를 균일하게 포설하고 다짐할 수 있다. 2. P.E 필름, 와이어메쉬를 깔고 콘크리트를 균일하게 타설할 수 있다. 3. 포장 후 수축·팽창에 대한 줄눈을 설치할 수 있다.
	6. 잔디식재공사	1. 잔디 기반 조성하기	1. 설계도서와 현장상황의 적합성을 파악할 수 있다. 2. 설계도서에 따라 식재기반을 조성할 수 있다. 3. 잔디 식재지의 특성에 따른 적정한 관수시설을 설치할 수 있다.
		2. 잔디 식재하기	1. 설계도서에 따라 잔디소요량을 산출하여 적기에 반입할 수 있다. 2. 설계도서와 잔디식재 지반에 따라 적정한 식재공법으로 시공을 할 수 있다. 3. 식재공법에 적합한 배토 및 전압을 할 수 있다. 4. 잔디식재 후의 생육을 위하여 시비, 관수, 깎기, 차광막 설치 등의 관리조치를 할 수 있다.

실기과목명	주요항목	세부항목	세세항목
		3. 잔디 파종하기	1. 설계도서에 따라 적정 품종, 품질, 파종량 등을 고려하여 잔디종자를 확보할 수 있다. 2. 설계도서에 따라 파종시기, 방법을 결정할 수 있다. 3. 파종 시 적정 피복 두께를 유지하여 시공할 수 있다. 4. 설계도서에 따라 파종공간에 적정량의 종자를 균일하게 파종을 할 수 있다. 5. 파종 후 발아상태를 확인해서 보파할 수 있다.
	7. 실내조경공사	1. 실내조경기반 조성하기	1. 설계도서와 실내환경의 적합성을 검토할 수 있다. 2. 실내 환경과 특성에 적합한 조경공간을 조성할 수 있다. 3. 구체의 허용중량에 적합한 실내조경기반을 조성할 수 있다. 4. 실내조경기반 조성을 위한 방수·방근 공사를 할 수 있다.
		2. 실내녹화기반 조성하기	1. 실내식물의 적정 유지관리를 위한 급배수시설을 배치할 수 있다. 2. 식물 식재를 위한 구체를 설치하고 마감재를 장식할 수 있다. 3. 실내환경에 적합한 녹화기반을 조성할 수 있다.
		3. 실내조경시설·점경물 설치하기	1. 실내 환경·특성에 적합한 조경시설을 조성할 수 있다. 2. 실내 환경·특성에 적합한 조경시설물을 설치할 수 있다. 3. 실내 환경·특성을 고려하여 점경물을 배치할 수 있다.
		4. 실내식물 식재하기	1. 설계도서의 계획개념에 따라 식물을 특성별로 구분하여 식재할 수 있다. 2. 실내식물의 품질기준과 조성 후 식물의 변화를 고려하여 배치할 수 있다. 3. 식물군의 최소조도에 적합한 세부위치와 간격을 유지하여 식재할 수 있다
	8. 조경공사 준공전관리	1. 병해충 방제하기	1. 설계도서에 의해 식재된 수목의 특성에 따라 준공 전 유지관리 내용을 파악할 수 있다. 2. 시기별로 수목에 발생하는 병해충의 종류를 파악하여 병해충 방제를 할 수 있다. 3. 농약취급 및 사용법과 사용상 주의사항을 숙지하고, 방제인력에 대한 교육계획을 수립할 수 있다.
		2. 관배수관리하기	1. 수목식재 위치와 생리적, 생태적인 특성을 파악하여 관수와 배수의 필요성을 파악할 수 있다. 2. 수목의 활착에 필요한 건습도를 파악하여 가뭄 시 하자를 줄일 수 있도록 관수계획을 수립하고 관수할 수 있다. 3. 식재수목의 배수여건을 분석하고, 배수불량 지반을 관찰하여 원활한 배수방법을 수립할 수 있다.
		3. 시비관리하기	1. 수목별 생육상태를 조사하고, 적정 시비시기를 파악할 수 있다. 2. 식재지반의 토양 특성과 적정한 비료 특성을 파악하여 시비할 수 있다. 3. 수목별 적정 시비량을 계산하고, 시비방법과 부작용 시 대처방법을 파악할 수 있다.
		4. 제초관리하기	1. 식재지역에 발생하는 잡초의 종류 및 생리적 특성을 파악할 수 있다. 2. 식재지역에 발생하는 잡초 방제 방법과 시기를 알고 잡초를 제거할 수 있다. 3. 제초제의 특성을 파악하여 제초제를 선택하고, 사용상 주의사항을 파악할 수 있다.
		5. 전정관리하기	1. 식재수목의 정지전정을 위한 수목의 생리적, 생태적인 특성을 파악할 수 있다. 2. 전정 방법과 시기를 파악하고 수종별, 형상별로 전정할 수 있다. 3. 식재수목의 조속한 활착, 생육도모, 형태유지, 화목류의 화아분화 특성 등을 고려하여 전정시기를 조정할 수 있다.
		6. 수목보호조치하기	1. 자연재해로 인해 발생하는 수목의 생리적, 생태적 특성을 파악할 수 있다. 2. 수목에 영향을 주는 피해 종류와 특성을 파악할 수 있다. 3. 피해 유형별 예방방법과 방지대책을 수립하고 수목보호를 위한 조치를 취할 수 있다.

실기과목명	주요항목	세부항목	세세항목
		7. 시설물 보수 관리하기	1. 설계도서에 의해 시공된 조경 시설물의 유지관리를 위한 점검리스트를 작성할 수 있다. 2. 시설물 재료별 소재별 특성을 파악하고 시설물 유지관리 및 점검 방법을 수립할 수 있다. 3. 급배수시설 및 포장시설의 종류별 특성을 파악하여 점검계획을 수립하고 보수할 수 있다.
	9. 일반 정지전정관리	1. 연간 정지전정 관리계획 수립하기	1. 대상 지역 식물을 생태적 분류 방법에 의거하여 조사할 수 있다. 2. 조사된 식물을 생태적 분류 방법에 의거하여 수종 및 규격별로 도서를 삭성할 수 있나. 3. 정지전정을 미관적, 실용적, 생리조절과 개화결실을 위해 수행되는 목적을 달성하기 위해 구체적으로 결정할 수 있다. 4. 정지전정의 목적에 따라 대상지역의 주변 환경과 이용자, 수종별 생리, 생태적 습성 등을 고려하여 시기와 작업량, 방법, 연간 작업 횟수 등을 결정할 수 있다. 5. 정지전정 목적에 따라 정지전정 대상과 시기를 월 단위로 연간정지전정 계획표를 작성할 수 있다. 6. 정지전정 작업에 의해 발생한 부산물 처리 방법은 경제적 효율성 등을 고려하여 재활용 또는 폐기처리로 구분하여 결정할 수 있다. 7. 대상 지역의 계절적 요인, 기상조건, 지역의 고유 특성에 따라 일상점검 계획표를 작성할 수 있다. 8. 정지전정 목적에 따라 필요한 도구, 기구, 안전관련 물품 등을 준비할 수 있다.
		2. 굵은 가지치기	1. 정지전정 목적에 따라 대상 수목에 있어 잘라주어야 할 굵은 가지를 선정할 수 있다. 2. 수목의 생리적 특성 등을 고려하여 작업시기를 결정할 수 있다. 3. 작업 대상 가지의 굵기, 위치, 주변 작업 요건 등을 고려하여 작업 방법 및 작업량을 결정할 수 있다. 4. 작업 후 상처 크기와 유합조직 형성 등을 예찰하여 사후 관리 계획을 수립할 수 있다. 5. 작업의 효율성과 안정성을 고려하여 대상 수목의 작업 우선순위를 결정할 수 있다. 6. 작업 방법 및 작업 순서에 따라 필요한 장비와 기구, 인력을 운용할 수 있다. 7. 작업 중 발생하는 잔재물을 처리할 수 있다.
		3. 가지 길이 줄이기	1. 수목의 생장 속도나 수형의 균형을 잡아주기 위하여 필요 이상으로 길게 자라난 가지를 선정할 수 있다. 2. 수목의 생리적 특성과 개화 시기 등을 고려하여 작업시기를 결정할 수 있다. 3. 작업 후의 고른 생육을 위하여 눈의 위치와 방향을 파악한 후 정지전정 부위를 결정할 수 있다. 4. 겨울의 적설량과 여름의 강우량, 강풍 등에 대비하여 가지가 부러지거나 휘지 않도록 작업량을 적당히 조절할 수 있다.
		4. 가지 솎기	1. 수형 향상, 채광, 통풍 또는 병해충 예방 등의 목적에 따라 밀생가지가 있는 대상 수목 및 대상 가지를 선정할 수 있다. 2. 수목의 생리 및 작업 효율성을 고려하여 작업 시기 및 작업 횟수, 작업량을 결정할 수 있다. 3. 수관 내부가 환하게 되도록 골고루 가지를 솎아줄 수 있다. 4. 수종별 고유 형태가 형성될 수 있도록 수관 외부의 끝선을 고르게 정리할 수 있다. 5. 가지의 위치에 따라 효율적으로 작업하기 위하여 고지가위 등 작업 목적에 적합한 작업 장비, 도구, 기구를 선정할 수 있다.

실기과목명	주요항목	세부항목	세세항목
		5. 생울타리 다듬기	1. 생울타리의 용도에 따라 형상과 높이, 폭을 결정할 수 있다. 2. 결정된 형상과 높이, 폭에 따라 각각의 수종별 생장속도, 맹아력, 화기 등을 파악하고 작업 횟수와 작업시기를 결정할 수 있다. 3. 생울타리의 높이와 폭을 일정하게 하기 위하여 지주를 세우고 수평 줄을 칠 수 있다. 4. 생울타리의 높이에 따라 윗면과 옆면의 작업 순서를 결정할 수 있다. 5. 생장 속도를 고려하여 정지전정 작업을 할 수 있다.
		6. 가로수 가지치기	1. 식재된 가로수의 특수 기능과 역할에 따라 가로수의 수관 형상을 결정할 수 있다. 2. 주변 경관과의 조화, 수목의 생리적 특성 등을 고려하여 가로수의 수관폭 및 수관높이, 지하고 등을 결정하여 작업량을 산정할 수 있다. 3. 작업 대상지역 차도의 차량 통행량과 인도의 보행자 통행량, 대상 지역의 행사 등을 조사, 분석 후 그에 따라 교통처리계획과 작업시기를 결정할 수 있다. 4. 차량과 통행인에게 불편함이 없도록 작업 후의 잔재물 반출 등 청소를 깨끗이 할 수 있다.
		7. 상록교목 수관 다듬기	1. 정지전정할 나무 수관의 형태를 보고 수목의 생리적 특성에 따라 만들고자 하는 수형을 결정하고, 기존에 수형이 형성되어 있으면 그 형성된 형태를 기준으로 수관을 다듬을 수 있다. 2. 수형을 다듬기 전에 수목의 생리적 특성에 따라 작업시기와 작업 횟수, 작업량을 결정할 수 있다. 3. 작업의 효율성을 높이기 위하여 작업 우선순위를 결정할 수 있다.
		8. 화목류 정지전정하기	1. 수목의 크기를 줄이거나 다듬는 양에 따라 정지전정 횟수와 작업량을 결정할 수 있다. 2. 수목별 개화습성을 고려하여 정지전정 시기와 방법을 결정할 수 있다. 3. 정지전정 후 잔재물을 제거할 수 있다.
		9. 소나무류 순 자르기	1. 소나무 정지전정 시기를 생리적 특성 및 목적에 따라 결정하고 정지전정 횟수와 정지전정방법을 결정할 수 있다. 2. 적아와 적심을 통하여 가지의 수량과 신장을 조절할 수 있다. 3. 나무 수형을 안정성이 있게 하기 위하여 순 따기 시기와 방법을 결정할 수 있다.
	10. 관수 및 기타 조경관리	1. 관수하기	1. 관수대상의 식재규모에 따라 관수방법을 검토 및 시행할 수 있다. 2. 관수대상지역의 면적과 단위 관수량을 참고하여 소요되는 물의 양을 결정할 수 있다. 3. 기상조건을 고려하여 계절별 관수횟수와 관수시간을 적정하게 결정할 수 있다. 4. 관수대상 및 토양의 수분상태를 관찰하여 관수할 수 있다.
		2. 지주목 관리하기	1. 계절별 요인 및 식재의 고유 특성에 따라 지주목의 크기와 종류를 선택하여 설치할 수 있다. 2. 이용자의 안전을 고려한 지주목의 종류와 재료를 선택하여 안전사고발생을 미연에 방지할 수 있다. 3. 일상점검계획표에 따라 지주목의 노후 및 결속 상태를 점검하고 보수 및 교체작업을 할 수 있다.
		3. 멀칭 관리하기	1. 멀칭 대상 지역에 따라 멀칭재료 및 멀칭 방법을 선택할 수 있다. 2. 멀칭상태를 수시로 점검하여 원래상태가 유지되고 있는지 관찰할 수 있다.
		4. 월동 관리하기	1. 선정된 식물과 식재 지역의 기후에 따라 월동 재료와 월동 방법을 결정할 수 있다. 2. 해체된 월동재료는 병해충 발생의 전염원이 될 수 있으므로 관리지역 밖으로 반출하거나 소각 처리할 수 있다.

실기과목명	주요항목	세부항목	세세항목
		5. 장비 유지 관리하기	1. 장비의 효율적인 관리를 위하여 보관 위치를 정하고 점검에 필요한 항목을 결정할 수 있다. 2. 장비는 점검에 필요한 항목에 따라 수시로 점검하여 언제든지 사용할 수 있도록 청결하게 유지할 수 있다.
		6. 청결 유지 관리하기	1. 항상 청결을 유지하여 이용자 및 작업자의 안전사고를 예방할 수 있다.
		7. 실내 식물 관리하기	1. 해당 실내공간 및 식재된 실내식물의 특성을 파악하여 연간 실내식물 관리 계획을 수립할 수 있다. 2. 실내식물의 관수, 영양공급 등 생육상태 개선을 위한 작업을 실시할 수 있다. 3. 실내식물의 고사, 생육조건(채광, 통풍, 온·습도, 등) 변경에 따른 실내식물의 선택, 교체를 할 수 있다. 4. 입면녹화시설에 대한 주기적인 관리를 할 수 있다.

수험자 유의사항

다음 사항에 대해서는 채점대상에서 제외하니 특히 유의하시기 바랍니다.

구분	내용
기권	· 수험자 본인이 수험 도중 시험에 대한 포기 의사를 표기하는 경우 · 수험자가 전 과정(조경설계, 수목감별, 조경시공작업)을 응시하지 않은 경우
실격	· 성명과 수목명은 반드시 흑색필기구(연필류 제외)를 사용하여야 하나 그 외의 필기구를 사용한 경우 · 조경설계 사항은 제도용 연필류(샤프 등)만을 사용하여야 하나 로터링펜, 볼펜류 등을 사용한 경우
미완성	· 지급된 용지 2매인 '시설물+식재설계평면도' 1매, '단면도' 1매가 모두 완성되어야 채점대상이 되며, 1매라도 설계가 미완성인 경우
오작	· 주어진 문제의 요구조건에 위배되는 설계도면을 작성한 경우

Part 1 조경설계

Chapter 1 조경제도의 기초

1 조경제도용구
2 제도용구의 사용법
3 선의 형태 및 용도
4 제도글씨
5 도면 내부사항 기재방법

Chapter 2 조경설계의 기본

1 공간 및 시설물 설계
2 지형차 설계
3 포장설계
4 사람과 자동차
5 식재설계
6 조경설계도면의 이해
7 조경설계도 작성법

Chapter 3 기출문제

Chapter 1 조경제도의 기초

1 조경제도용구

실기시험 시 지급되는 시험지와 답안지를 제외한 제도용구는 응시자가 지참하여야 하므로 조경제도에 사용되는 여러 가지 용구 중 적절한 것을 선택하여야 한다.

1. 삼각자

삼각자는 밑각이 각각 45°의 직각이등변삼각형인 것과 두 각이 각각 30°및 60°의 직각삼각형인 것 2개가 1조로 되어 있다. 삼각자는 여러 가지 종류의 크기가 있는데 보통 450mm의 것이 주로 사용되고, 작은 도면에는 360mm의 것이 사용된다.

2. T자

수평선을 긋기 위해 T자 형으로 만들어진 자로서 보통 900mm 길이의 것이 많이 사용되나 제도대에 평행자가 붙어 있는 경우에는 필요하지 않다.

3. 제도판

제도판은 직사각형의 판으로 표면이 편평하여야 한다. 보통 600mm×450mm의 제도판을 많이 사용하며, 평행자(I자)가 붙어 있는 제도판을 사용하는 것이 편리하고, 도면을 그리는 시간도 단축할 수 있는 장점이 있다.

4. 삼각스케일(Scale)

실물의 크기를 줄여서 그리는데 쓰이는 축척자이다. 삼각면의 한 면에 축척이 2개씩 여섯 가지의 축척(1/100, 1/200, 1/300, 1/400, 1/500, 1/600)이 표시되어 있어 사용하기에 매우 편리하며, 보통 길이가 300mm인 것을 많이 사용한다.

5. 연필

연필은 H와 B로서 연필심의 성질을 나타내는데 H는 굳기를, B는 무르기를 나타낸다. 일반적으로 H의 수가 많을수록 굳고, B의 수가 많을수록 무르며, 보통 사용하는 연필은 HB이다.

6. 템플릿(일명: 빵빵이)

아크릴로 만든 얇은 판에 서로 크기가 다른 원이나 사각도형 등 일정한 형태를 뚫어 놓은 것으로 시설물이나 기호를 그리는데 유용하게 쓰인다.

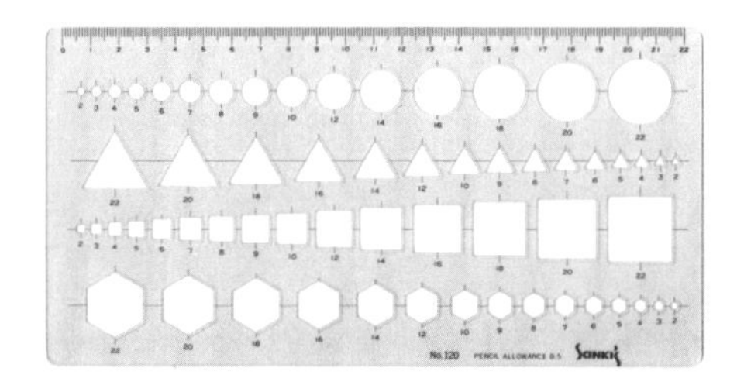

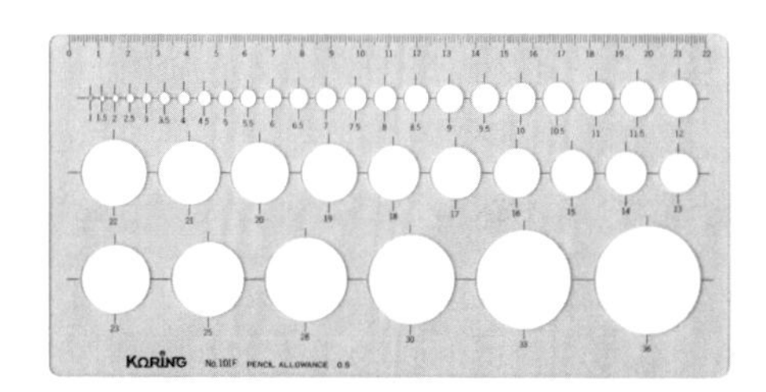

7. 지우개 및 지우개판, 제도용 빗자루

지우개는 고무가 부드러운 것을 선택하여 도면을 지울 때 다른 부분이 더럽혀지거나 찢어지지 않도록 하며, 지우개판은 얇은 강판으로 만든 것으로 세밀한 부분이나 특정부분만을 지울 때 사용한다. 제도용 빗자루는 지우개 가루를 털거나 도면을 청결히 하는데 쓰인다.

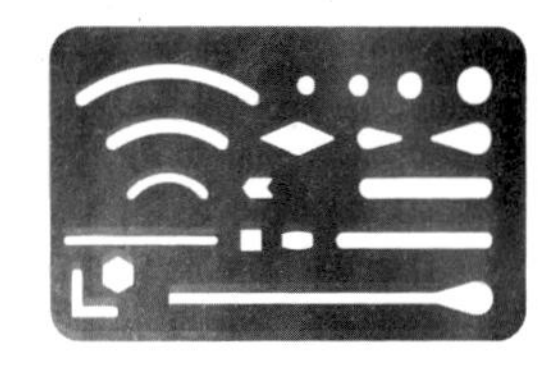

8. 테이프

도면을 제도판에 부착하거나 찢어진 경우에 사용한다. 부착할 경우 투명 테이프나 반투명 테이프(일명 : 매직테이프)는 쓰기에 불편하므로 마스킹 테이프(종이테이프)를 사용하도록 한다. 또한 시험 중 도면이 찢어진 경우에는 반투명 테이프를 사용한다.

2 제도용구의 사용법

조경제도에 사용되는 여러 가지 용구 중 적절한 것을 선택하고, 사용법을 제대로 익혀 활용도를 높일 수 있도록 하여야 도면을 빠른 속도로 그릴 수 있다.

1. 연필의 사용법

① 연필로 수평선을 그을 때에는 그림(a)와 같이 자에 그으려는 방향으로 60° 정도 기울여 대고 연필을 돌리면서 긋는다.

② 보통의 선을 그을 때에는 그림(b)와 같이 자에 수직으로 대고 긋는다.

③ 정밀하게 선을 그어야 할 때에는 그림(c)와 같이 연필심의 끝을 완전히 자에 대고 긋는다.

④ 수평선은 평행자를 이용하여 왼쪽에서 오른쪽으로 일정한 속도를 유지하면서 천천히 그어야 한다.

⑤ 수직선을 그을 때에는 평행자와 삼각자를 이용하여 밑에서부터 위로 선을 긋고, 연필과 자가 잘 밀착되어야 정확한 수직선을 그을 수 있다.

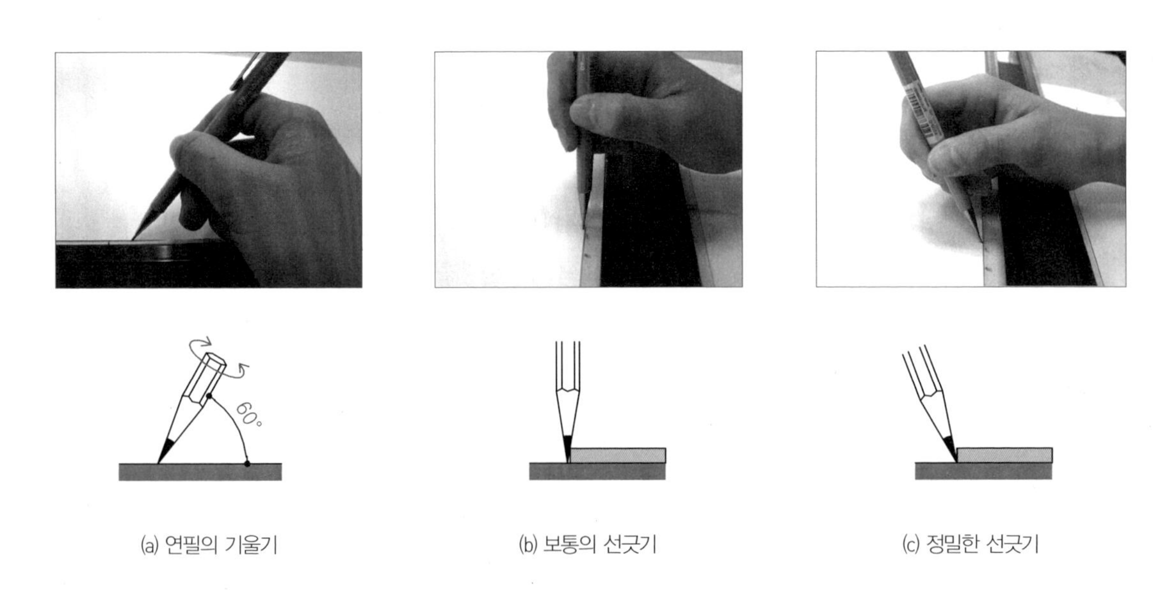

(a) 연필의 기울기 (b) 보통의 선긋기 (c) 정밀한 선긋기

2. 평행자의 사용법

① 평행자를 이동함에 있어 평행자를 그림(a)와 같이 왼손으로 가볍게 잡고 누르지 않는다.

② 수평으로 긴 선을 긋는 도중에는 비뚤어지기 쉬우므로 처음부터 끝까지 손, 팔, 몸, 전체가 선을 따라 동시에 움직이도록 한다.

③ 수평선을 그을 때는 그림(b)와 같이 왼손을 긋고자 하는 선의 시작위치보다 왼쪽에 두고 왼쪽에서 오른쪽으로 긋는다.

④ 수직선을 그을 때는 그림(c)와 같이 왼손으로 평행자와 삼각자를 동시에 고정시키고 아래에서 위로 선을 긋는다.

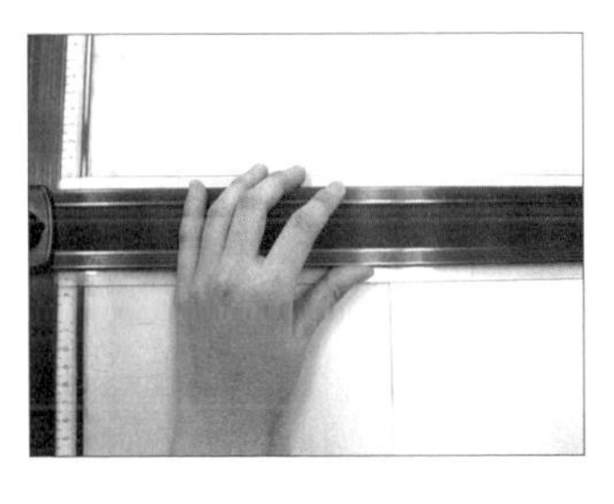

(a) 평행자를 잡는 방법

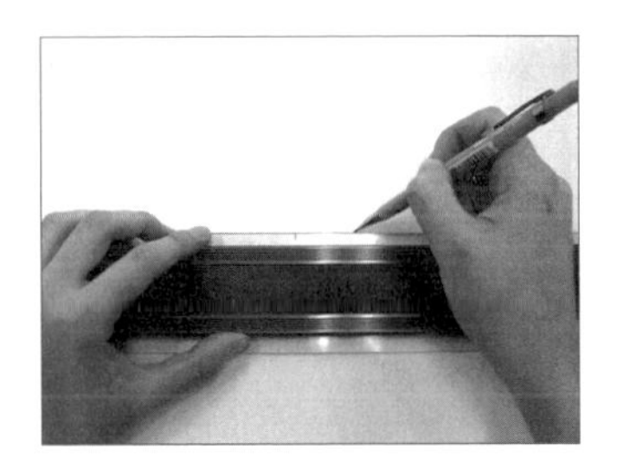

(b) 수평선을 긋는 방법

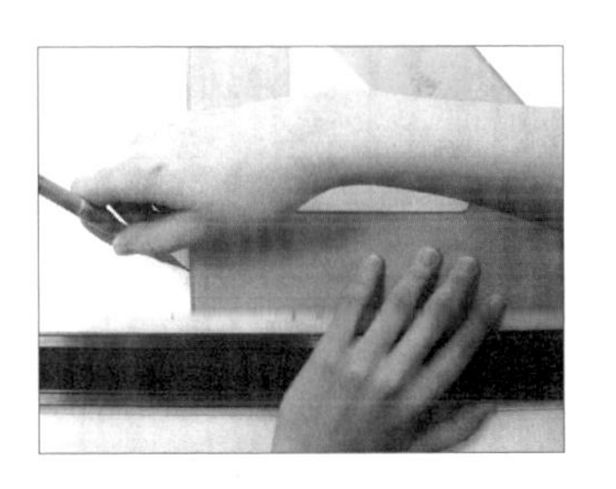

(c) 수직선을 긋는방법

3. 삼각자의 사용법

① 삼각자 1개 또는 2개를 가지고 여러 가지로 위치를 바꾸면 그림과 같이 여러 가지 각도의 선을 그을 수 있다.

② 간단한 수평선이나 수직선뿐만 아니라 평행선이나 여러 가지 빗금도 쉽게 그을 수 있다.

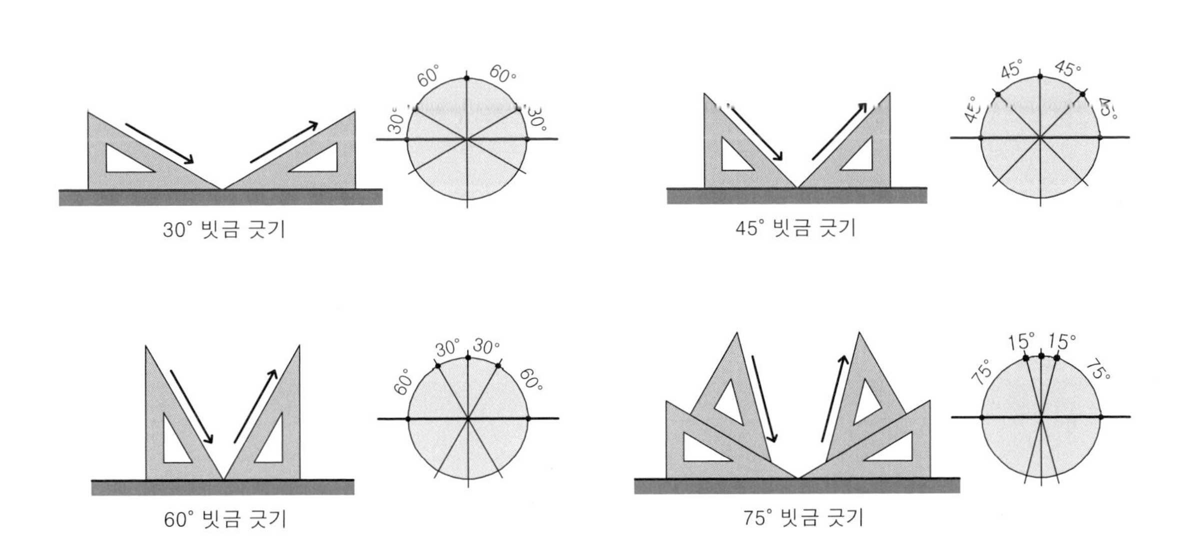

| 삼각자를 활용한 빗금 긋기 |

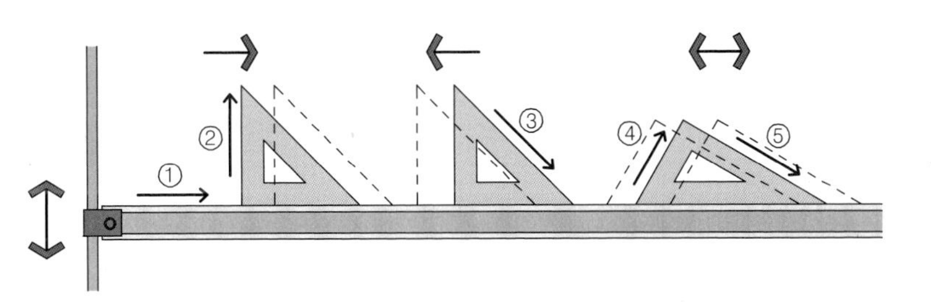

| 제도 시 자의 이동방법 |

3 선의 형태 및 용도

설계도면을 작도할 경우 거의 모든 형태는 단일선으로 나타낸다. 선은 형태 및 굵기에 따른 용도를 가지고 있으며, 그에 맞는 표기로서 보기 쉽고 이해하기 쉽게 구별하여 사용한다.

1. 선의 형태 및 굵기에 따른 용도

명칭		종류	선의 굵기	용도
실선		굵은선	0.5 ~ 0.8	단면선, 중요시설물, 식생표현 등 도면의 중요한 요소를 표현할 때 쓰인다.
		중간선	0.3 ~ 0.5	입면선, 외형선 등 눈에 보이는 대부분의 것을 표현할 때 쓰인다.
		가는선	0.2 ~ 0.3	마감선, 인출선, 해칭선, 치수선 등 형태가 아닌 표기적 내용을 표현할 때 쓰인다.
허선	파선	중간선		숨은선으로 물체의 보이지 않는 부분의 표시를 위해 쓰인다.
	일점쇄선	가는선		중심선으로 본체의 중심이나 대칭축에 쓰인다.
		굵은선		절단선으로 절단면의 위치나 부지경계선을 표현할 때 쓰인다.
	이점쇄선	굵은선		가상선으로 부지 경계선인 일점쇄선을 대신해 쓸 수 있다.

2. 도면작성시 적용방법

선의 굵기는 아래와 같이 3가지로 나눌 수 있으나 복잡성, 축척, 표시내용 등에 따라 적절하게 조절하여 사용한다.

농도	내용	선굵기
굵은선	실부지경계선, 퍼걸러, 건축물, 수목, 구조물의 단면선	0.5 ~ 0.8
중간선	원로·공간·녹지 등의 경계석, 일반시설물, 계단, 램프, 입면 형태선, 일반시설물의 단면선, 하부식생	0.3 ~ 0.5
가는선	마감선, 인출선, 치수선, 패턴 해칭, 지시선, 운동시설 구획선, 주차 구획선	0.2 ~ 0.3

선의 사용

도면 1매에는 가는선, 중간선 및 굵은선의 세 가지 선 굵기를 기준으로 하고, 그림 기호 등의 표현을 위한 가는선과 기본선 사이의 굵기를 포함한 4종류 이하의 선 굵기를 적용하는 것이 바람직하다. 선의 종류가 많아지면 도면의 가독성이 줄어들어 선의 굵기를 적용하는 것이 무의미해진다.

3. 도면작성 예시

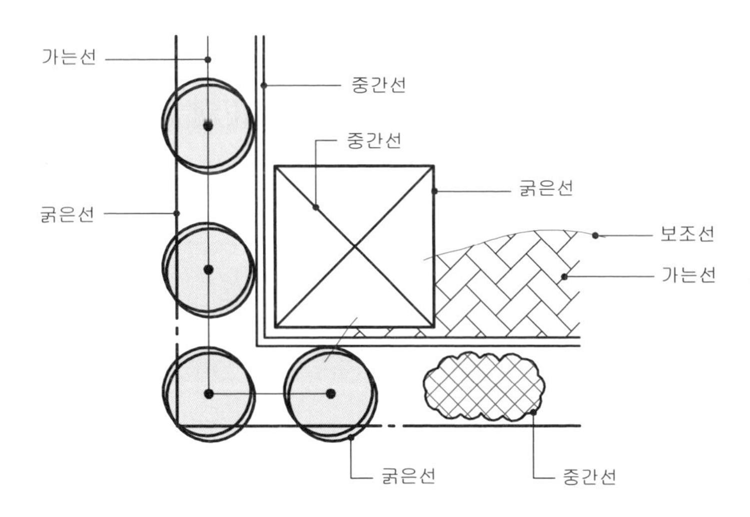

| 굵기에 따른 적절한 선의 사용 |

4. 선의 연습

보기 좋은 선은 많은 연습을 통해서만 얻을 수 있다. 연필 사용법을 머릿속에 그리며 선의 형태 및 굵기에 맞추어 반복하여 긋는다. 평행자(T자)와 삼각자의 사용법이 도면을 그리는 속도에 많은 영향을 미치므로 바른 자세로 연습하기 바란다.

① 제도판 중앙에 받침용 켄트지를 수평자에 맞추어 붙인다.

② 켄트지 위에 연습용 용지를 붙인다.

③ 용지 외곽에서 조금 띄어 도면 외곽선을 긋고 아래의 순서로 3mm 정도의 간격으로 선을 긋는다.

㉠ 굵은선(실선) : 연필을 세워서 힘을 주어 2~3회 반복하여 긋는다.

㉡ 중간선(실선) : 연필을 60° 정도 기울여 고르게 힘을 주며 한번에 긋는다.

㉢ 가는선(실선) : 연필을 60° 정도 기울여 힘을 조금 주어 빠른 속도로 긋는다.

㉣ 파선(중간선) : 중간선 긋기와 같음.

㉤ 이점쇄선(굵은선) : 굵은선 긋기와 같음. 선 안의 점은 짧게 선을 그어도 괜찮다.

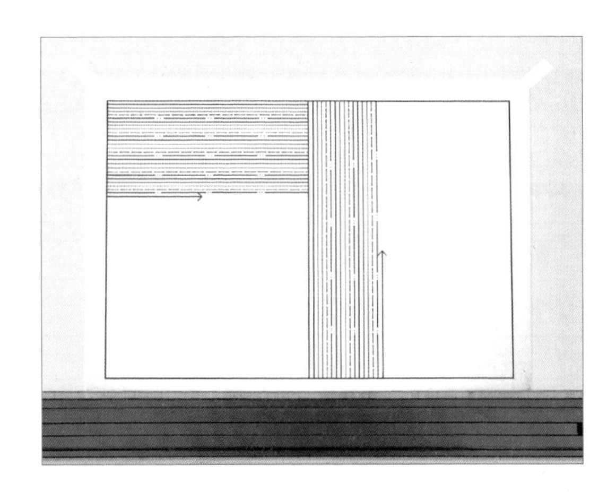

| 선긋기 연습방법_수평·수직선 |

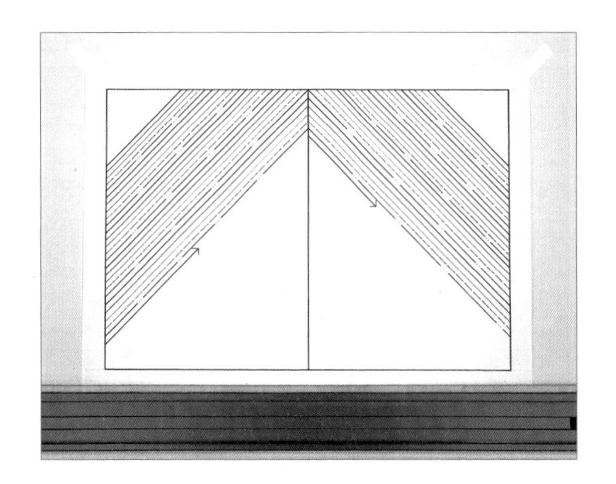

| 선긋기 연습방법_사선 |

4 제도글씨

도면을 그리는 데 있어서 글씨의 중요성은 아무리 강조해도 지나치지 않다. 글씨가 바로 잘 그린 도면과 못 그린 도면을 구분해 주는 척도가 되기 때문이다. 도면의 글씨는 고딕체와 같이 반듯한 모양으로 쓰고, 일반적인 글씨와 달리 힘을 주어서 쓰며, 절대로 흘림 글씨가 되지 않도록 한다.

① 글씨의 크기를 일정하게 하기 위하여 보조선을 사용한다.
② 작은 글씨는 3~4mm 정도로 쓰고, 큰 글씨는 5~6mm 정도로 쓴다.
③ 1:1 이나 1:1.5 등 형태적 규격에 얽매이지 말고 본인이 쓰기 쉬운 형태로 일정하게 쓴다.

1. 영문 및 숫자연습

I L IL AFEHILZ Ø CGDBSOQ MWNU PRK
ABCDEFGHIJKLMNOPQRSTUVWXYZ SCALE
A-A' B-B' UP. DN. ENT. THK. W.L LANDSCAPE
1 2 3 4 5 6 7 8 9 0 3,500 1,800 600 1,000 150 190
THK 150 3,500×3,500 Φ600 Φ450 D=2,400 -1.0 1/100
H4.0×W2.0 H4.5×B15 H3.0×W1.5 H2.5×W1.2 H2.0×W1.0
H3.5×B8 H3.0×R6 H2.5×W0.6 H1.0×W0.6 H2.5×R8
H2.5×R5 H2.5×R6 H1.0×W0.3 H1.5×W0.5 H2.0×R5
H2.5×R7 H2.5×R8 H0.6×W0.4 H0.3×W0.4 H0.6× 7가지

2. 한글연습

평면도 입면도 단면도 상세도 식재도 조경계획도 도면명
공사명 도로변소공원 도심휴식공간 아파트진입휴게공간
침엽수 활엽수 교목 관목 낙엽활엽수 상교 낙교 상록수 낙엽수
원로 휴게공간 놀이공간 수경공간 주차공간 운동공간 광장 식재지
소형고압블럭포장 모래포장 투수콘크리트포장 고무칩포장 화강석판석포장
아스팔트포장 자연석판석포장 철근콘크리트 잡석다짐 화강석경계석
파고라 평의자 등벤치 수목보호대 음수대 휴지통 볼라드 평상형쉘터
미끄럼대 그네 시소 회전무대 철봉 정글짐 사다리 조합놀이대
시설물수량표 수목수량표 기호 시설명 규격 단위 수량 성상
은행나무 느티나무 버즘나무 왕벚나무 소나무 스트로브잣나무
중국단풍 청단풍 자귀나무 꽃사과나무 산딸나무 산수유 동백나무
산철쭉 회양목 쥐똥나무 병꽃나무 명자나무 자산홍 조릿대

5 도면 내부사항 기재방법

조경제도에 사용되는 다양한 도면기재방법을 익혀 도면의 이해를 돕고, 이를 반영하여 정확하게 도면에 표기할 수 있도록 한다.

1. 도면명

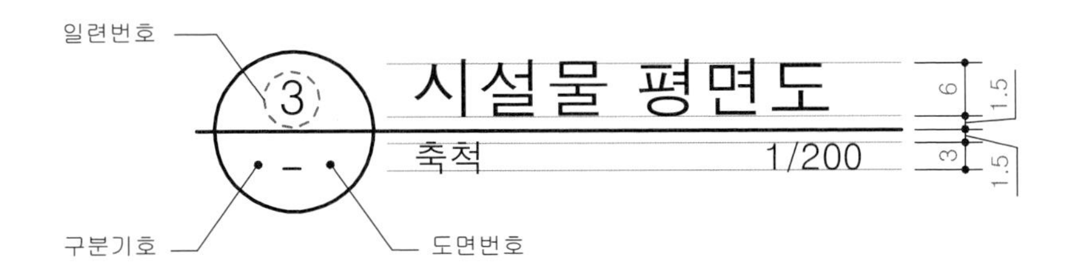

2. 공간명 및 출입구 표시

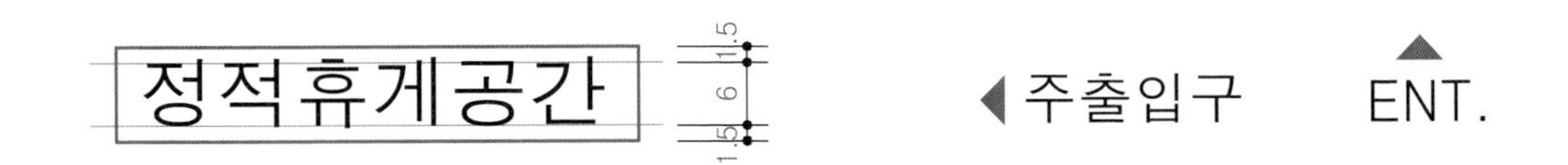

3. 단면표시

아래 그림의 세 가지 모두 좋은 표기법이므로 어떤 형태든 편한 방법을 선택하여 사용한다.

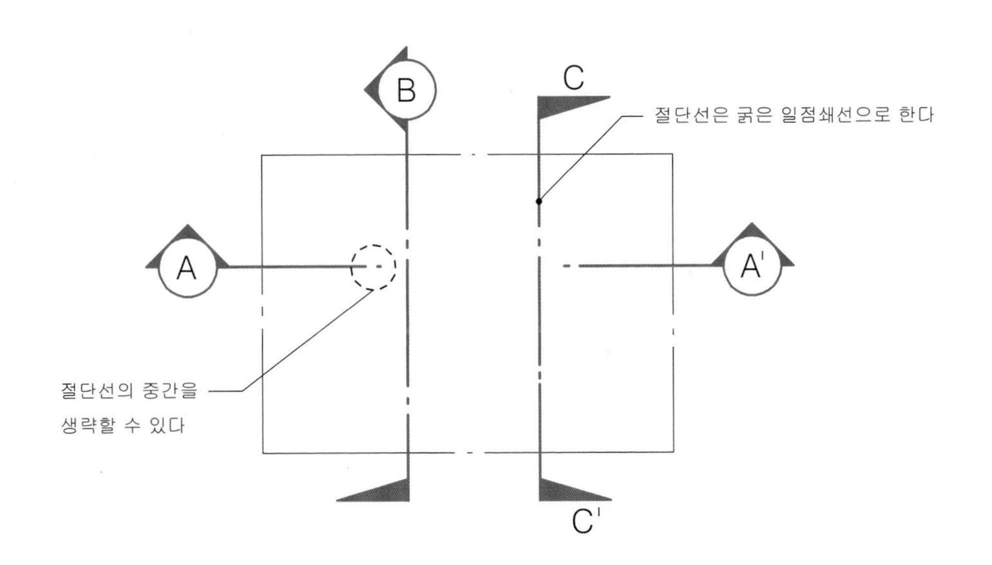

4. 재료 및 설명표시

평면적으로 나타내야 하는 재료의 표기법으로 둥근 점을 찍은 후 지시선을 자연스러운 곡선으로 표시한다.

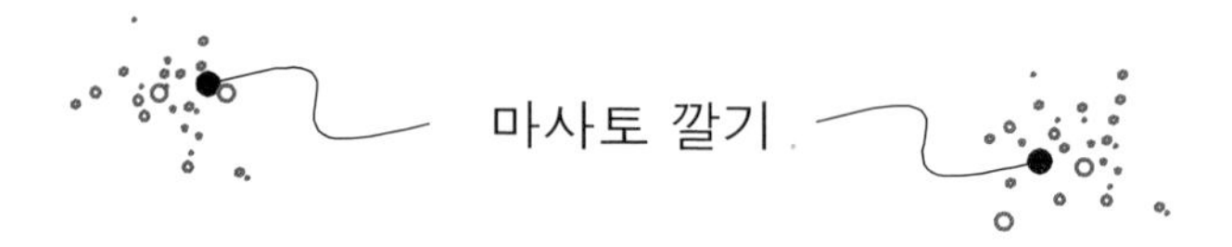

수직적 형태의 표현은 지시선을 90°의 선으로 끌어내고 끝부분은 점이나 짧은 선으로 물체 가까이 표시한다.

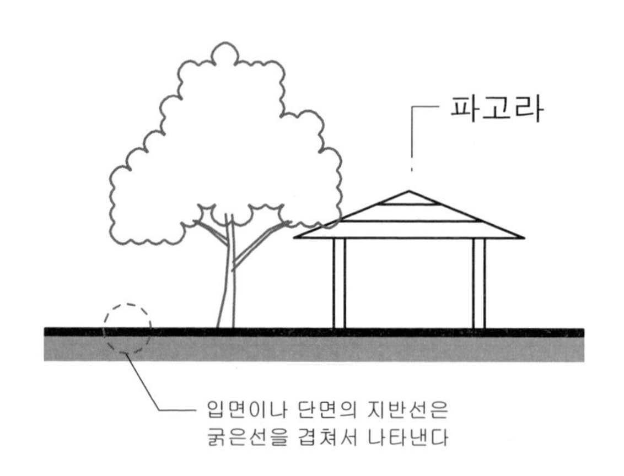

5. 재료의 집단적 표시

재료를 집단적으로 표현할 경우에는 인출선으로 90° 방향을 기준으로 하여, 그 내용을 공정순서에 따라 기재하도록 한다.

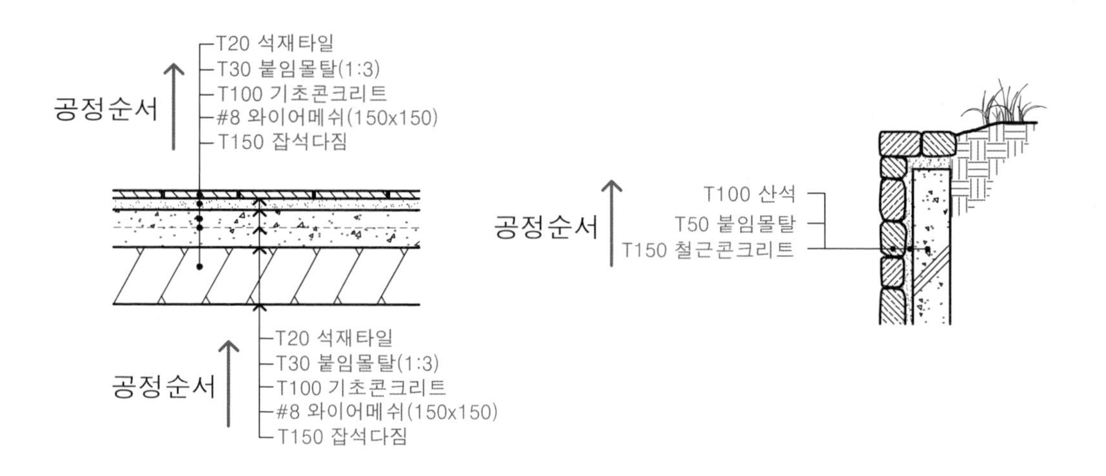

지시선의 끝을 둥근 점으로 표시할 경우에는 재료의 속에 표시하고, 화살표로 표시할 경우에는 재료의 경계면에 표시한다.

6. LEVEL 및 단차

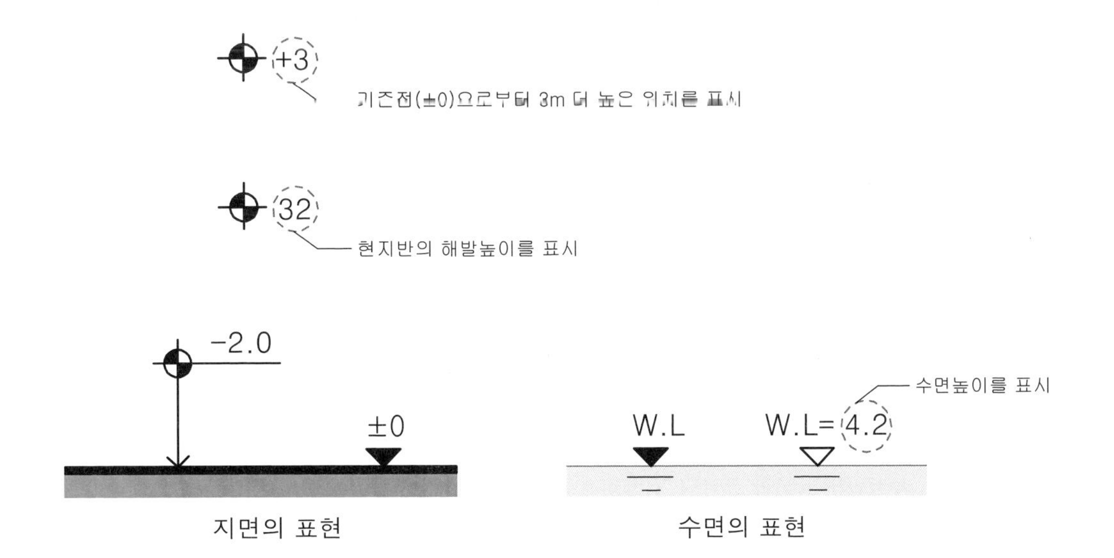

7. 방위표시 및 바스케일(Bar Scale)

(1) 방위

방위는 계획 시 가장 선행되어야 할 사항이다. 또한 도면작성에 있어서도 가장 중요한 요소이다. 일반적으로 도면의 위쪽을 북쪽으로 놓고 작성한다. 방위표시는 여러 가지 모양으로 나타낼 수 있으며 적당한 것을 선택하여 연습한다.

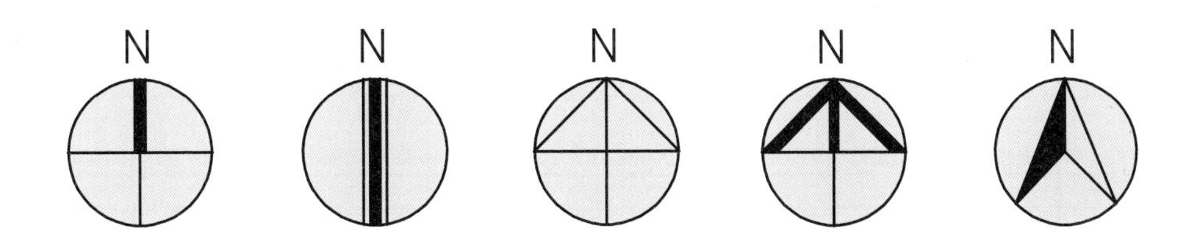

(2) 바스케일

스케일은 축척이라 하여 실제의 크기에 대하여 비율적(1/100, 1/200 등)으로 줄여서 표현한 것이다. 바스케일은 축척을 숫자가 아닌 그래픽적 표현으로 형상화하여 도면을 볼 때, 축척의 비율을 느끼게 하려는 것이다. 바스케일과 방위를 같이 쓰기도 한다.

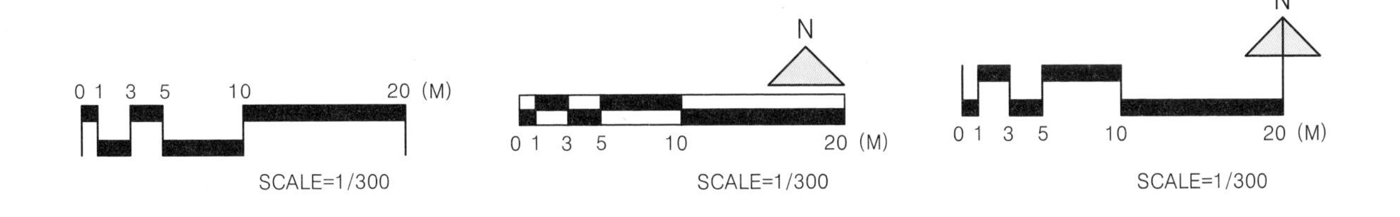

Chapter 2 조경설계의 기본

1 공간 및 시설물 설계

다음의 내용은 조경설계를 하기 위한 최소한의 기본사항인 공간 및 시설물의 배치와 도면작성에 관한 것으로 많은 연습을 필요로 한다. 시설물의 표현은 절대적이지 않으며, 여러 가지 형태와 크기를 가지고 있다. 한 가지만으로 생각하지 말고 조금 더 확대하여 다양성을 가질 수 있도록 한다. 물론 시험문제의 조건에 형태 및 크기가 주어지면 조건의 규격대로 해야 한다. 따라서 시험문제의 조건과 공간적, 시간적 상황을 고려하여 대처를 하는 것이 바람직하다.

| 조경요소 일람표 |

파고라	사각정자	육각정자	평의자	등의자	야외탁자
4,500×4,500	4,500×4,500	D=4,500	1,800×400	1,800×650	1,800×1,800
평상	수목보호대	음수대	휴지통	집수정	빗물받이
2,100×1,500	2,000×2,000	500×500	Ø600	900×900	600×600
조명등	볼라드	카스토퍼	미끄럼대	그네	회전무대
H=4,500	Ø450	750×120	이방식	3연식	D=2,400
철봉	정글짐	사다리	조합놀이대	시소	담장 및 펜스
L=4,500(3단)	2,400x2,400	3,000x1,000		3연식	H=1,800
관리사무소	화장실	연못	벽천	분수	도섭지
배드민턴장	배구장	테니스장	법면	계단 및 램프	주차장
6Mx13M	9M×18M	11M×24M			

1. 휴게공간 및 시설

① 이용자의 휴게를 목적으로 설치하는 대표적인 정적공간으로 공원의 필수적인 공간이다.

② 만남과 대화, 휴식, 대기, 감시 등의 기능을 갖는 공간으로 보행동선을 고려하여 결절점 등이나 경관이 좋은 곳에 배치한다.

③ 주변에 녹음식재를 도입하며, 울타리식재는 휴게공간의 성격에 따라 설치한다.

④ 광장, 진입광장, 운동공간, 수변공간, 놀이공간, 원로 등에 설치하여 부수적 기능을 갖도록 한다.

⑤ 퍼걸러, 정자, 쉘터 등 그늘을 이용할 수 있는 시설과 의자, 앉음벽, 평상, 야외탁자 등 휴식에 필요한 시설을 도입한다. 더불어 휴지통, 음수대, 수목보호대 등의 시설도 함께 설치한다.

⑥ 바닥은 벽돌포장, 자연석판석포장 등 편안한 느낌의 재료를 사용한다.

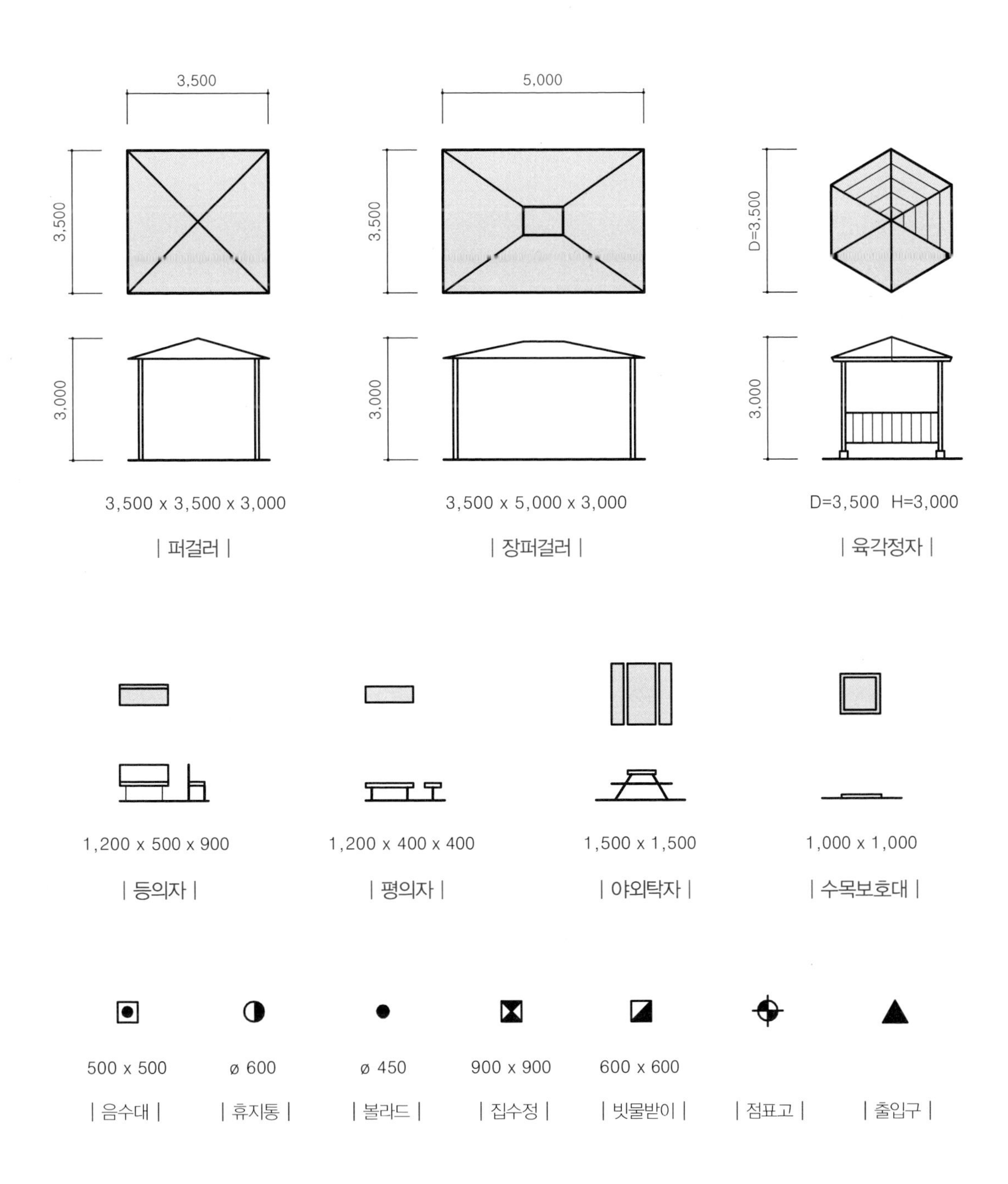

휴게공간 설계예시

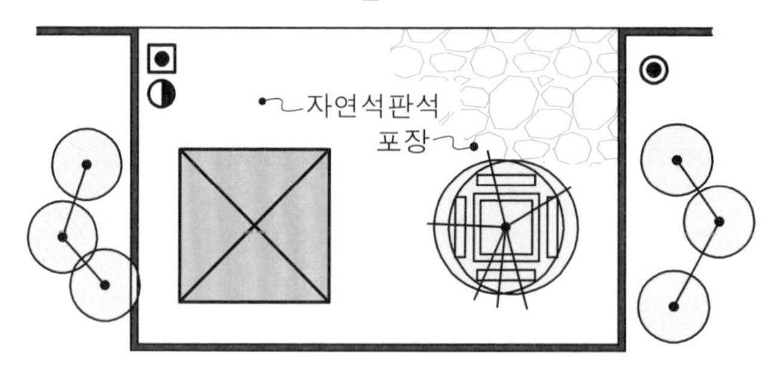

휴게공간에는 퍼걸러와 평의자를 필수적으로 설치하고, 규모상 가능한 경우 평의자의 그늘을 위한 수목보호대를 넣어도 좋다. 추가로 휴지통, 음수대, 조명등 등을 표현해 준다. 휴게시설 계획 시 녹음식재를 배식하여 그늘을 조성하도록 한다.

| 퍼걸러 |

| 육각정자 |

| 수목보호대 |

| 평의자 |

| 야외탁자 |

| 등의자 |

| 휴지통 |

| 음수대 |

| 볼라드 |

2. 놀이공간 및 시설

① 대표적인 정적공간으로 어린이의 놀이를 목적으로 설치하는 공원의 필수적인 공간이다.

② 공원 내 구석진 곳은 피하고, 감시·감독을 위한 휴게공간 근처가 적당하다.

③ 주변에 녹음식재를 도입하고, 유아놀이공간과 유년놀이공간의 분리는 완충식재로 하고, 정적놀이공간과 동적놀이공간은 차폐식재로 구분하는 것이 좋다.

④ 미끄럼대, 그네, 시소, 정글짐, 회전무대, 사다리 등의 놀이시설과 철봉, 평행봉 등의 운동시설도 설치한다.

⑤ 그네, 회전무대 등의 요동시설은 구석쪽에 배치하고, 미끄럼대와 그네는 북향이나 동향으로 배치한다.

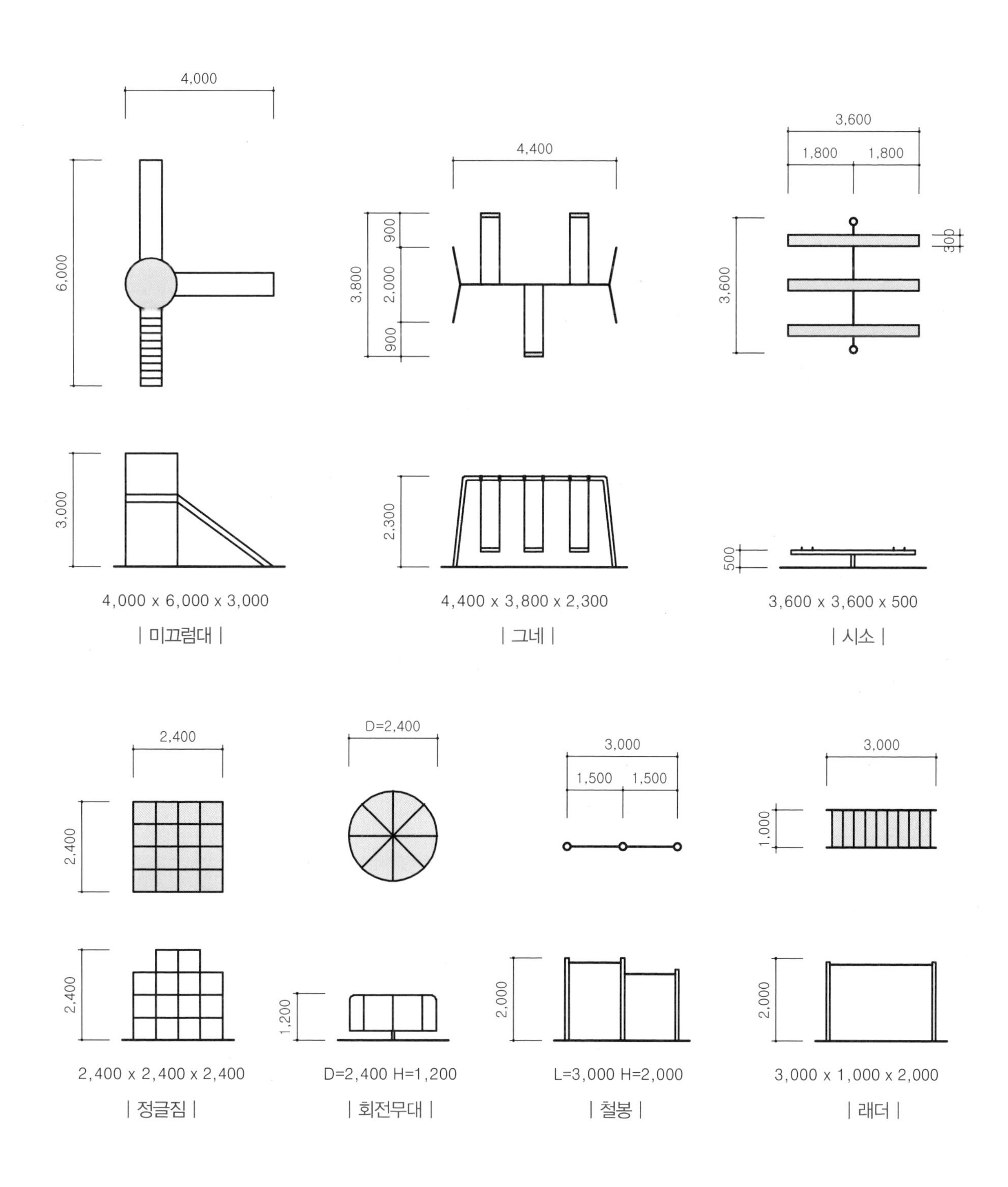

4,000 x 6,000 x 3,000
| 미끄럼대 |

4,400 x 3,800 x 2,300
| 그네 |

3,600 x 3,600 x 500
| 시소 |

2,400 x 2,400 x 2,400
| 정글짐 |

D=2,400 H=1,200
| 회전무대 |

L=3,000 H=2,000
| 철봉 |

3,000 x 1,000 x 2,000
| 래더 |

놀이공간 설계예시

놀이공간은 활동적인 공간이므로 시설물 배치 시 일정 공간을 확보할 수 있는 형태가 바람직하다.
동적인 공간이므로 주변에는 녹음식재를 적절히 배식하여 그늘을 조성하도록 한다.

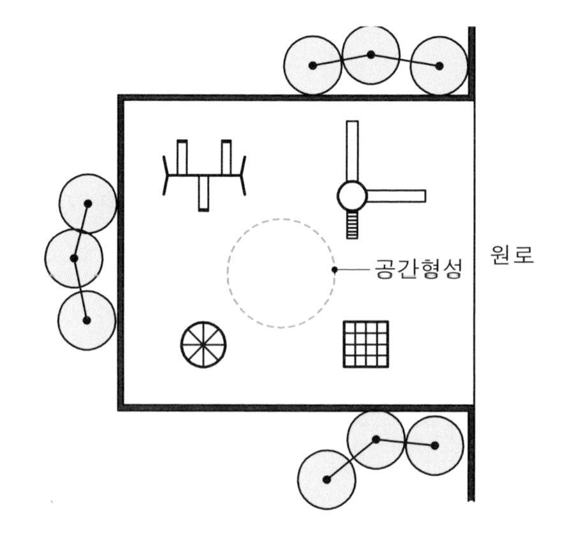

| 미끄럼대 |

| 그네 |

| 시소 |

| 정글짐 |

| 회전무대 |

| 래더 |

| 철봉 |

| 조합놀이대1 |

| 조합놀이대2 |

3. 운동공간 및 시설

① 이용자들의 신체단련 및 운동을 위하여 설치하는 대표적인 동적 공간이며, 일반적으로 개별공간으로는 가장 큰 공간이다.

② 공원의 외곽부에 면하여 배치하게 되는 경우가 많으며, 장축이 남북을 향하도록 배치하는 것이 좋다.

③ 원로에 접하는 경우에는 가급적 식재로 구분하고, 동적공간이므로 주변으로 녹음식재를 계획한다.

④ 공간에 여유가 있을 경우에는 휴게시설 및 편익시설, 관람시설을 설치한다.

⑤ 체력단련시설인 팔굽혀펴기, 윗몸일으키기, 허리돌리기, 철봉, 평행봉 등은 운동공간의 가장자리에 설치한다.

⑥ 경기장을 필요로 하는 배드민턴장, 배구장, 테니스장 등은 향(向)을 고려하여 설치하되, 사방으로 3m 정도의 여유공간을 확보하는 것이 좋다.

⑦ 바닥은 마사토깔기로 포장하는 것이 일반적이다.

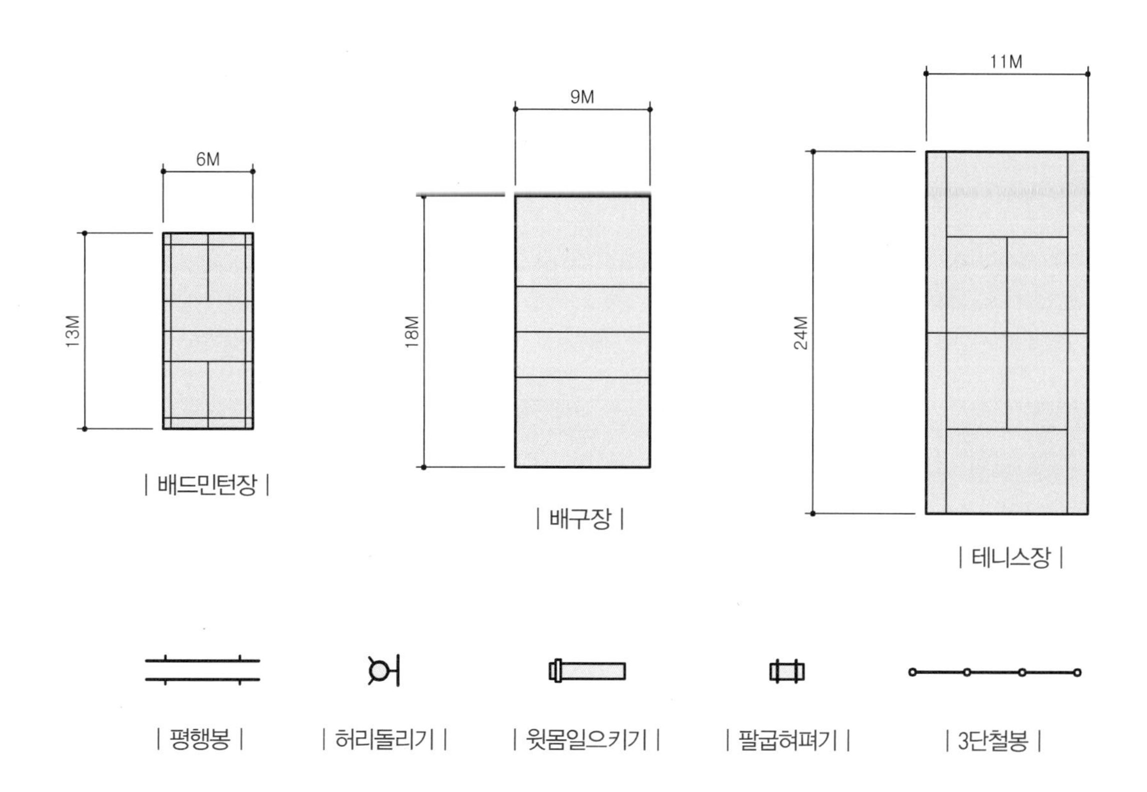

| 배드민턴장 | | 배구장 | | 테니스장 |

| 평행봉 | | 허리돌리기 | | 윗몸일으키기 | | 팔굽혀펴기 | | 3단철봉 |

| 배드민턴장 |

| 배구장 |

| 테니스장 |

운동공간 설계예시

운동공간의 코트 계획 시 장축을 남북방향으로 고려하여 배치하고, 3m 정도의 일정공간을 확보할 수 있는 형태가 바람직하다. 가장자리로 체력단련시설을 설치하고, 규모에 따라 휴게시설을 추가로 설치한다.
동적인 공간이므로 주변에는 녹음식재를 적절히 배식하여 그늘을 조성하도록 한다.

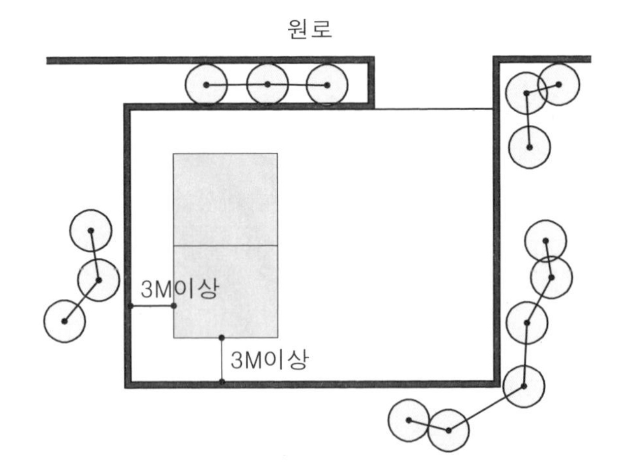

| 체력단련시설공간 |

| 허리돌리기 |

| 공중걷기 |

| 좌우파도타기 |

| 윗몸일으키기 |

| 큰활차 |

4. 수경공간 및 시설

① 물을 이용하여 설계대상 공간의 경관을 연출하기 위한 시설공간이다.
② 광장, 진입광장, 휴게공간 등에 인접하여 경관적기능뿐 아니라 친수공간의 복합적 기능을 갖도록 한다.
③ 수경시설은 설계요소 전체가 하나의 시스템으로 이루어지므로 2개의 시설을 연계해서 설계하면 좋은 효과가 있다.
④ 친수시설인 바닥분수, 도섭지 등은 물을 직접 접촉할 수 있는 배치를 한다.
⑤ 배식설계 시 너무 크지 않은 수목으로 경관식재의 개념으로 식재한다.

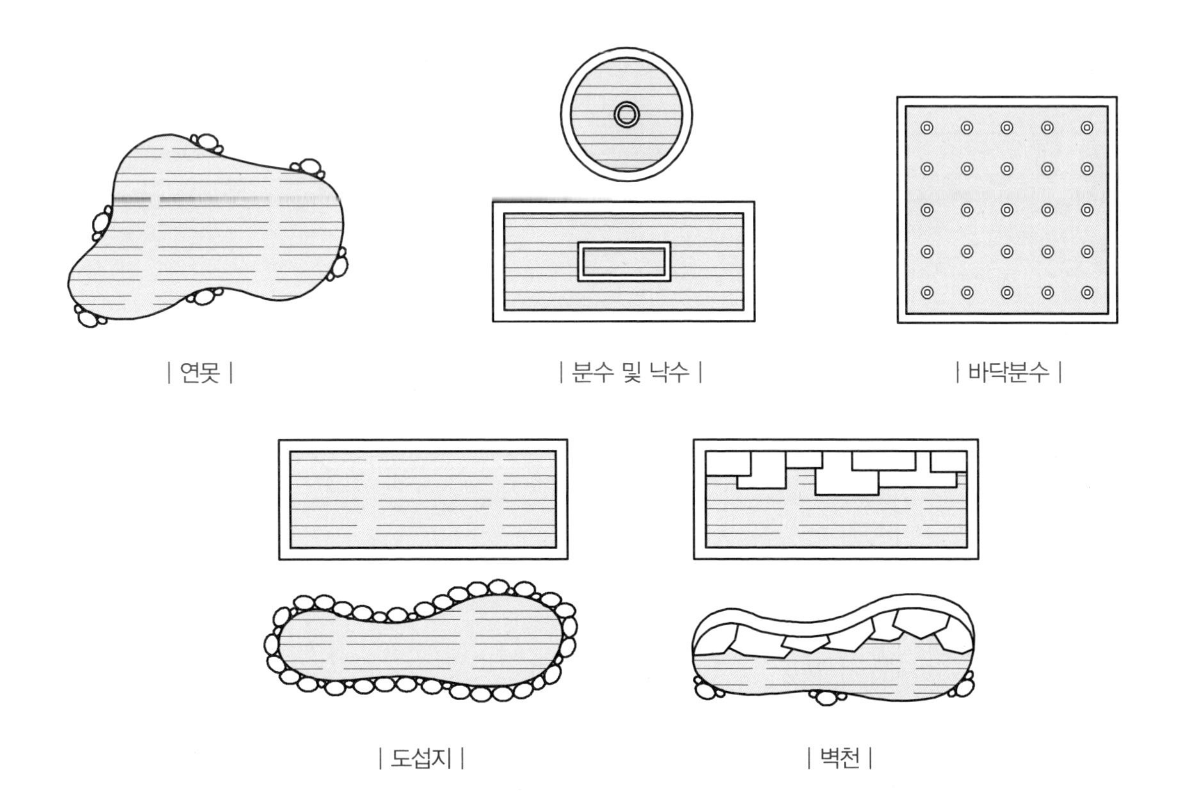

| 연못 | | 분수 및 낙수 | | 바닥분수 |

| 도섭지 | | 벽천 |

수경공간 설계예시

벽천의 경관성은 설치된 공간적 규모에 비하여 매우 좋은 편이다. 직접적인 물의 접촉과 경관성을 함께 갖출 수 있도록 한다.

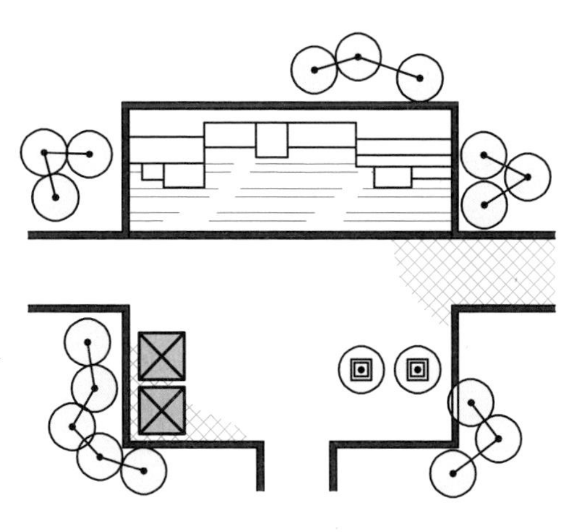

| 광장과 수경시설 |

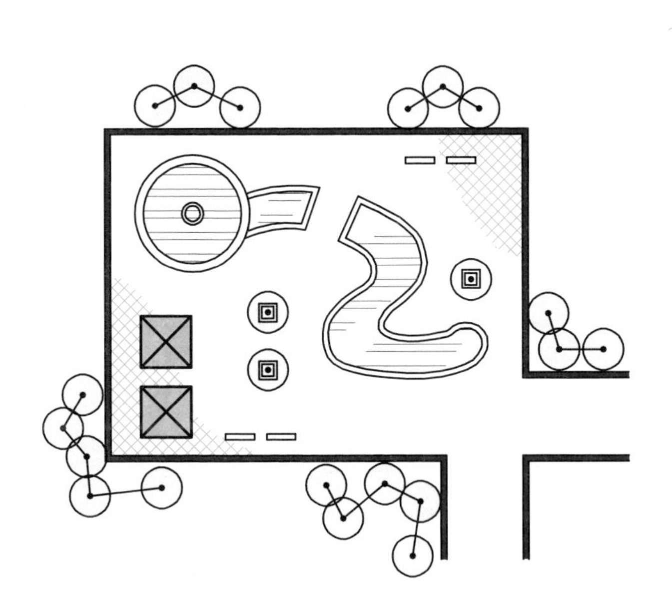

| 분수와 도섭지의 수경공간 |

분수와 도섭지를 연결한 배치는 경관성도 좋고 물을 즐길 수 있는 다양함이 있어 친수기능에 큰 역할을 한다. 주변으로는 정자, 퍼걸러, 벤치 등의 휴게시설을 연계하여 계획하도록 한다.

| 분수 |

| 자연형 도섭지 |

| 정형식 도섭지 |

상세도면

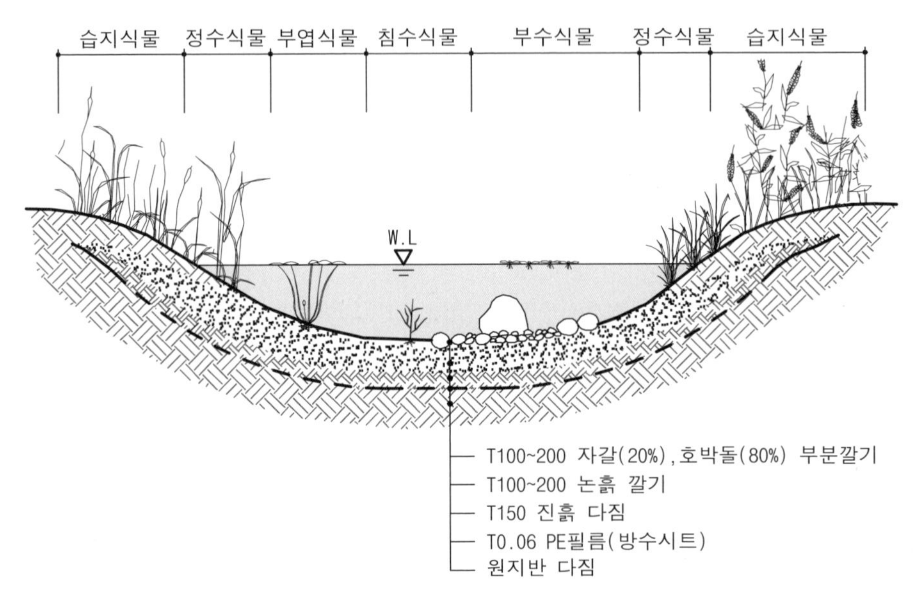

| 생태연못 단면상세도 |

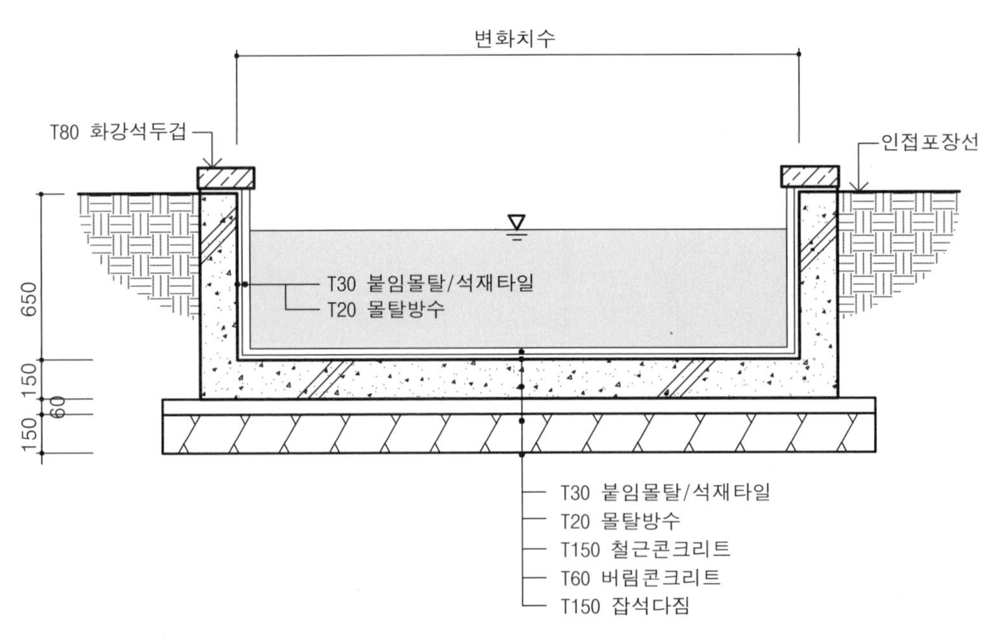

| 정형식연못 단면상세도 |

| 바닥분수 |

| 자연형 벽천 |

| 정형식 벽천 |

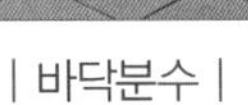

상세도면

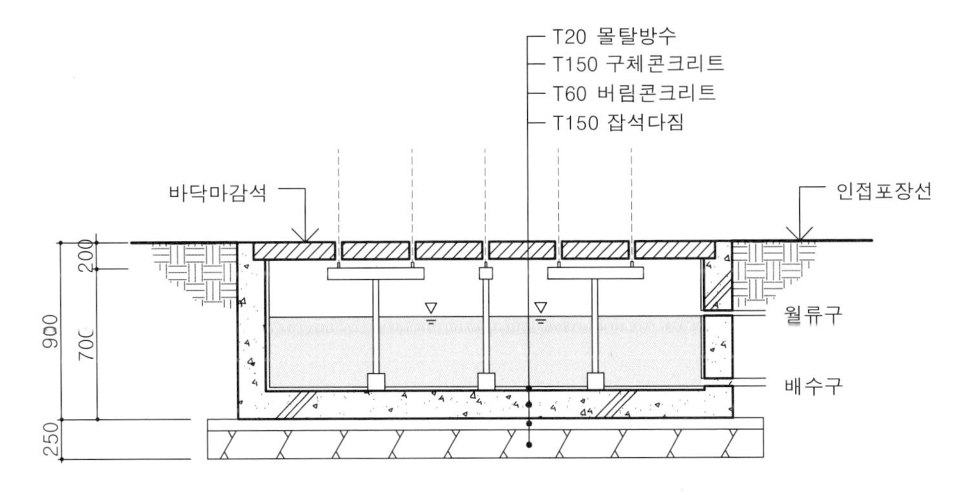

| 바닥분수 단면상세도 |

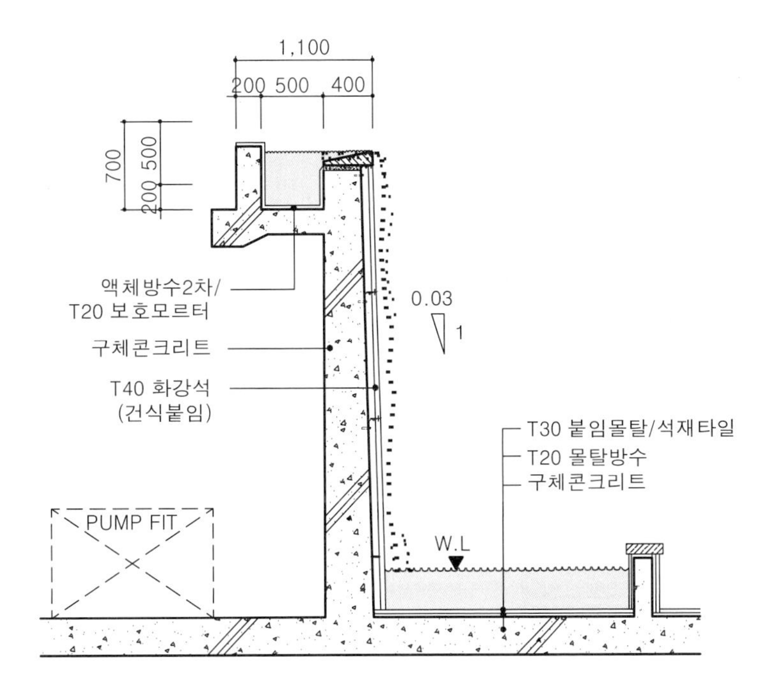

| 벽천 단면상세도 |

5. 광장 및 진입광장

(1) 광장의 특성

① 설계대상공간의 규모에 따라 유무가 결정되며, 크기도 그에 따른다.
② 동선의 결절점에 자연스럽게 만들어 각 공간을 연결시켜 주며, 이용자들의 이합집산의 장소가 된다.
③ 일반적인 광장의 개념을 축소시켜야 한다.
④ 휴게시설, 관리시설, 수경시설 등 거의 모든시설이 들어갈 수 있다.
⑤ 바닥은 동선과 같은 포장을 하거나 별도의 포장으로 공간 구성감을 줄 수 있다.
⑥ 동선의 결절점이므로 요점식재나 지표식재, 경관식재, 휴게시설 부근에 녹음식재를 도입한다.

| 대규모 광장 |

| 중규모 광장 |

| 소규모 광장 |

광장 설계예시

광장은 복합적 기능을 내포하고 있으며 각종 시설물의 설치를 고려한다.
휴게 및 놀이, 운동공간을 겸하기도 하며, 큰 규모의 근린공원의 중앙광장이 이에 속한다.

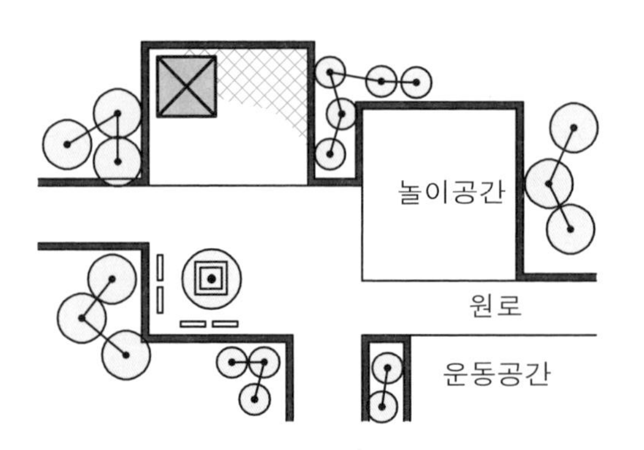

| 소규모 광장 |

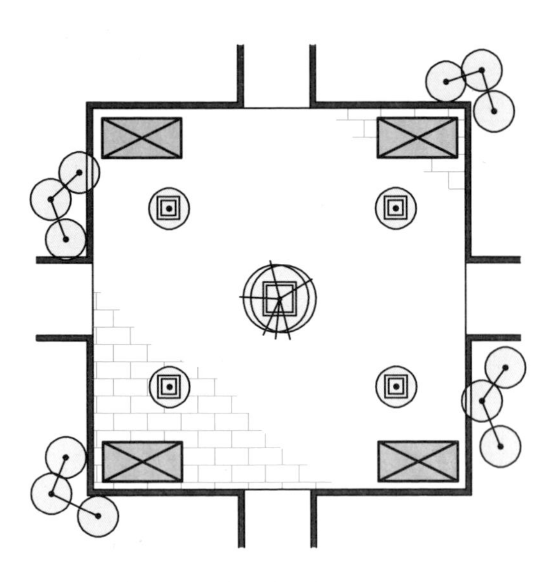
| 휴게공간을 겸한 대규모 광장 |

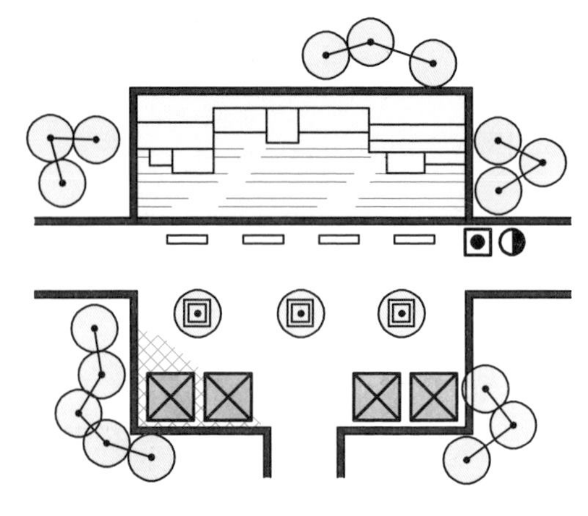
| 수경시설이 있는 중규모 광장 |

(2) 진입광장의 특성

① 공원의 상징성을 나타내며 이용자들의 안전과 흡인력을 갖는 공간이다.

② 진입광장의 규모에 따라 휴게시설 등의 도입을 고려한다.

③ 출입구 부분의 단차를 고려하여 계단, 경사로 등이 설치되기도 한다.

④ 진입부의 위상과 인지성을 주기 위한 요점식재를 도입하고, 필요에 따라 녹음식재도 고려한다.

⑤ 바닥은 동선과 같은 포장을 하거나 별도의 포장으로 공간 구성감을 줄 수 있다.

| 주진입광장 |

| 부진입광장 |

| 소규모 진입광장 |

진입광장 설계예시

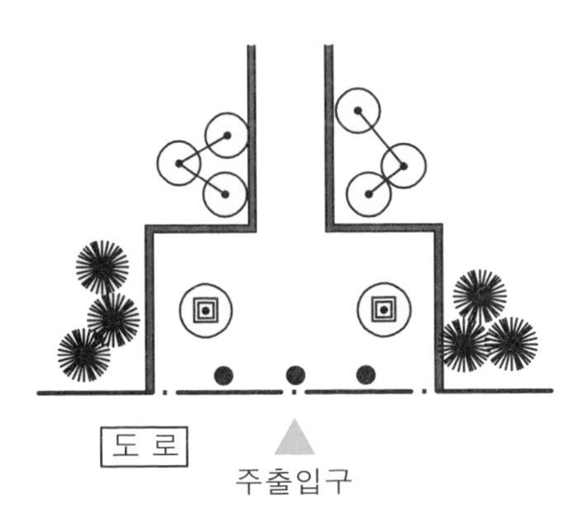

| 일반적 진입광장 |

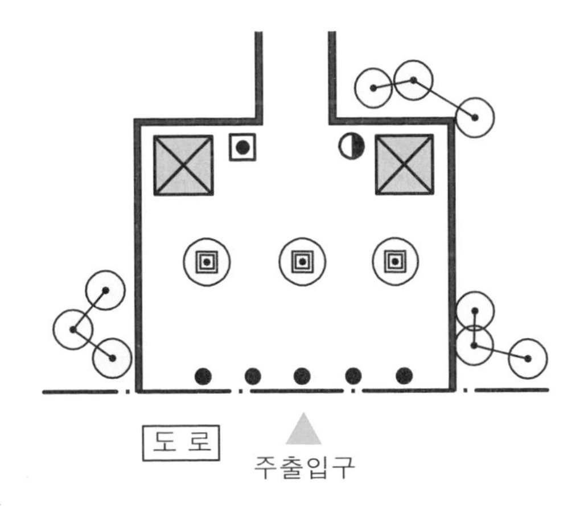

| 대규모 진입광장 |

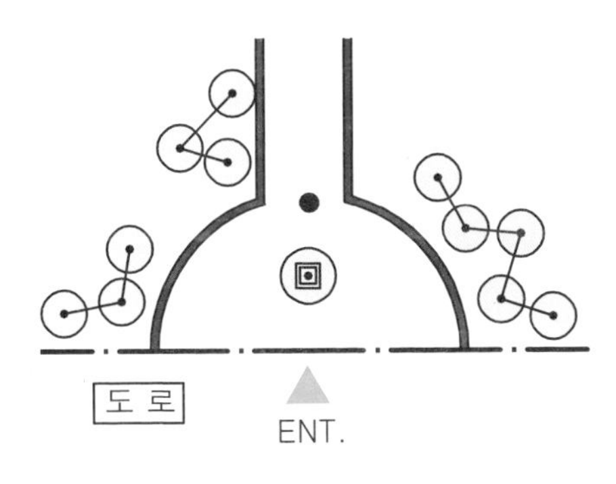

| 소규모 진입광장 |

진입광장에는 볼라드, 수목보호대 등의 시설을 설치하며, 큰 규모의 진입광장은 휴게시설 등을 갖추어 휴게 및 만남의 장소로도 이용한다. 공원의 상징성을 나타내는 개방감이 있는 공간으로 설계한다.

6. 주차장

안전하고 원활한 교통 또는 공중의 편의를 위해 설치한다.

① 일반적으로 차로에 수직인 직각주차를 한다.
② 주차장이 좁거나 대형차량의 주차공간 등은 자동차의 진행방향으로 평행주차를 한다.
③ 장애인을 위한 주차는 관련 건물 또는 관련 공간의 출입구에 가장 접근성이 양호한 곳에 배치한다.

단위주차구획

주차형식	너비	길이
평행	2.0m 이상	6.0m 이상
일반	2.5m 이상	5.0m 이상
장애인	3.3m 이상	5.0m 이상

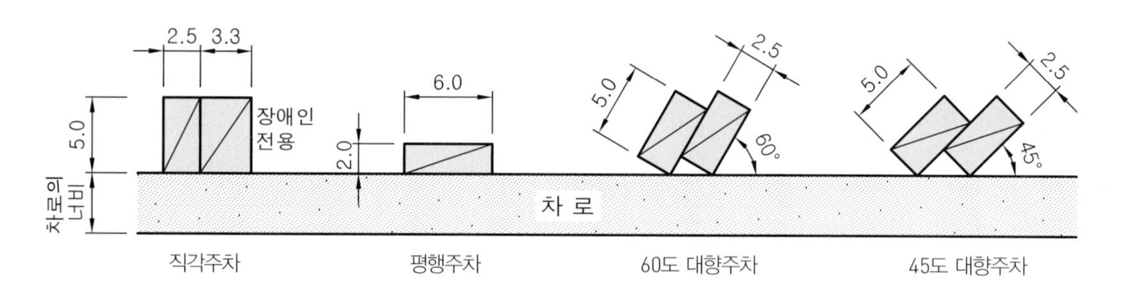

| 주차형식 및 크기(단위:m) |

| 주차형식별 사례 |

7. 옥상정원

옥상조경은 도시경관의 향상, 생태적 기능 효과, 미기후 조절, 에너지절약, 건축물의 내구성 향상 등 많은 장점을 가지고 있다.

(1) 옥상녹화의 분류

1) 저관리·경량형 녹화시스템

① 식생토심이 20cm 이하로 주로 인공경량토를 사용하며, 지피식물 위주의 식재에 적합하다.

② 녹화공간을 이용하지 않으며, 관수·예초·시비 등 녹화시스템의 유지관리를 최소화한다.

③ 건축물의 구조적 제약이 있는 기존 건축물에 적용한다.

| 저관리·경량형 옥상녹화시스템 |

2) 관리·중량형 녹화시스템

① 식생토심을 주로 60~90cm 정도로 유지하여 지피식물·관목·교목 등으로 다층식재가 가능하다.

② 공간의 이용을 전제로 하는 경우로 녹화시스템의 유지관리가 집약적으로 이루어진다.

③ 건축물의 구조적 제약이 없는 곳에 적용한다.

| 관리·중량형 옥상녹화시스템 |

3) 혼합형 녹화시스템

① 식생토심 30cm 내외로 관리·중량형을 단순화 시킨 것으로 저관리를 지향한다.

② 지피식물과 키 작은 관목을 위주로 식재한다.

(2) 옥상녹화 시스템

① 방수층 : 옥상녹화시스템에 가장 중요한 부분으로 건물로부터 수분을 차단한다.

② 방근층 : 식물뿌리로부터 방수층과 건물을 보호한다.

③ 배수층 : 식물 생장과 구조물 안전에 직결된다.

④ 토양여과층 : 세립토양의 여과와 투수기능을 동시에 만족하여야 한다.

⑤ 육성토양층 : 식물의 지속적 생장을 좌우하는 가장 중요한 하부 시스템이다.

⑥ 식생층 : 옥상녹화시스템의 최상부이며, 식물로 피복된다.

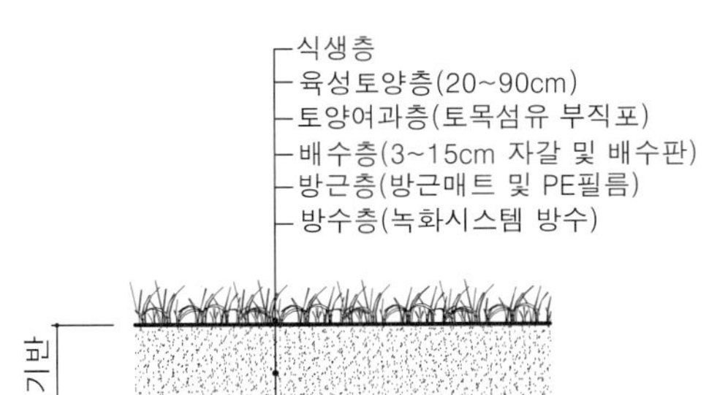

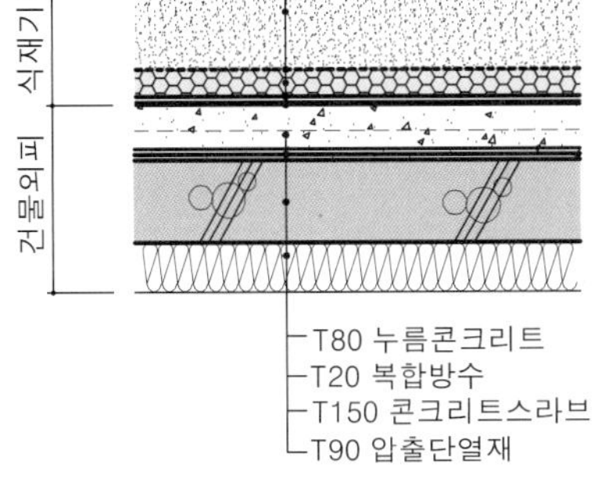

| 옥상녹화시스템 |

(3) 옥상 생물서식공간의 기반조성

① 건물의 하중에 대한 안전성을 확보한다. - 토양, 물, 나무 등

② 배수에 대한 안전성을 확보한다. - 하중의 증가, 뿌리의 익사

③ 바람의 저감방안 및 대책을 마련한다. - 지주목, 와이어, 철망, 방풍그물

④ 식재층의 토양은 자연토양을 이용한다. - 생물다양성 증진

인공지반 식재토심

성상	일반토양 사용시 토심	인공토양 사용시 토심
초화류 및 지피식물	15cm 이상	10cm 이상
소관목	30cm 이상	20cm 이상
대관목	45cm 이상	30cm 이상
교목	70cm 이상	60cm 이상

상세도면

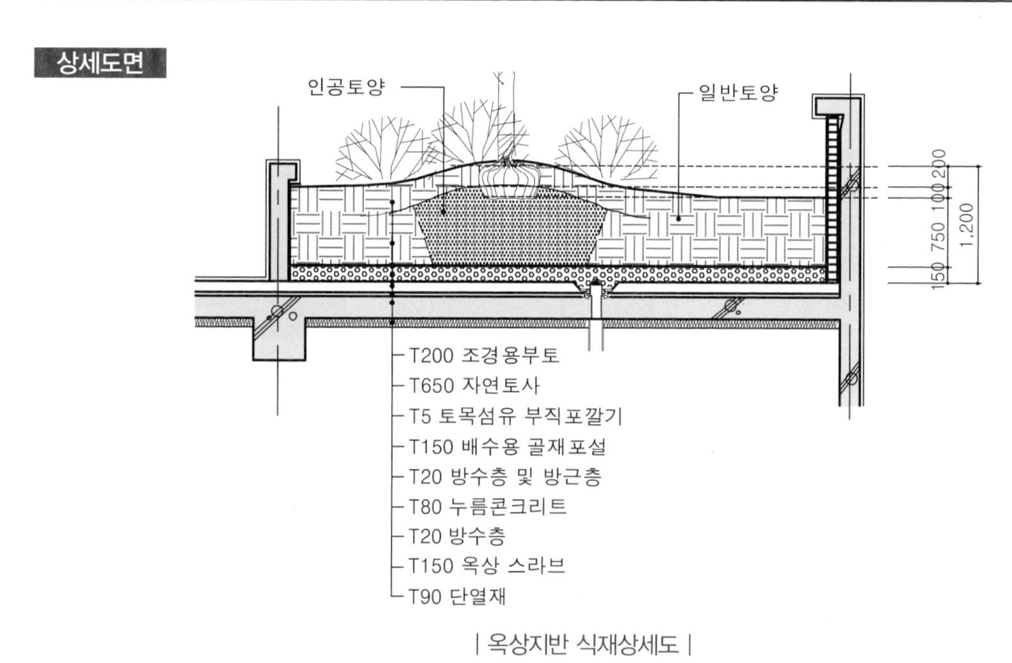

| 옥상지반 식재상세도 |

2 지형차 설계

부지의 내·외부의 높이차가 있을 경우 지형을 변화시키는 방법으로 단면도의 상세한 부분까지 작도해야 하므로 재료별 옹벽의 구조를 익혀 두고, 계단 및 경사로 등의 동선설계와 연계하여 학습하도록 한다.

지형변경의 내용은 점표고(spot elevation)와 등고선으로 표현한다.

| 점표고 | | 등고선 |

1. 마운딩

① 마운딩은 경관향상, 소음 및 시선차단, 수목의 토심확보 등 여러 가지 기능이 있다.
② 실기시험에 나오는 것은 주로 경관향상 기능이므로 평면상의 형태만 잘 표현해 주면 된다.
③ 조성위치는 시험문제의 조건에 주어지는 경우가 많으므로 지정된 위치의 식재공간을 여유롭게 계획하여야 한다.
④ 평면상의 등고선 간격은 너무 좁아지지 않게 하며, 등고선의 높이는 0.5m의 간격으로 기입한다.

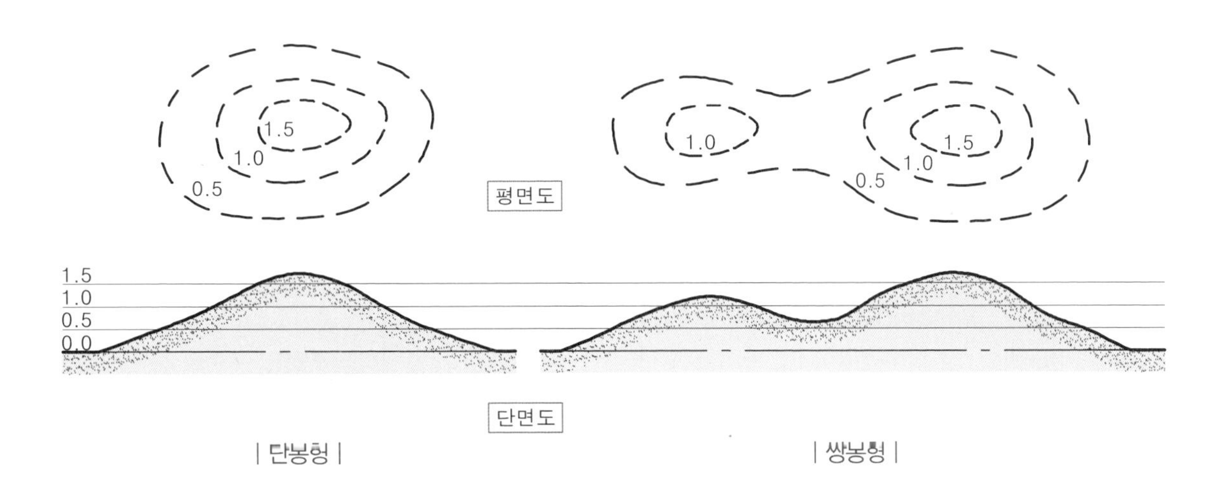

| 단봉형 | | 쌍봉형 |

마운딩 설계예시

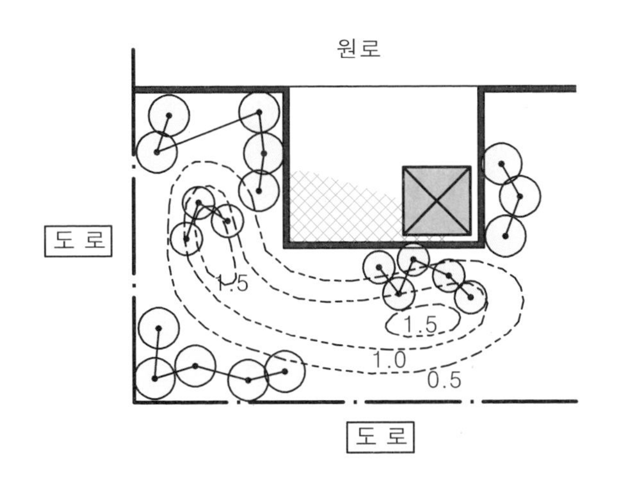

마운딩 조성은 소음 및 시선차단, 방풍 등의 기능적 역할과 자연성을 갖춘 환경조성에 주안점을 둔 경관향상을 위한 역할에 부합하여야 한다.

| 마운딩조성1 |

| 마운딩조성2 |

2. 법면

① 안전성을 고려한 기울기를 주어 단차의 위험성을 완화하는 방법으로, 수직거리에 대한 수평거리의 비가 1:1.5, 1:2인 기울기를 많이 사용한다.

| 법면의 기울기 |

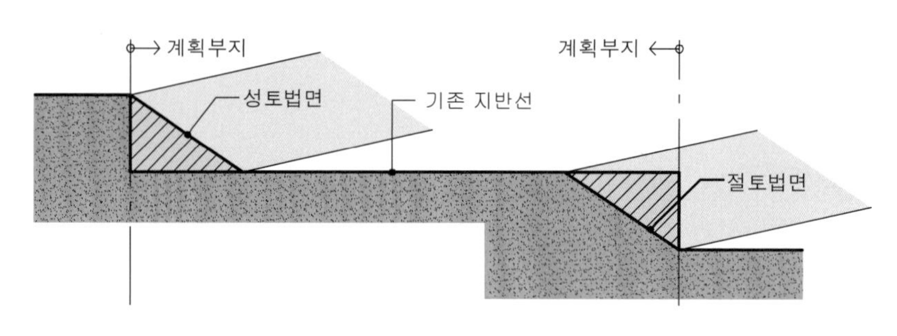

| 법면의 조성 |

② 법면의 표시는 기호의 넓은쪽(머리쪽)을 높은 면에 붙여서 긴쪽(꼬리쪽)이 낮은 면을 향하게 한다.

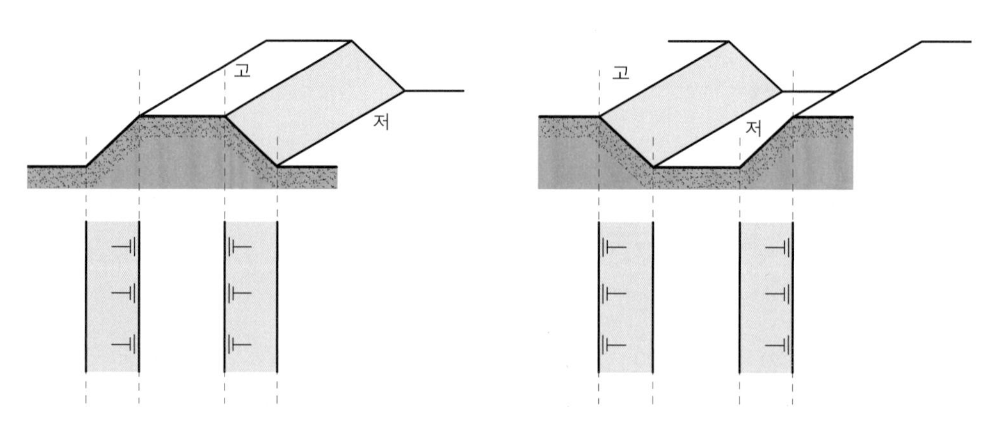

| 법면의 표시기호 |

| 법면조성 |

| 법면의 식재 |

3. 계단

① 계단의 폭은 연결도로의 폭과 같거나 그 이상의 폭으로 설치한다.

② 기울기는 수평면에서 35°를 기준으로 하고 폭은 최소 50cm 이상으로 한다.

③ 단높이는 15cm, 단너비는 30~35cm를 표준으로 하되, 적용이 어려운 경우 단높이 12~18cm, 단너비 26cm 이상으로 한다.

④ 높이가 2m를 넘을 경우 2m 이내마다 계단의 유효폭 이상의 폭으로 길이 120cm 이상인 참을 둔다.

⑤ 높이 1m를 넘는 계단은 양쪽에 벽이나 난간 설치하고, 계단의 폭이 3m를 초과하면 3m 이내마다 난간을 설치한다.

⑥ 옥외에 설치하는 계단의 단수는 최소 2단 이상으로 설치하며, 바닥은 미끄러움을 방지할 수 있는 구조로 마감한다.

$$2R + T = 60 \sim 65cm$$

R (단높이) : 12~18cm → 15cm (표준)

T (단너비) : 26~35cm → 30~35cm (표준)

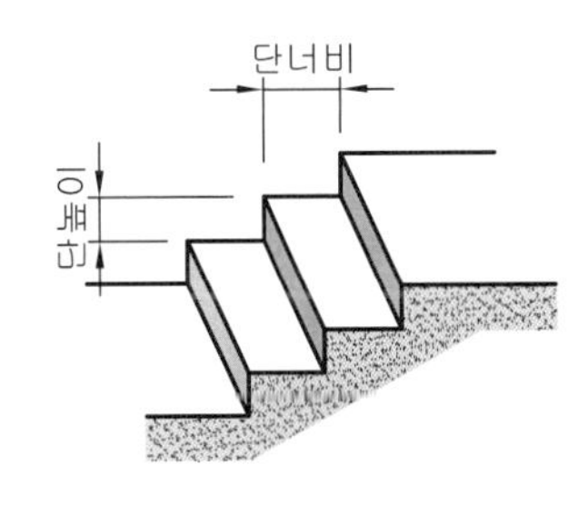

| 적정한 계단의 형태 |

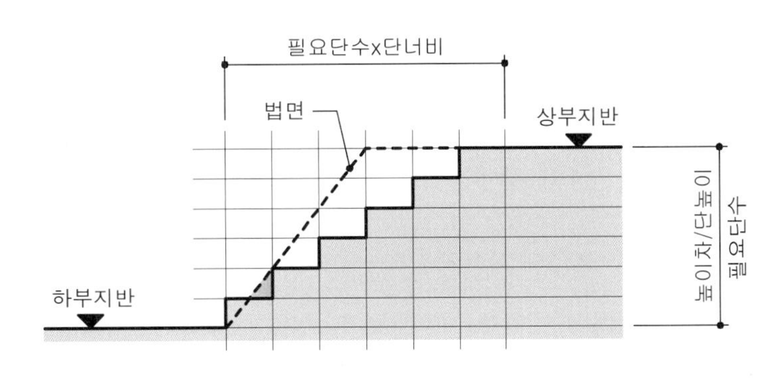

| 계단 나누기 |

| 적벽돌 계단 |

| 화강석통석 계단 |

상세도면

300
화강석통석(잔다듬)
150
T30 붙임몰탈
T150 콘크리트
T60 버림콘크리트
T150 잡석다짐

| 화강석판석 계단 |

300
적벽돌 평깔기
적벽돌 모로세워깔기
170
T30 붙임몰탈
T150 콘크리트
T60 버림콘크리트
T150 잡석다짐

| 적벽돌 계단 |

300
화강석통석(잔다듬)
150
화강석계단돌
T30 붙임몰탈
T150 콘크리트
T60 버림콘크리트
T150 잡석다짐

| 화강석통석 계단 |

4. 경사로(ramp) 및 장애인 통행 접근로

평지가 아닌 곳에 보행로를 설계할 경우에 장애인, 노인, 임산부 등의 이용자가 안전하게 보행할 수 있도록 설치한다.

(1) 구조 및 규격

① 경사로의 유효폭은 1.2m 이상으로 하되, 부득이한 경우 0.9m까지 완화할 수 있다.

② 경사로의 기울기는 1/12 이하로 하되, 부득이한 경우 1/8까지 완화할 수 있다.

③ 바닥면으로부터 높이 0.75m 이내마다 수평면으로 된 참을 설치한다.

④ 경사로의 시작과 끝, 굴절부분 및 참에는 1.5m×1.5m 이상의 공간을 확보한다.(단, 경사로가 직선인 경우 폭은 유효폭과 동일하게 가능)

⑤ 바닥표면은 잘 미끄러지지 아니하는 재질로 평탄하게 마감

⑥ 휠체어 사용자의 접근로 유효폭은 1.2m 이상으로 다른 휠체어 또는 유모차 등과 교행할 수 있도록 50m마다 1.5m×1.5m 이상의 교행구역 설치가 가능하다.

⑦ 경사진 접근로가 연속될 경우에는 30m마다 1.5m×1.5m 이상의 수평면으로 된 참을 설치한다.

⑧ 접근로의 기울기는 1/18 이하로 하되, 부득이한 경우 1/12까지 할 수 있다.

(2) 경사로 설계

· 경사율(G) = $\frac{D}{L}$ × 100(%)　　　· 수평거리(L) = $\frac{D}{G}$

D : 수직거리　　L : 수평거리　　G : 8% 사용

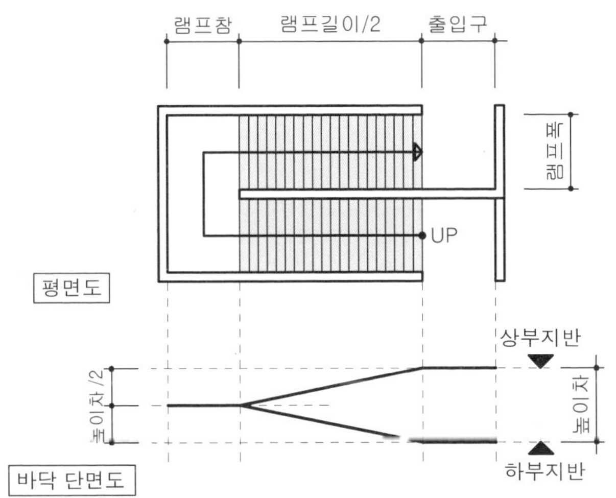

| 단면의 이해 |

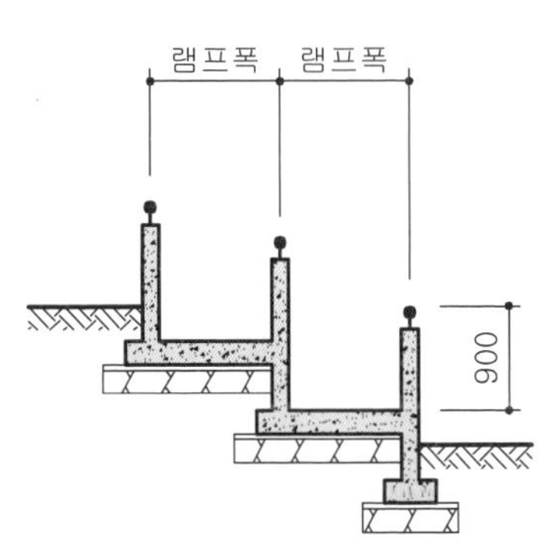

| 횡단면의 이해 |

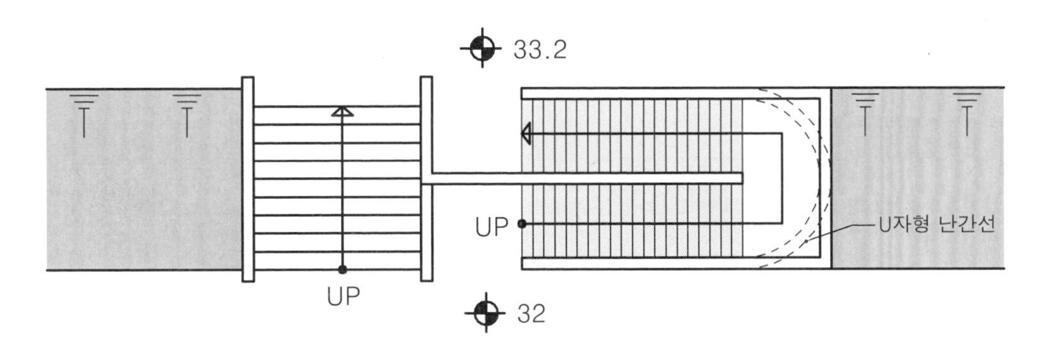

| 계단과 램프의 결합 |

| 계단과 'ㄷ'자형 램프 |

| '—'자형 램프 |

| 'U'자형 램프 |

5. 옹벽

토압에 저항하여 흙이 무너지지 못하게 만든 벽체로, 지반토양의 안정된 경사(휴식각)보다 가파른 경사로 조성할 경우에 일어나는 지반 붕괴를 막기 위해 만든 구조물이다. 돌, 벽돌, 콘크리트 등 다양한 재료를 사용한다.

(1) 돌쌓기

상세도면

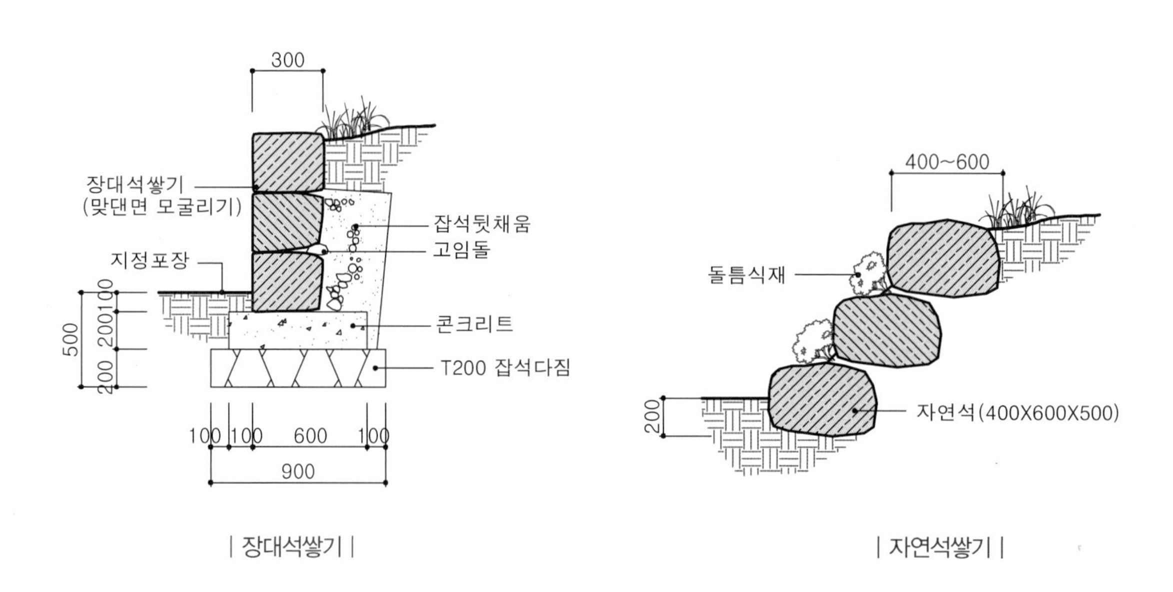

| 장대석쌓기 | | 자연석쌓기 |

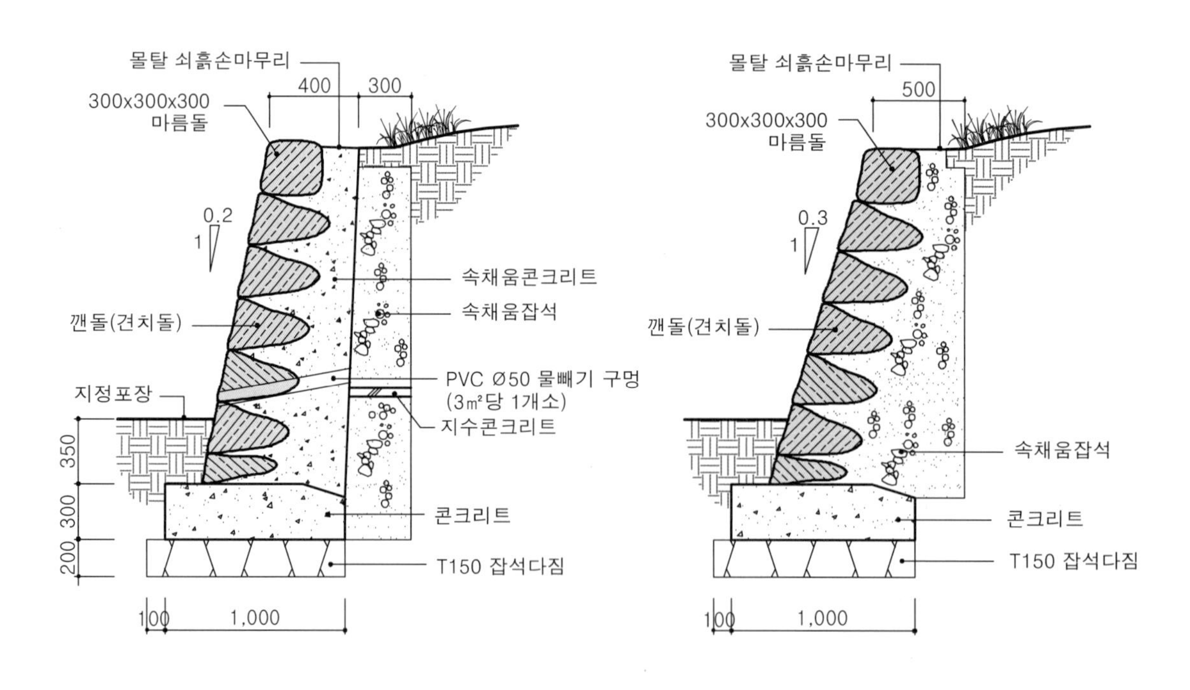

| 자연석 찰쌓기 | | 자연석 메쌓기 |

(2) 벽돌쌓기

상세도면

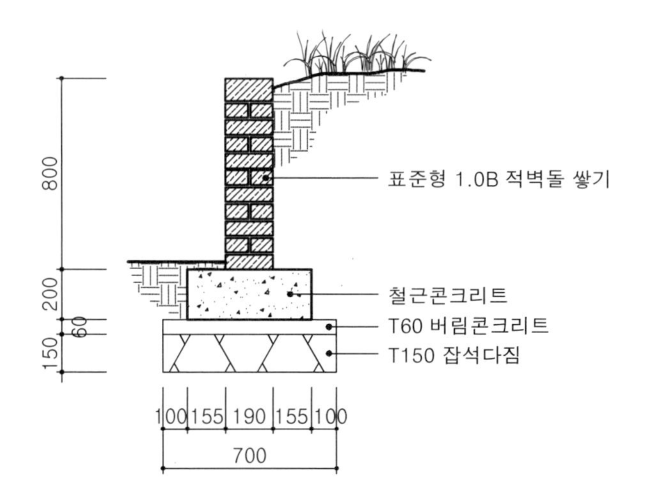

| 1.0B 벽돌쌓기 |

설계조건에 벽돌로 된 벽이 나올 수도 있으나 현재는 거의 사용하지 않는 재료이다. 예전에도 그림처럼 적벽돌을 직접 쌓아 흙을 막는 구조물은 만들지 않았다. 지금은 낮은 벽도 거의 다 콘크리트를 사용하고 있다.

(3) 콘크리트 옹벽

상세도면

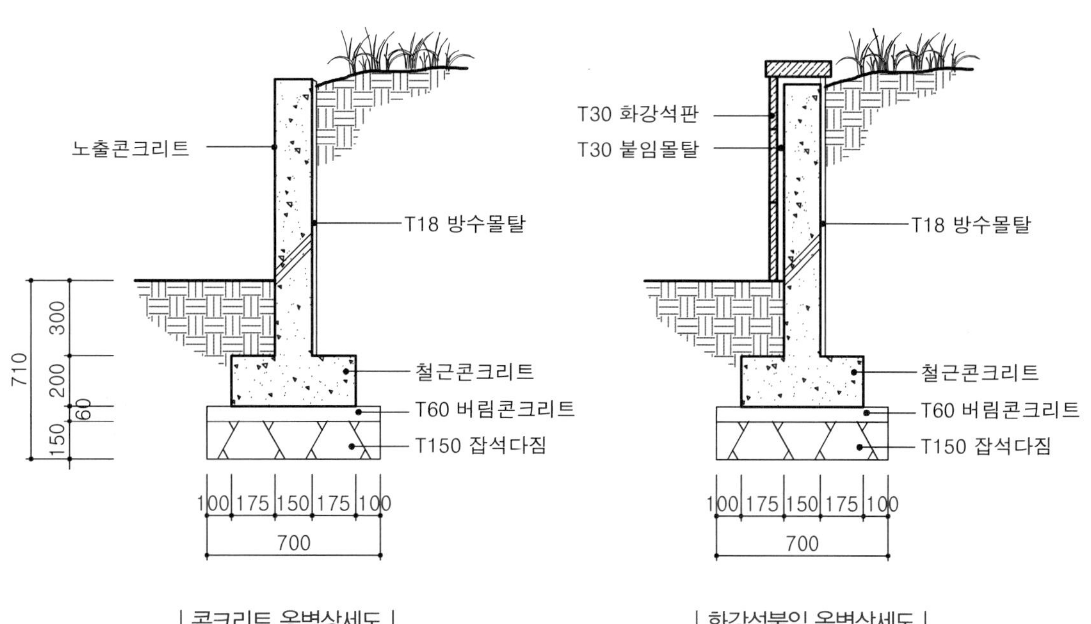

| 콘크리트 옹벽상세도 |　　| 화강석붙임 옹벽상세도 |

3 포장설계

포장은 보행자 및 자전거 통행과 차량통행의 원활한 기능의 유지와 공간의 형성 및 이용의 편리성, 안전성을 목적으로 설치한다. 조경공간의 여러 가지 포장 종류와 평면·단면상 표현을 익혀두도록 한다.

1. 기능 및 특성

① 보행이나 차량통행 등에 구조적으로 안전해야 한다.

② 공간의 포장은 색채, 질감, 패턴 등 심미적 특성과 쾌적성을 갖추어야 한다.

③ 생태적 측면에서는 투수성포장이 유리하다.

④ 실기시험에 쓰이는 포장은 공간별로 한 가지를 선택하여 쓰도록 한다.

2. 포장의 종류

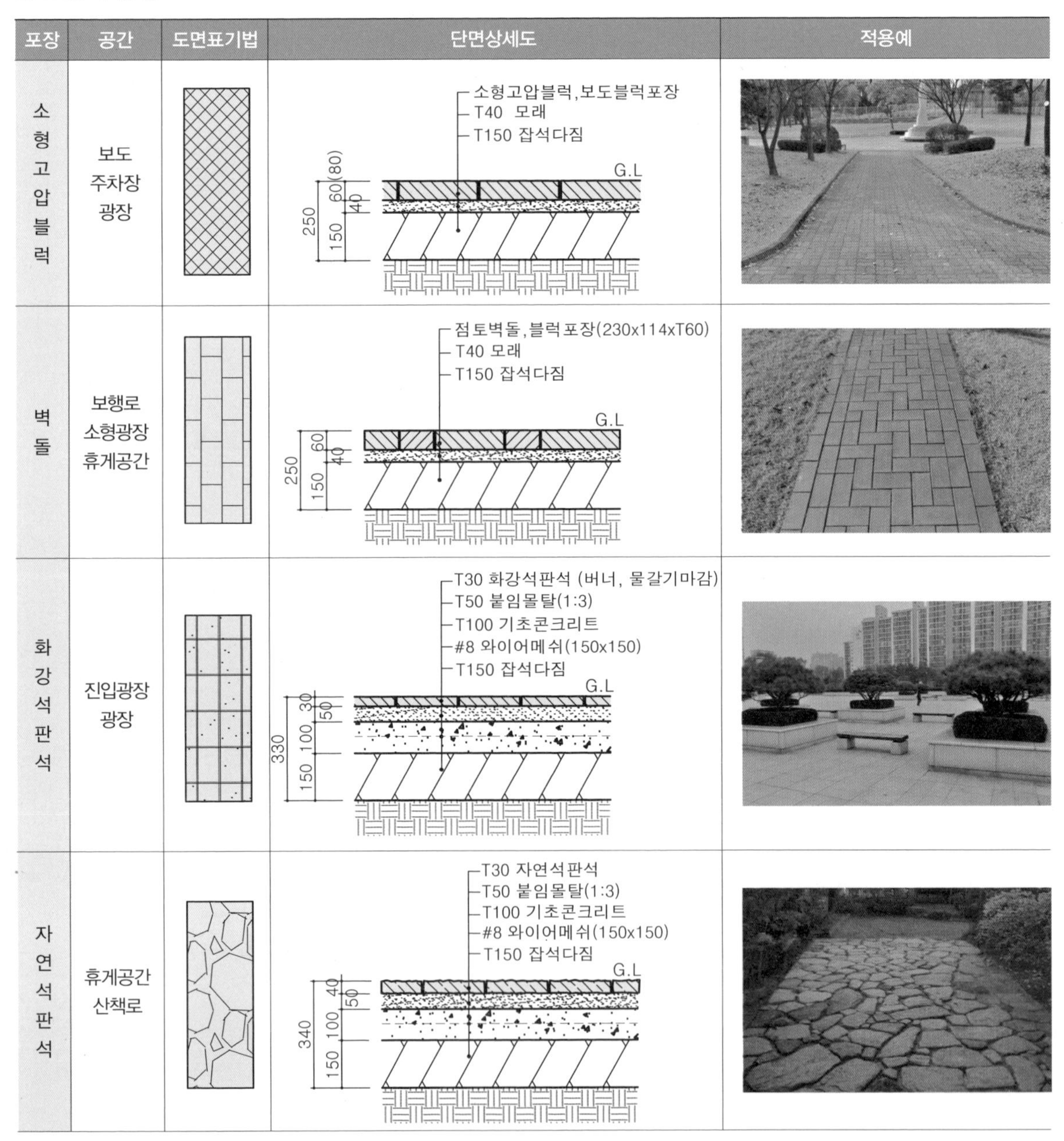

포장	공간	도면표기법	단면상세도	적용예
소형고압블럭	보도 주차장 광장		소형고압블럭,보도블럭포장 T40 모래 T150 잡석다짐 G.L 250, 60(80), 40, 150	
벽돌	보행로 소형광장 휴게공간		점토벽돌,블럭포장(230x114xT60) T40 모래 T150 잡석다짐 G.L 250, 60, 40, 150	
화강석판석	진입광장 광장		T30 화강석판석 (버너, 물갈기마감) T50 붙임몰탈(1:3) T100 기초콘크리트 #8 와이어메쉬(150x150) T150 잡석다짐 G.L 330, 30, 50, 100, 150	
자연석판석	휴게공간 산책로		T30 자연석판석 T50 붙임몰탈(1:3) T100 기초콘크리트 #8 와이어메쉬(150x150) T150 잡석다짐 G.L 340, 40, 50, 100, 150	

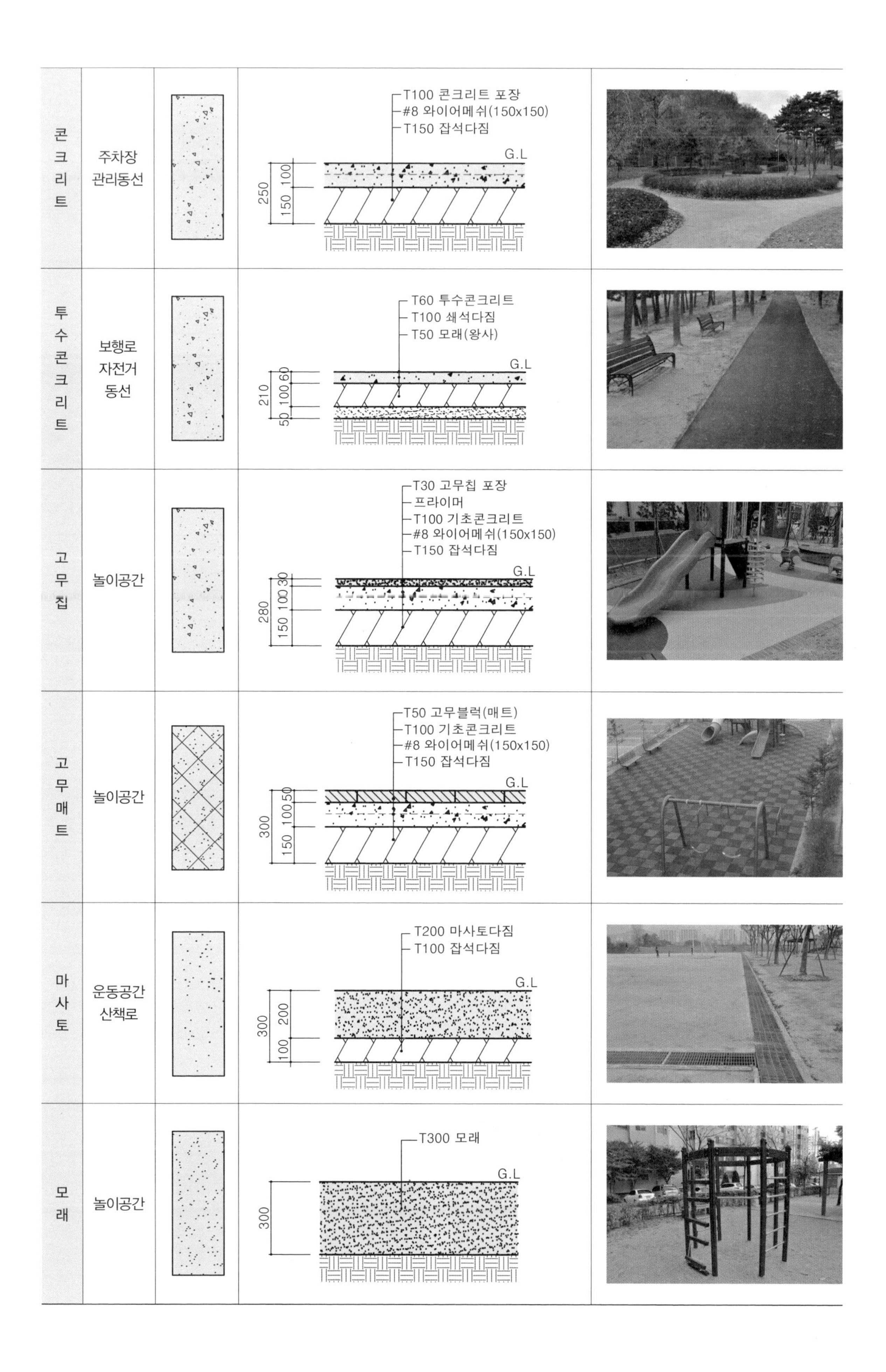

콘크리트
주차장 관리동선
T100 콘크리트 포장
#8 와이어메쉬(150x150)
T150 잡석다짐
G.L
250
100
150
투수콘크리트
보행로 자전거 동선
T60 투수콘크리트
T100 쇄석다짐
T50 모래(왕사)
G.L
210
60
100
50
고무칩
놀이공간
T30 고무칩 포장
프라이머
T100 기초콘크리트
#8 와이어메쉬(150x150)
T150 잡석다짐
G.L
280
30
100
150
고무매트
놀이공간
T50 고무블럭(매트)
T100 기초콘크리트
#8 와이어메쉬(150x150)
T150 잡석다짐
G.L
300
50
100
150
마사토
운동공간 산책로
T200 마사토다짐
T100 잡석다짐
G.L
300
200
100
모래
놀이공간
T300 모래
G.L
300

조경설계

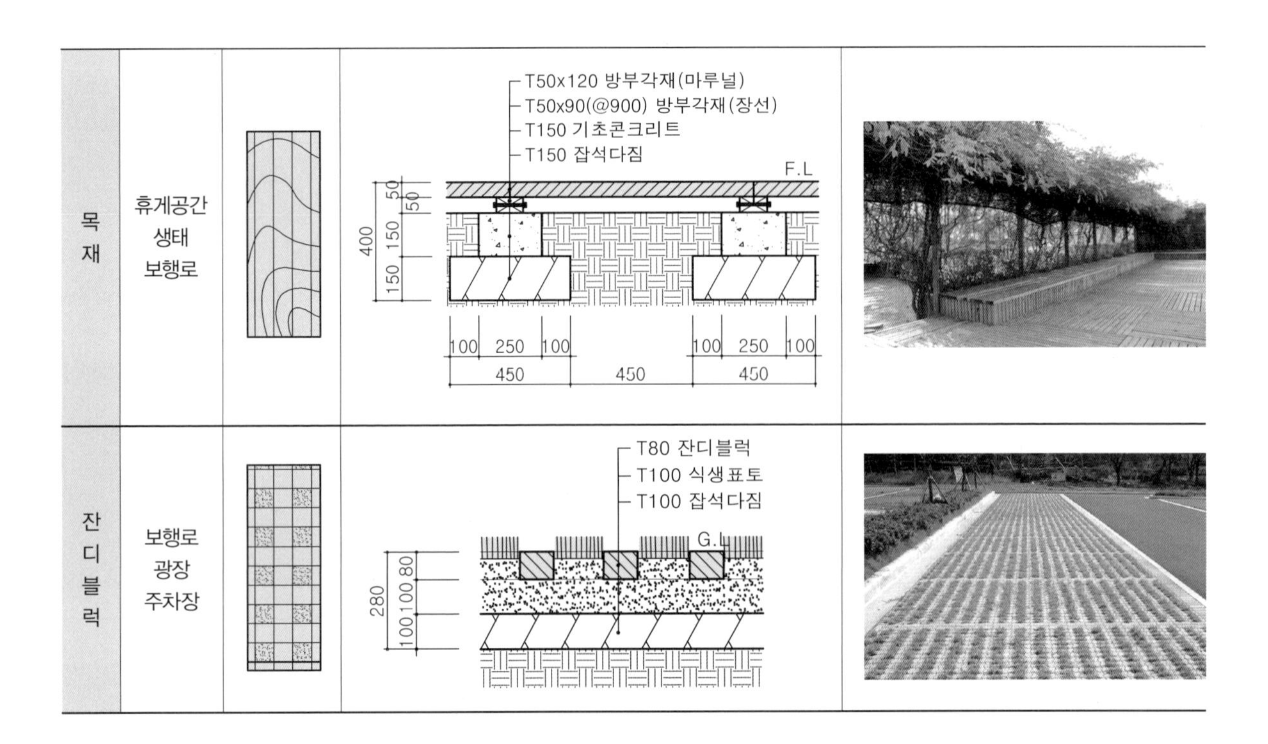

목재	휴게공간 생태 보행로		T50x120 방부각재(마루널) T50x90(@900) 방부각재(장선) T150 기초콘크리트 T150 잡석다짐 F.L 400 50 50 150 150 100 250 100 100 250 100 450 450 450	
잔디블럭	보행로 광장 주차장		T80 잔디블럭 T100 식생표토 T100 잡석다짐 G.L 280 80 100 100	

3. 경계석 설치

녹지와 포장의 경계부에 쓰이는 녹지경계석과 포장과 포장의 경계처리 부위로 재료분리나 패턴 변화에 쓰인다.

상세도면

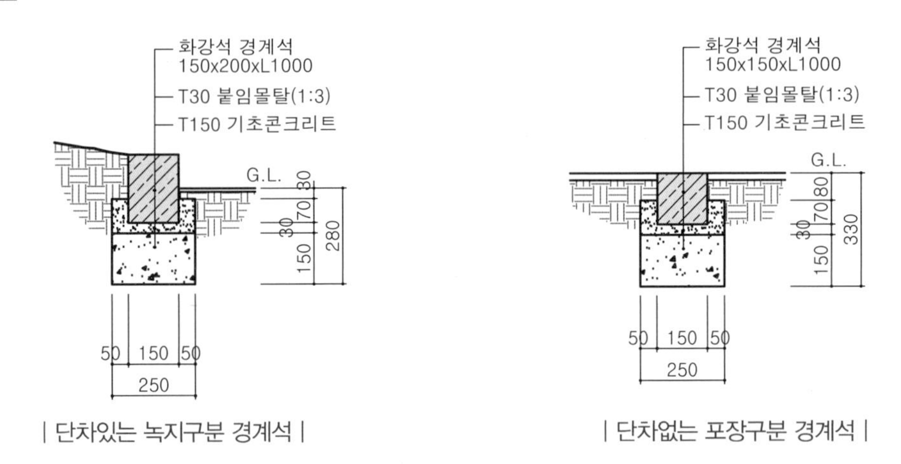

| 단차있는 녹지구분 경계석 | | 단차없는 포장구분 경계석 |

| 녹지구분 경계석 | | 포장구분 경계석 |

4 사람과 자동차

사람과 자동차는 그려진 그림에 스케일감을 더한다. 보통의 경우는 상세하게 그리는 것이 중요한 게 아니라 크기를 적당하게 맞추어 그리는 것이 중요하다. 따라서 크기의 중요함을 잊지 말고 비례감 있게 그릴 수 있도록 해야 한다.

1. 사람

사람은 그려진 것이 실제보다 많이 커지면 주대상물의 크기가 작아지는 결과를 가져오며, 또한 너무 작게 그리면 주대상물의 크기가 커지는 결과를 가져오므로 비례감 있게 그려야 한다. 처음에는 다음과 같이 보조선을 활용하여 기본형 위주로 연습하되 성인은 상반신보다 하반신을 조금 길게 그리고 아동은 1:1 정도로 그린다. 대상물의 크기가 매우 크거나 그림의 스케일이 작은 경우 사람의 크기에 특히 주의하여야 한다.

원근을 고려하여 사람의 형태를 결정하고, 크기별로 구분하여 대상물과 어울리도록 표현한다.

2. 자동차

자동차를 그리는 이유도 그림에 스케일감을 주기 위한 것이므로 승용차만으로도 충분하다. 승용차의 모양은 제각각이나 전체적으로는 비슷하므로 길이 5m, 폭 2m, 높이 1.5m 정도의 비례에 각이 진 구형 승용차의 형태로 접근하면, 조금은 그리기가 수월하다.

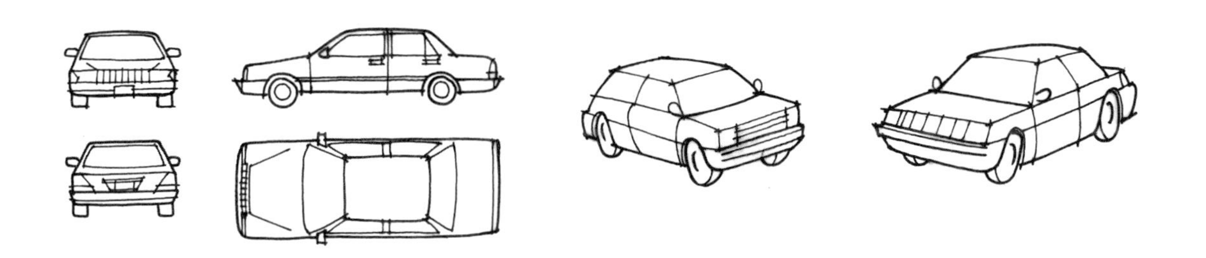

5 식재설계

시험문제의 일반적인 조건은 여러 수목을 나열하여 적합한 수목을 선택하게 하도록 한다. 예시되는 수목의 수종은 20여 종 전후이나 매번 같은 수목만 예시되는 것이 아니므로 여러 나무의 특성을 이해하는 것이 바람직하다.

조경수목의 선정은 나무의 특성을 알아야 한다.

① 지역적 위치는 어디인가?

→ 내한성에 따른 지역적 분포한계를 고려하여 남부수종을 판별한다.

② 어떤 기능을 필요로 하는가?

→ 공간별, 기능별 역할에 따른 생태적 특성을 고려하여 차폐식재, 경계식재, 유도식재, 녹음식재, 경관식재 등을 계획한다.

③ 어떤 성상의 수종을 식재할 것인가?

→ 기능별 대표적인 수종을 미리 선정하고 반복학습하여 작도시간을 단축한다.

1. 수목의 분류

(1) 수목의 성상에 따른 분류

성상		수종	
		중부이북	남부
교목	상록 침엽수	소나무, 스트로브잣나무, 측백나무, 서양측백, 향나무, 가이즈카향나무, 반송, 독일가문비, 잣나무, 섬잣나무, 전나무, 주목, 편백	삼나무, 히말라야시다(개잎갈나무), 비자나무, 테다소나무
	낙엽 침엽수	은행나무, 메타세쿼이아, 낙우송, 일본잎갈나무	
	상록 활엽수		가시나무, 감탕나무, 녹나무, 동백나무, 후박나무, 굴거리나무, 아왜나무, 먼나무, 홍가시나무, 태산목
	낙엽 활엽수	꽃사과나무, 느티나무, 단풍나무, 모과나무, 버드나무, 버즘나무, 왕벚나무, 붉나무, 산수유, 살구나무, 자귀나무, 자작나무, 중국단풍, 칠엽수, 회화나무, 가중나무, 계수나무, 느릅나무, 목련, 백목련, 층층나무, 팽나무, 마가목, 팥배나무, 함박꽃나무	배롱나무, 석류나무, 이나무, 멀구슬나무, 벽오동
관목	상록 침엽수	눈향나무, 개비자나무, 눈주목, 옥향	
	상록 활엽수	회양목, 사철나무, 조릿대	다정큼나무, 돈나무, 우묵사스레피, 꽝꽝나무, 목서, 피라칸사, 천리향, 팔손이, 협죽도, 남천
	낙엽 활엽수	무궁화, 붉은병꽃나무, 수수꽃다리, 장미, 개나리, 명자나무, 미선나무, 조팝나무, 좀작살나무, 쥐똥나무, 진달래, 찔레, 황매화, 산수국, 생강나무, 철쭉, 화살나무, 조록싸리, 히어리, 말발도리	영산홍

(2) 기능별 식재에 따른 분류

기능	위치	식재설계
경계 식재	부지외주부 공간외주부 원로변	■ 수종의 특성 • 지엽이 치밀하고 전정에 강한 수종 • 가지가 잘 말라 죽지 않는 수종 ■ 적합수종 독일가문비, 잣나무, 스트로브잣나무, 편백, 측백, 은행나무, 메타세쿼이아, 벚나무, 무궁화, 쥐똥나무, 사철나무 등 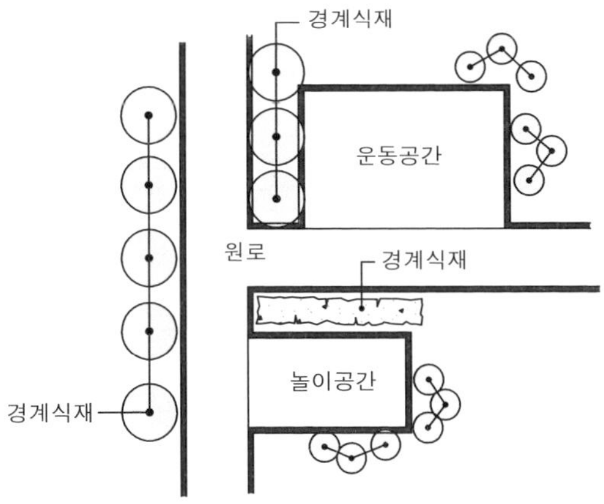 경계식재 / 원로 / 운동공간 / 놀이공간 | 원로변의 경계식재 |
지표 요점 식재	출입구 진입광장 광장 동선결절점 마운딩	■ 수종의 특성 • 수형이 단정하고 꽃, 열매, 단풍 등이 특징적인 수종 • 상징성과 높은 식별성을 가진 수종 ■ 적합수종 소나무, 독일가문비, 메타세쿼이아, 주목, 느티나무, 은행나무, 회화나무 등 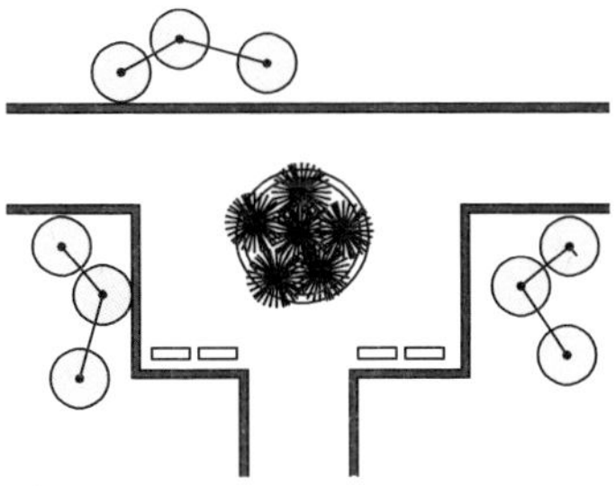 | 광장의 지표식재 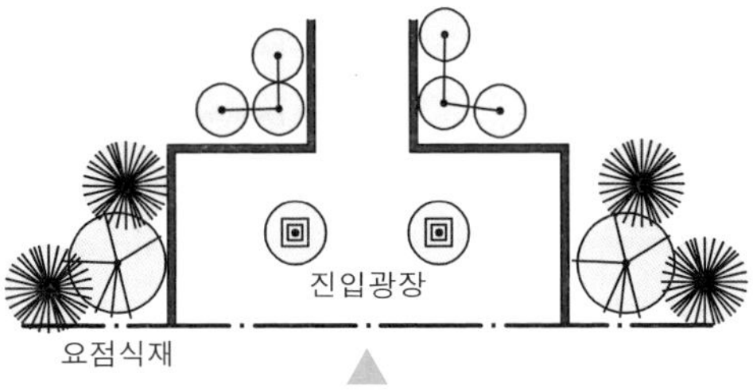 | 진입광장 / 요점식재 | 진입부의 요점식재 |
유도 식재	보행로변 산책로변 동선굴절부 동선교차부	■ 수종의 특성 • 수형이 단정하고 아름다운 수종 • 가지가 잘 말라죽지 않는 수종 ■ 적합수종 잣나무, 향나무, 감나무, 단풍나무, 미선나무, 사철나무, 회양목, 쥐똥나무, 개나리, 철쭉 등 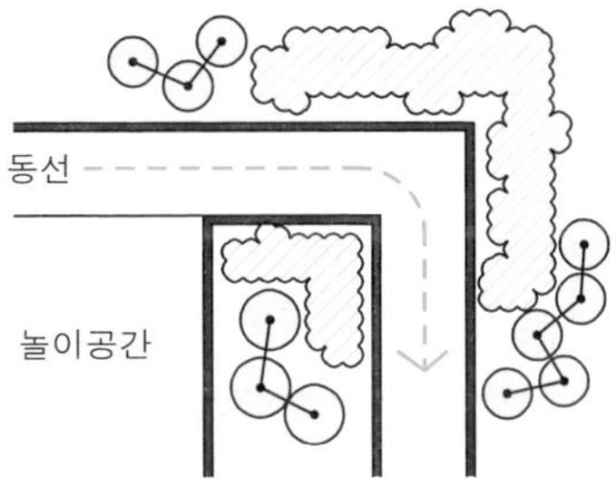 동선 / 놀이공간 | 가각부의 유도식재 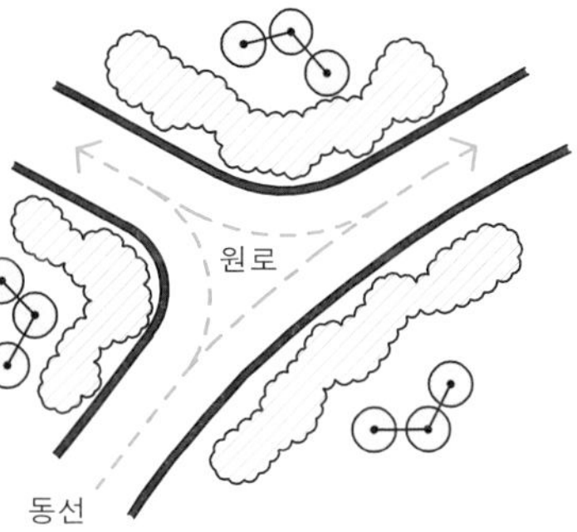 | 원로 / 동선 | 결절부의 유도식재 |

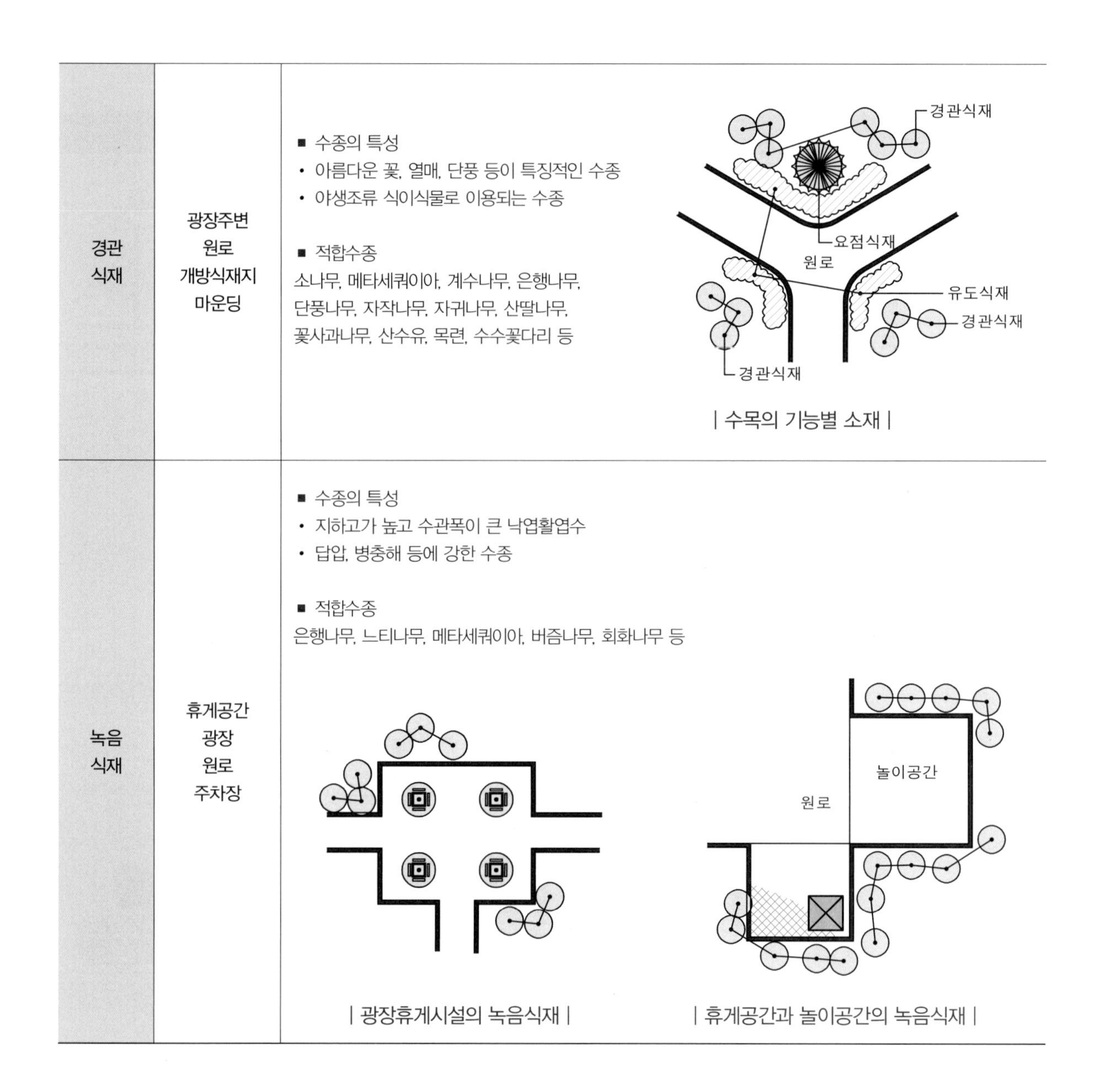

경관 식재	광장주변 원로 개방식재지 마운딩	■ 수종의 특성 • 아름다운 꽃, 열매, 단풍 등이 특징적인 수종 • 야생조류 식이식물로 이용되는 수종 ■ 적합수종 소나무, 메타세쿼이아, 계수나무, 은행나무, 단풍나무, 자작나무, 자귀나무, 산딸나무, 꽃사과나무, 산수유, 목련, 수수꽃다리 등 | 수목의 기능별 소재 |
녹음 식재	휴게공간 광장 원로 주차장	■ 수종의 특성 • 지하고가 높고 수관폭이 큰 낙엽활엽수 • 답압, 병충해 등에 강한 수종 ■ 적합수종 은행나무, 느티나무, 메타세쿼이아, 버즘나무, 회화나무 등 | 광장휴게시설의 녹음식재 | | 휴게공간과 놀이공간의 녹음식재 |

2. 수목의 표현

식재설계도의 경우에는 평면으로 나타내고, 단면도나 입면도의 경우에는 수목이 서있는 형태인 입면으로 나타낸다. 또한, 수종을 나타내는 방법으로 인출선을 이용하거나 수목의 각각을 기호로 나타내는 방법, 인출선과 기호 모두를 사용하는 방법이 있다. 실기시험의 경우에는 인출선을 이용하는 방법이 보편적이다.

(1) 수목의 평면표현

① 식재설계도 작성 시 수목의 표현방법은 매우 다양하나 시간상의 효율을 위해 기호화하여 간략하게 나타낸다. 교목, 관목, 지피류 등 성상별로 적당한 기호와 크기로 연습해 본다.

② 교목은 원형템플릿을 사용하여 적당한 크기의 원을 그리고, 그 위에 프리핸드로 추가적인 표현을 한 후, 수간인 중심을 점으로 표기하여 완성한다.

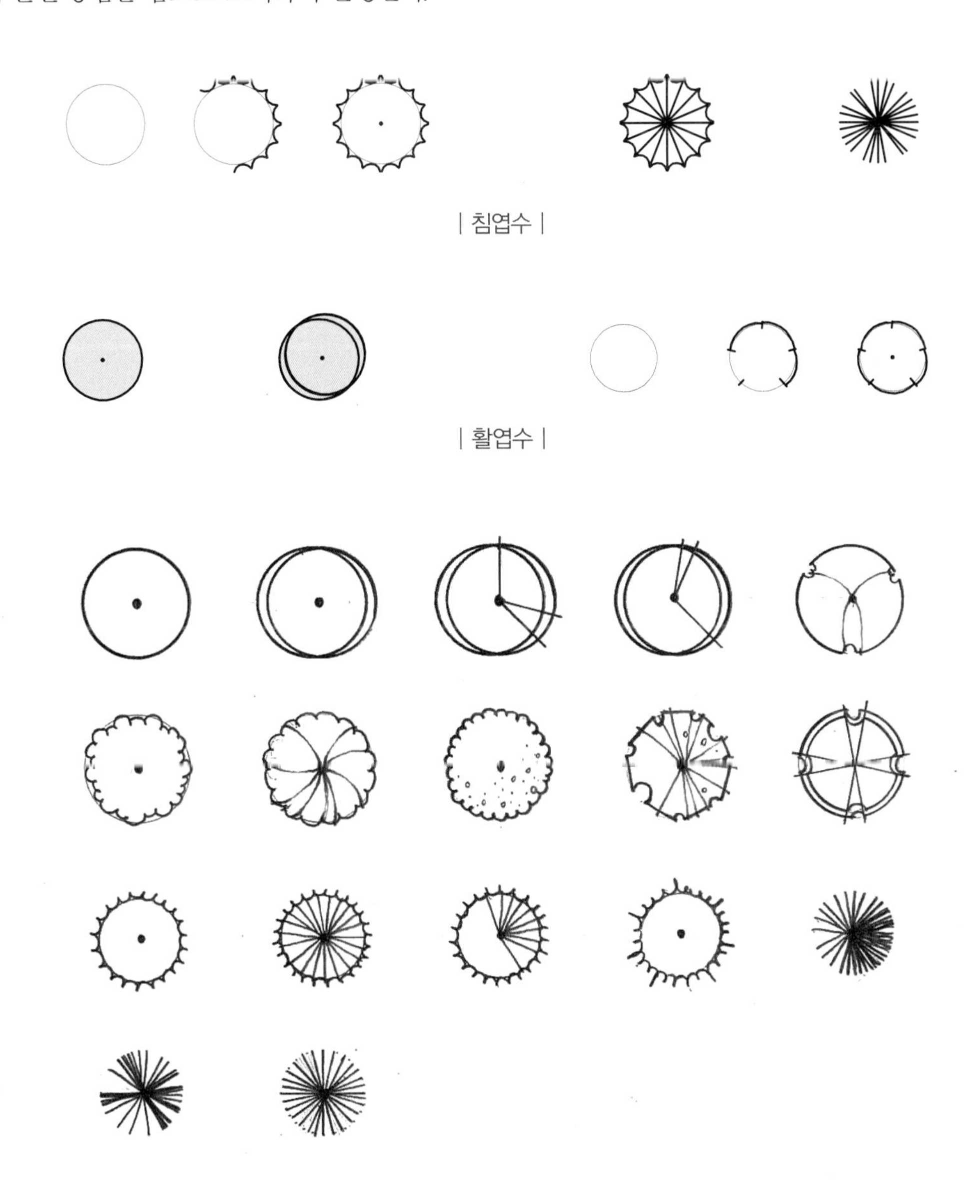

| 침엽수 |

| 활엽수 |

| 교목의 여러 가지 표현 |

③ 관목과 지피류는 군식으로 표현하되 간략한 패턴으로 구분하여 나타낸다.

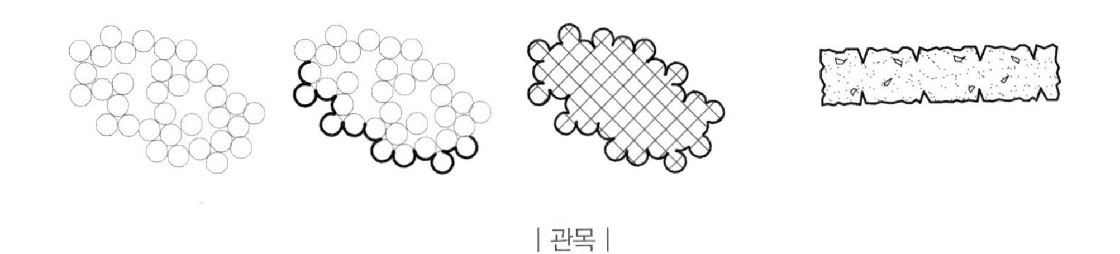

| 관목 |

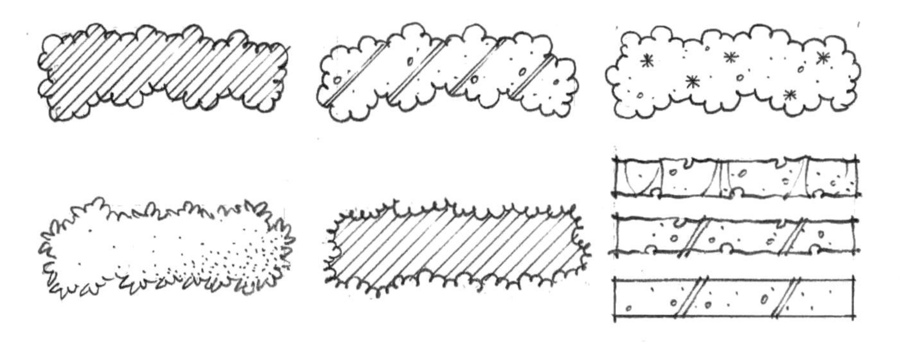

| 관목의 여러 가지 표현 |

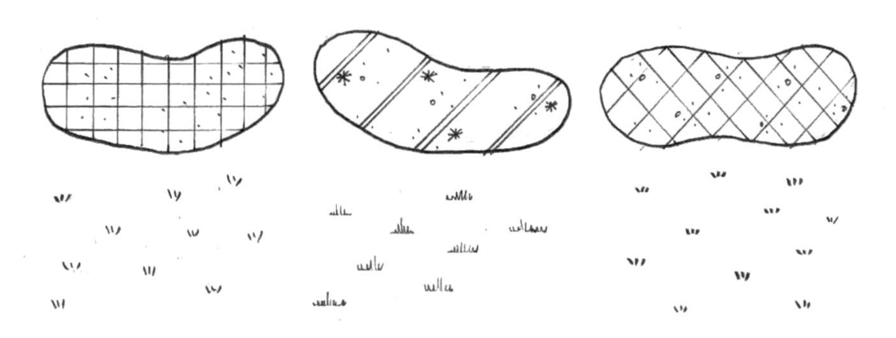

| 지피·초화류의 여러 가지 표현 |

④ 단면도 작성 시 수목이 서 있는 형태인 입면으로 표현하며 평면의 배식설계를 고려하여 나타낸다.

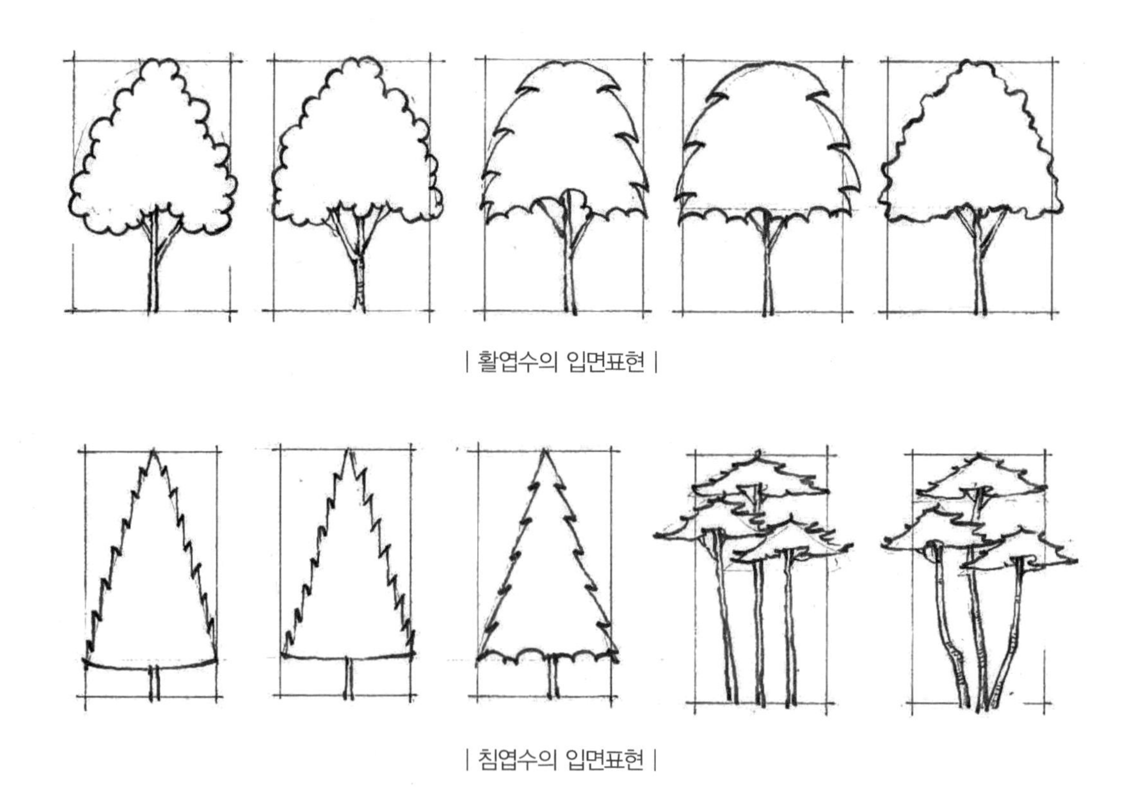

| 활엽수의 입면표현 |

| 침엽수의 입면표현 |

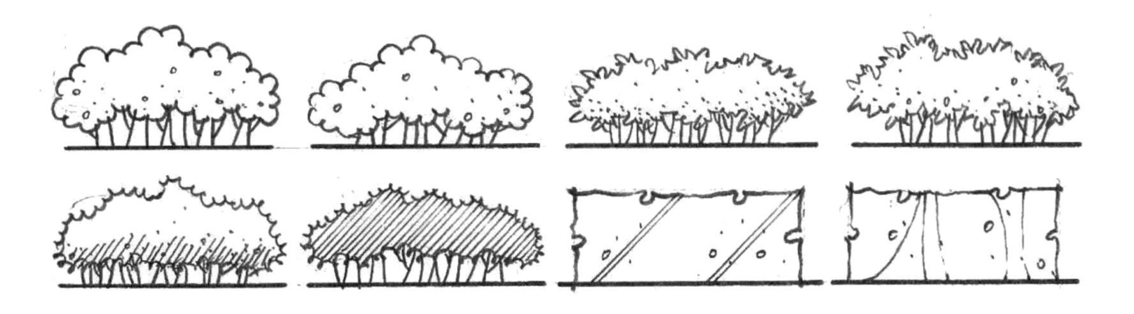

| 관목의 입면표현 |

| 지피·초화류의 입면표현 |

⑤ 수목의 다층식재를 표현할 때 사용할 수 있는 예시로 다양한 수목을 조합하여 균형감 있게 배치하는 것이 중요하다.

| 다층식재 평면도 |

| 다층식재 입면도 |

3. 수목의 규격 및 수량산출

(1) 수목의 규격

1) 교목

① H × W : 수간이 지엽들에 의해 식별이 어려운 침엽수나 상록활엽수의 대부분에 쓰인다. 잣나무, 주목, 구상나무, 독일가문비, 편백, 향나무, 곰솔, 젓나무, 함박꽃나무, 굴거리나무, 아왜나무, 태산목, 후피향나무

② H × W × R : 소나무, 동백나무, 개잎갈나무

③ H × B : 수간부의 지름이 비교적 일정하게 성장하는 수목에 쓰인다. 가중나무, 메타세쿼이아, 버즘나무, 은행나무, 벚나무, 자작나무, 벽오동

④ H × R : 수간부의 지름이 뿌리근처와 흉고부분의 차이가 많이 나는 경우로 활엽수 등 거의 대부분의 교목에 쓰인다.

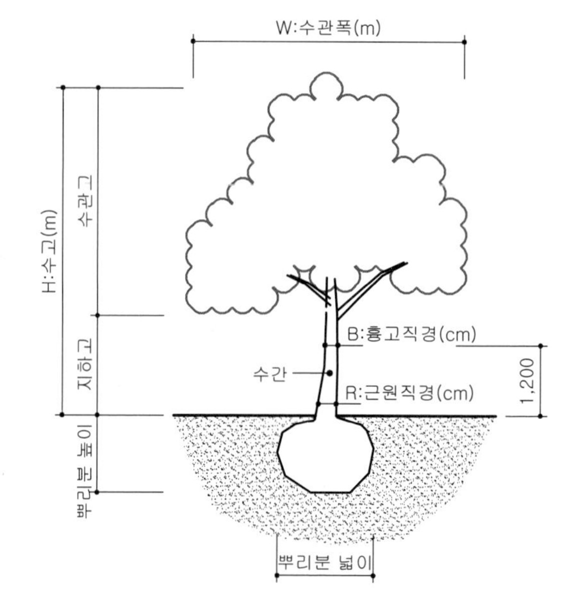

| 수목규격의 용어 |

2) 관목

① H × R : 보리수, 생강나무

② H × W : 거의 모든 관목에 쓰인다.

③ H × 가지수 : 개나리, 해당화, 찔레, 모란

3) 초본

분얼, 포트(pot), cm 등으로 나타내며, 식재면적으로 나타내기도 한다.

(2) 수목의 수량산출

1) 독립수식재 수목

식재설계도에 단일기호로 표시되는 수목은 기호의 개수를 세어 수량을 산출한다.

2) 군식(무리심기) 수목

식재밀도(단위면적당 식재되어지는 그루 수)를 식재면적에 곱하여 수량을 산출한다.

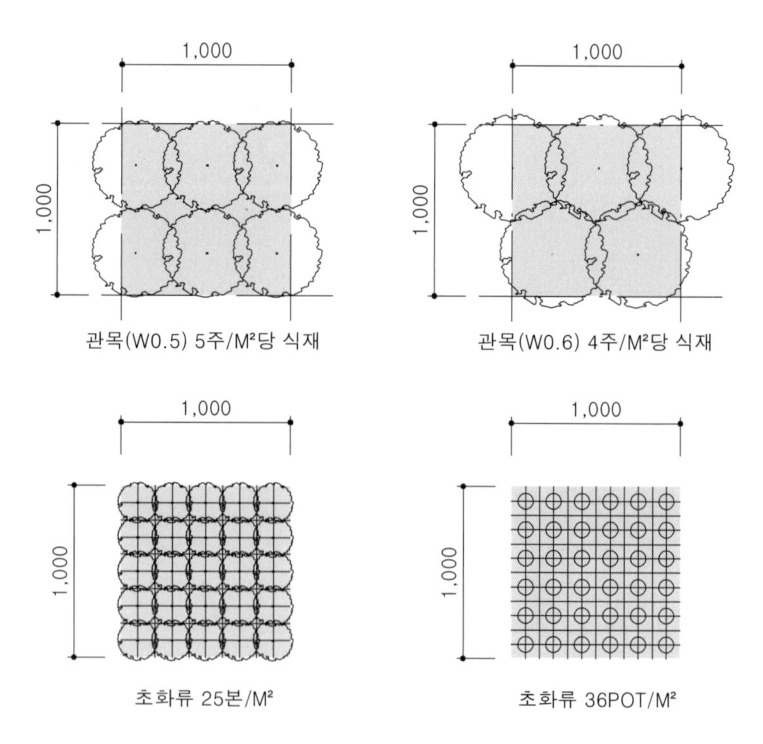

| 관목/초화류 식재밀도 상세도(군식) |

(3) 수목의 인출선

다음의 두 가지 중 어떤 형태든 편한 방법을 선택하여 사용한다.

| 인출선의 수량 및 규격 표시방법 |

1) 교목

① 여러 그루의 수목 인출선은 수목연결선의 처음이나 마지막 부분에서 인출한다.

② 멀리 떨어진 수목은 연결시키지 말고 별도로 인출한다.

③ 인출선의 교차가 일어나는 경우에는 점프선으로 나타내면 보기에 좋다.

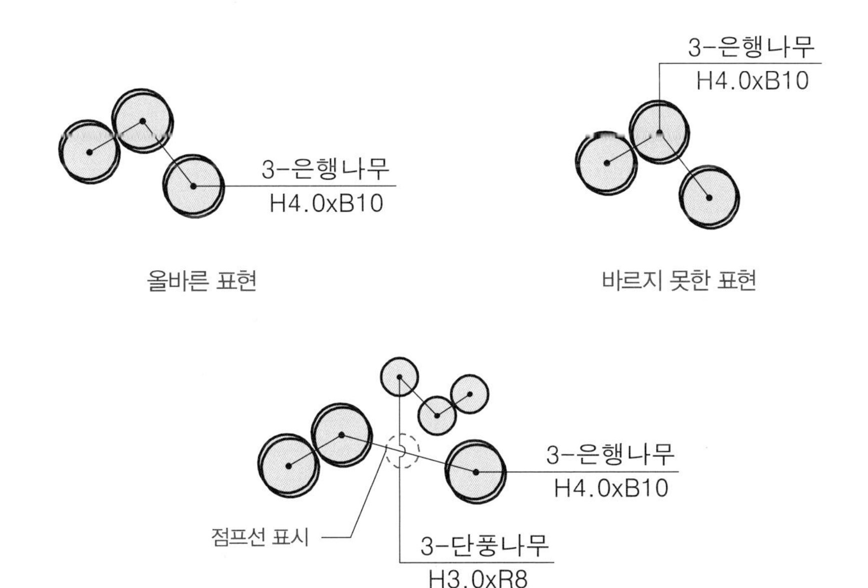

| 인출선의 사용방법 |

2) 관목

가까이 있는 군식끼리 연결하여 인출한다.

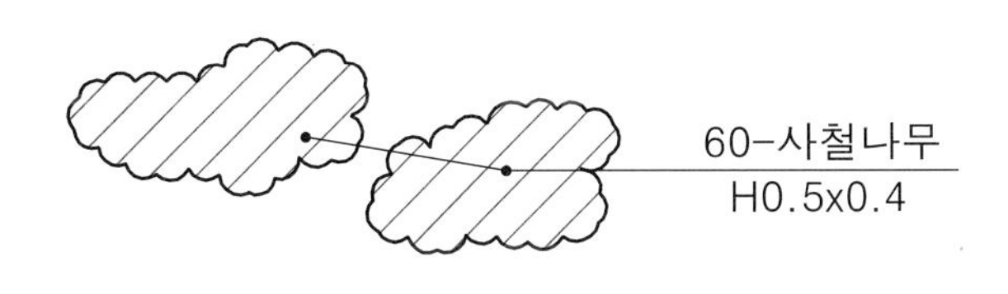

| 관목의 연결 |

6 조경설계도면의 이해

조경설계에 사용되는 도면은 대상물을 보는 방향에 따라 평면도, 입면도, 단면도, 상세도 등으로 나뉜다. 조경기능사 설계문제에는 일반적으로 시설물과 식재가 포함된 평면도와 그에 따른 단면도를 작성하도록 되어 있다. 평면도를 바탕으로 여러 가지 도면을 쉽게 이해할 수 있도록 한다.

1. 도면의 종류

도면은 입체적인 3차원의 대상물을 평면적인 2차원 그림으로 나타낸 것이다. 입체적인 것을 평면적으로 나타내므로 한종류의 그림만으로는 나타내기 불가능하여, 필요에 맞는 여러 방향이나 종류로 표현한다. 또한, 표현할 수 있는 종이의 크기도 제한적이어서 적당한 축척을 사용하여 전체를 나타내거나 일부분만을 나타내기도 한다. 대표적으로 평면도, 입면도, 단면도와 부분적으로 확대하여 그리는 상세도가 있다.

(1) 평면도

평면도란 위에서 아래로 내려다본 것을 그린 그림으로 지면의 위에 있는 것들을 모두 나타낸다. 전체 계획의 내용이 가장 많이 포함된 기본도면이며, 이를 기준으로 입면도 및 단면도가 작성된다. 조경에서는 배치도라는 용어가 평면도와 같이 인식되어진다. 실기시험도 평면도를 기본으로 하여 일부 단면도와 상세도가 출제된다.

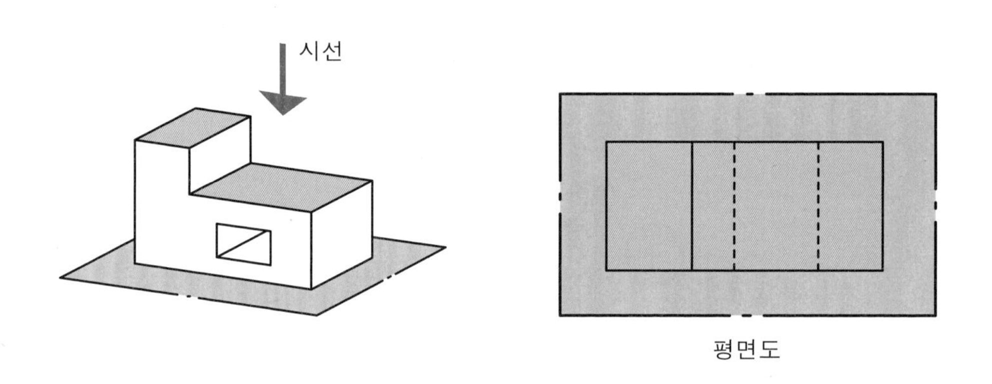

(2) 입면도

입면도란 대상물의 한 면에서 정면으로 바라본 대상물의 외형을 그린 것으로, 실기시험에서는 시설물의 형태나 수목의 식재형태 등을 보여줄 때 쓰인다.

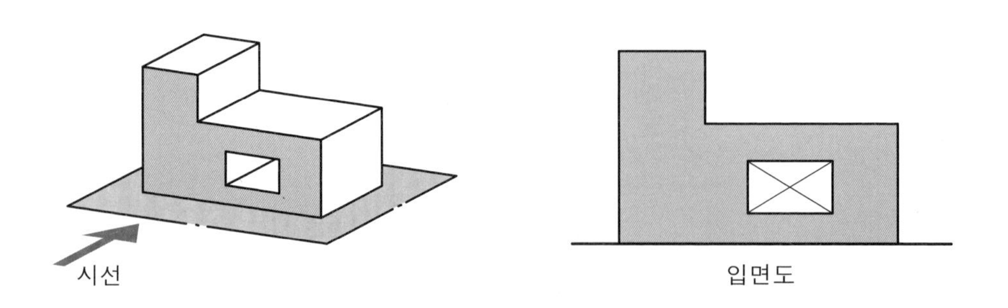

(3) 단면도

단면도란 대상물을 수직으로 절단한 후 그 절단면을 입면처럼 정면으로 바라보고 그린 것이며, 실기시험의 단면도는 시설물보다는 대지의 형태를 보고자 하는 것이 많으며, 단면을 그리기 위한 시선상에 보여지는 입면적 형태를 추가한 입단면도의 형태로 그리게 된다.

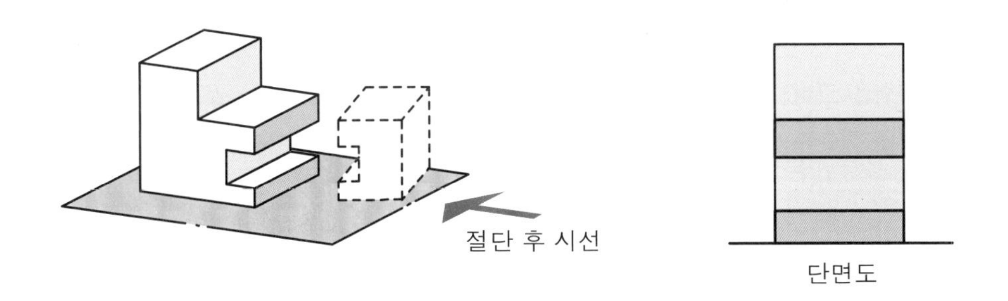

(4) 상세도

상세도란 축척이 작아 미세한 부분을 표현하지 못할 경우에 일부분의 축척을 크게 하여 상세하게 그리는 것으로 일반적으로 부분상세도라고 한다. 기능사 실기시험에는 주단면도를 기준으로 포장재료 및 경계석, 기초 등에 관한 상세한 형태를 추가로 작도하는 문제가 주로 출제된다.

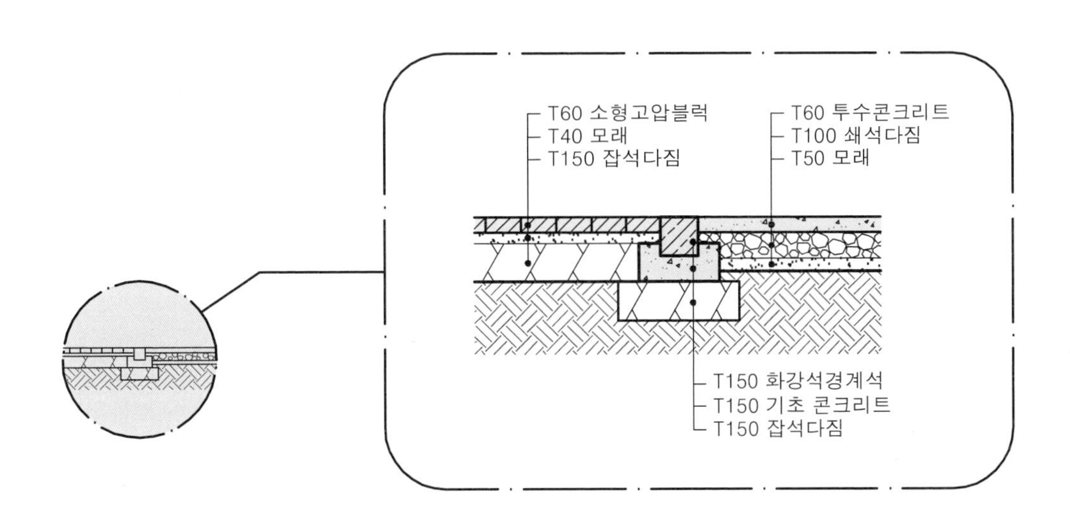

7 조경설계도 작성법

조경기능사 설계문제는 일반적으로 시설물과 식재가 포함된 평면도와 그에 따른 단면도 및 상세도가 출제된다. 도면의 기본적인 구성을 알아보고 각각의 도면작도법에 따라 실습해 보도록 한다.

1. 도면의 구성 및 기본형태

설계의 내용을 보기 전에 채점자가 느끼는 첫인상이므로 짜임새 있는 구조를 갖추는 것이 채점 시 유리하게 작용한다. 도면은 그림을 그리는 곳과 도면명이나 수량표 등을 기입하는 표제란으로 이루어지며, 적절한 배분으로 시각적 안정감을 갖도록 한다. 도면작성영역에 그림을 배치할 경우 한가운데 배치하는 것이 균형감을 주는 요소로 작용한다.

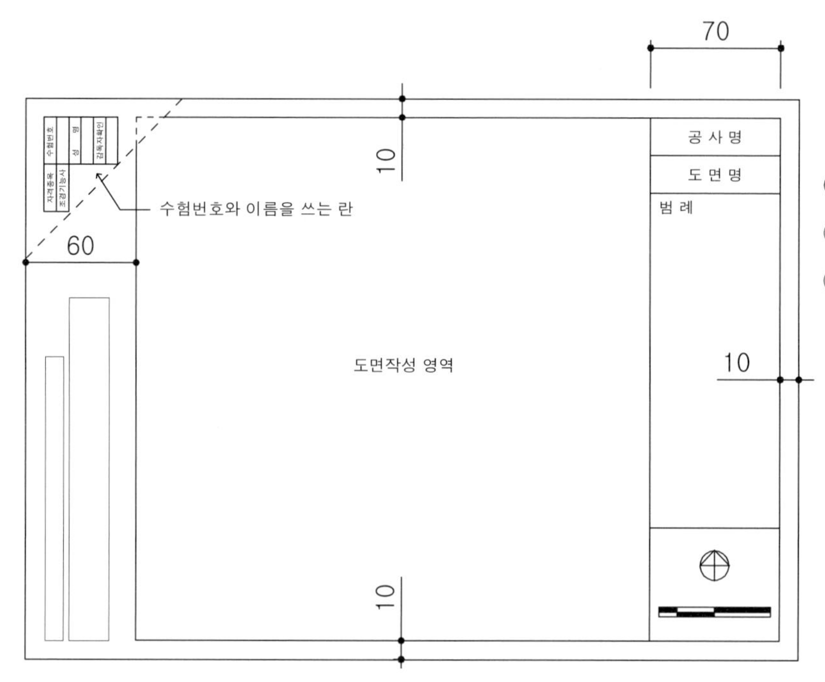

① 테두리선을 진하게 그린다.
② 표제란(7cm 폭)을 작성한다.
③ 표제란 내부를 구성한다.

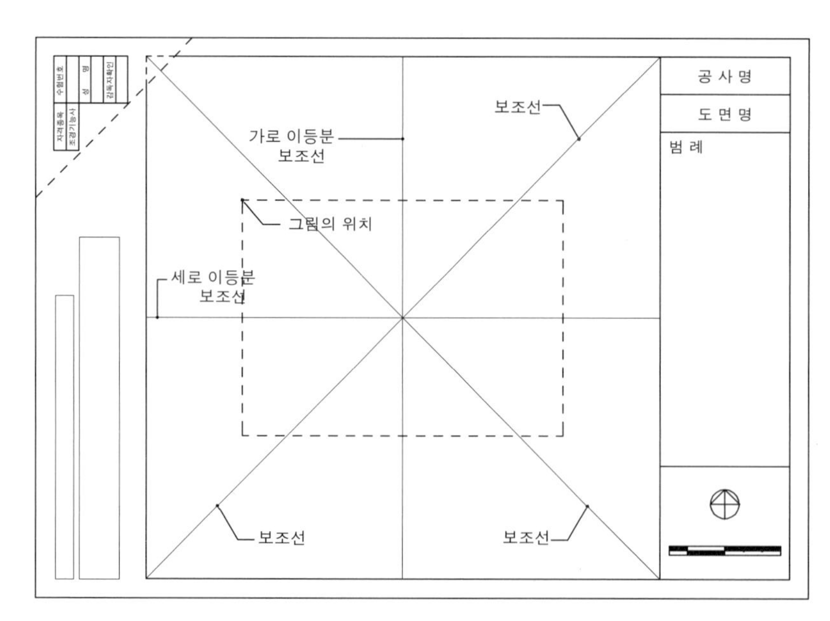

④ 도면작성영역을 가로, 세로로 이등분한 보조선을 긋고 중심을 잡는다.
⑤ 앞에서 정한 중심에 가상한 그림의 중심을 맞추어 배치한다.

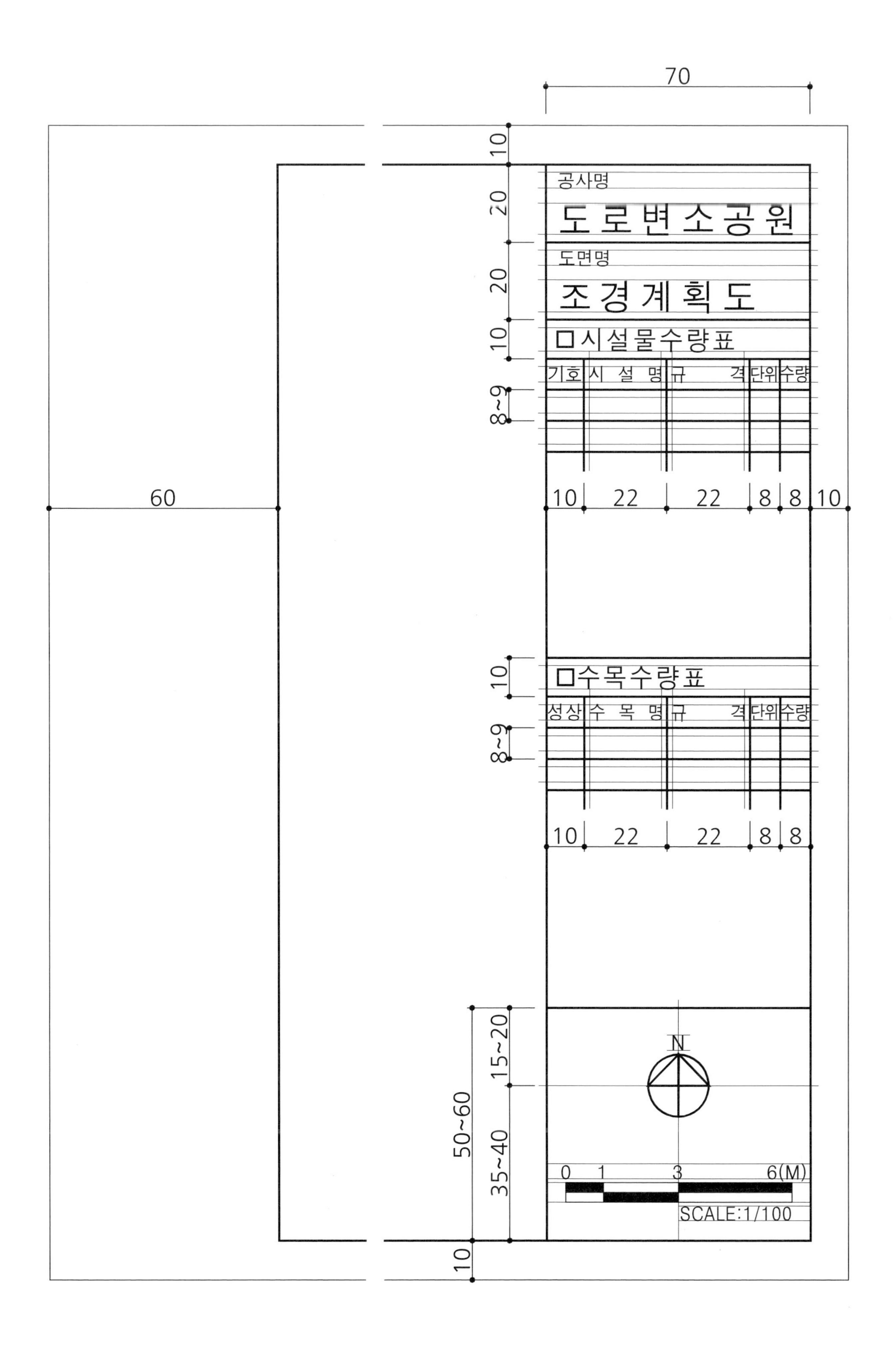
70
10
20
공사명
도로변소공원
20
도면명
조경계획도
10
□시설물수량표
기호
시 설 명
규 격
단위
수량
8~9
60
10
22
22
8
8
10
10
□수목수량표
성상
수 목 명
규 격
단위
수량
8~9
10
22
22
8
8
15~20
50~60
35~40
N
0
1
3
6(M)
SCALE:1/100
10

2. 평면도 작성법

기능사 실기시험에서는 제시된 현황도의 동선과 시설공간의 영역을 축척에 맞춰 작도하고, 시설물을 배치한 후 주어진 식재공간에 적합한 배식을 한다. 수목의 규격, 성상 등에 차등을 두어 표현하되 주어진 시간을 고려하여 적절한 표현법을 선택하고 인출선 표기법에 맞추어 인출선을 표기하도록 한다.

① 문제에 제시된 대상지의 가로세로 치수 또는 눈금의 수를 확인하여 부지의 크기를 파악한다.
② 축척에 맞추어 부지경계선을 이점쇄선 굵은선으로 작도한다.
③ 부지경계선 안쪽으로 격자 보조선을 1m 간격으로 흐리게 긋는다.

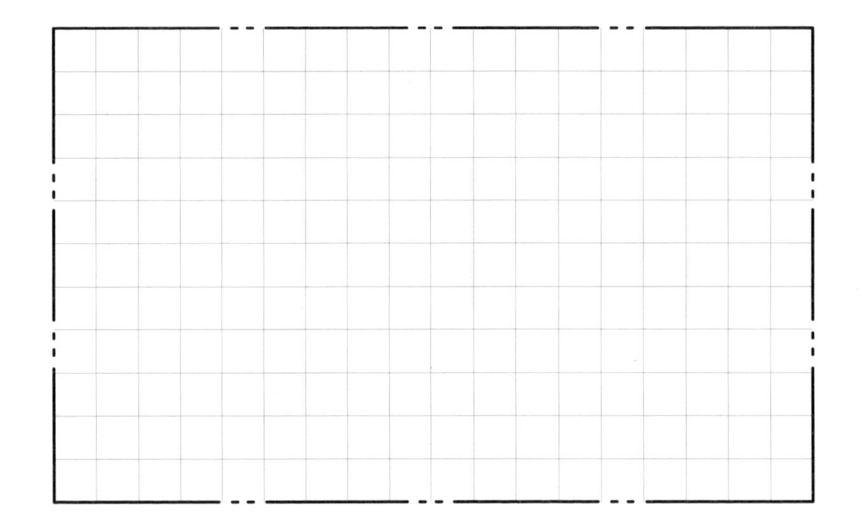

④ 공간 및 식재지를 구분하여 작도하고 경계석을 그린다.

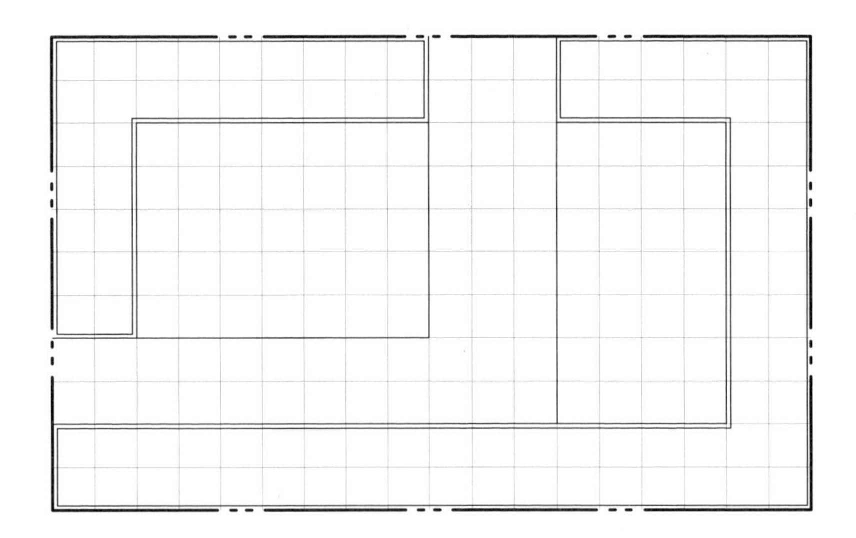

⑤ 시설물을 규격에 맞게 표현한다.

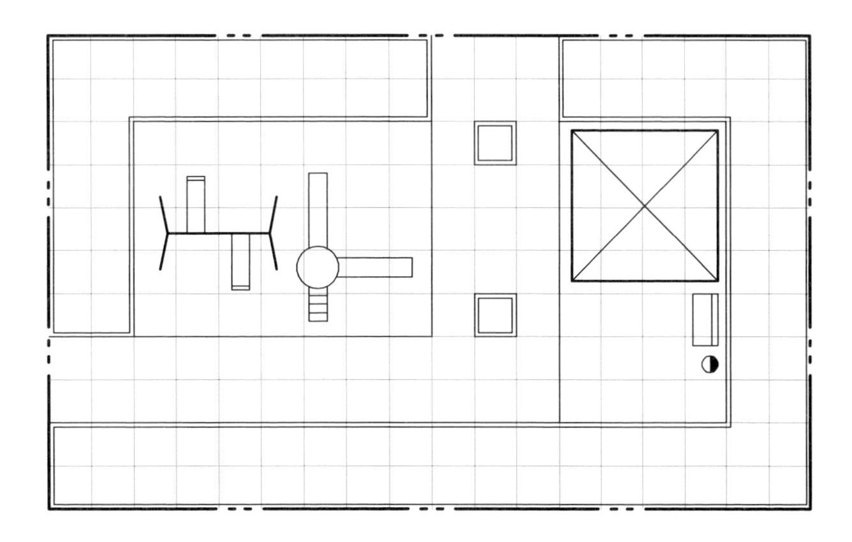

⑥ 공간명을 기입하고 포장의 표현 및 출입구와 단면도를 위한 절단선을 표기를 한다.

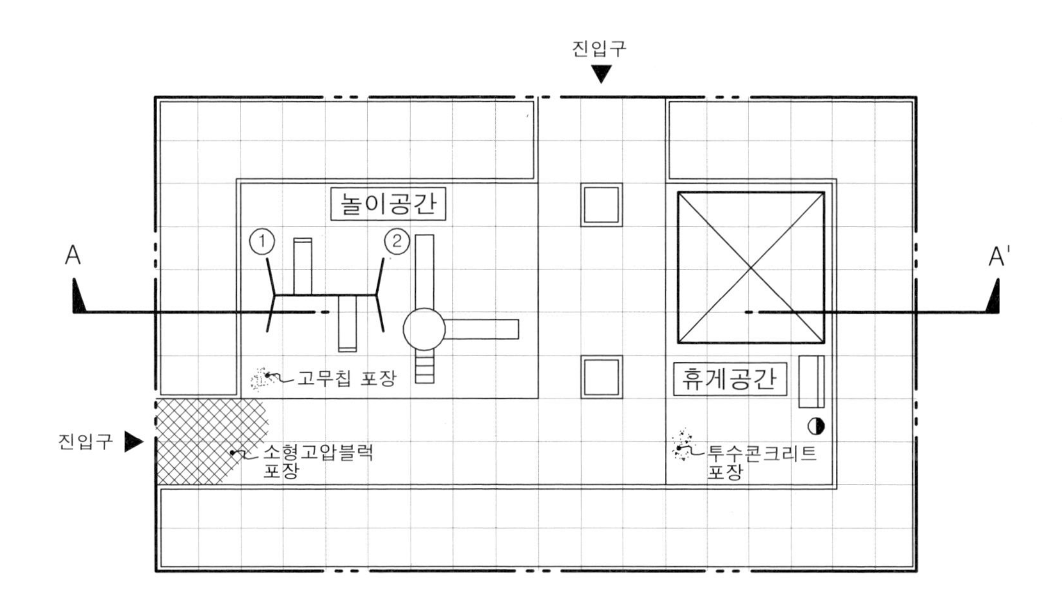

⑦ 외주부의 경계식재 및 녹음식재 등 기능적 식재를 먼저 작도한다.

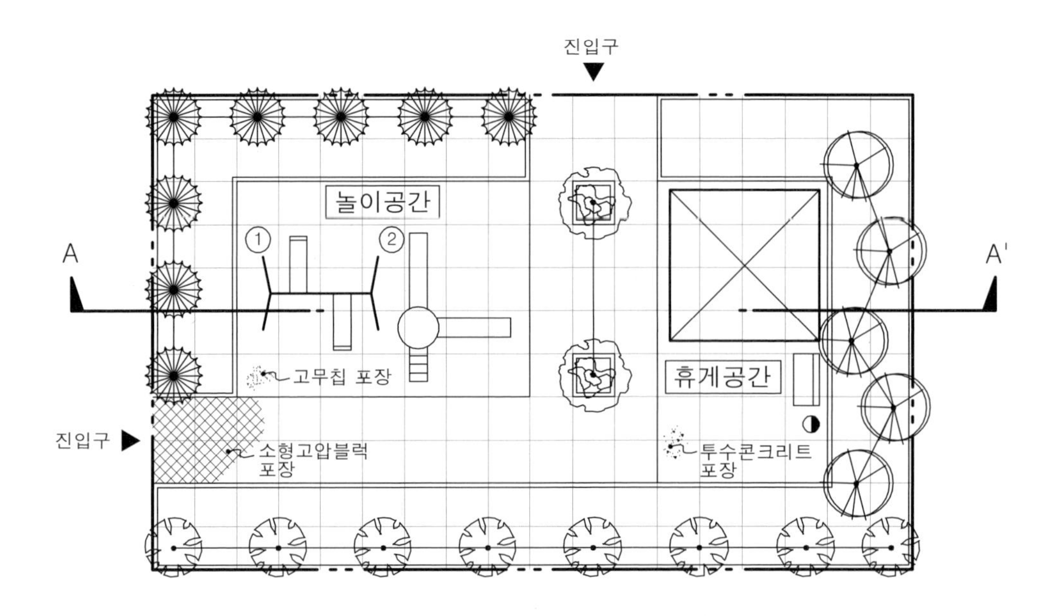

⑧ 나머지 공간에 경관식재, 유도식재, 울타리식재 등을 작도한다.

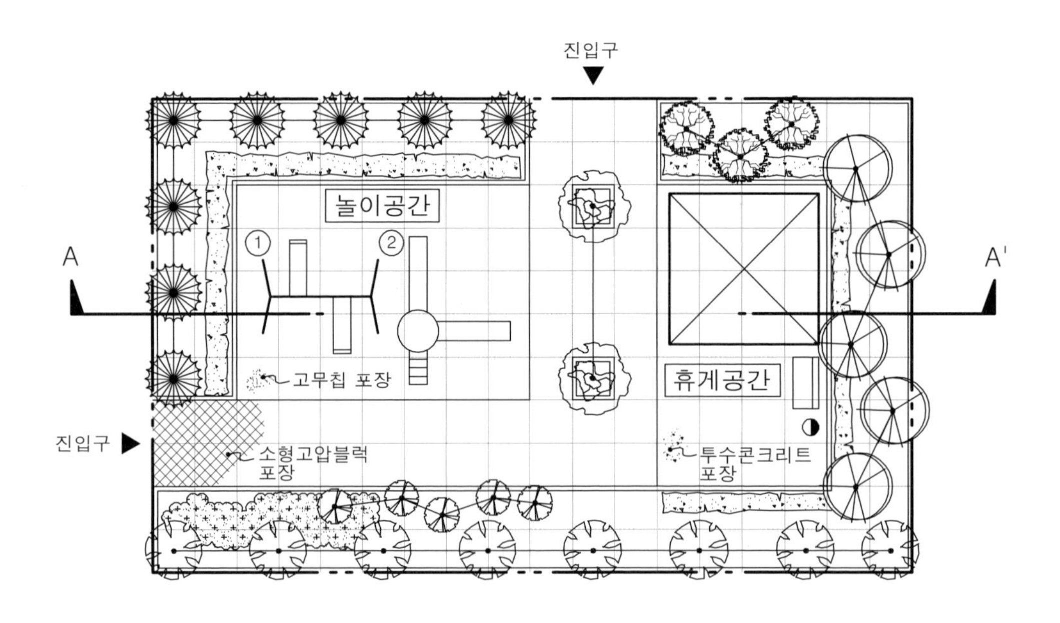

⑨ 수목수량을 산출한 후 인출선을 기입하여 도면작성을 완료하고, 필요 시 도면타이틀을 작성한다.

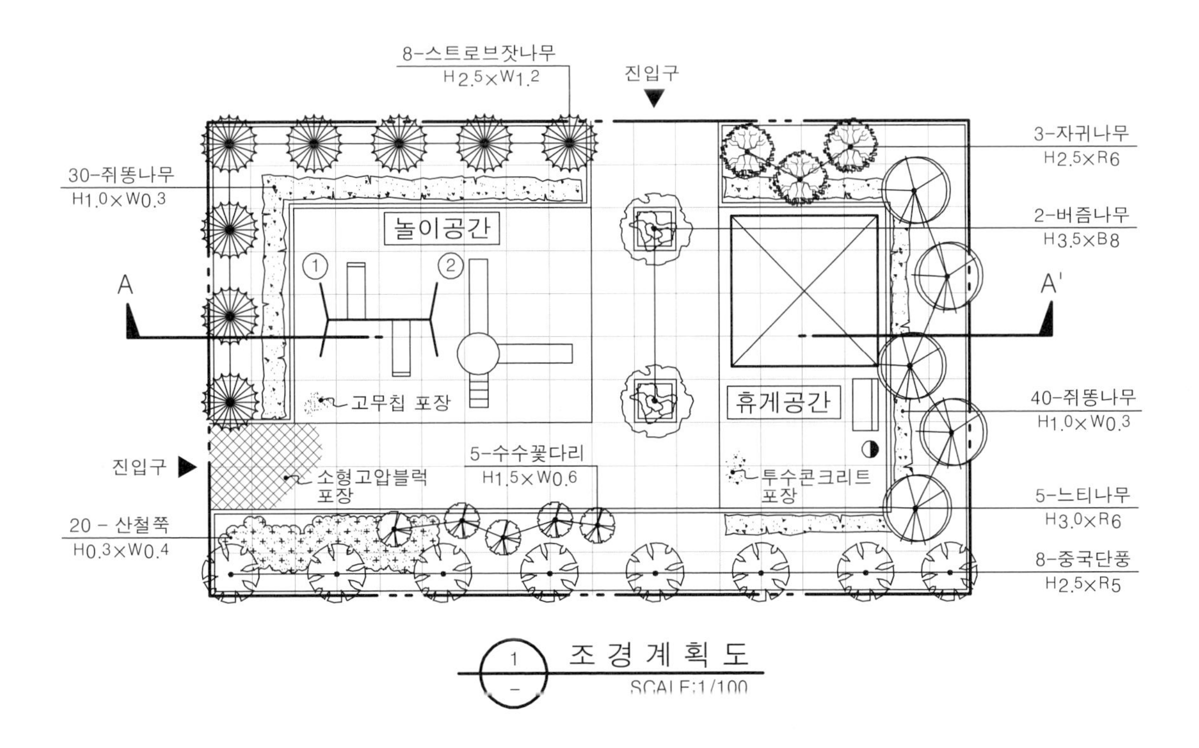

⑩ 단면작성 이해 : 절단선과 공간의 경계선이 교차한 곳(동그라미 부분)을 보조선으로 내려 긋고, 그에 맞추어 지면과 수목·시설물을 표현한다.

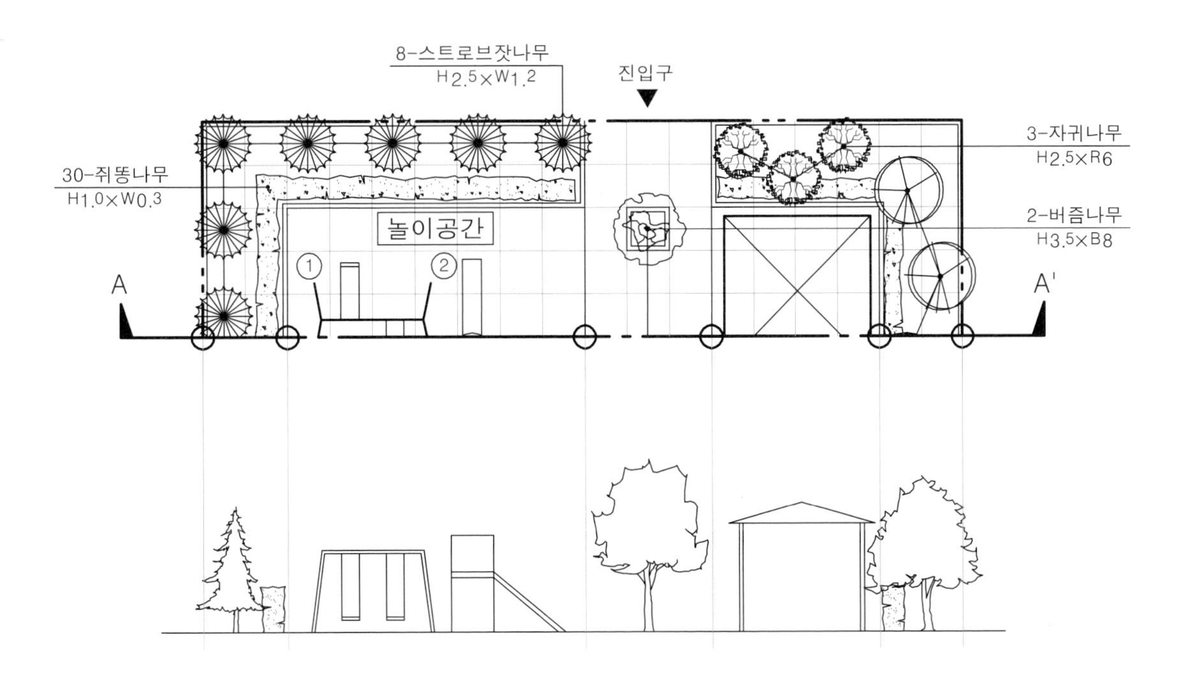

조경설계

3. 단면도 작성법

일반적으로 실기시험 시 주어진 부지 현황도에 단면도를 위한 절단선이 표시되어 있으므로 단면도를 그릴 위치와 방향을 잘 확인하여 작도해야 한다. 대지의 고저차가 있는 경우에는 고저차의 해결방안이 보여지도록 표현하고, 포장 및 기초 등의 요소들도 상세하게 작도할 수 있도록 한다.

① 평면도 작성법 ⑩과 같이 보조선을 긋고, 높이를 고려하여 지반면의 위치를 정한 후 위쪽으로 1m 간격의 보조선을 긋는다.

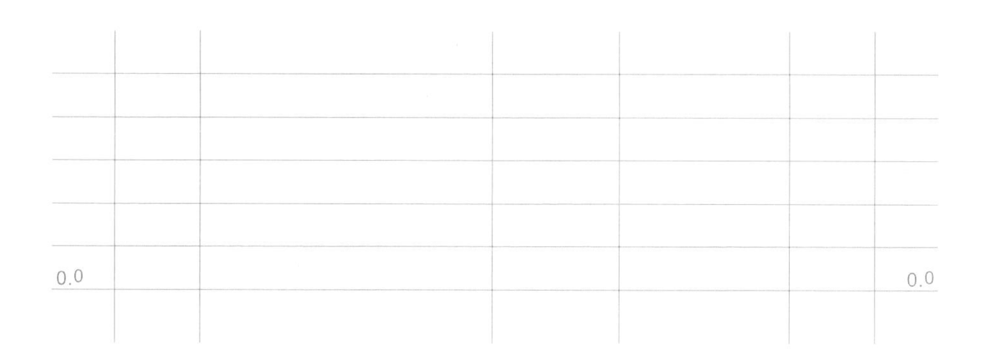

② 좌우측에 레벨을 표시하고, 지반의 고저에 맞추어 지반면을 그린 후 보조선을 참고하여 경계석 및 포장 상세도를 작도한다.

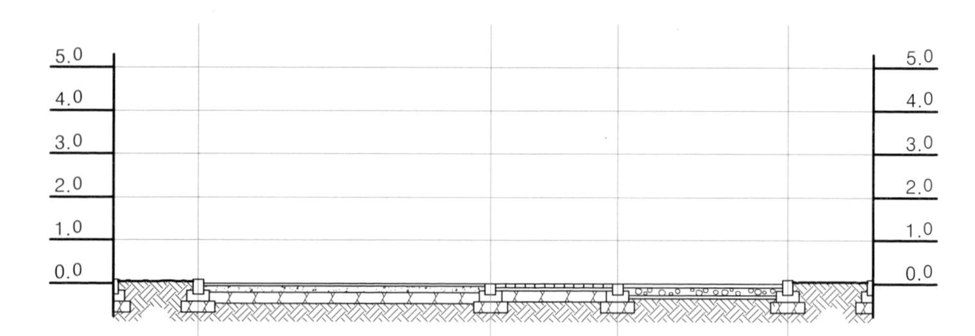

③ 공간별로 시설물과 수목의 입면을 그린다.

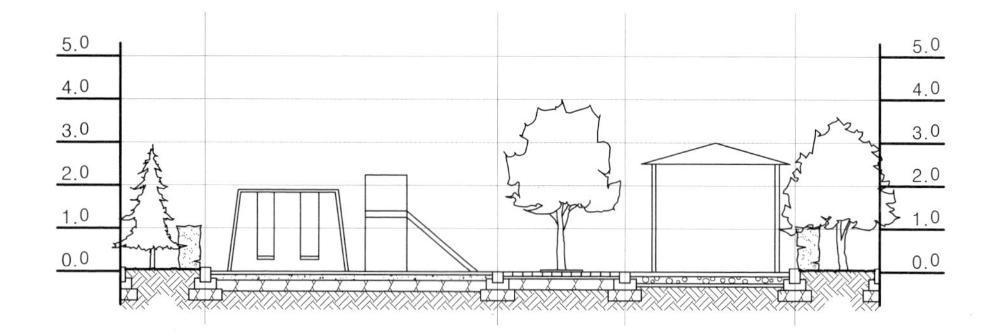

④ 재료의 표시 및 공간구획선, 지반고 등을 기입한다.

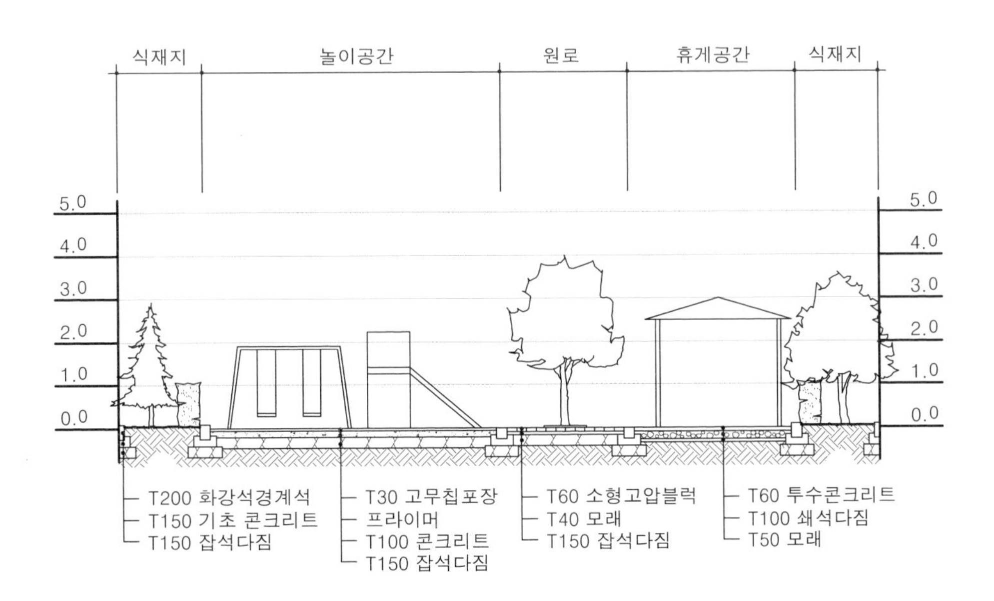

⑤ 인출선을 이용하여 특징이나 명칭 등을 기입하고, 도면 타이틀을 작성하여 완성한다.

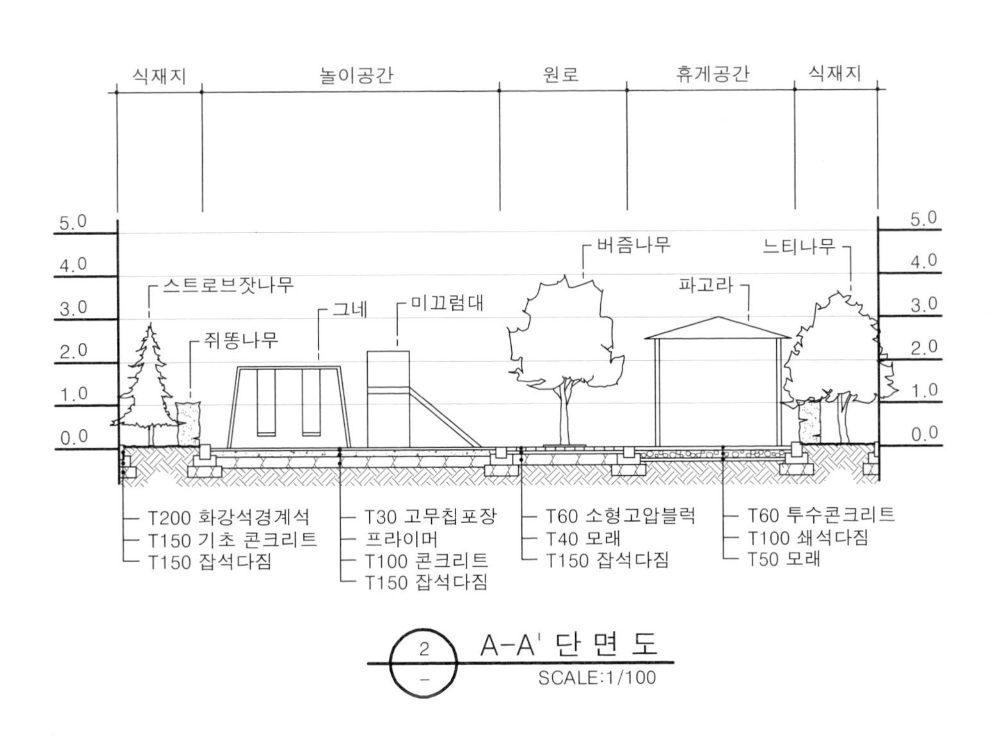

Chapter 3 기출문제

1. 조경설계의 가치

조경기능사는 설계를 위주로 하는 작업을 위한 자격증이 아니며, 현장의 시공인력을 확보하고, 그들에게 일정의 역할을 할 수 있는 능력을 요구하고 있다. 그런데 자격증시험에서는 점수의 비중으로 볼 때 설계가 50%를 차지하고 있다. 왜 필요하지도 않을 설계에 이렇게 시간을 쏟게 하는지 궁금할 것이다. 그 이유는 설계를 하든 시공을 하든 일단은 설계도면을 가지고 소통을 해야 하기 때문이다. 책임자만 알아야 하는, 책임자만 볼 줄 아는 것이 아닌 것이다. 또한, 설계를 하면서 창의적인 발상이나 방법들이 생기게 되어 더 좋은 아이디어를 도출할 수 있는 기회가 되기도 한다. 설계는 의사전달 도구로서의 역할과 아이디어 창출의 바탕이 된다는 것을 인식하며, 즐겁고, 책임감 있는 설계를 위해 도전해 보도록 한다.

2. 조경설계의 접근방법

조경기능사에 출제된 다양한 문제들을 게재하여 문제해결 능력을 높일 수 있도록 하였다. 학습자의 수준이나 학습시간을 고려하여 문제를 선택하고 준비한다면 좋은 결과로 나타날 것이다. 처음 설계를 하면서 문제의 요구조건을 한 번에 이해하고, 적용하여 설계를 하는 것은 매우 어려운 일이다. 조경기능사에 출제된 문제들은 쉬운 내용으로 이루어진 것도 있으나 꽤 어려운 문제들도 많이 있어, 처음에는 하나씩 차근차근 그려가면서 익혀야 한다. 요구조건을 어떻게 반영할 것인지, 반영한 내용은 어떻게 표현할 것인지, 또 절단된 부분은 어떤 형태로 그려야 하는지 등 많은 것이 혼란스럽게 할 수 있다. 그러나 이 책에서는 그렇게 혼란스럽지는 않을 것이다. 여기에는 각 문제마다 도면을 완전히 이해할 수 있도록 프리핸드로 그려진 부분평면도와 단면도, 그리고 전체적인 투시도가 함께 제공된다. 문제와 함께 제공되는 각종 도면을 이용하여 전체적인 설계내용을 이해하고 접근하여야 제도로 된 설계가 가능하며, 설계하는 중에도 오류를 줄일 수 있으며, 도면완성 시의 만족감도 높아질 것이다.

3. 요구조건에 따른 설계내용 이해

설계문제를 처음 접하면 일단은 한 번 '요구사항'과 '요구조건'을 쭉 읽어보는 것이 좋다. 일단 한 번 읽고 난 후, 다시 한 번 현황도와 비교하면서 어떤 요구를 하는지 머리 속에 넣어두는 것이 중요하다. 이 과정은 습관적인 패턴이 될 수 있도록 하는 것이 좋다.

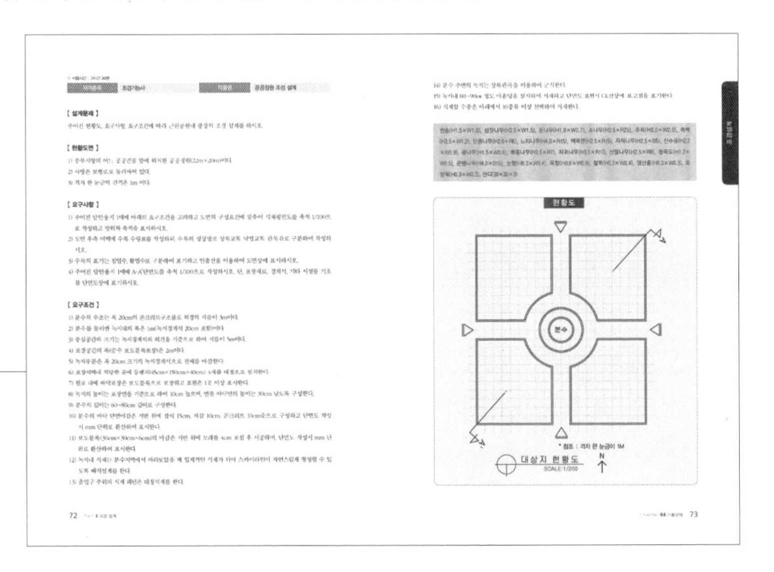

부분평면도는 학습자가 요구조건에 맞는 설계할 내용과 표현 방법을을 사전에 인지할 수 있도록 해주며, 단면도는 수직적 구조를 입단면의 형태로 나타내어 설계의 내용을 보다 쉽게 파악할 수 있도록 하였다. '요구조건'과 다른 위치와 방향도 알 수 있도록 하여 이해도를 높임과 동시에 단면도의 위치와 방향이 바뀌어 출제되는 경우에도 대처할 수 있도록 하였다.

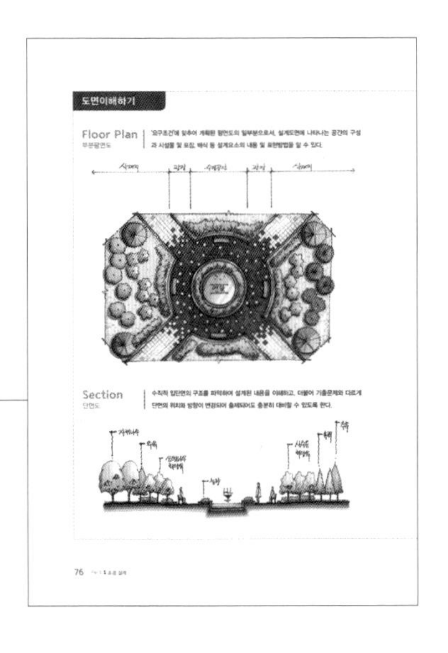

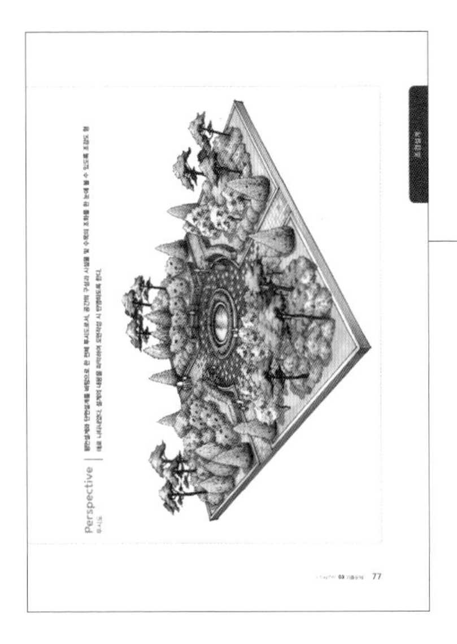

전체적인 투시도는 '요구조건'에 맞는 설계를 하였을 경우, 어떠한 외부공간이 만들어지는지를 머리 속에 담을 수 있어 설계하는 동안 계속적인 연상효과가 생긴다. '요구조건'이나 도면에 대한 이해가 부족하여도 전체적인 모습이 보이고, 설계 내용이 무엇인지를 한 눈에 알 수 있다. 특히, 단면도 작도 시 절단되는 위치의 형상을 입체적으로 알 수 있어, 단면도에 대한 이해와 작도에 많은 도움이 된다.

○ 시험시간 : 2시간 30분

자격종목	조경기능사	작품명	공공정원 조성 설계

【 설계문제 】

주어진 현황도, 요구사항, 요구조건에 따라 근린공원내 광장의 조경 설계를 하시오.

【 현황도면 】

1) 중부지방의 어느 공공건물 앞에 위치한 공공정원(22m×20m)이다.
2) 사방은 보행로로 둘러싸여 있다.
3) 격자 한 눈금의 간격은 1m 이다.

【 요구사항 】

1) 주어진 답안용지 1매에 아래의 요구조건을 고려하고 도면의 구성요건에 맞추어 식재평면도를 축척 1/100로 작성하고 방위와 축척을 표시하시오.
2) 도면 우측 여백에 수목 수량표를 작성하되, 수목의 성상별로 상록교목, 낙엽교목, 관목류로 구분하여 작성하시오.
3) 수목의 표기는 침엽수, 활엽수로 구분하여 표기하고 인출선을 이용하여 도면상에 표시하시오.
4) 주어진 답안용지 1매에 A-A′ 단면도를 축척 1/100로 작성하시오. 단, 포장재료, 경계석, 기타 시설물 기초를 단면도상에 표기하시오.

【 요구조건 】

1) 분수의 수조는 폭 20cm의 콘크리트구조물로 외경의 지름이 3m이다.
2) 분수를 둘러싼 녹지대의 폭은 1m(녹지경계석 20cm 포함)이다.
3) 중심공간의 크기는 녹지경계석의 외견을 기준으로 하여 지름이 5m이다.
4) 포장공간의 폭(순수 보도블록포장)은 2m이다.
5) 녹지부분은 폭 20cm 크기의 녹지경계석으로 전체를 마감한다.
6) 포장지역내 적당한 곳에 등벤치(45cm×150cm×40cm) 4개를 대칭으로 설치한다.
7) 원로 내에 바닥포장은 보도블록으로 포장하고 표현은 1곳 이상 표시한다.
8) 녹지의 높이는 포장면을 기준으로 하여 10cm 높으며, 연못 바닥면의 높이는 30cm 낮도록 구성한다,
9) 분수의 깊이는 60~80cm 깊이로 구성한다.
10) 분수의 바닥 단면마감은 지반 위에 잡석 15cm, 자갈 10cm, 콘크리트 10cm순으로 구성하고 단면도 작성시 mm 단위로 환산하여 표시한다.
11) 보도블록(30cm×30cm×6cm)의 마감은 지반 위에 모래를 4cm 포설 후 시공하며, 단면도 작성시 mm 단위로 환산하여 표시한다.
12) 녹지내 식재는 분수지역에서 바라보았을 때 입체적인 식재가 되어 스카이라인이 자연스럽게 형성될 수 있도록 배식설계를 한다.
13) 출입구 주위의 식재 패턴은 대칭식재를 한다.
14) 분수 주변의 녹지는 상록관목을 이용하여 군식한다,

15) 녹지내 60~90cm 정도 마운딩을 설치하여 식재하고 단면도 표현시 GL선상에 표고점을 표기한다.
16) 식재할 수종은 아래에서 10종류 이상 선택하여 식재한다.

빈송(H1.5×W1.0), 섬잣나무(H3.5×W1.5), 돈나무(H1.0×W0.7), 소나무(H3.5×R25), 주목(H3.0×W2.0), 측백(H3.5×W1.2), 단풍나무(H2.0×R6), 느티나무(H4.0×R15), 백목련(H2.5×R15), 자작나무(H2.5×B5), 산수유(H2.0×W0.9), 광나무(H1.5×W0.6), 배롱나무(H2.5×R7), 자귀나무(H3.5×R10), 산딸나무(H2.5×R8), 협죽도(H1.2×W0.5), 은행나무(H4.0×B15), 눈향(H0.3×W0.4), 옥향(H0.6×W0.9), 철쭉(H0.3×W0.4), 영산홍(H0.3×W0.3), 회양목(H0.3×W0.3), 잔디(30×30×3)

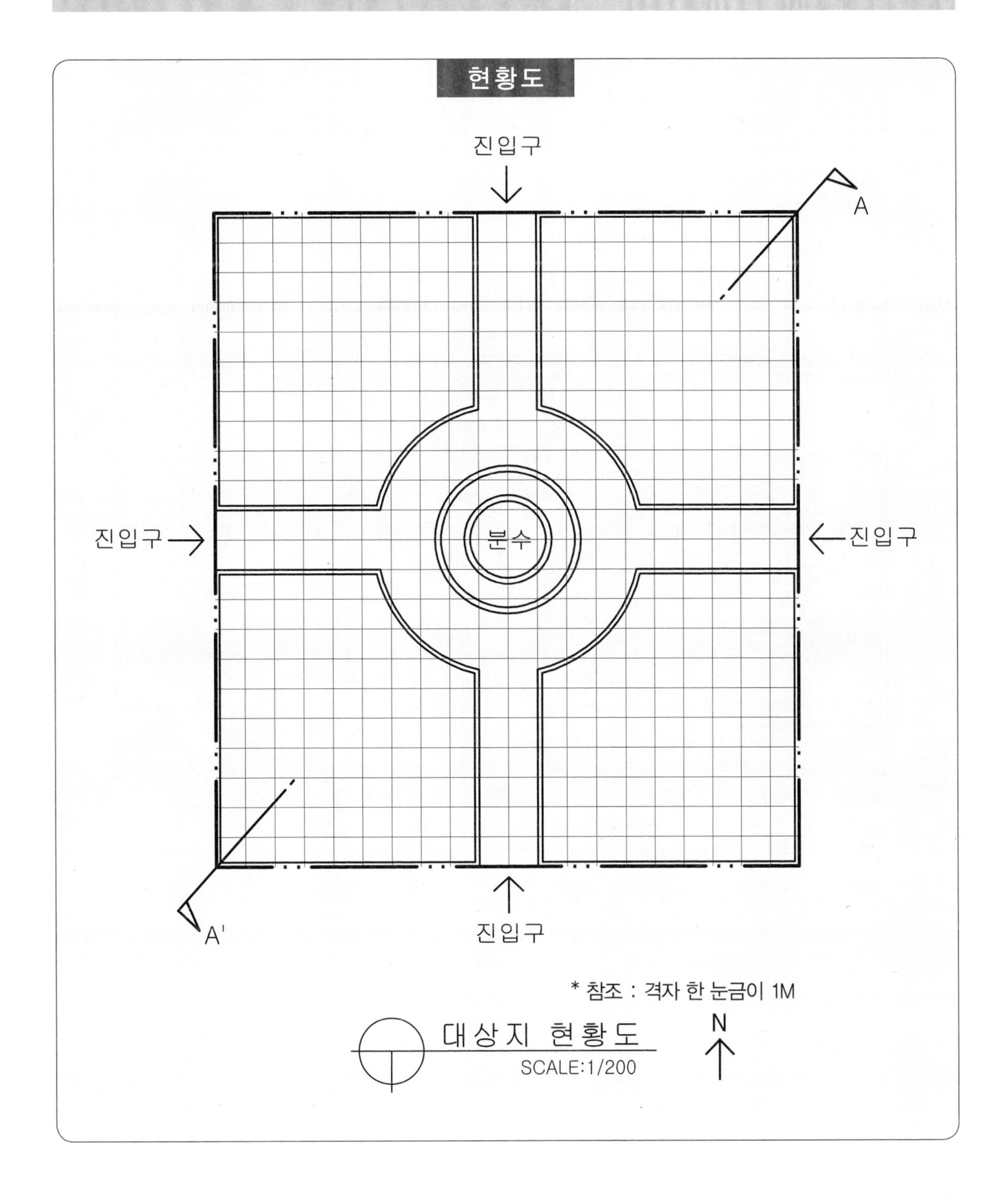

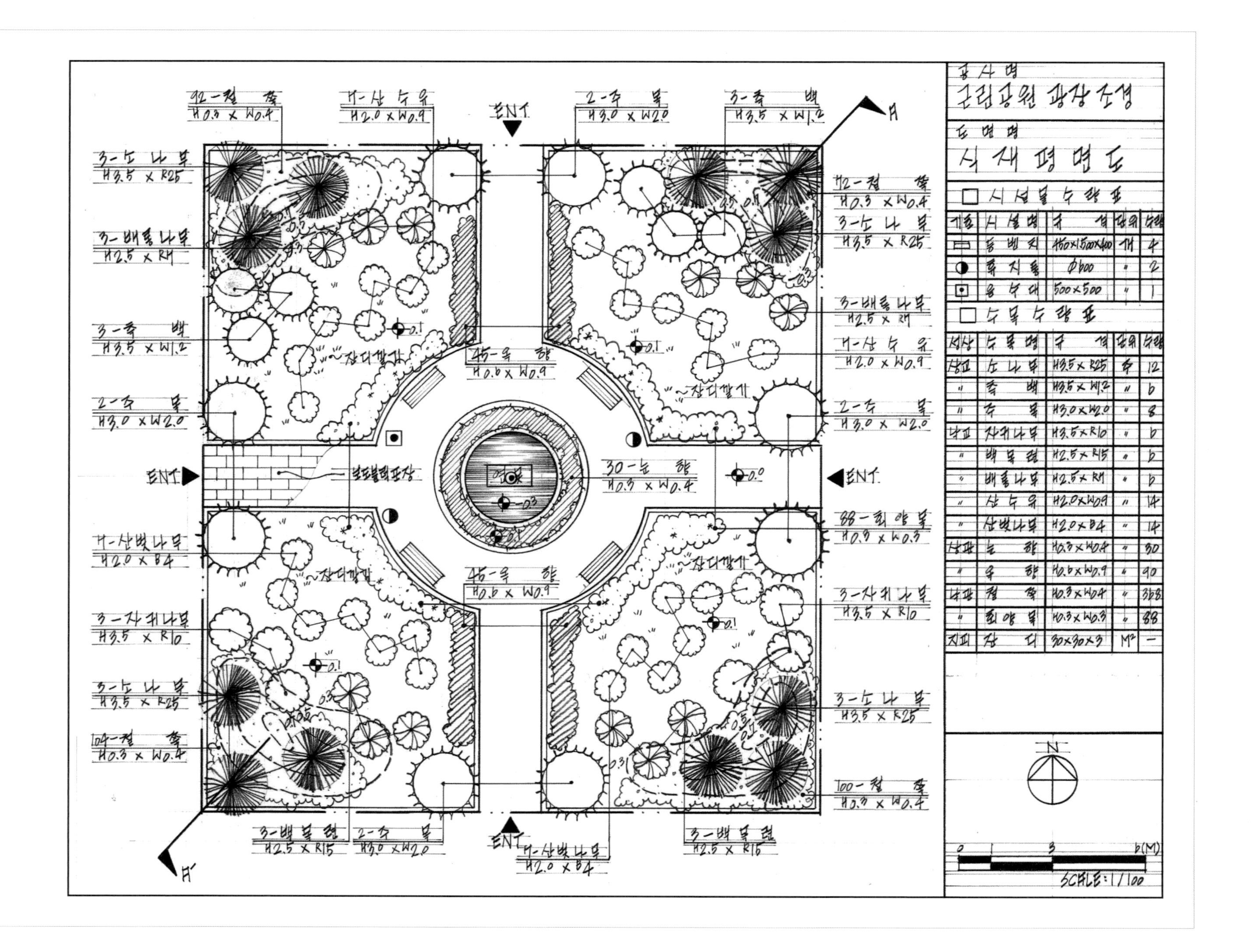
공사명
근린공원 광장조성
도면명
식재평면도
□ 시설물 수량표
기호 시설명 규격 단위 수량
등벤치 450×1500×400 개 4
휴지통 Φ600 〃 2
음수대 500×500 〃 1
□ 수목 수량표
성상 수목명 규격 단위 수량
상교 소나무 H3.5×R25 주 12
〃 측백 H3.5×W1.2 〃 6
〃 주목 H3.0×W2.0 〃 8
낙교 자작나무 H3.5×R10 〃 6
〃 배롱나무 H2.5×R4 〃 6
〃 산수유 H2.0×W0.9 〃 14
〃 산벚나무 H2.0×B4 〃 14
상관 눈향 H0.3×W0.4 〃 30
〃 옥향 H0.6×W0.9 〃 90
낙관 철쭉 H0.3×W0.4 〃 368
〃 회양목 H0.3×W0.3 〃 88
지피 잔디 30×30×3 M² —
N
SCALE : 1/100
ENT.
잔디깔기
보도블럭포장
A
A'

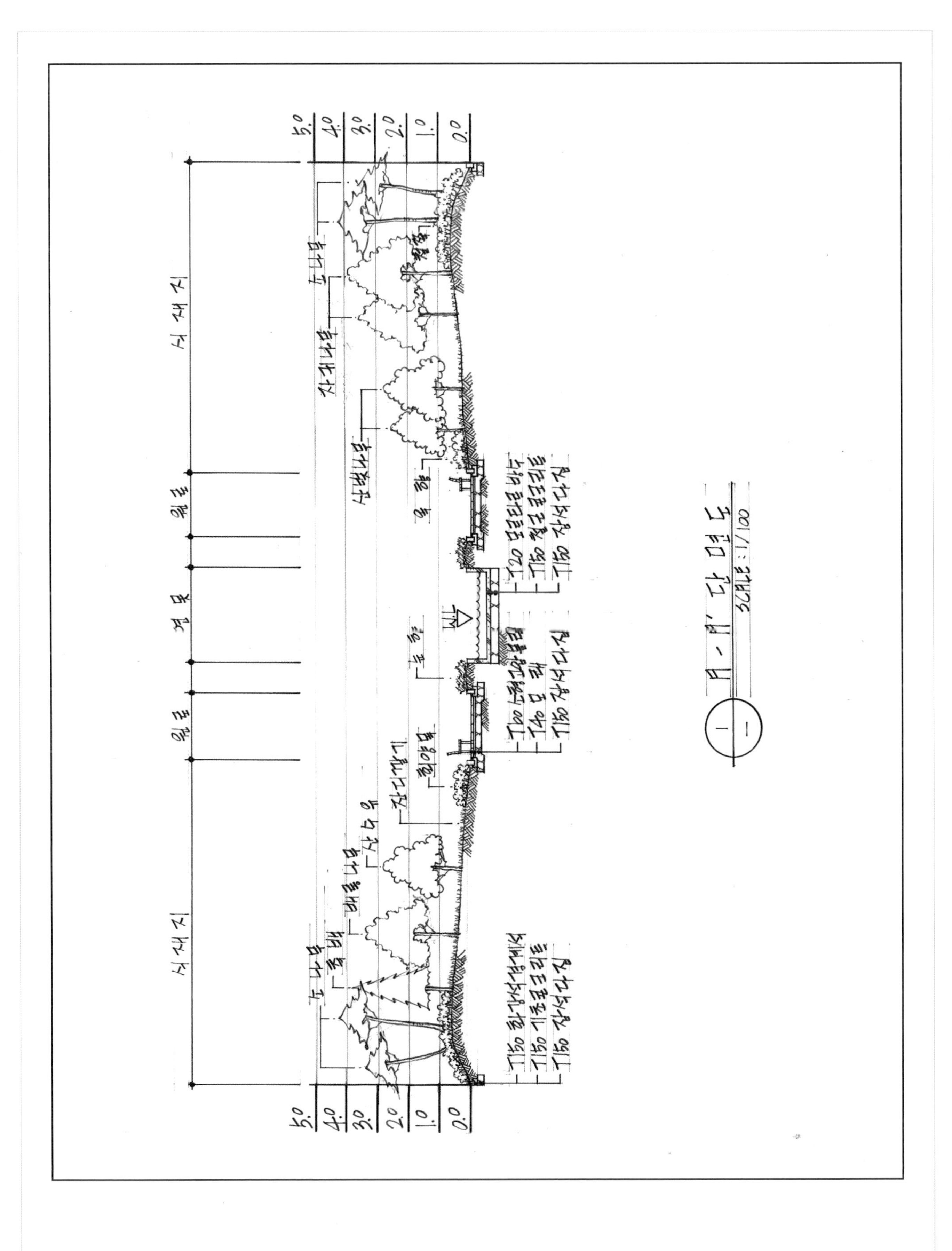

조경설계

도면이해하기

Floor Plan
부분평면도

'요구조건'에 맞추어 계획된 평면도의 일부분으로서, 설계도면에 나타나는 공간의 구성과 시설물 및 포장, 배식 등 설계요소의 내용 및 표현방법을 알 수 있다.

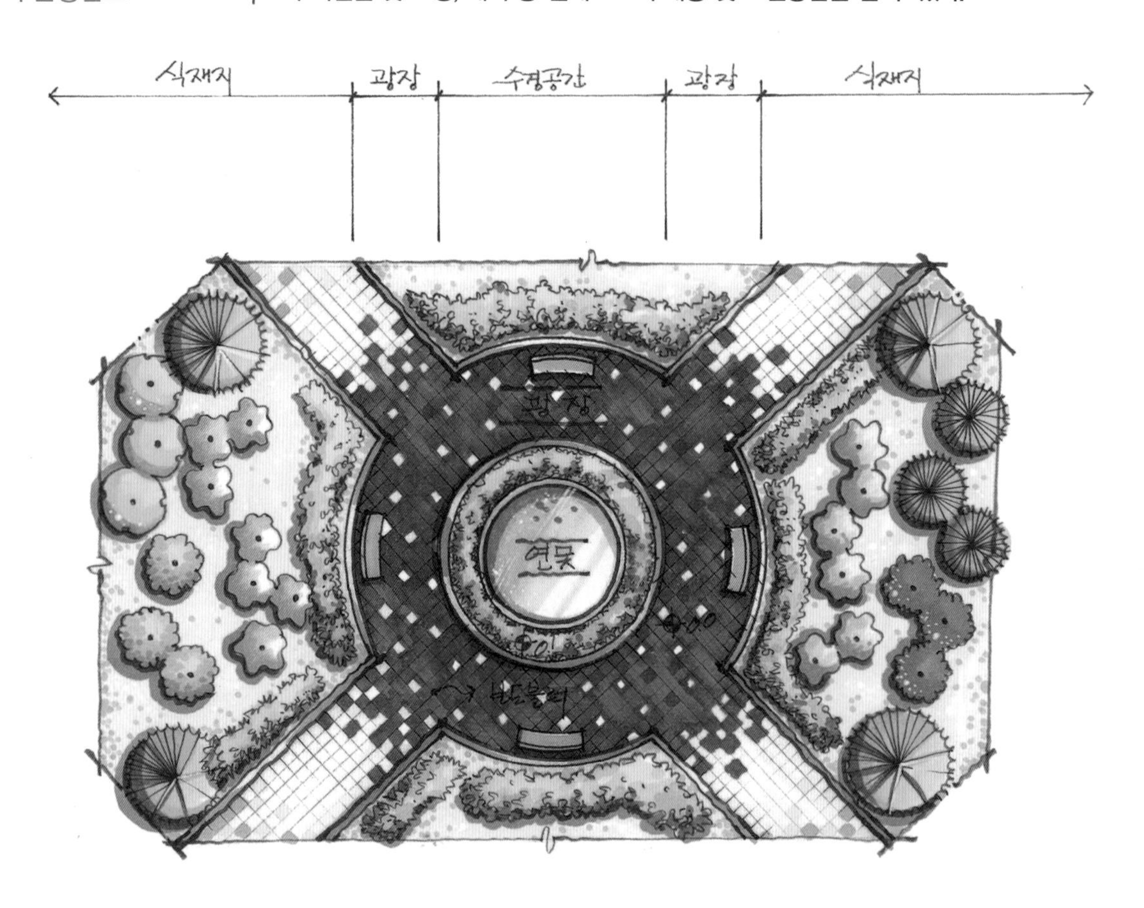

Section
단면도

수직적 입단면의 구조를 파악하여 설계된 내용을 이해하고, 더불어 기출문제와 다르게 단면의 위치와 방향이 변경되어 출제되어도 충분히 대비할 수 있도록 한다.

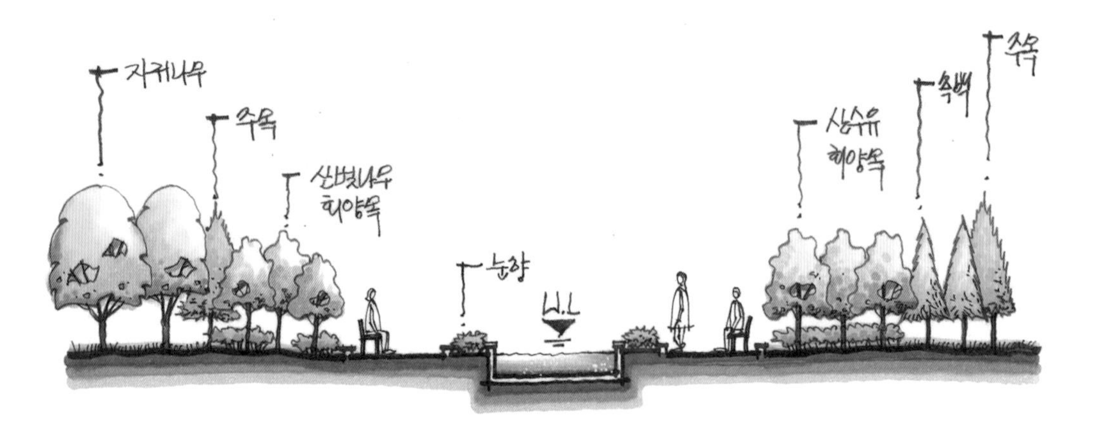

Perspective
투시도

평면설계와 단면설계를 바탕으로 한 전체 투시도로서, 공간의 구성과 시설물 및 수목의 조화를 한 눈에 볼 수 있도록 조감도 형태로 나타내었다. 설계의 내용을 파악하여 도면작성 시 반영하도록 한다.

○ 시험시간 : 2시간 30분

자격종목	조경기능사	작품명	광장 조성 설계

【 설계문제 】

주어진 현황도, 요구사항, 요구조건에 따라 근린공원내 광장의 조경 설계를 하시오.

【 현황도면 】

1) 중부지방의 어느 도시에 있는 근린공원내 광장조경(24m×16m)이다.
2) 중심부에는 8각정자(400cm×400cm×350cm)와 벽체 두께가 20cm인 연못이 동선의 포장면으로부터 60cm 깊이로 동서방향으로 구성되어 있다.
3) 남북방향으로는 수목보호홀 덮개(100cm×100cm×40cm)가 8개 조성되어 있다.
4) 격자 한 눈금의 간격은 1m이다.

【 요구사항 】

1) 주어진 답안용지 1매에 아래의 요구조건을 고려하고 도면의 구성요건에 맞추어 식재평면도를 축척 1/100로 작성하고 방위와 축척을 표시하시오.
2) 도면 우측 여백에 수목 수량표를 작성하되, 수목의 성상별로 상록교목, 낙엽교목, 관목류로 구분하여 작성하시오.
3) 수목의 표기는 침엽수, 활엽수로 구분하여 표기하고 인출선을 이용하여 도면상에 표시하시오.
4) 주어진 답안용지 1매에 A-A′ 단면도를 축척 1/100로 작성하시오. 단, 포장재료, 경계석, 기타 시설물 기초를 단면도상에 표기하시오.

【 요구조건 】

1) 동선의 폭(옹벽 제외)은 4m이다.
2) 포장지역내 적당한 곳에 평벤치(40cm×120cm×40cm) 8개를 대칭으로 설치한다.
3) 휴지통(파이40cm×60cm)은 벤치와 연계하여 4개를 설치한다.
4) 현황도를 참고하여 부지의 중심부에 8각정자(400cm×400cm×350cm)를 설치한다.
5) 연못은 8각정자와 연계하여 동서방향으로 실제 물을 넣을 수 있는 폭이 60cm로 설치한다.
6) 녹지는 포장면보다 60cm 높게 성토하고 경계부 전체를 콘크리트 옹벽에 화강석판석붙이기로 마감하고 단면도 작성시 지점표고를 표시한다.
7) 소형 고압블록(22cm×11cm×6cm)의 마감은 지반 위에 잡석 20cm, 자갈 15cm, 모래를 4cm 포설 후 시공하며 단면도 작성시 mm 단위로 환산하여 표시한다.
8) 수목보호홀 덮개(100cm×100cm×40cm)가 표시된 지역에는 녹음식재를 한다.
9) 녹지내 식재는 팔각정자에서 바라보았을 때 입체적인 식재가 되어 스카이라인이 자연스럽게 형성될 수 있도록 배식설계를 한다.
10) 동서방향의 출입구쪽에 상록교목을 이용하여 지표식재한다.
11) 남북방향의 출입구쪽에 낙엽교목을 이용하여 대칭식재한다.
12) 녹지 모서리 부분은 상록교목을 이용하여 대칭식재한다.
13) 벤치 주변은 녹음식재로 한다.

14) 출입구 주위의 식재 패턴은 대칭식재를 한다.

15) 평면도 답안지 하단에 아래와 같이 그린 후 녹지면적(경계석 포함)을 계산하여 써 넣으시오.

구분	계산식	답
녹지 1개소 면적		
전체 녹지 면적		

16) 식재할 수종은 아래에서 8종류 이상 선택하여 식재한다.

반송(H1.5×W2.0), 돈나무(H1.0×W0.7), 느티나무(H4.0×R12), 배롱나무(H2.5×R7), 소나무(H4.0×W2.0×R15), 청단풍(H2.0×R6), 산딸나무(H2.5×R8), 주목(H4.0×W2.0), 산수유(H2.0×W0.9), 수수꽃다리(H2.5×W2.0×R5), 광나무(H1.5×W0.6), 홍단풍(H2.5×R8), 자작나무(H2.5×B5), 눈향(H0.3×W0.4), 옥향(H0.6×W0.9), 철쭉(H0.3×W0.4), 영산홍(H0.3×W0.3), 조릿대(H0.6×W0.3), 회양목(H0.3×W0.3), 잔디(30×30×3)

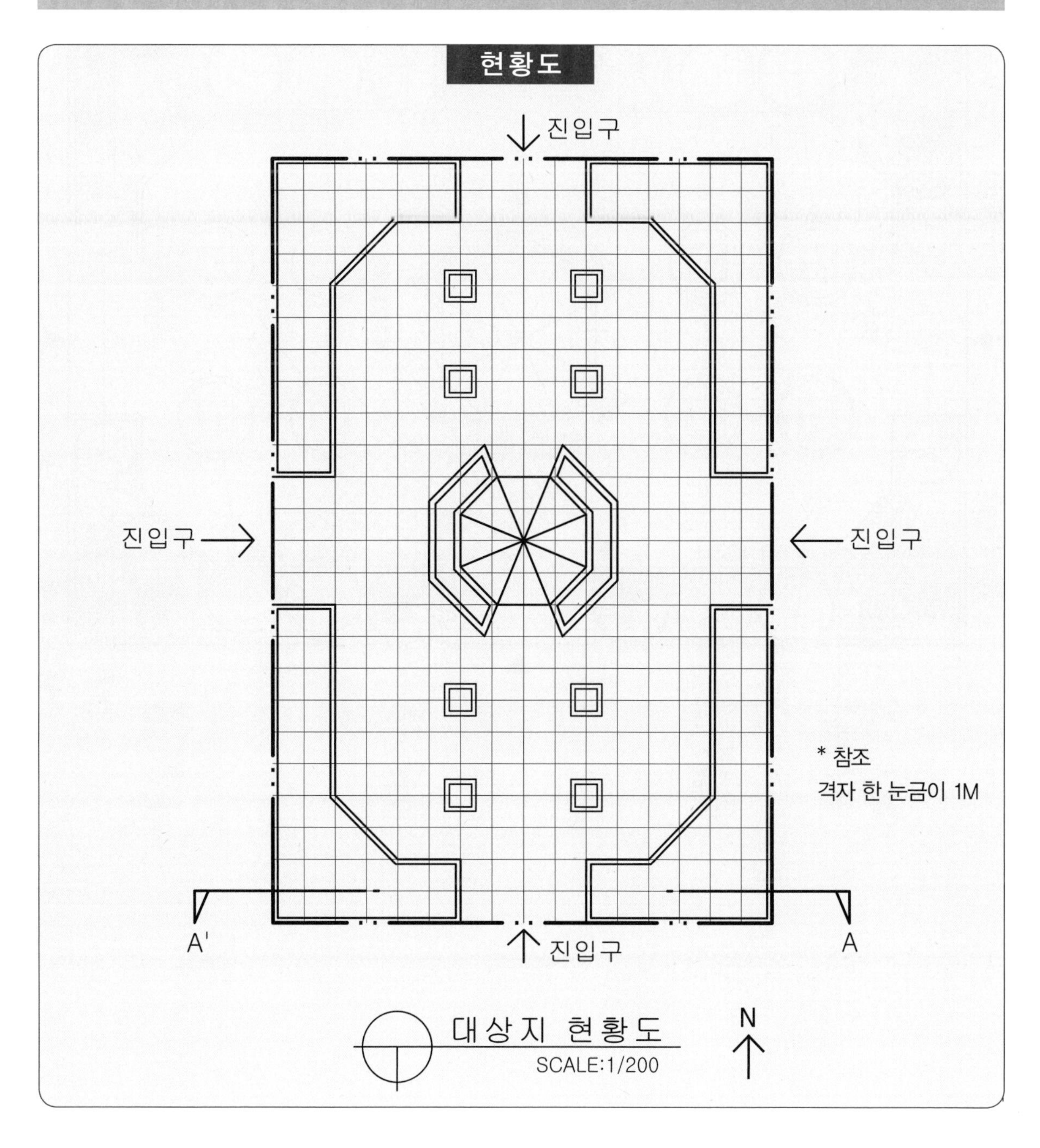

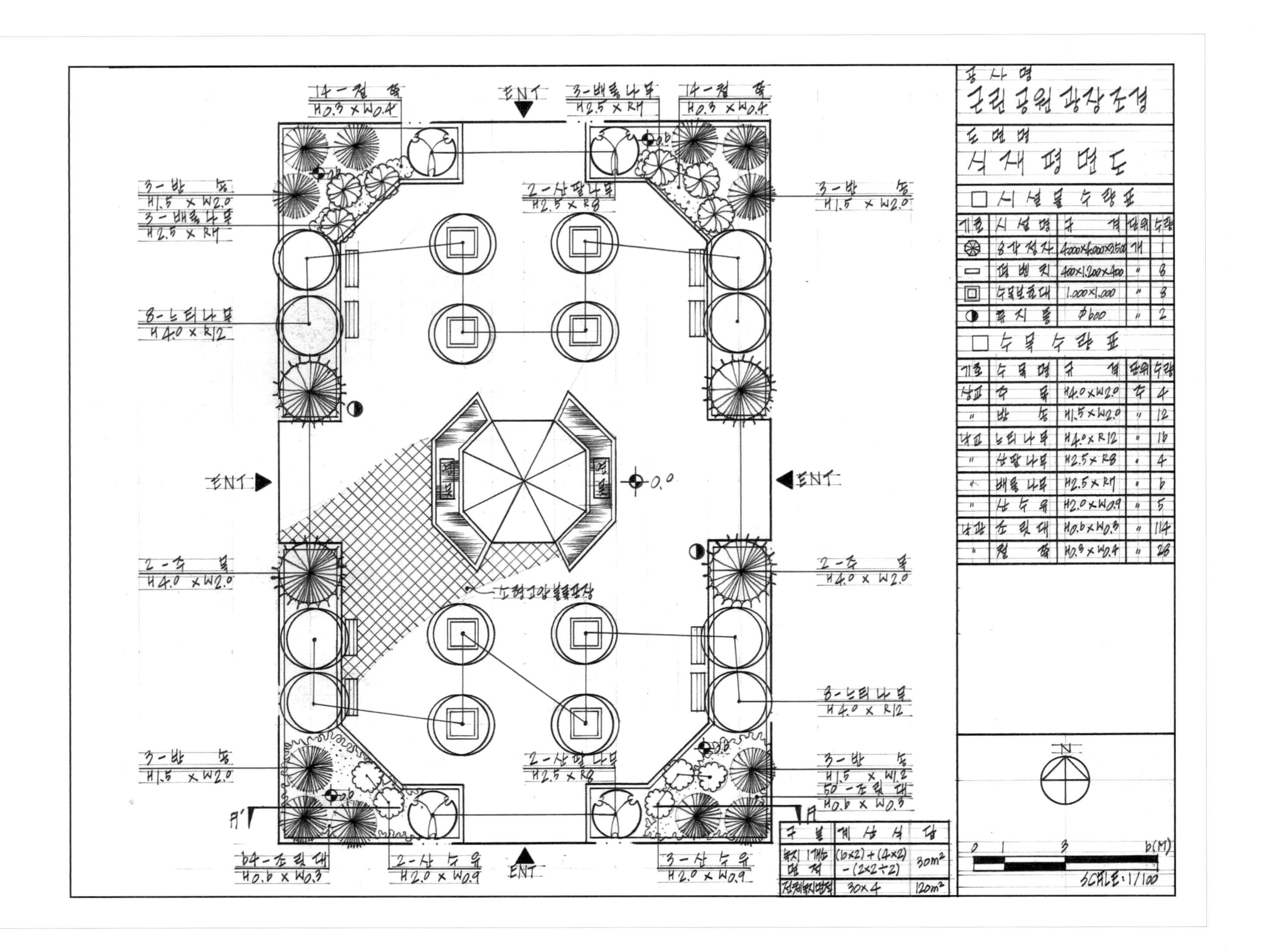

공사명
근린공원광장조경
도면명
식재평면도
□ 시설물 수량표
기호 | 시설명 | 규격 | 단위 | 수량
팔각정자 | 4000×4000×2500 | 개 | 1
평벤치 | 400×1200×400 | " | 8
수목보호대 | 1,000×1,000 | " | 8
휴지통 | φ600 | " | 2
□ 수목수량표
기호 | 수목명 | 규격 | 단위 | 수량
상교 | 주목 | H4.0×W2.0 | 주 | 4
" | 반송 | H1.5×W2.0 | " | 12
낙교 | 느티나무 | H4.0×R12 | " | 16
" | 산딸나무 | H2.5×R8 | " | 4
" | 배롱나무 | H2.5×R7 | " | 6
" | 산수유 | H2.0×W0.9 | " | 5
낙관 | 조릿대 | H0.6×W0.3 | " | 114
" | 철쭉 | H0.3×W0.4 | " | 28
N
0 1 3 6(M)
SCALE:1/100
구분 | 계산식 | 면적
휴지 1개소 면적 | (6×2)+(4×2) -(2×2÷2) | 30m²
전체부지면적 | 30×4 | 120m²
14-철쭉 H0.3×W0.4
3-배롱나무 H2.5×R7
14-철쭉 H0.3×W0.4
3-반송 H1.5×W2.0
3-배롱나무 H2.5×R7
2-산딸나무 H2.5×R8
3-반송 H1.5×W2.0
8-느티나무 H4.0×R12
ENT
0.0
2-주목 H4.0×W2.0
2-주목 H4.0×W2.0
소형고압블록포장
8-느티나무 H4.0×R12
3-반송 H1.5×W2.0
2-산딸나무 H2.5×R8
3-반송 H1.5×W1.2
50-조릿대 H0.6×W0.3
64-조릿대 H0.6×W0.3
2-산수유 H2.0×W0.9
3-산수유 H2.0×W0.9
A'
A

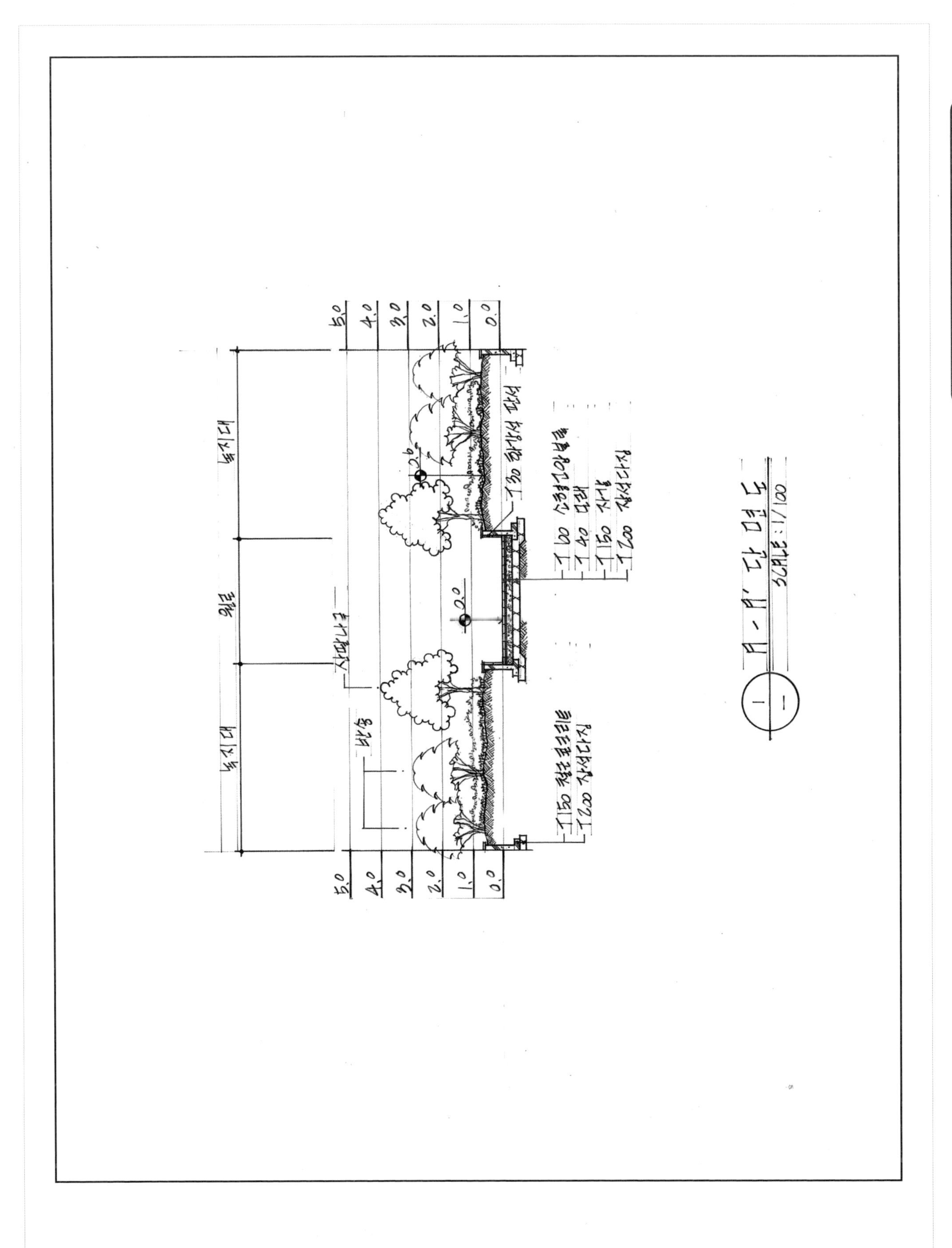
녹지대
녹지대
A-A' 단면도
SCALE : 1/100

도면이해하기

Floor Plan
부분평면도

'요구조건'에 맞추어 계획된 평면도의 일부분으로서, 설계도면에 나타나는 공간의 구성과 시설물 및 포장, 배식 등 설계요소의 내용 및 표현방법을 알 수 있다.

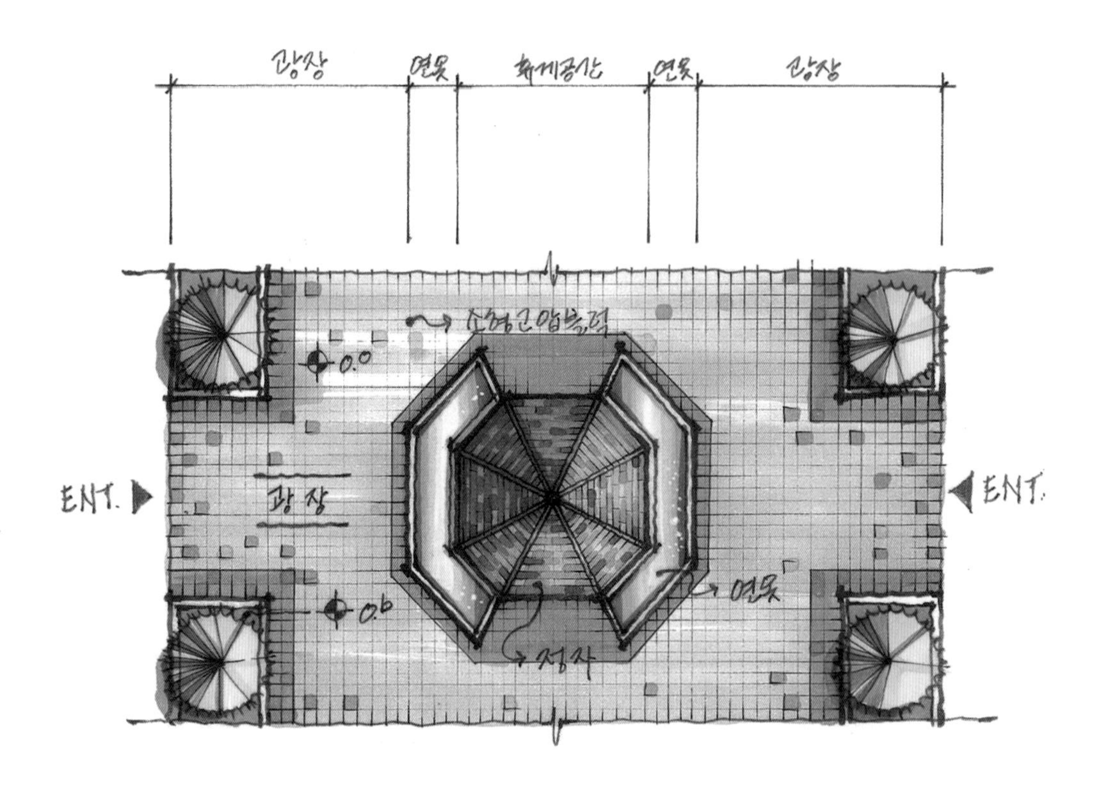

Section
단면도

수직적 입단면의 구조를 파악하여 설계된 내용을 이해하고, 더불어 기출문제와 다르게 단면의 위치와 방향이 변경되어 출제되어도 충분히 대비할 수 있도록 한다.

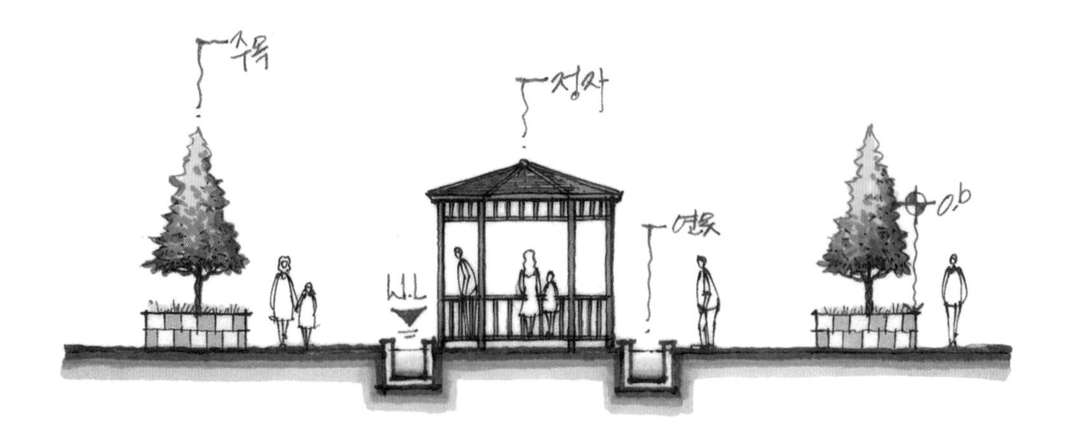

Perspective
투시도

평면설계와 단면설계를 바탕으로 한 전체 투시도로서, 공간의 구성과 시설물 및 수목의 조화를 한 눈에 볼 수 있도록 조감도 형태로 나타내었다. 설계의 내용을 파악하여 도면작성 시 반영하도록 한다.

○ 시험시간 : 2시간 30분

자격종목	조경기능사	작품명	도로변소공원

【 설계문제 】

우리나라 중부지역에 위치한 도로변의 소공원 공간에 대한 조경설계를 하고자 한다. 주어진 현황도 및 아래 사항을 참조하여 설계조건에 따라 조경계획도를 작성하시오.(단, 2점 쇄선 안 부분이 조경설계 대상지임)

【 요구사항 】

1) 식재평면도를 위주로 한 조경계획도를 축척 1/100로 작성하시오.(지급용지 1)
2) 도면 오른쪽 위에 작업명칭을 작성하시오.
3) 도면 오른쪽에는 "중요시설물 수량표와 수목(식재) 수량표"를 작성하고, 수량표 아래쪽 "방위와 막대축척"을 그려 넣으시오.(단, 전체 대상지의 길이를 고려하여 범례표의 폭을 조정할 수 있다.)
4) 도면의 전체적인 안정감을 위하여 "테두리선"을 넣으시오.
5) B-B′ 단면도를 축척 1/100로 작성하시오.(지급용지 2)

【 요구조건 】

1) 해당 지역은 도로변의 자투리 공간을 이용하여 휴식 및 어린이들이 즐길 수 있는 소공원으로, 공원의 특징을 고려하여 조경계획도를 작성한다.
2) 포장지역을 제외한 곳에는 가능한 식재를 실시한다.(녹지공간은 빗금친 부분)
3) 포장지역은 "소형고압블록, 콘크리트, 모래, 마사토, 투수콘크리트 등"을 적당한 위치에 선택하여 표시하고, 포장명을 기입한다.
4) "가" 지역은 기념공간으로 상징조각물을 설치하고, 주변에 앉아서 쉴 수 있도록 계획·설계한다.
5) "나" 지역은 어린이들의 놀이공간으로 계획하고, 그 안에 놀이시설을 3종 이상 배치한다.
6) "다" 지역은 주차공간으로 소형자동차(3×5m) 3대가 주차할 수 있는 공간으로 계획하고 설계한다.
7) "라" 지역은 휴식공간으로 이용자들의 편안한 휴식을 위해 퍼걸러(3.5×7m) 1개와 앉아서 휴식을 즐길 수 있도록 등벤치 1개를 계획·설계한다.
8) 대상지 내에 보행자 통행에 지장을 주지 않는 곳에 2인용 평상형 벤치(1,200×500mm) 4개(단, 퍼걸러 안에 설치된 벤치는 제외), 휴지통 3개소를 설치한다.
9) 대상지 내에는 유도식재, 녹음식재, 경관식재, 소나무 군식 등의 식재 패턴을 필요한 곳에 적당히 배식하고, 필요한 곳에 수목보호대를 설치하여 포장 내에 식재를 한다.
10) 수목은 아래에 주어진 수종 중에서 종류가 다른 10가지를 선정하여 골고루 안정적인 배식이 될 수 있도록 계획하며, 인출선을 이용하여 수량, 수종명칭, 규격을 반드시 표기한다.
11) B-B′ 단면도는 경사, 포장재료, 경계선 및 기타 시설물의 기초, 주변의 수목, 중요시설물, 이용자 등을 단면도상에 반드시 표기한다.

소나무(H4.0×W2.0), 소나무(H3.0×W1.5), 소나무(H2.5×W1.2), 스트로브잣나무(H2.5×W1.2), 스트로브잣나무(H2.0×W1.0), 왕벚나무(H4.5×B15), 버즘나무(H3.5×B8), 느티나무(H3.0×R6), 청단풍(H2.5×R8), 중국단풍(H2.5×R5), 자귀나무(H2.5×R6), 산딸나무(H2.0×R5), 산수유(H2.5×R7), 꽃사과(H2.5×R5), 수수꽃다리(H1.5×W0.6), 병꽃나무(H1.0×W0.4), 쥐똥나무(H1.0×W0.3), 명자나무(H0.6×W0.4), 산철쭉(H0.3×W0.4), 자산홍(H0.3×W0.3), 조릿대(H0.6×7가지)

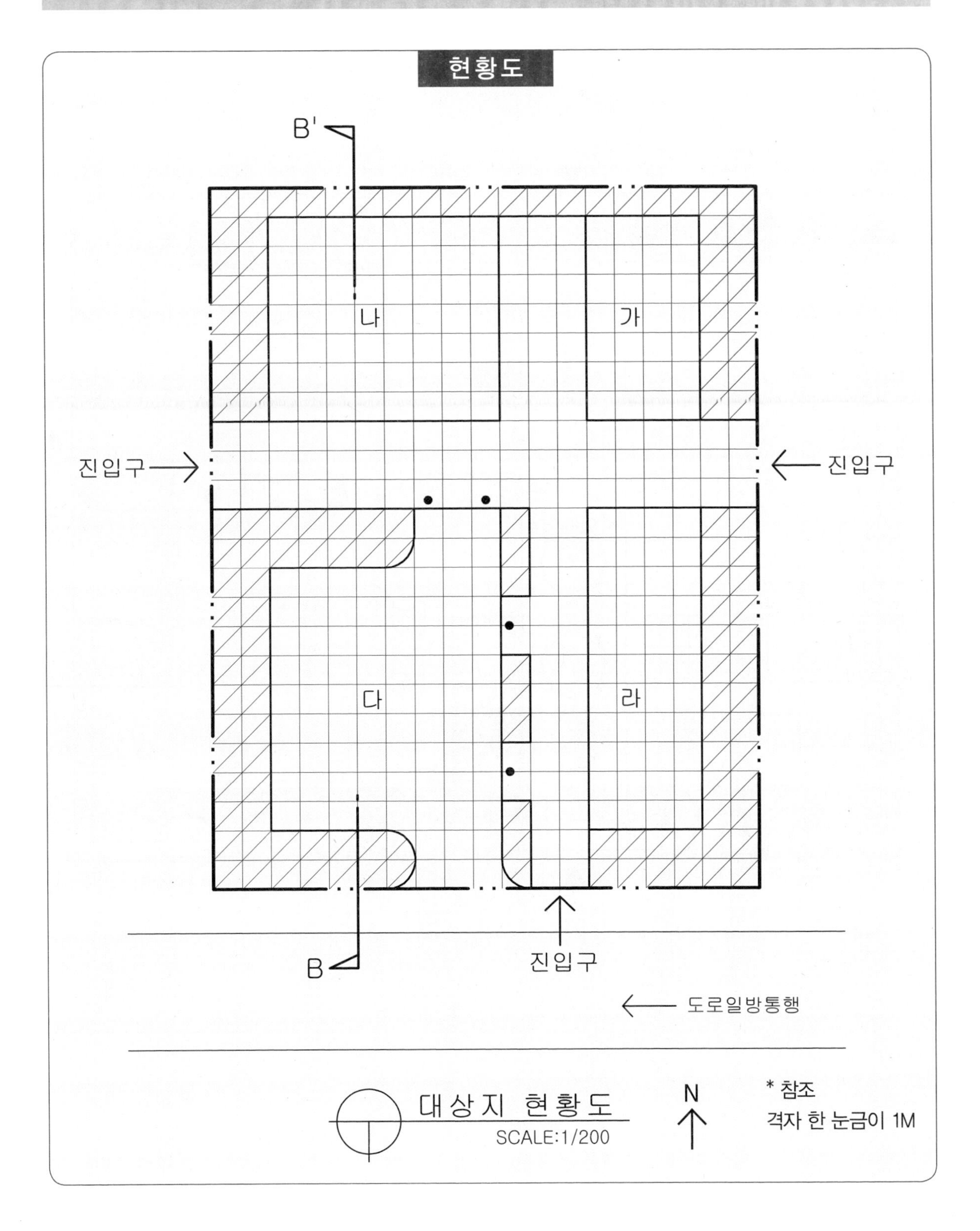

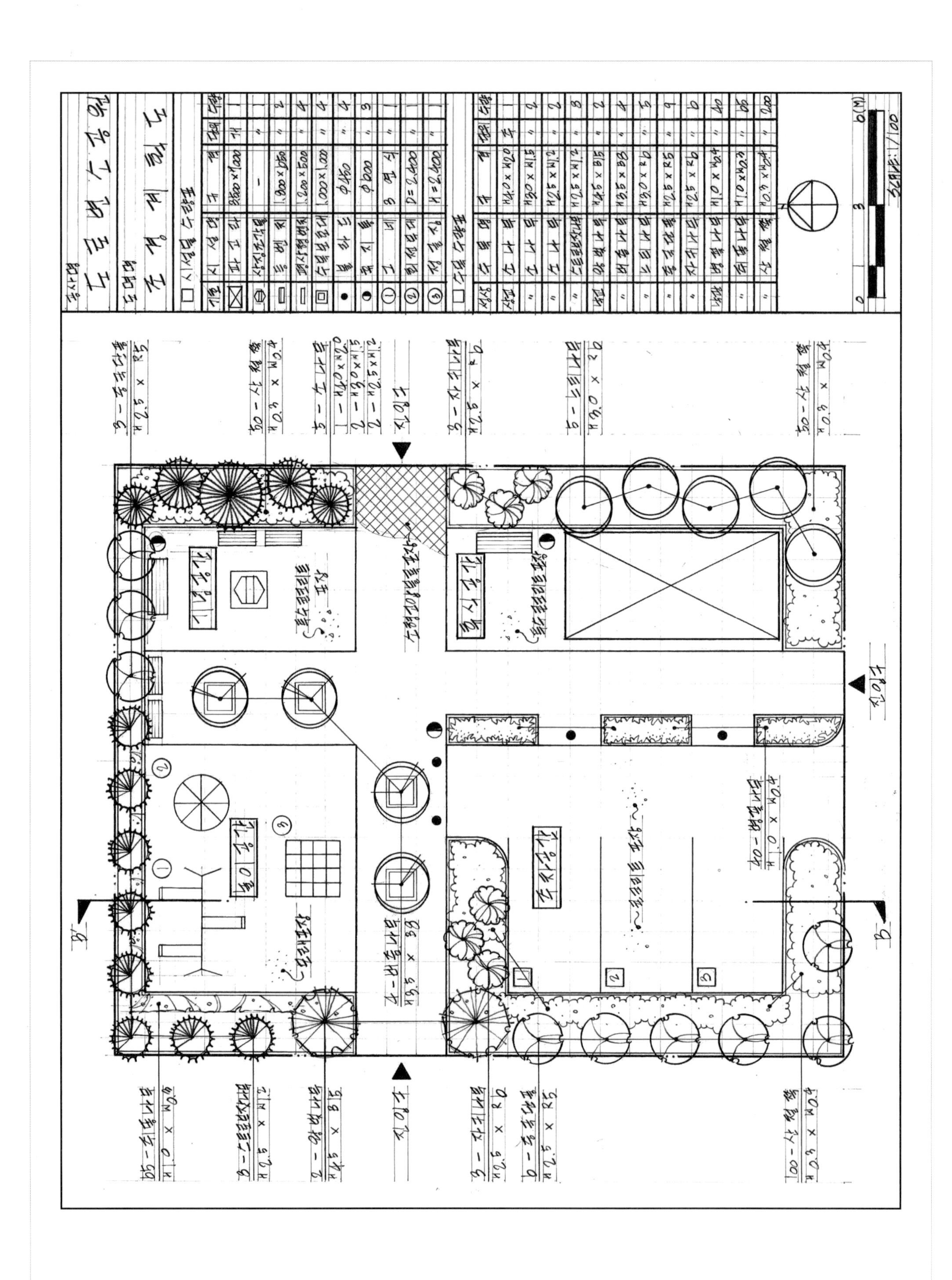

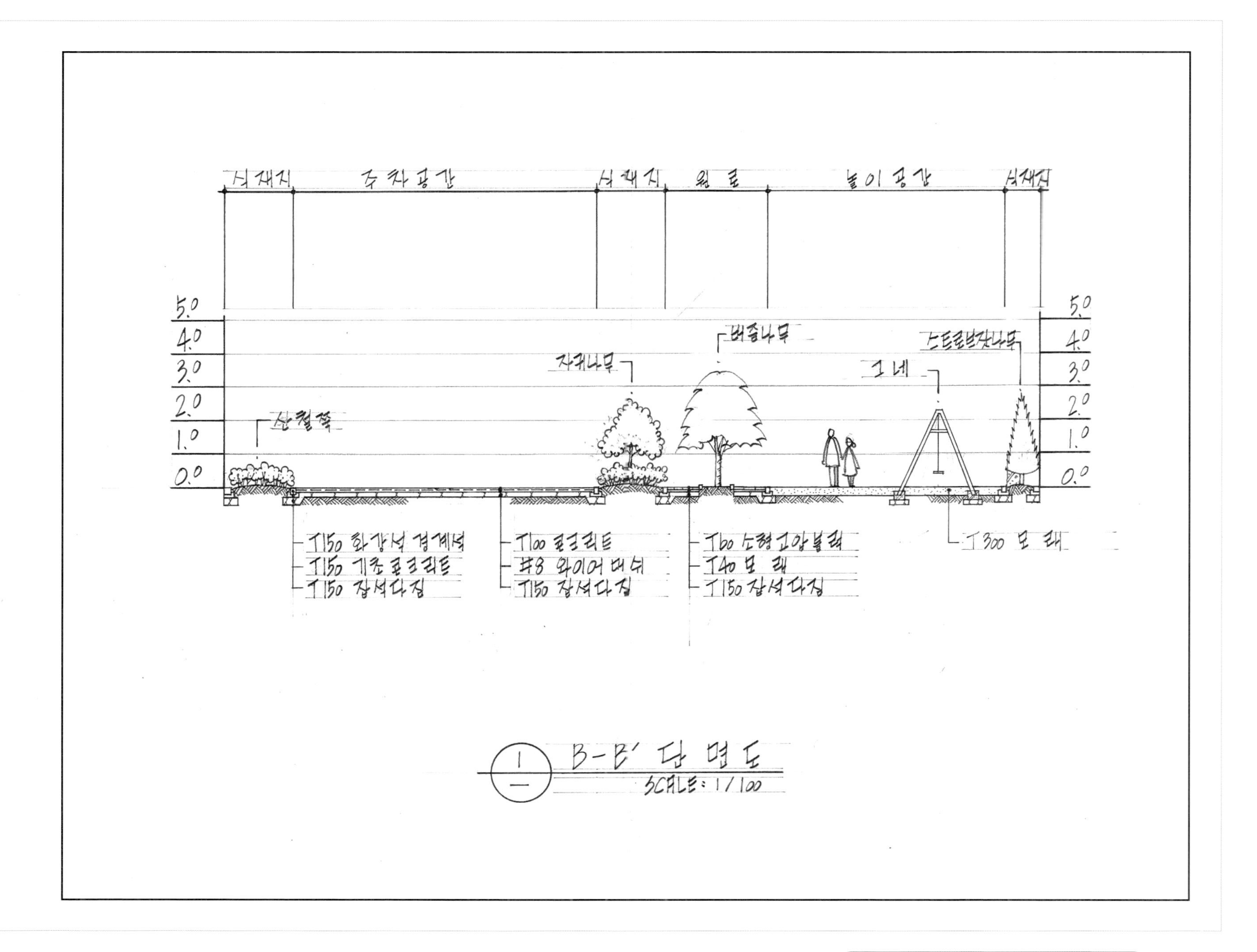
식재지
주차공간
식재지
원로
놀이공간
식재지
5.0
4.0
3.0
2.0
1.0
0.0
산철쭉
자귀나무
버즘나무
그네
스트로브잣나무
T150 화강석 경계석
T150 기초콘크리트
T150 잡석다짐
T100 콘크리트
#8 와이어 메쉬
T150 잡석다짐
T60 소형고압블럭
T40 모래
T150 잡석다짐
T300 모래
B-B' 단면도
SCALE : 1/100

도면이해하기

Floor Plan
부분평면도

'요구조건'에 맞추어 계획된 평면도의 일부분으로서, 설계도면에 나타나는 공간의 구성과 시설물 및 포장, 배식 등 설계요소의 내용 및 표현방법을 알 수 있다.

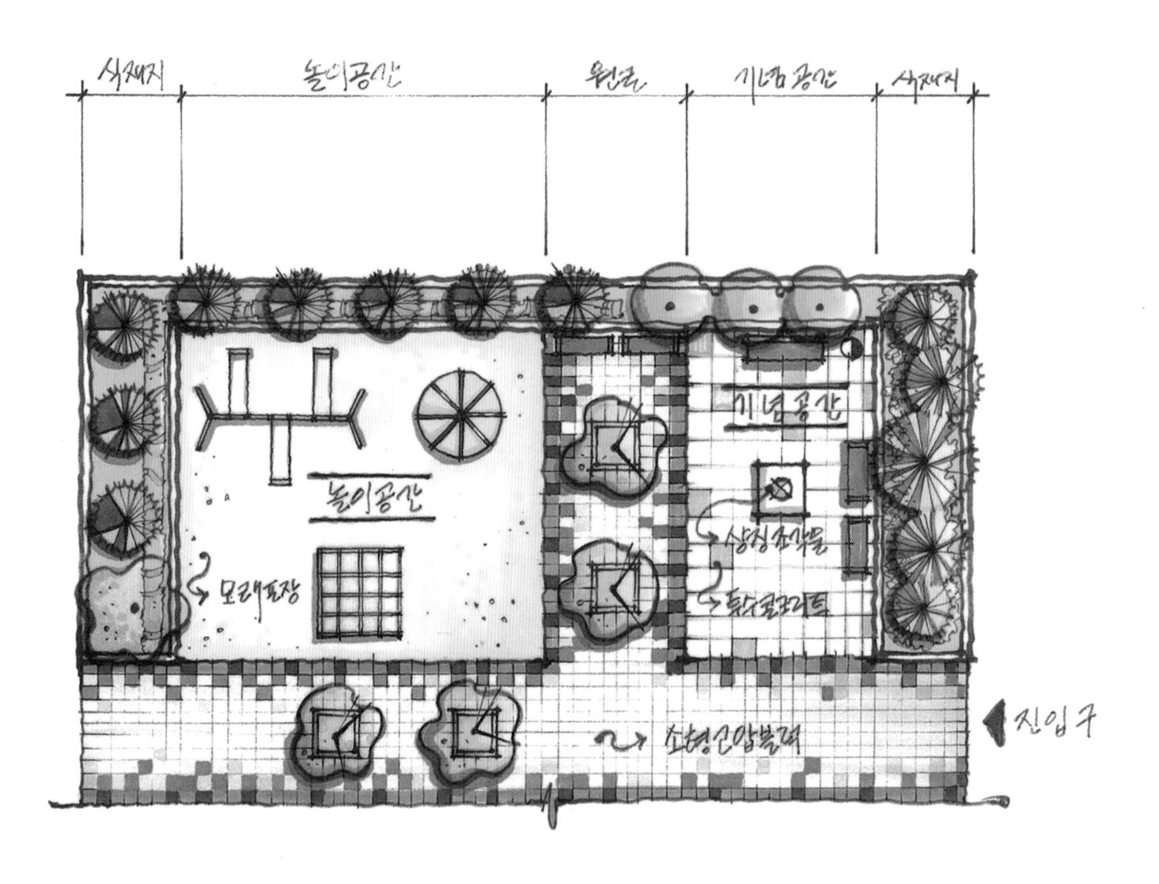

Section
단면도

수직적 입단면의 구조를 파악하여 설계된 내용을 이해하고, 더불어 기출문제와 다르게 단면의 위치와 방향이 변경되어 출제되어도 충분히 대비할 수 있도록 한다.

Perspective
투시도

평면설계와 단면설계를 바탕으로 한 전체 투시도로서, 공간의 구성과 시설물 및 수목의 조화를 한 눈에 볼 수 있도록 조감도 형태로 나타내었다. 설계의 내용을 파악하여 도면작성 시 반영하도록 한다.

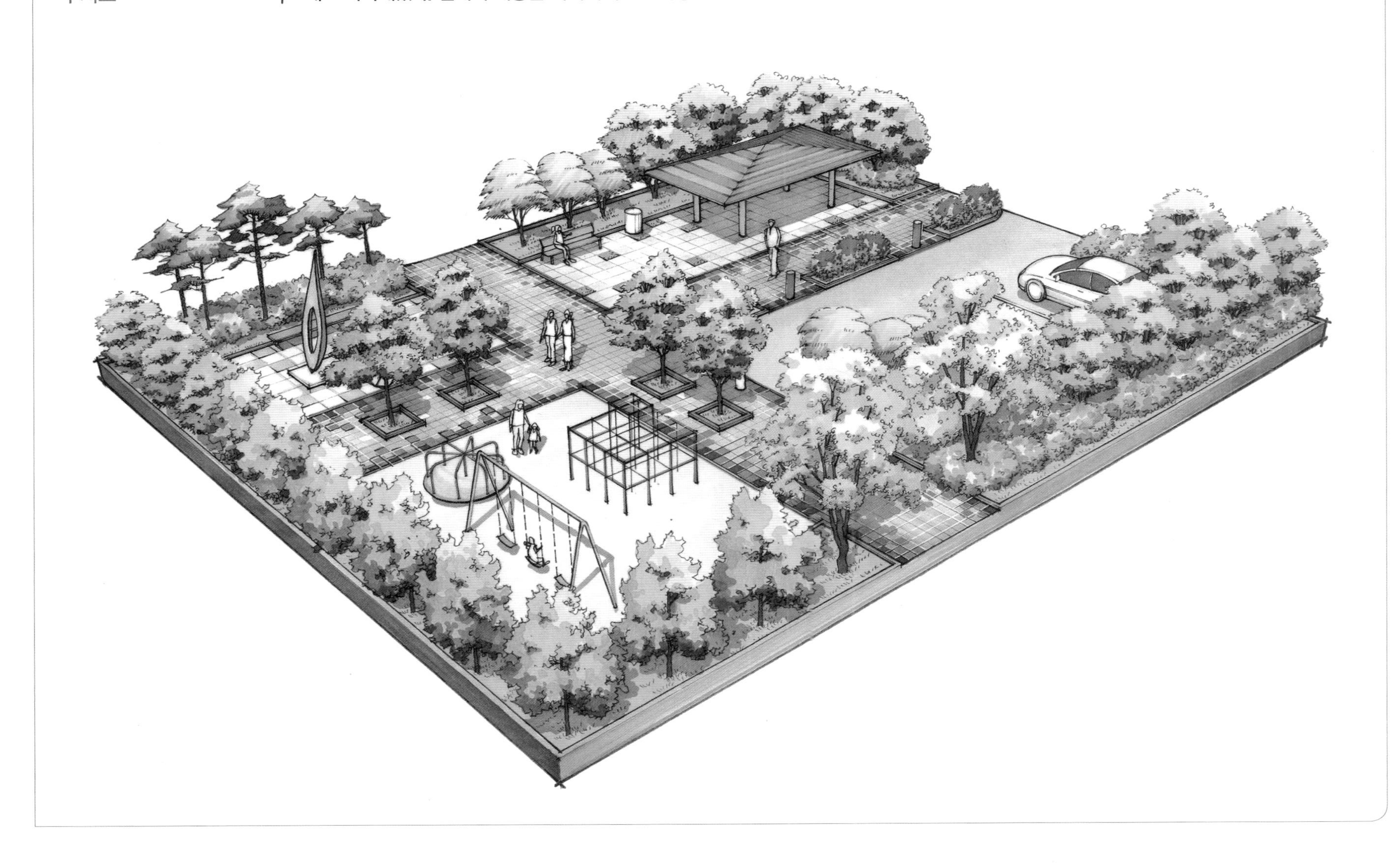

○ 시험시간 : 2시간 30분

자격종목	조경기능사	작품명	도로변소공원

【 설계문제 】

우리나라 중부지역에 위치한 도로변의 빈 공간에 대한 조경설계를 하고자 합니다. 주어진 현황도 및 아래 사항을 참조하여 설계조건에 따라 조경계획도를 작성합니다.(단, 2점 쇄선 안 부분을 조경설계 대상지로 합니다.)

【 요구사항 】

1) 식재 평면도를 위주로 한 조경계획도를 축척 1/100로 작성하십시오.(지급용지 1)
2) 도면 오른쪽 위에 작업명칭을 작성하십시오.
3) 도면 오른쪽에는 "중요시설물 수량표와 수목(식재) 수량표"를 작성하고, 수량표 아래쪽 "방위표시와 막대축척"을 그려 넣으시오.(단, 전체 대상지의 길이를 고려하여 범례표의 폭을 조정할 수 있다.)
4) 도면의 전체적인 안정감을 위하여 "테두리선"을 작성하십시오.
5) B-B′ 단면도를 축척 1/100로 작성하십시오.(지급용지 2)

【 요구조건 】

1) 해당 지역은 도로변의 자투리공간을 이용하여 휴식 및 어린이들이 즐길 수 있는 소공원으로, 공원의 특징을 고려하여 조경계획도를 작성하십시오.
2) 포장지역을 제외한 곳에는 가능한 식재를 실시하십시오.(녹지공간은 빗금친부분)
3) 포장지역은 "소형고압블록, 콘크리트, 모래, 마사토, 투수콘크리트 등"을 적당한 위치에 선택하여 표시하고, 포장명을 기입하십시오.
4) "가" 지역은 주차공간으로 소형자동차(3,000×5,000mm) 2대가 주차할 수 있는 공간으로 계획하고 설계하십시오.
5) "나" 지역은 정적인 휴식공간으로 퍼걸러(3,500×5,000mm) 1개소를 설치하십시오.
6) 대상지 내에 보행자 통행에 지장을 주지 않는 곳에 2인용 평상형 벤치(1,200×500mm) 4개(단, 퍼걸러 안에 설치된 벤치는 제외), 휴지통 3개소를 설치하십시오.
7) "다" 지역은 수(水)공간으로 계획하십시오.
8) "가", "나" 지역은 "라" 지역보다 높이차가 1M 높고, 그 높이 차이를 식수대(plant box)로 처리하였으므로 적합한 조치를 계획하십시오.
9) 대상지 내에는 유도식재, 녹음식재, 경관식재, 소나무 군식 등의 식재 패턴을 필요한 곳에 적당히 배식하고, 필요한 곳에 수목보호대를 설치하여 포장 내에 식재를 하십시오.
10) 수목은 아래에 주어진 수종 중에서 10가지를 선정하여 골고루 안정적인 배식이 될 수 있도록 계획하며, 인출선을 이용하여 수량, 수종명칭, 규격을 반드시 표기하십시오.
11) B-B′ 단면도는 경사, 포장재료, 경계선 및 기타 시설물의 기초, 주변의 수목, 중요시설물, 이용자 등을 단면도상에 반드시 표기하고, 높이차를 한눈에 볼 수 있도록 설계하십시오.

소나무(H4.0×W2.0), 소나무(H3.0×W1.5), 소나무(H2.5×W1.2), 스트로브잣나무(H2.5×W1.2), 스트로브잣나무(H2.0×W1.0), 왕벚나무(H4.5×B15), 버즘나무(H3.5×B8), 느티나무(H3.0×R6), 청단풍(H2.5×R8), 중국단풍(H2.5×R5), 자귀나무(H2.5×R6), 산딸나무(H2.0×R5), 산수유(H2.5×R7), 꽃사과(H2.5×R5), 수수꽃다리(H1.5×W0.6), 병꽃나무(H1.0×W0.4), 쥐똥나무(H1.0×W0.3), 명자나무(H0.6×W0.4), 산철쭉(H0.3×W0.4), 자산홍(H0.3×W0.3), 조릿대(H0.6×7가지)

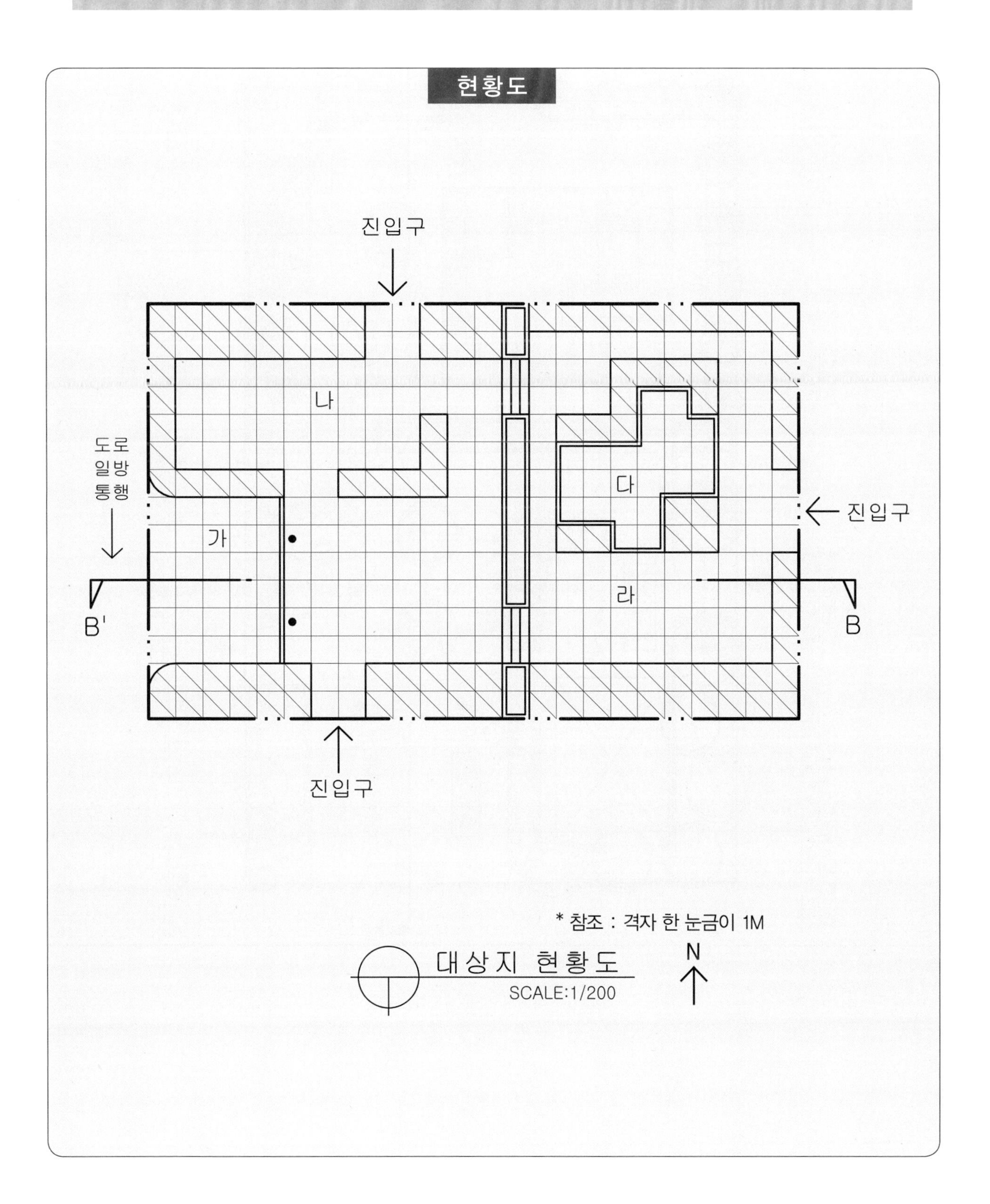

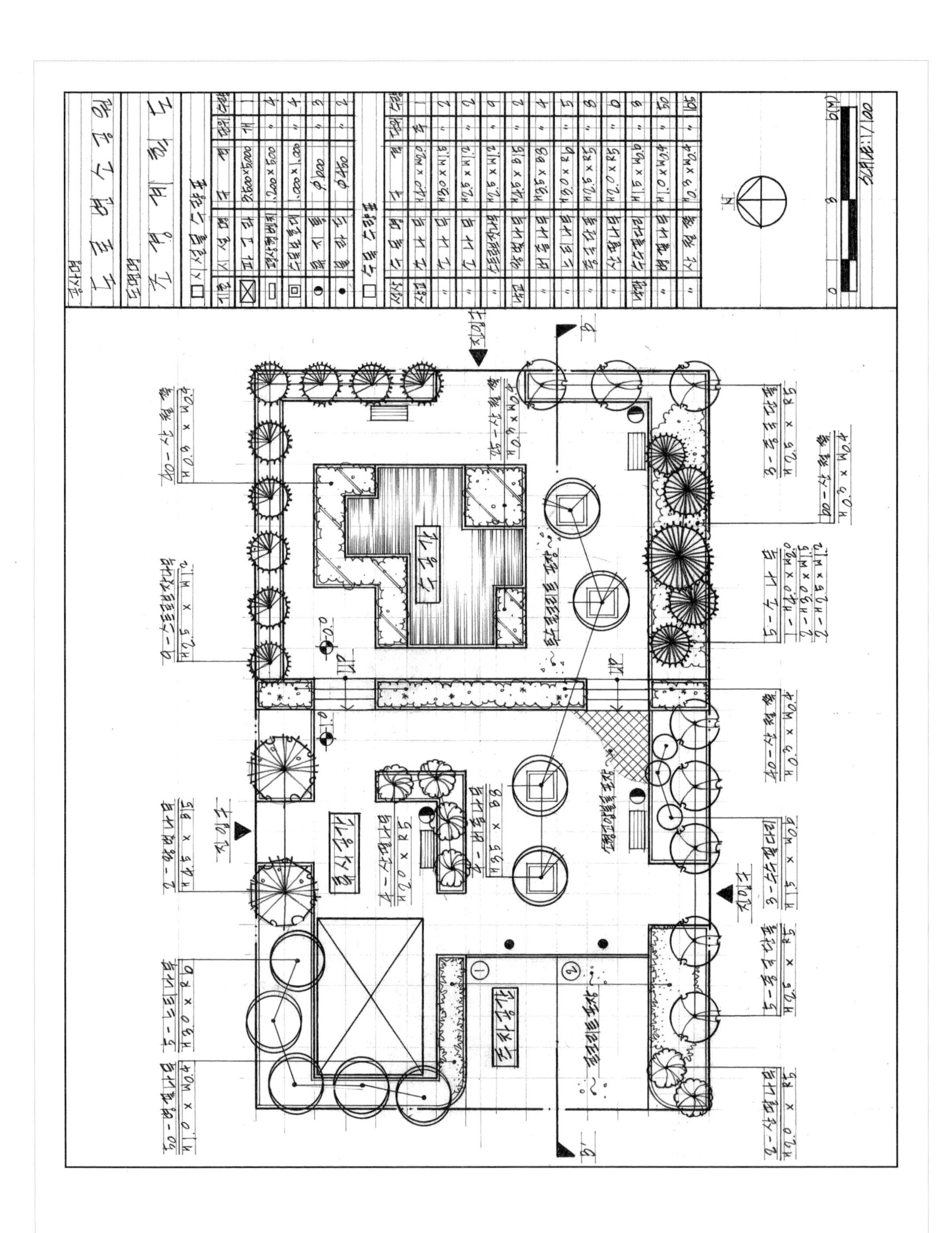

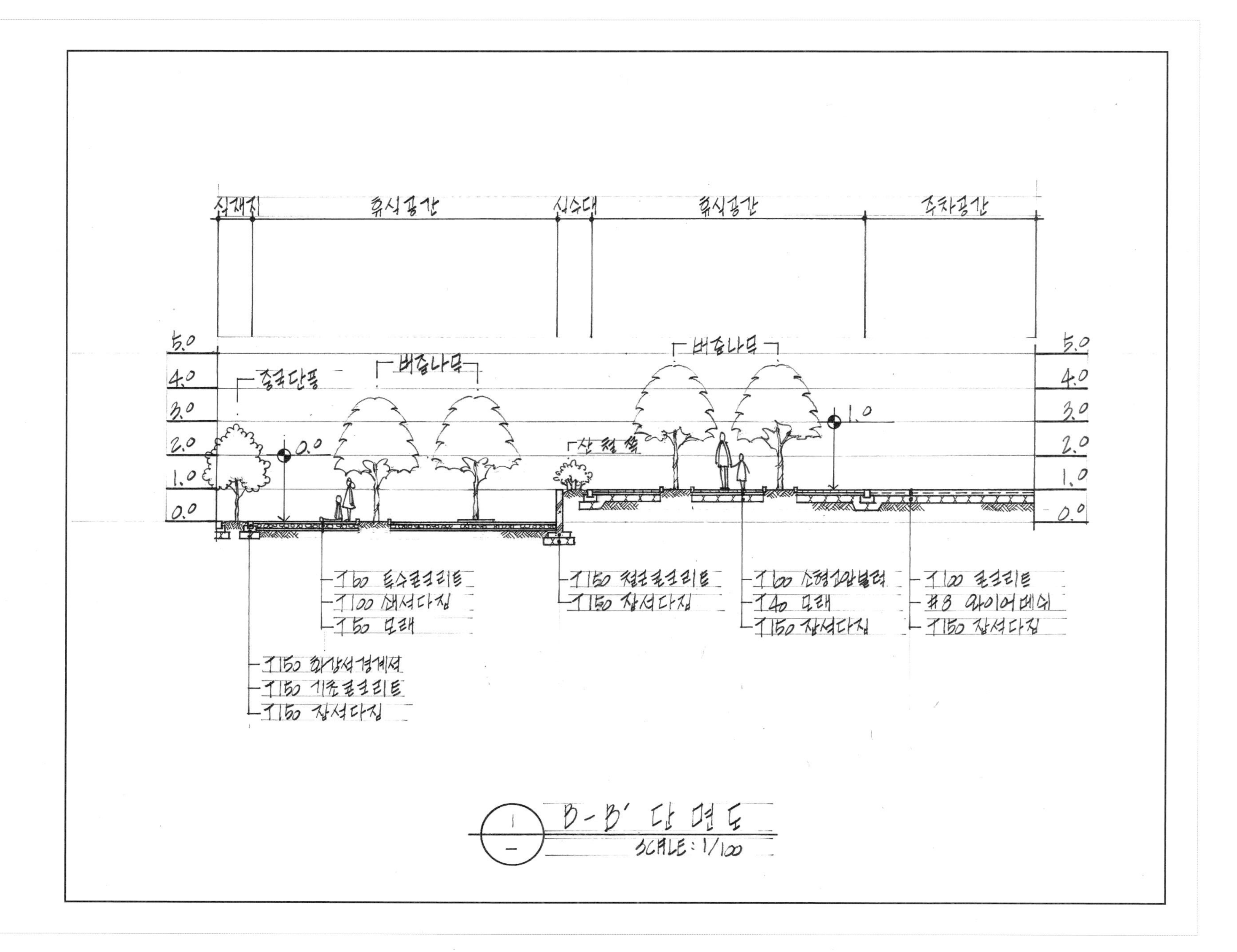
식재지
휴식공간
식수대
휴식공간
주차공간
5.0
4.0
3.0
2.0
1.0
0.0
중국단풍
버즘나무
버즘나무
산철쭉
0.0
1.0
T60 투수콘크리트
T100 쇄석다짐
T50 모래
T150 화강석경계석
T150 기초콘크리트
T150 잡석다짐
T150 철근콘크리트
T150 잡석다짐
T60 소형고압블럭
T40 모래
T150 잡석다짐
T100 콘크리트
#8 와이어메쉬
T150 잡석다짐
B-B' 단면도
SCALE : 1/100

도면이해하기

Floor Plan
부분평면도

'요구조건'에 맞추어 계획된 평면도의 일부분으로서, 설계도면에 나타나는 공간의 구성과 시설물 및 포장, 배식 등 설계요소의 내용 및 표현방법을 알 수 있다.

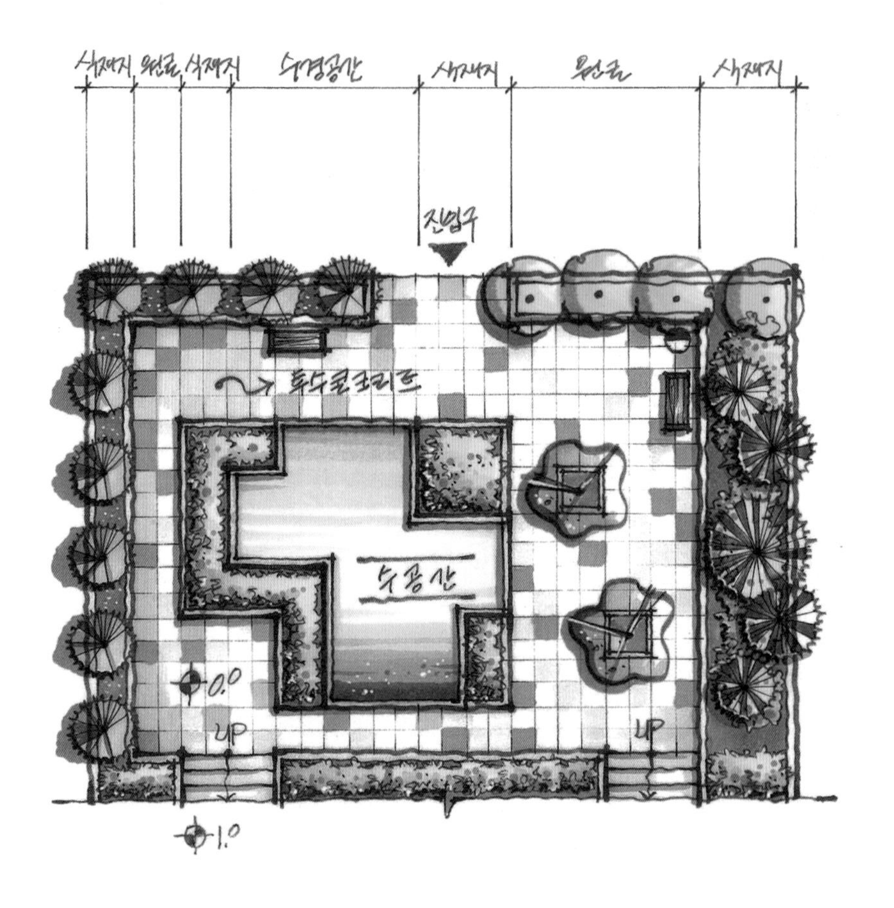

Section
단면도

수직적 입단면의 구조를 파악하여 설계된 내용을 이해하고, 더불어 기출문제와 다르게 단면의 위치와 방향이 변경되어 출제되어도 충분히 대비할 수 있도록 한다.

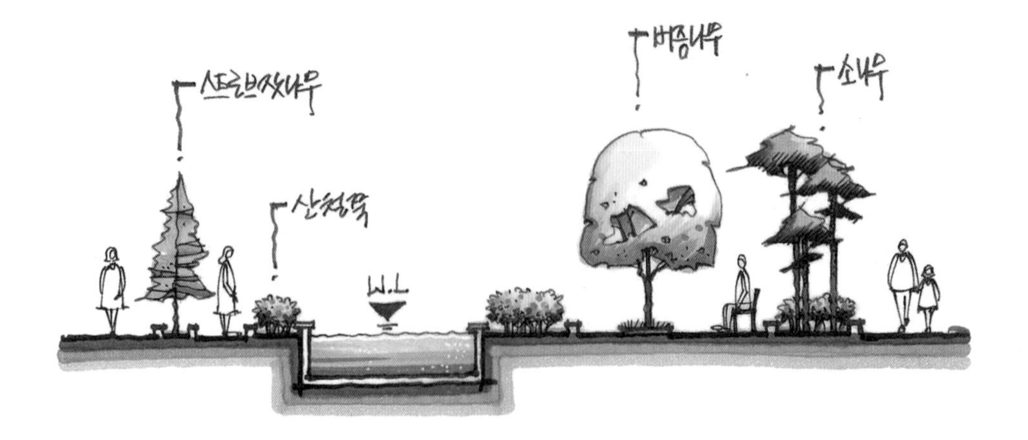

Perspective
투시도

평면설계와 단면설계를 바탕으로 한 전체 투시도로서, 공간의 구성과 시설물 및 수목의 조화를 한 눈에 볼 수 있도록 조감도 형태로 나타내었다. 설계의 내용을 파악하여 도면작성 시 반영하도록 한다.

○ 시험시간 : 2시간 30분

자격종목	조경기능사	작품명	도로변소공원

【 설계문제 】

우리나라 중부지역에 위치한 도로변의 빈 공간에 대한 조경설계를 하고자 합니다. 주어진 현황도 및 아래 사항을 참조하여 설계조건에 따라 조경계획도를 작성합니다.(단, 2점 쇄선 안 부분을 조경설계 대상지로 합니다.)

【 요구사항 】

1) 식재 평면도를 위주로 한 조경계획도를 축척 1/100로 작성하십시오.(지급용지 1)
2) 도면 오른쪽 위에 작업명칭을 작성하십시오.
3) 도면 오른쪽에는 "중요시설물 수량표와 수목(식재) 수량표"를 작성하고, 수량표 아래쪽에 "방위표시와 막대축척"을 반드시 그려 넣으시오.(단, 전체 대상지의 길이를 고려하여 범례표의 폭을 조정할 수 있습니다.)
4) 도면의 전체적인 안정감을 위하여 "테두리선"을 작성하십시오.
5) B-B′ 단면도를 축척 1/100로 작성하십시오.(지급용지 2)

【 요구조건 】

1) 해당 지역은 도로변의 자투리 공간을 이용하여 휴식 및 어린이들이 즐길 수 있는 도로변 소공원으로, 공원의 특징을 고려하여 조경계획도를 작성하시오.
2) 포장지역을 제외한 곳에는 모두 식재를 실시하시오.(단, 녹지공간은 빗금친 부분이며, 경사의 차이가 발생하는 곳은 식수대(plant box)로 처리되어 있으며 분위기를 고려하여 식재를 실시하시오.)
3) 포장지역은 "소형고압블록, 콘크리트, 고무칩, 마사토, 투수콘크리트 등"의 적당한 재료를 선택하여 재료의 사용이 적합한 장소에 기호로 표현하고, 포장명을 반드시 기입하시오.
4) "가" 지역은 놀이공간으로 계획하고, 그 안에 어린이 놀이시설을 3종 배치하시오.
5) "다" 지역은 휴식공간으로 이용자들의 편안한 휴식을 위해 퍼걸러(3,500×3,500mm) 1개와 앉아서 휴식을 즐길 수 있도록 등벤치를 계획 설계하시오.
6) "라" 지역은 주차공간으로 소형자동차(3,000×5,000mm) 2대가 주차할 수 있는 공간으로 계획하고 설계하시오.
7) "나" 지역은 동적인 공간의 휴식공간으로 평벤치 2개를 설치하고, 수목보호대(4개)에 동일한 수종의 낙엽교목을 식재하시오.
8) "마" 지역은 등고선 1개당 20cm가 높으며, 그곳은 녹지지역으로 경관식재를 실시하시오. 아울러 반드시 크기가 다른 소나무를 3종을 식재하고, 계절성을 느낄 수 있게 다른 수목을 조화롭게 배치하시오.
9) "다" 지역은 "가", "나", "라" 지역보다 1m 높은 지역으로 계획하시오.
10) 대상지 내에는 유도식재, 녹음식재, 경관식재, 소나무 군식 등의 식재 패턴을 필요한 곳에 배식하고, 필요에 따라 수목보호대를 추가로 설치하여 포장 내에 식재를 할 수 있습니다.
11) 수목은 아래에 주어진 수종 중에서 종류가 다른 10가지를 반드시 선정하여 골고루 안정적인 배식이 될 수 있도록 계획하며, 인출선을 이용하여 수량, 수종명칭, 규격을 반드시 표기하시오.
12) B-B′ 단면도는 경사, 포장재료, 경계선 및 기타 시설물의 기초, 주변의 수목, 중요시설물, 이용자 등을 단면도상에 반드시 표기하고, 높이차를 한눈에 볼 수 있도록 설계하시오.

소나무(H4.0×W2.0), 소나무(H3.0×W1.5), 소나무(H2.5×W1.2), 스트로브잣나무(H2.5×W1.2), 스트로브잣나무(H2.0×W1.0), 왕벚나무(H4.5×B15), 버즘나무(H3.5×B8), 느티나무(H3.0×R6), 청단풍(H2.5×R8), 중국단풍(H2.5×R5), 자귀나무(H2.5×R6), 산딸나무(H2.0×R5), 산수유(H2.5×R7), 꽃사과(H2.5×R5), 수수꽃다리(H1.5×W0.6), 병꽃나무(H1.0×W0.4), 쥐똥나무(H1.0×W0.3), 명자나무(H0.6×W0.4), 산철쭉(H0.3×W0.4), 자산홍(H0.3×W0.3), 조릿대(H0.6×7가지)

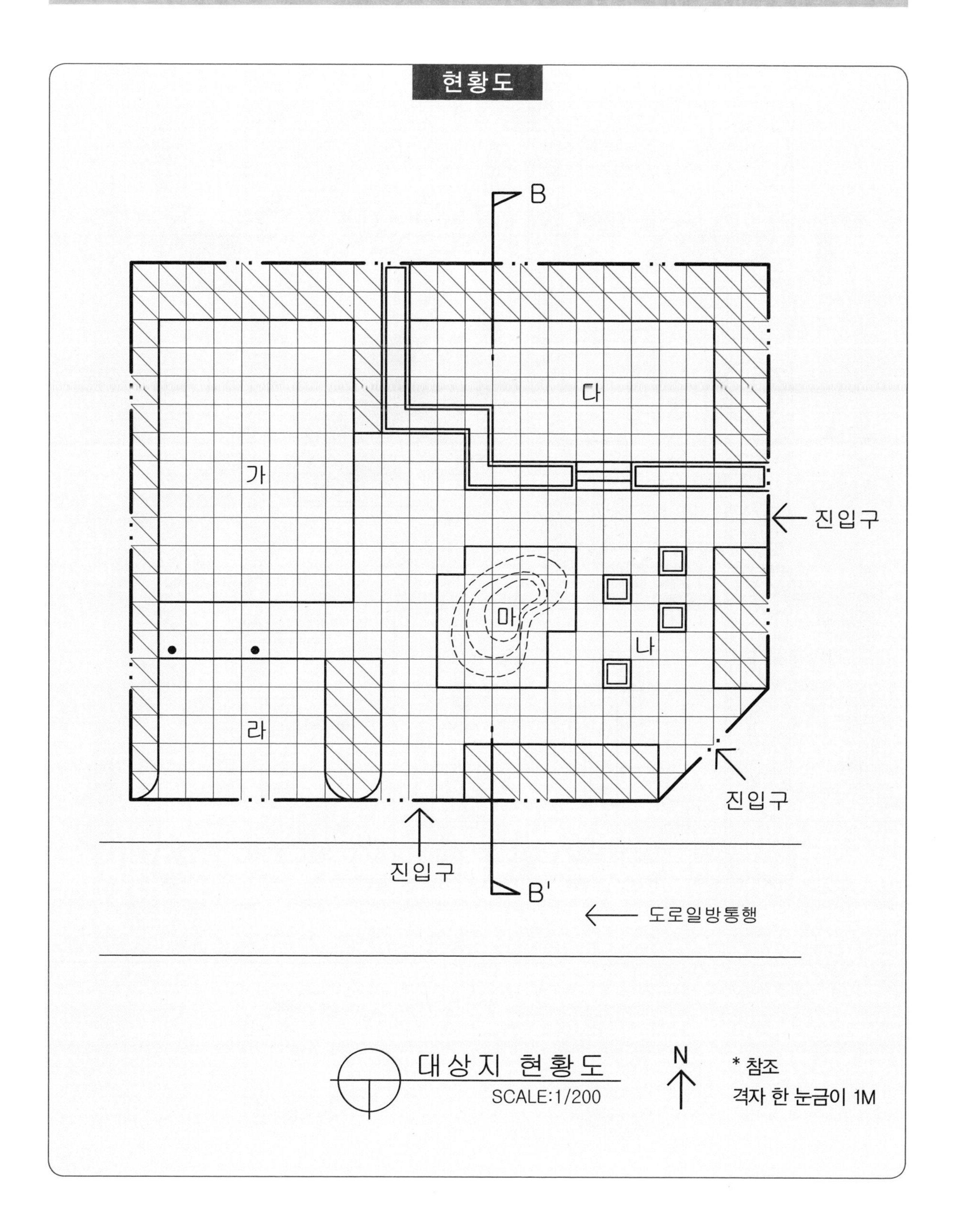

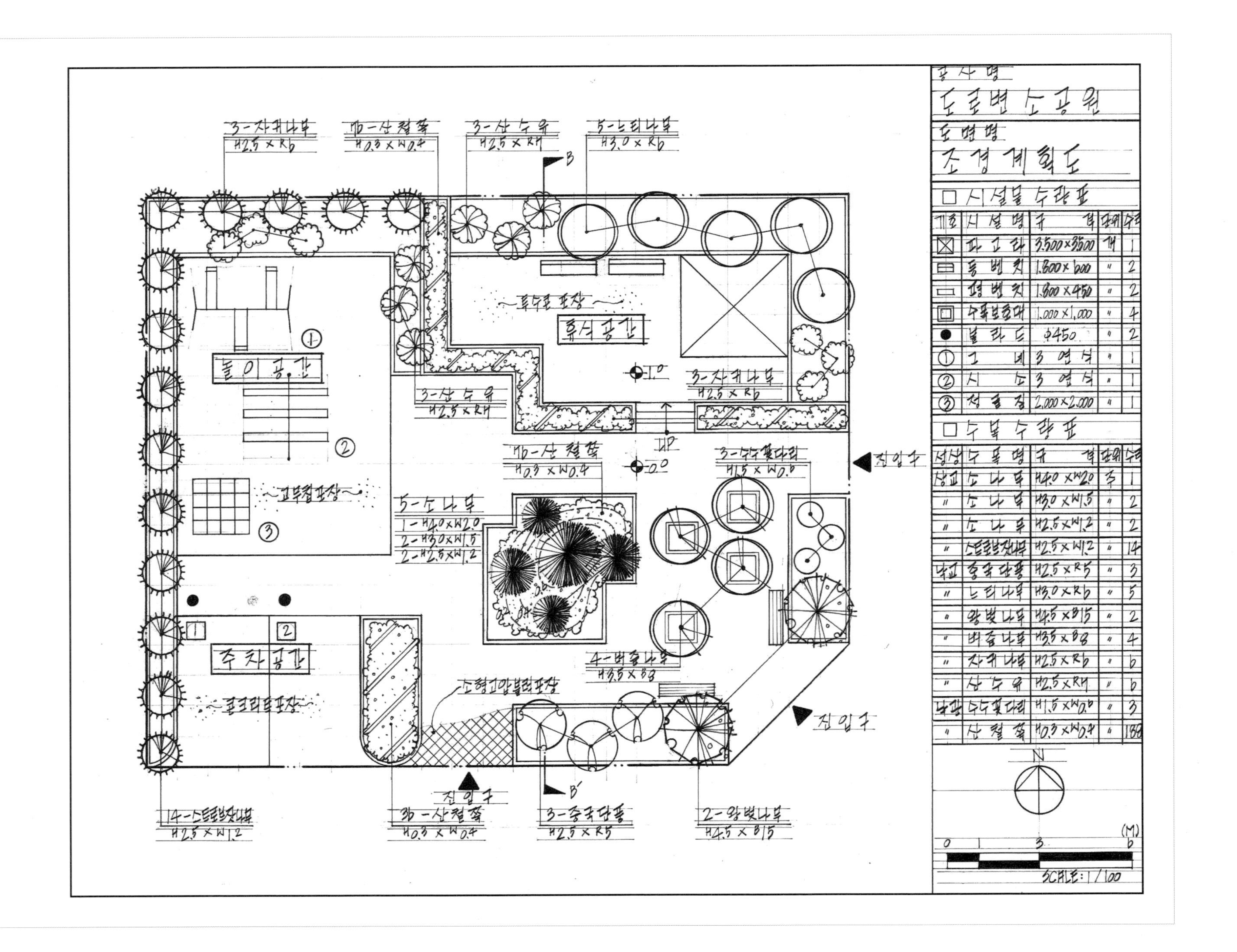
공사명
도로변 소공원
도면명
조경계획도
□ 시설물 수량표
기호 | 시설명 | 규격 | 단위 | 수량
파고라 | 3,500×3,500 | 개 | 1
등벤치 | 1,800×600 | " | 2
평벤치 | 1,800×450 | " | 2
수목보호대 | 1,000×1,000 | " | 4
볼라드 | Φ450 | " | 2
① 그네 | 3연식 | " | 1
② 시소 | 3연식 | " | 1
③ 정글짐 | 2,000×2,000 | " | 1
□ 수목수량표
성상 | 수목명 | 규격 | 단위 | 수량
상교 | 소나무 | H4.0×W2.0 | 주 | 1
" | 소나무 | H3.0×W1.5 | " | 2
" | 소나무 | H2.5×W1.2 | " | 2
" | 스트로브잣나무 | H2.5×W1.2 | " | 14
낙교 | 중국단풍 | H2.5×R5 | " | 3
" | 느티나무 | H3.0×R6 | " | 5
" | 왕벚나무 | H4.5×B15 | " | 2
" | 버즘나무 | H3.5×B8 | " | 4
" | 자귀나무 | H2.5×R6 | " | 6
" | 산수유 | H2.5×R4 | " | 6
낙관 | 수수꽃다리 | H1.5×W0.6 | " | 3
" | 산철쭉 | H0.3×W0.4 | " | 188
N
0 3 6 (M)
SCALE: 1/100
3-자귀나무 H2.5×R6
36-산철쭉 H0.3×W0.4
3-산수유 H2.5×R4
5-느티나무 H3.0×R6
B
~투수콘포장~
휴식공간
+1.0
3-자귀나무 H2.5×R6
3-산수유 H2.5×R4
놀이공간
①
②
③
~고무칩포장~
UP
±0.0
116-산철쭉 H0.3×W0.4
3-수수꽃다리 H1.5×W0.6
진입구
5-소나무
1-H4.0×W2.0
2-H3.0×W1.5
2-H2.5×W1.2
4-버즘나무 H3.5×B8
주차공간
~콘크리트포장~
소형고압블럭포장
진입구
진입구
14-스트로브잣나무 H2.5×W1.2
36-산철쭉 H0.3×W0.4
B'
3-중국단풍 H2.5×R5
2-왕벚나무 H4.5×B15

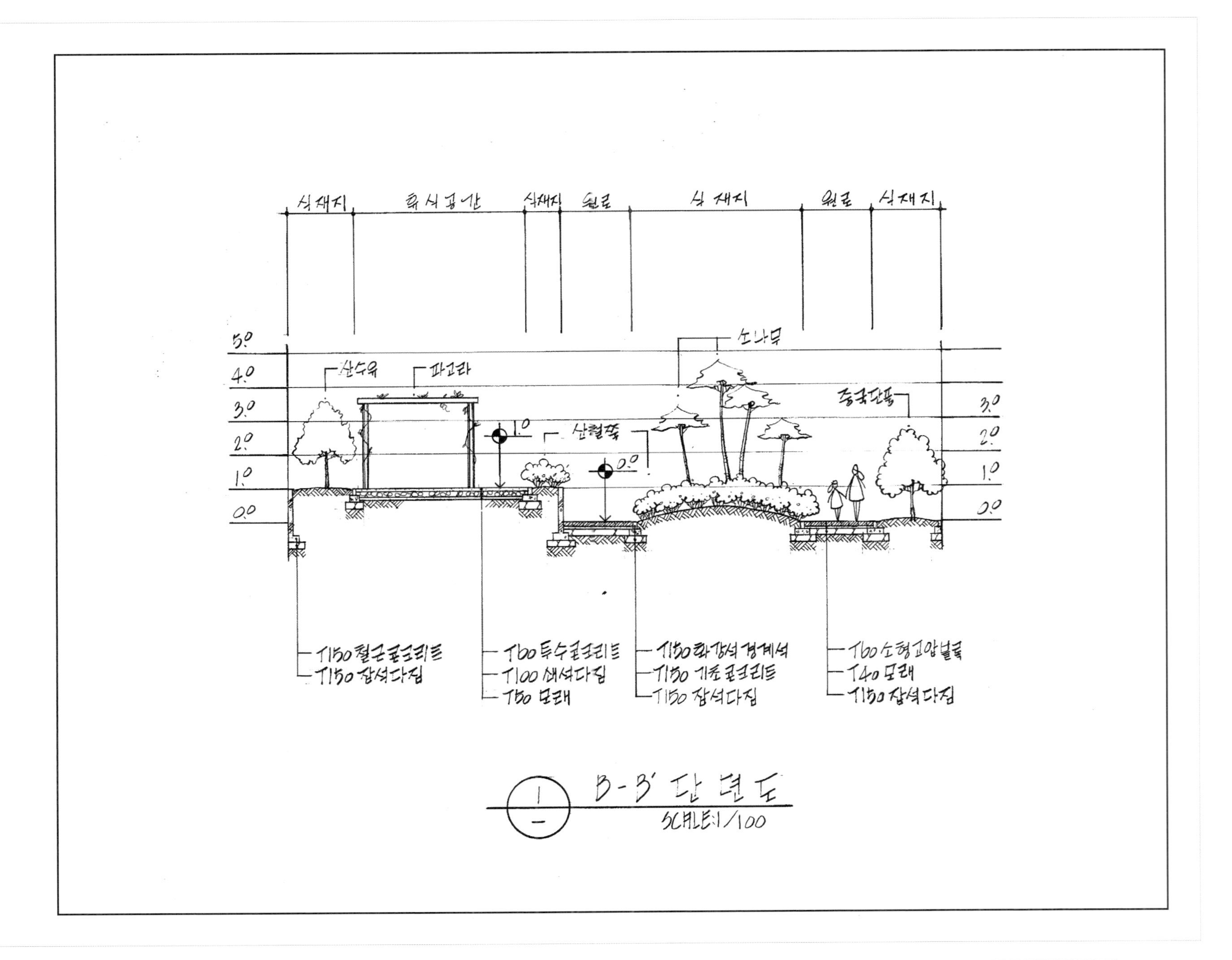
식재지
휴식공간
식재지
원로
식재지
원로
식재지
산수유
파고라
소나무
중국단풍
산철쭉
T150 철근콘크리트
T150 잡석다짐
T60 투수콘크리트
T100 쇄석다짐
T50 모래
T150 화강석 경계석
T150 기초콘크리트
T150 잡석다짐
T60 소형고압블록
T40 모래
T150 잡석다짐
B-B' 단면도
SCALE:1/100

도면이해하기

Floor Plan
부분평면도

'요구조건'에 맞추어 계획된 평면도의 일부분으로서, 설계도면에 나타나는 공간의 구성과 시설물 및 포장, 배식 등 설계요소의 내용 및 표현방법을 알 수 있다.

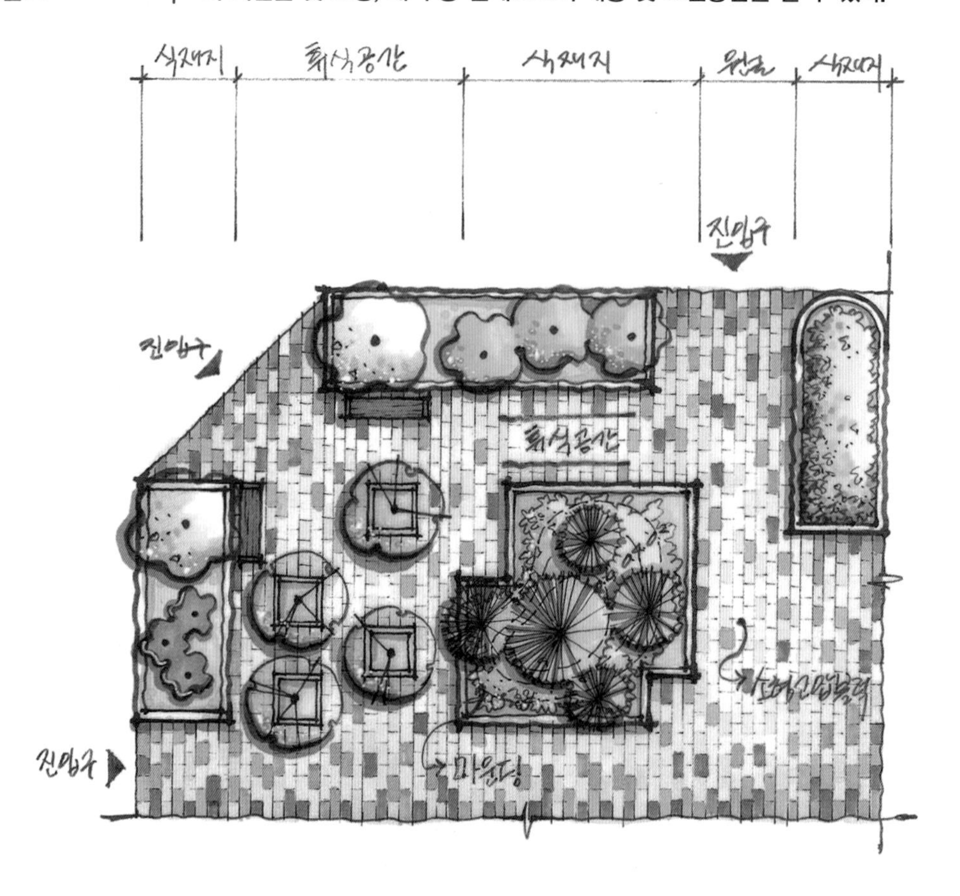

Section
단면도

수직적 입단면의 구조를 파악하여 설계된 내용을 이해하고, 더불어 기출문제와 다르게 단면의 위치와 방향이 변경되어 출제되어도 충분히 대비할 수 있도록 한다.

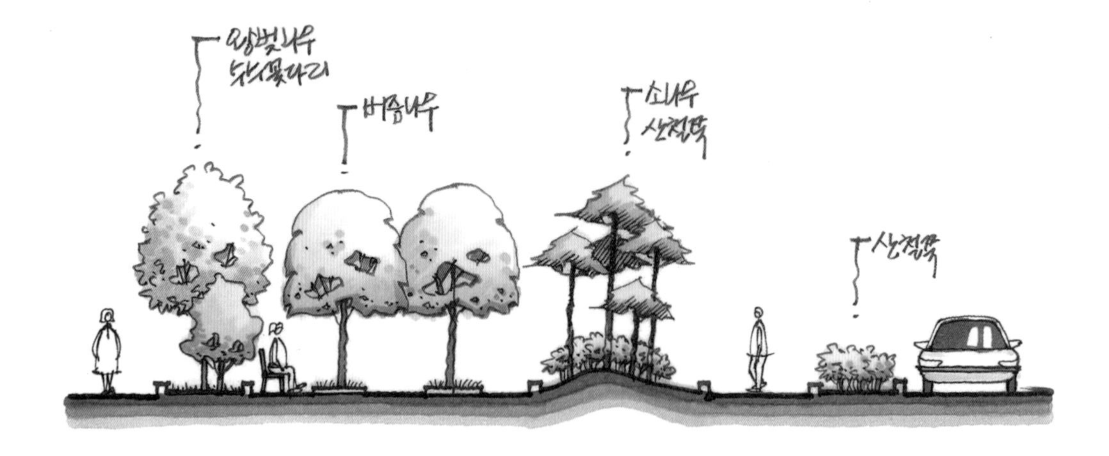

Perspective
투시도

평면설계와 단면설계를 바탕으로 한 전체 투시도로서, 공간의 구성과 시설물 및 수목의 조화를 한 눈에 볼 수 있도록 조감도 형태로 나타내었다. 설계의 내용을 파악하여 도면작성 시 반영하도록 한다.

○ 시험시간 : 2시간 30분

자격종목	조경기능사	작품명	도심휴식공원

【 설계문제 】

우리나라 중부지역 도심 주변의 빈 공간에 대한 조경설계를 하고자 한다. 주어진 현황도를 참조하여 요구조건에 따라 조경계획도를 작성하시오.(단, 2점 쇄선 안 부분이 조경설계 대상지임.)

【 요구사항 】

1) 식재 평면도를 위주로 한 조경계획도를 축척 1/100로 작성하시오.(지급용지 1)
2) 도면 오른쪽 위에 작업명칭을 "도심 휴식 공간"이라고 작성하시오.
3) 도면 오른쪽에는 "중요 시설물수량표와 수목수량표"를, 수량표 아래쪽에는 "방위와 막대축척"을 그려 넣으시오.(단, 전체 대상지의 길이를 고려하여 범례표를 조정하여 작성한다.)
4) 도면의 전체적인 안정감을 위하여 "테두리선"을 넣으시오.
5) B-B′ 단면도를 축척 1/100로 작성하시오.(지급용지 2)

【 요구조건 】

1) 해당지역이 도심지 내의 휴식공간과 전용(일방)도로임을 주지하고, 그 특성에 맞는 조경계획도를 작성하시오.
2) 포장지역을 제외한 곳에 식재가 가능한 장소에는 식재를 하시오.
3) 포장지역은 "소형고압블록, 콘크리트, 모래, 마사토, 투수콘크리트 등"을 적당한 위치에 선택하여 표시하고, 포장명을 기입하시오.
4) 계단의 경사를 고려해서 적당한 수종으로 식재를 하시오.("다" 지역은 "가", "나" 지역에 비해 높이가 1m 낮으므로 전체적으로 계획설계시 고려 한다.)
5) "가" 지역은 주차장으로 소형자동차(3×5m) 4대가 주차할 수 있는 공간으로 설계하시오.
6) "나" 지역은 휴식공간으로 계획하고, 퍼걸러(3.5×3.5m) 1개를 설치하며, "다" 지역은 깊이 1m의 수경공간으로 설계하시오.
7) 적당한 위치에 수목보호대를 3개를 설치(지하고 2m 이상의 녹음수를 단식)하고, 보행자 통행에 지장을 주지 않도록 적당한 곳에 2인용 평상형 벤치(1,200×500mm) 4개를 설치하시오.
8) 이용자의 통행이 많은 관계로 안전식재, 유도식재, 녹음식재, 경관식재, 소나무 군식 등을 필요한 곳에 적당히 배식한다.
9) 수목은 아래에 주어진 수종 중에서 종류가 다른 10가지를 선정하여 사용하고 인출선을 이용하여 수종명, 수량, 규격을 표기하시오.
10) B-B′ 단면도는 경사, 포장재료, 경계선 및 기타 시설물의 기초, 주변의 수목, 중요시설물, 이용자 등을 단면도상에 반드시 표기하고, 높이차를 한눈에 볼 수 있도록 설계하시오.

소나무(H4.0×W2.0), 소나무(H3.0×W1.5), 소나무(H2.5×W1.2), 스트로브잣나무(H2.5×W1.2), 스트로브잣나무(H2.0×W1.0), 왕벚나무(H4.5×B15), 버즘나무(H3.5×B8), 느티나무(H3.0×R6), 청단풍(H2.5×R8), 중국단풍(H2.5×R5), 자귀나무(H2.5×R6), 산딸나무(H2.0×R5), 산수유(H2.5×R7), 꽃사과(H2.5×R5), 수수꽃다리(H1.5×W0.6), 병꽃나무(H1.0×W0.4), 쥐똥나무(H1.0×W0.3), 명자나무(H0.6×W0.4), 산철쭉(H0.3×W0.4), 자산홍(H0.3×W0.3), 조릿대(H0.6×7가지)

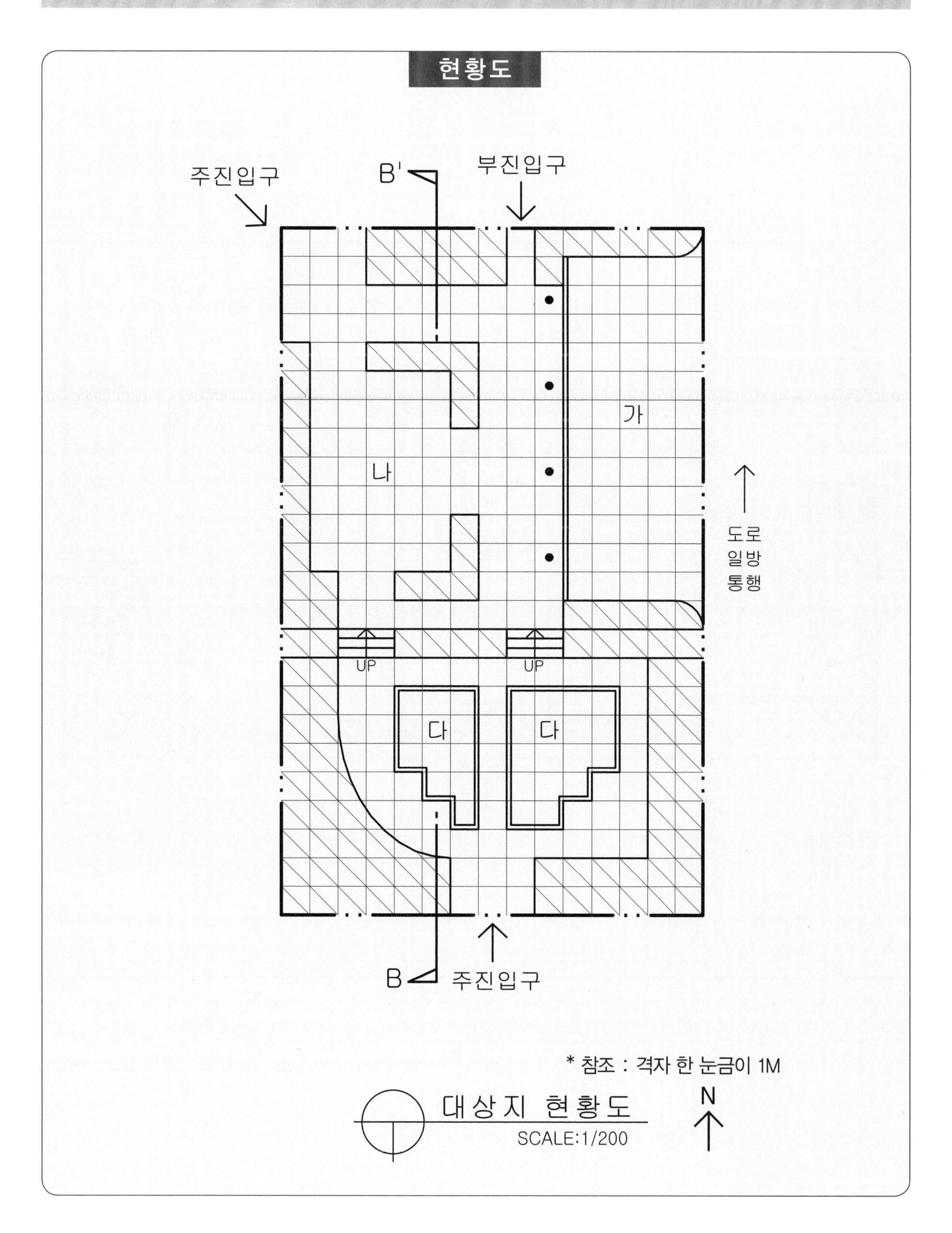

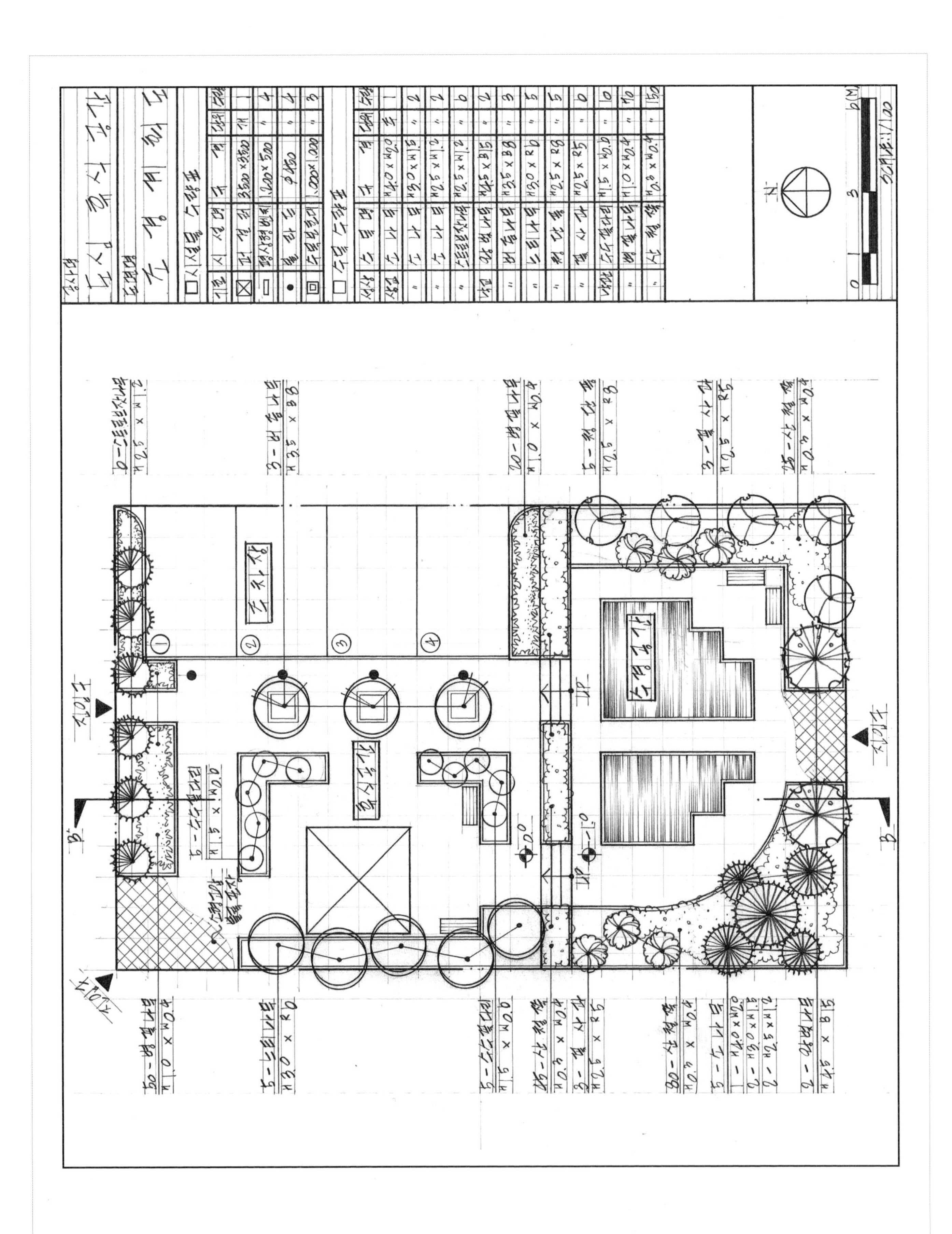

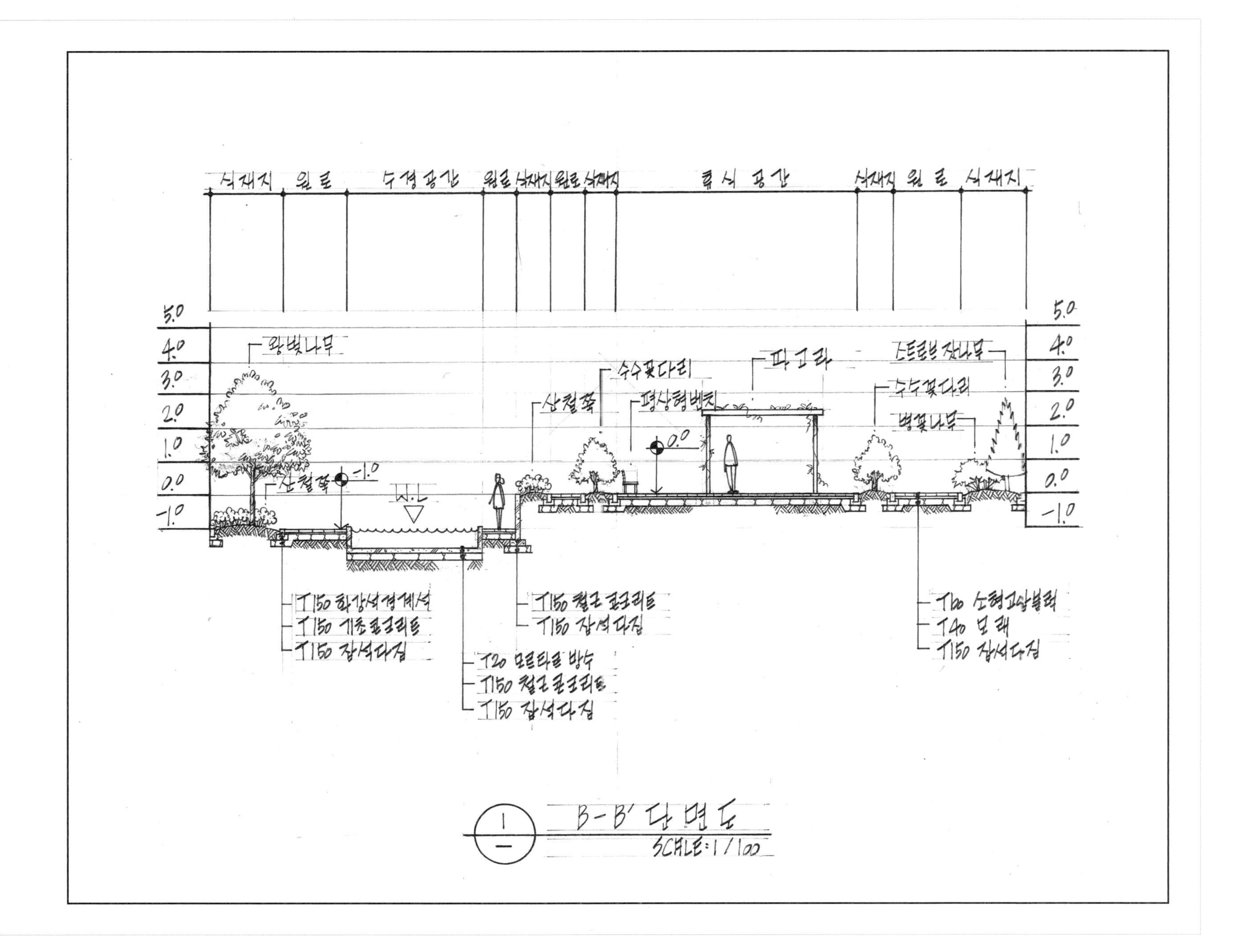
식재지 원로 수경공간 원로 식재지 원로 식재지 휴식 공간 식재지 원로 식재지
5.0
4.0
3.0
2.0
1.0
0.0
-1.0
왕벚나무
산철쭉
-1.0
W.L
산철쭉
수수꽃다리
평상형벤치
0.0
파고라
스트로브 잣나무
수수꽃다리
병꽃나무
T150 화강석경계석
T150 기초콘크리트
T150 잡석다짐
T20 모르타르 방수
T150 철근콘크리트
T150 잡석다짐
T150 철근콘크리트
T150 잡석다짐
T60 소형고압블럭
T40 모래
T150 잡석다짐
B-B' 단면도
SCALE: 1/100

도면이해하기

Floor Plan
부분평면도

'요구조건'에 맞추어 계획된 평면도의 일부분으로서, 설계도면에 나타나는 공간의 구성과 시설물 및 포장, 배식 등 설계요소의 내용 및 표현방법을 알 수 있다.

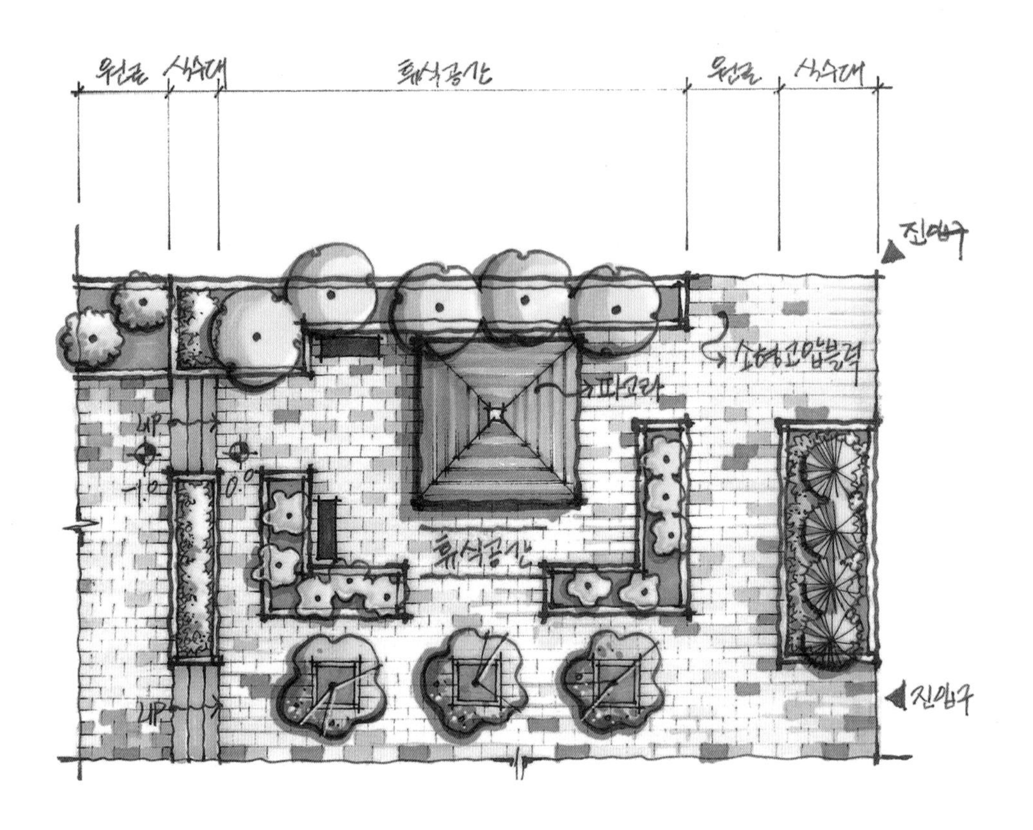

Section
단면도

수직적 입단면의 구조를 파악하여 설계된 내용을 이해하고, 더불어 기출문제와 다르게 단면의 위치와 방향이 변경되어 출제되어도 충분히 대비할 수 있도록 한다.

Perspective
투시도

평면설계와 단면설계를 바탕으로 한 전체 투시도로서, 공간의 구성과 시설물 및 수목의 조화를 한 눈에 볼 수 있도록 조감도 형태로 나타내었다. 설계의 내용을 파악하여 도면작성 시 반영하도록 한다.

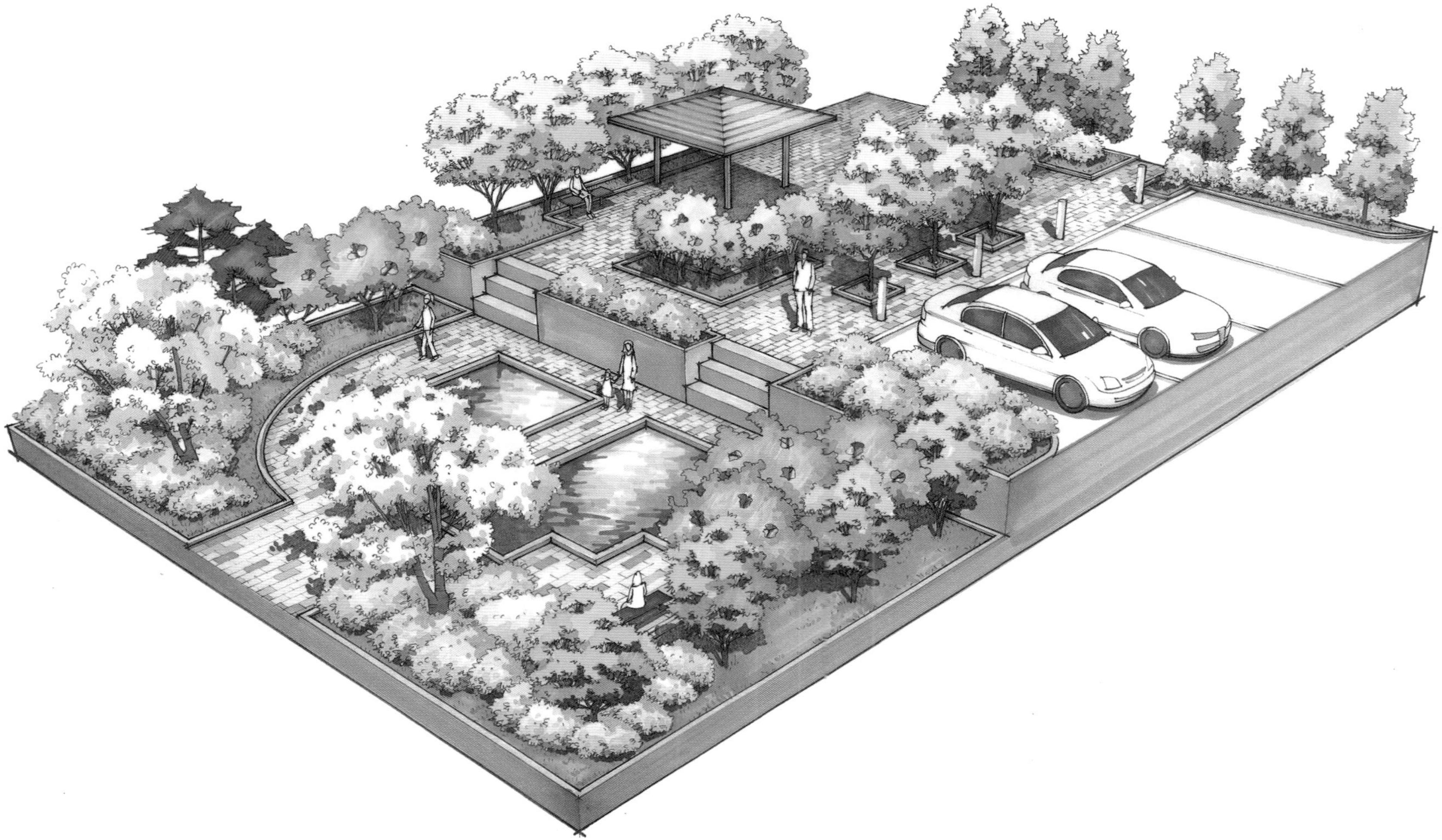

○ 시험시간 : 2시간 30분

자격종목	조경기능사	작품명	도로변소공원

【 설계문제 】

우리나라 중부지역에 위치한 도로변의 빈 공간에 대한 조경설계를 하고자 합니다. 주어진 현황도 및 아래 사항을 참조하여 설계조건에 따라 조경계획도를 작성합니다.(단, 2점 쇄선 안 부분을 조경설계 대상지로 합니다.)

【 요구사항 】

1) 식재 평면도를 위주로 한 조경계획도를 축척 1/100로 작성하십시오.(지급용지 1)
2) 도면 오른쪽 위에 작업명칭을 작성하십시오.
3) 도면 오른쪽에는 "주요시설물 수량표와 수목(식재) 수량표"를 함께 작성하고, 수량표 아래쪽 여백을 이용하여 "방위표시와 막대축척"을 반드시 그려 넣으시오.(단, 전체 대상지의 길이를 고려하여 범례표의 폭을 조정할 수 있다.)
4) 도면의 전체적인 안정감을 위하여 "테두리선"을 작성하십시오.
5) 도로변 소공원 부지 내의 B-B′ 단면도를 축척 1/100로 작성하십시오.(지급용지 2)

【 요구조건 】

1) 해당 지역은 도로변의 자투리 공간을 이용하여 휴식 및 어린이들이 즐길 수 있는 도로변 소공원으로, 공원의 특징을 고려하여 조경계획도를 작성하시오.
2) 포장지역을 제외한 곳에는 모두 식재를 실시하시오.(단, 녹지공간은 빗금친 부분이며, 분위기를 고려하여 식재를 실시하시오.)
3) 포장지역은 "소형고압블록, 콘크리트, 고무칩, 마사토, 투수콘크리트 등"의 적당한 재료를 선택하여 재료의 사용이 적합한 장소에 기호로 표현하고, 포장명을 반드시 기입하시오.
4) "가" 지역은 수경공간으로 최대 높이 1m의 벽천이 위치하고, 벽천 앞의 수(水)공간은 깊이 60cm로 설계합니다.
5) "나" 지역은 놀이공간으로 계획하고, 그 안에 어린이 놀이시설물을 3종류 배치하시오.
6) "다" 지역은 휴식공간으로 이용자들의 편안한 휴식을 위해 퍼걸러(3,500×3,500mm) 1개와 앉아서 휴식을 즐길 수 있도록 등벤치 1개 이상을 계획 설계하시오.
7) "라" 지역은 중심광장으로 각 공간과의 연결과 녹음을 부여하기 위해 수목보호대 4개에 적합한 수종을 식재합니다.
8) 대상지역은 진입구에 계단이 위치해 있으며, 대상지 외곽부지보다 높이 차이가 1m 낮은 것으로 보고 설계합니다.
9) 대상지 경계에 위치한 외곽 녹지대는 식수대(plant box) 형태의 높이 1m의 적벽돌 구조를 가지며, 대상지 내에 식재는 유도식재, 녹음식재, 경관식재, 소나무 군식 등의 식재 패턴을 필요한 곳에 배식합니다.
10) 수목은 아래에 주어진 수종 중에서 종류가 다른 10가지를 반드시 선정하여 골고루 안정적인 배식이 될 수 있도록 계획하며, 인출선을 이용하여 수량, 수종명칭, 규격을 반드시 표기하시오.
11) B-B′ 단면도는 경사, 포장재료, 경계선 및 기타 시설물의 기초, 주변의 수목, 중요시설물, 이용자 등을 단면도상에 반드시 표기하고, 높이차를 한눈에 볼 수 있도록 설계하시오.

소나무(H4.0×W2.0), 소나무(H3.0×W1.5), 소나무(H2.5×W1.2), 스트로브잣나무(H2.5×W1.2), 스트로브잣나무(H2.0×W1.0), 왕벚나무(H4.5×B15), 버즘나무(H3.5×B8), 느티나무(H3.0×R6), 청단풍(H2.5×R8), 다정큼나무(H1.0×W0.6), 동백나무(H2.5×R8), 중국단풍(H2.5×R5), 굴거리나무(H2.5×W0.6), 자귀나무(H2.5×R6), 태산목(H1.5×W0.5), 먼나무(H2.0×R5), 산딸나무(H2.0×R5), 산수유(H2.5×R7), 꽃사과(H2.5×R5), 수수꽃다리(H1.5×W0.6), 병꽃나무(H1.0×W0.4), 쥐똥나무(H1.0×W0.3), 명자나무(H0.6×W0.4), 산철쭉(H0.3×W0.4), 자산홍(H0.3×W0.3), 영산홍(H0.4×W0.3), 조릿대(H0.6×7가지)

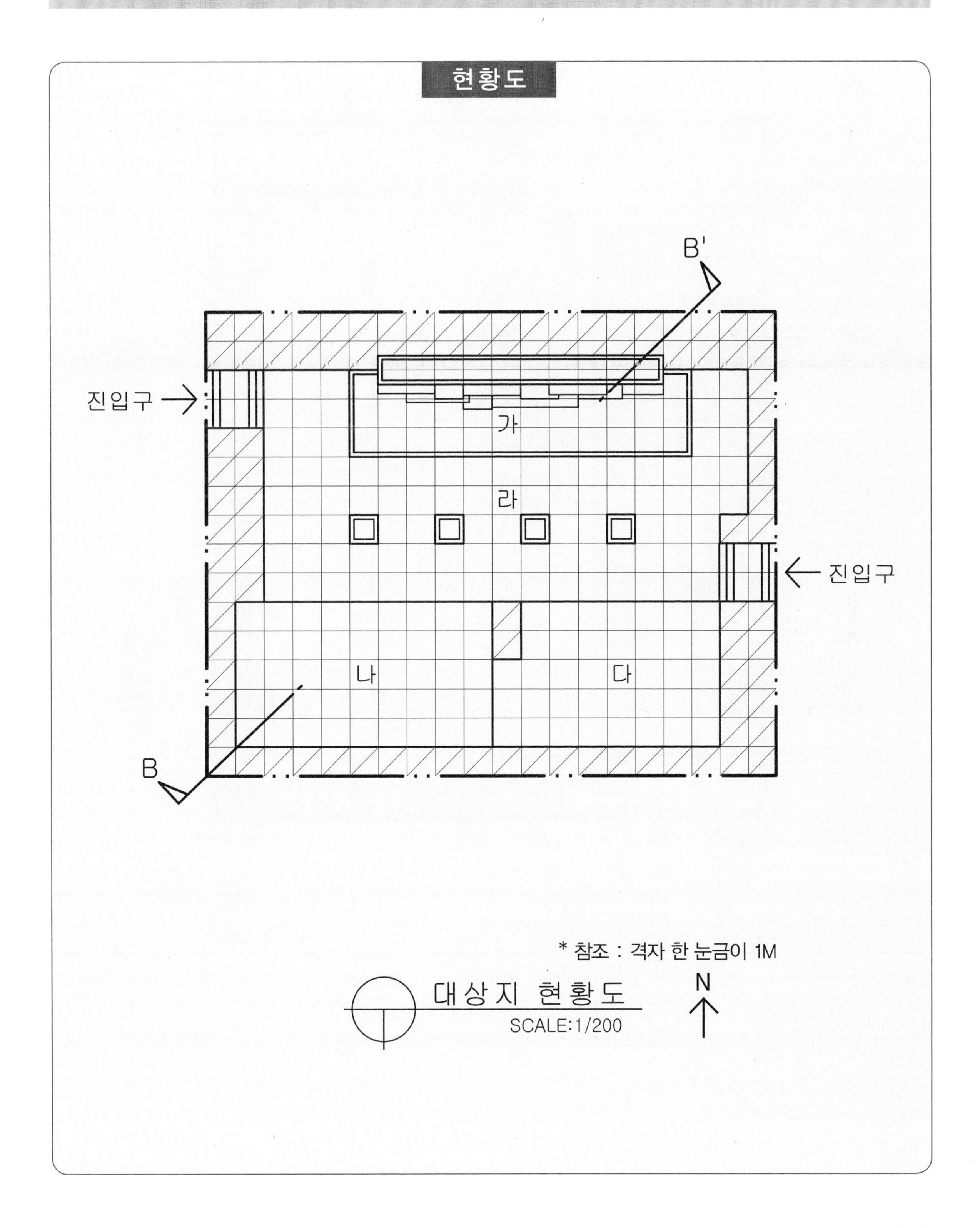

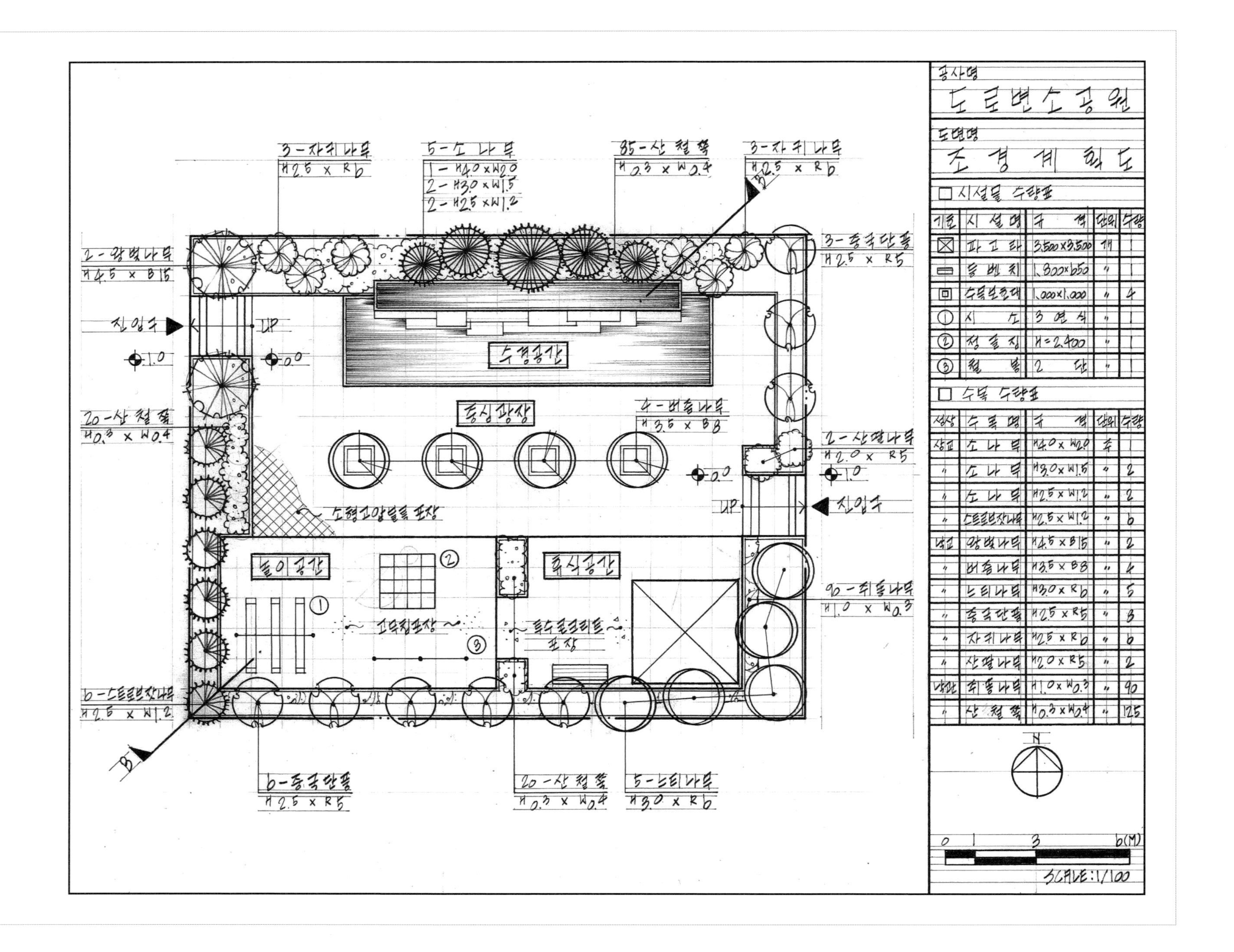

□ 시설물 수량표

기호	시설명	규격	단위	수량
⊠	파고라	3,500×3,500	개	1
▭	평벤치	1,800×650	〃	1
▣	수목보호대	1,000×1,000	〃	4
①	시소	3연식	〃	1
②	정글짐	H=2,400	〃	1
③	철봉	2단	〃	1

□ 수목 수량표

성상	수목명	규격	단위	수량
상교	소나무	H4.0×W2.0	주	1
〃	소나무	H3.0×W1.5	〃	2
〃	소나무	H2.5×W1.2	〃	2
〃	스트로브잣나무	H2.5×W1.2	〃	6
낙교	왕벚나무	H4.5×B15	〃	2
〃	버즘나무	H3.5×B8	〃	4
〃	느티나무	H3.0×R6	〃	5
〃	중국단풍	H2.5×R5	〃	3
〃	자귀나무	H2.5×R6	〃	6
〃	산딸나무	H2.0×R5	〃	2
낙관	쥐똥나무	H1.0×W0.3	〃	90
〃	산철쭉	H0.3×W0.4	〃	125

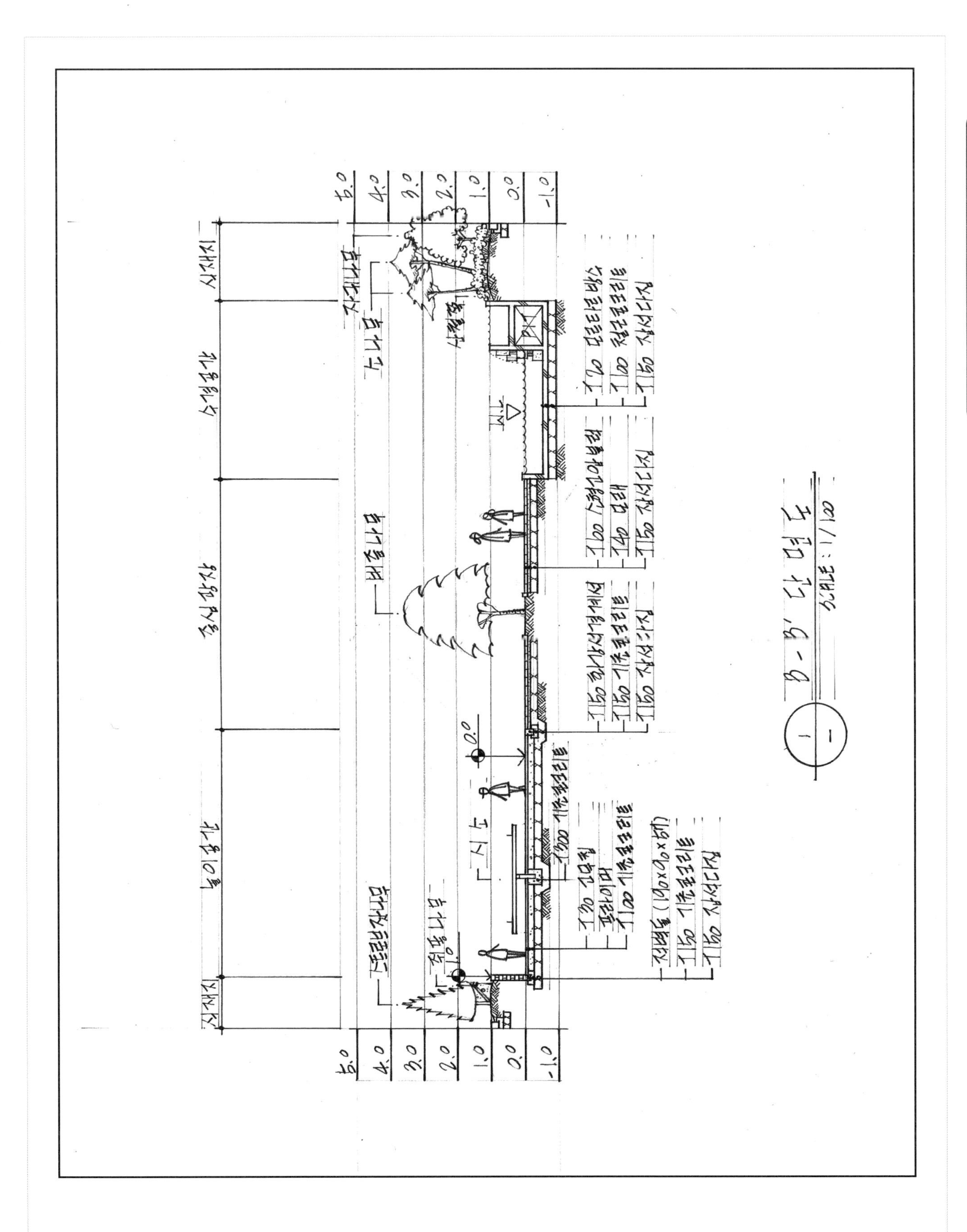
식재지
놀이공간
중심광장
수경공간
식재지
소나무
벚나무
산철쭉
시소
5.0
4.0
3.0
2.0
1.0
0.0
-1.0
B - B' 단면도
SCALE : 1/100

도면이해하기

Floor Plan
부분평면도

'요구조건'에 맞추어 계획된 평면도의 일부분으로서, 설계도면에 나타나는 공간의 구성과 시설물 및 포장, 배식 등 설계요소의 내용 및 표현방법을 알 수 있다.

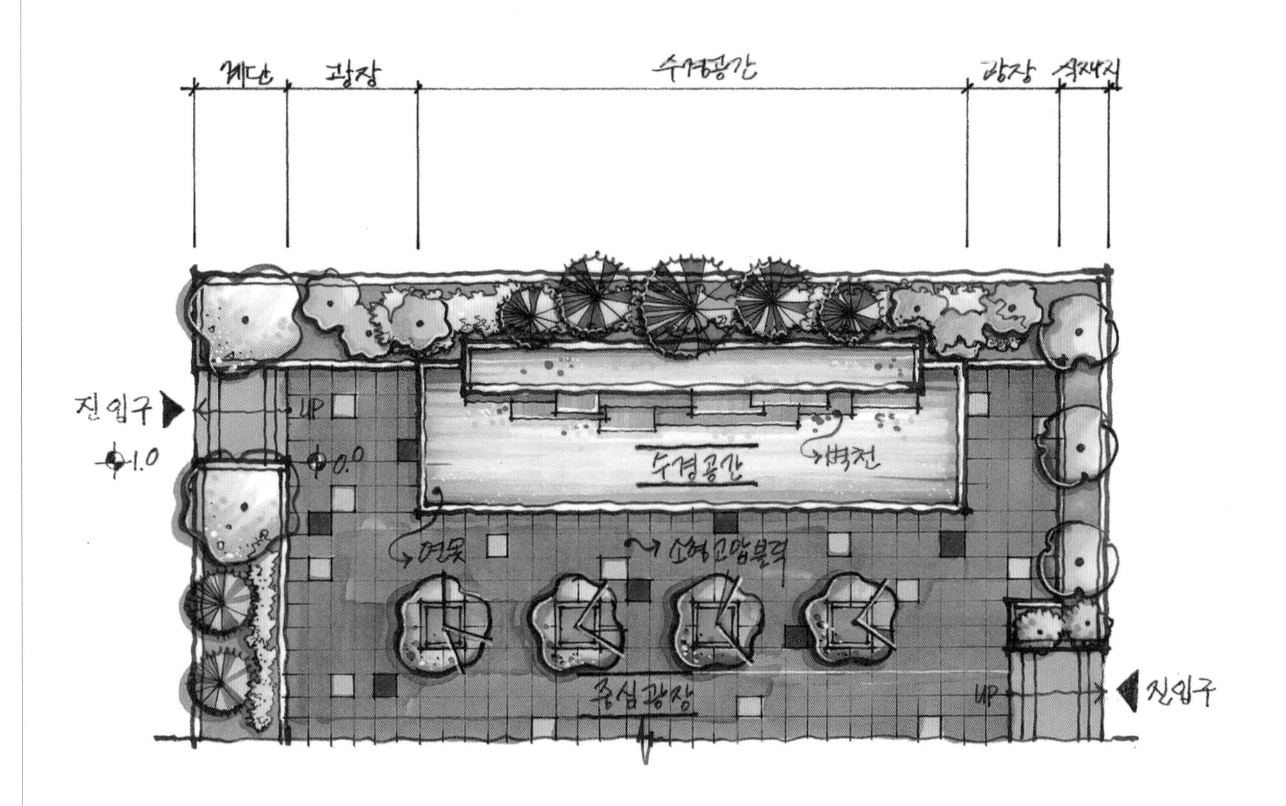

Section
단면도

수직적 입단면의 구조를 파악하여 설계된 내용을 이해하고, 더불어 기출문제와 다르게 단면의 위치와 방향이 변경되어 출제되어도 충분히 대비할 수 있도록 한다.

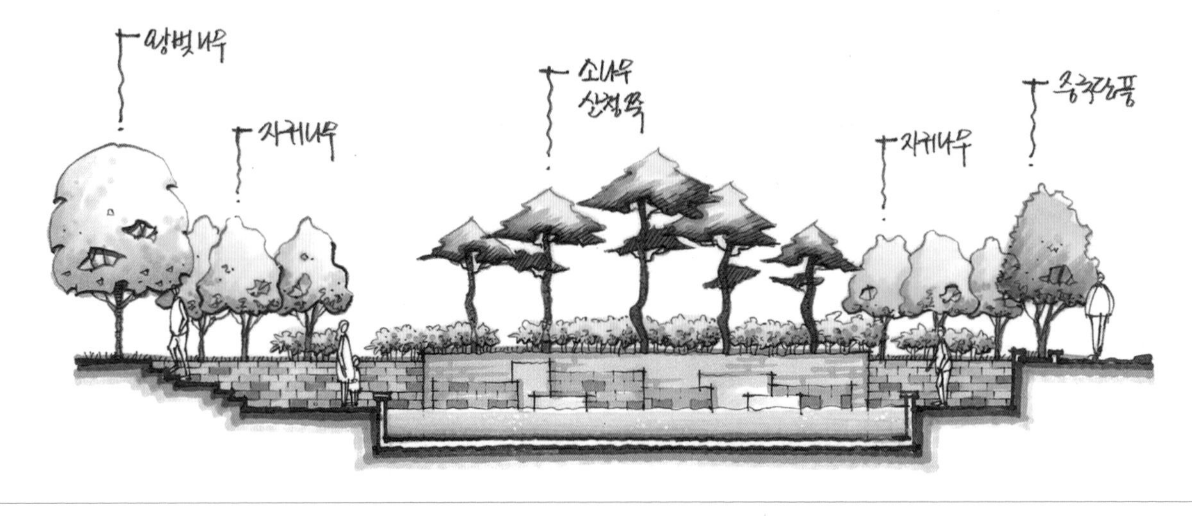

Perspective
투시도

평면설계와 단면설계를 바탕으로 한 전체 투시도로서, 공간의 구성과 시설물 및 수목의 조화를 한 눈에 볼 수 있도록 조감도 형태로 나타내었다. 설계의 내용을 파악하여 도면작성 시 반영하도록 한다.

ㅇ 시험시간 : 2시간 30분

자격종목	조경기능사	작품명	도로변소공원

【 설계문제 】

우리나라 중부지역에 위치한 도로변의 빈 공간에 대한 조경설계를 하고자 합니다. 주어진 현황도 및 아래사항을 참조하여 설계조건에 따라 조경계획도를 작성합니다.(단, 2점 쇄선 안 부분을 조경설계 대상지로 합니다.)

【 요구사항 】

1) 식재 평면도를 위주로 한 조경계획도를 축척 1/100로 작성하십시오.(지급용지 1)
2) 도면 오른쪽 위에 작업명칭을 작성하십시오.
3) 도면 오른쪽에는 "주요시설물 수량표와 수목(식재) 수량표"를 함께 작성하고, 수량표 아래쪽 여백을 이용하여 "방위표시와 막대축척"을 반드시 그려 넣으시오.(단, 전체 대상지의 길이를 고려하여 범례표의 폭을 조정할 수 있다.)
4) 도면의 전체적인 안정감을 위하여 "테두리선"을 작성하십시오.
5) 도로변 소공원 부지 내의 B-B′ 단면도를 축척 1/100로 작성하십시오.(지급용지 2)

【 요구조건 】

1) 해당 지역은 도로변의 소공원으로 휴식공간과 어린이들이 즐길 수 있는 특성을 고려하여 조경계획도를 작성합니다. 포장지역을 제외한 곳에는 가능한 식재를 계획합니다.(녹지공간은 대각선친 부분임)
2) 포장지역은 "소형고압블록, 황토벽돌, 콘크리트, 고무칩, 마사토 등"을 적당한 위치에 선택하여 표시하고 포장명을 기입합니다.
3) "가" 지역은 "라" 지역보다 1m 높은 휴게공간으로 퍼걸러(3,500×3,500) 1개소, 등벤치 2개소를 계획하고 설치하시오.
4) "나" 지역은 어린이를 위한 놀이공간으로 놀이시설 3종(미끄럼틀, 그네, 시소)을 계획하고 설계하시오.
5) "다" 지역은 수경공간으로 깊이 60cm이고, 공간 내에 전체높이 1.6m, 전체면적 16m^{2}의 계단식 사각벽천(계단 높이 40cm, 계단너비 50cm, 정상부의 면적 1m^2)이 위치하고 있으며, 벽천 중앙 상단에 토출구(내측 ø100mm, 외측 ø200mm, 높이 100mm)를 계획하고 설계하시오.
6) "라" 지역은 이동공간으로 필요한 곳에 녹음수를 식재하고 휴지통 1개소, 벤치 2개소 이상을 계획하고 설계하시오.
7) 필요한 공간에 수목보호대를 설치하고, 녹음식재, 유도식재, 경관식재(소나무 군식), 녹음식재 패턴을 필요한 곳에 적당히 배식하여 조형을 계획하고 설계하시오.
8) 수목은 아래의 수종 중에서 10가지를 선정하여 골고루 안정적이고 아늑한 경관이 될 수 있도록 계획하고 설계하시오.
9) B-B′ 단면도는 포장재료, 경계선 및 기타 시설물의 기초, 주변의 수목, 중요시설물, 이용자 등을 단면도상에 반드시 표기하고, 높이차를 한눈에 볼 수 있도록 설계하시오.

소나무(H4.0×W2.0), 소나무(H3.0×W1.5), 소나무(H2.5×W1.2), 스트로브잣나무(H2.5×W1.2), 스트로브잣나무(H2.0×W1.0), 왕벚나무(H4.5×B15), 버즘나무(H3.5×B8), 느티나무(H3.0×R6), 청단풍(H2.5×R8), 다정큼나무(H1.0×W0.6), 동백나무(H2.5×R8), 중국단풍(H2.5×R5), 굴거리나무(H2.5×W0.6), 자귀나무(H2.5×R6), 태산목(H1.5×W0.5), 먼나무(H2.0×R5), 산딸나무(H2.0×R5), 산수유(H2.5×R7), 꽃사과(H2.5×R5), 수수꽃다리(H1.5×W0.6), 병꽃나무(H1.0×W0.4), 쥐똥나무(H1.0×W0.3), 명자나무(H0.6×W0.4), 산철쭉(H0.3×W0.4), 자산홍(H0.3×W0.3), 영산홍(H0.4×W0.3), 조릿대(H0.6×7가지)

현황도

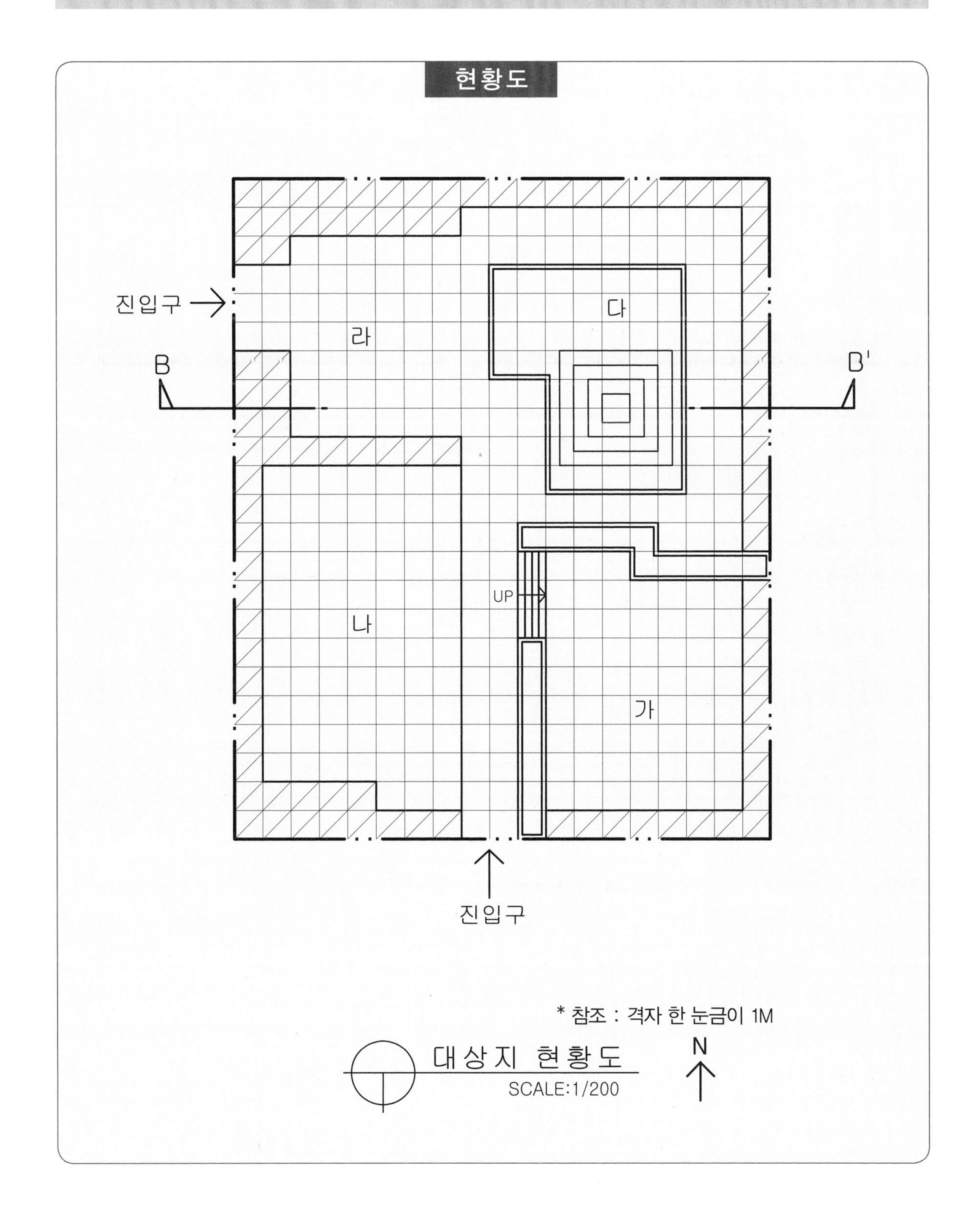

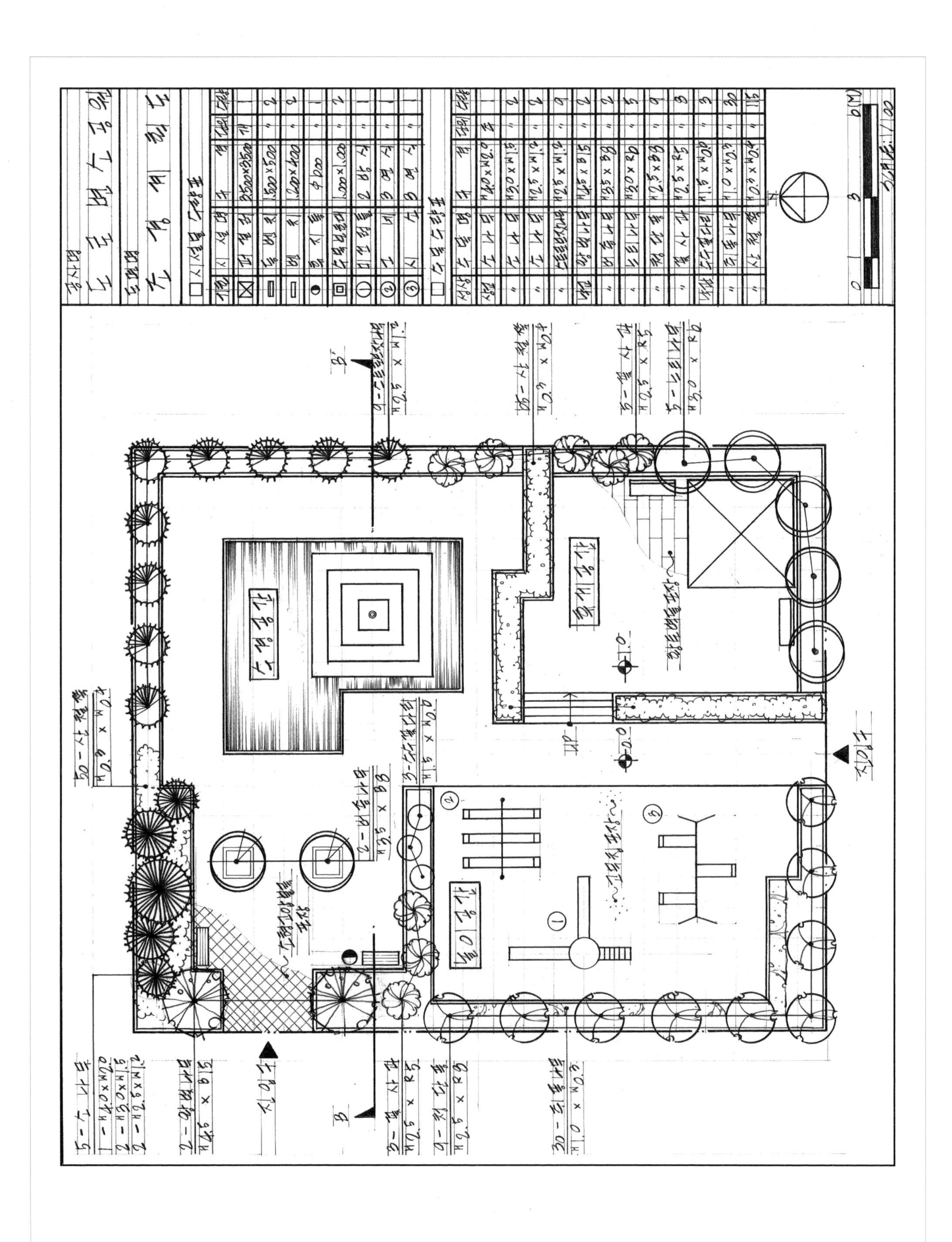

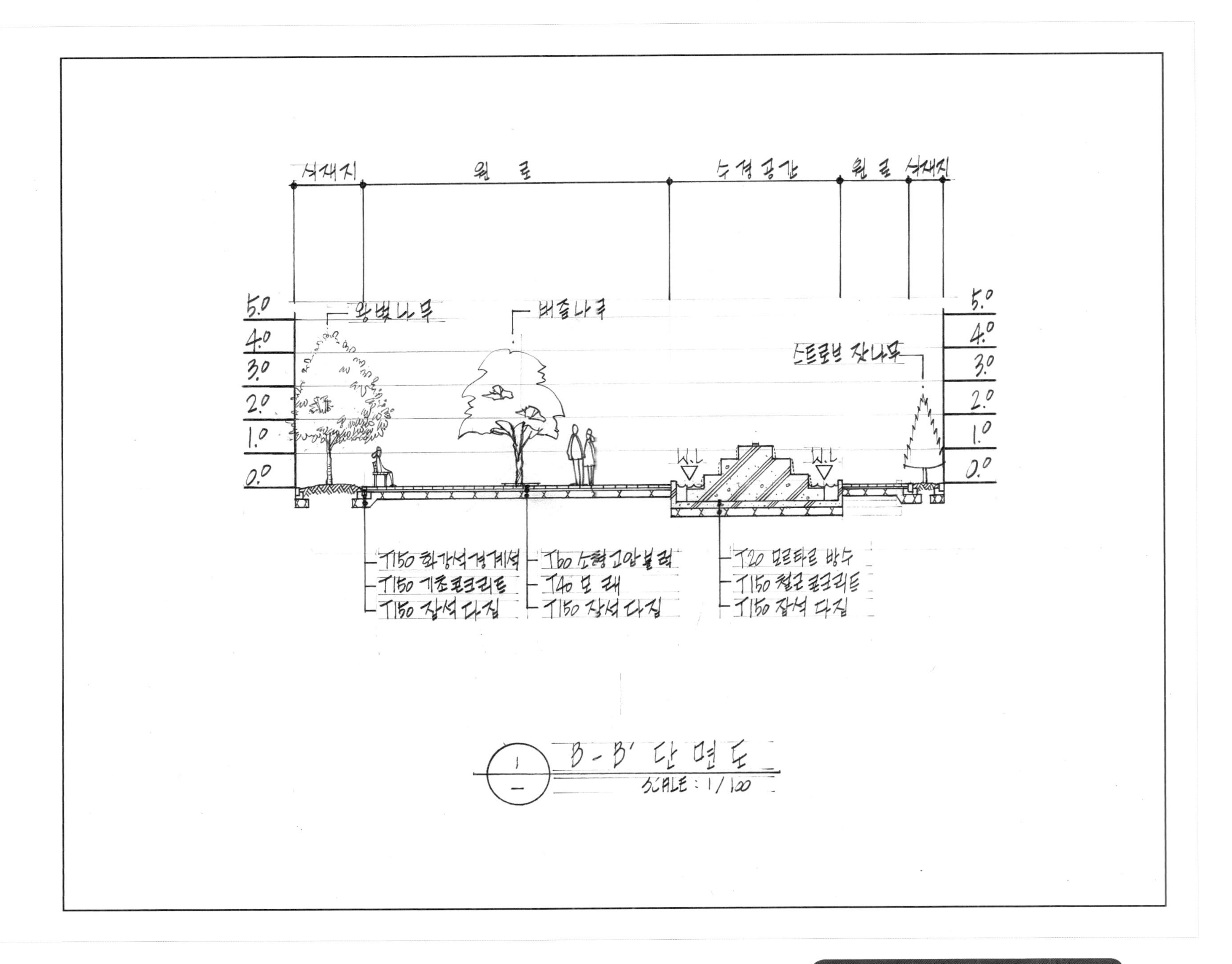

식재지
원로
수경공간
원로
식재지
5.0
4.0
3.0
2.0
1.0
0.0
왕벚나무
버즘나무
스트로브 잣나무
W.L
W.L
T150 화강석경계석
T150 기초콘크리트
T150 잡석다짐
T60 소형고압블럭
T40 모래
T150 잡석다짐
T20 모르타르 방수
T150 철근콘크리트
T150 잡석다짐
B-B' 단면도
SCALE : 1/100

도면이해하기

Floor Plan
부분평면도

'요구조건'에 맞추어 계획된 평면도의 일부분으로서, 설계도면에 나타나는 공간의 구성과 시설물 및 포장, 배식 등 설계요소의 내용 및 표현방법을 알 수 있다.

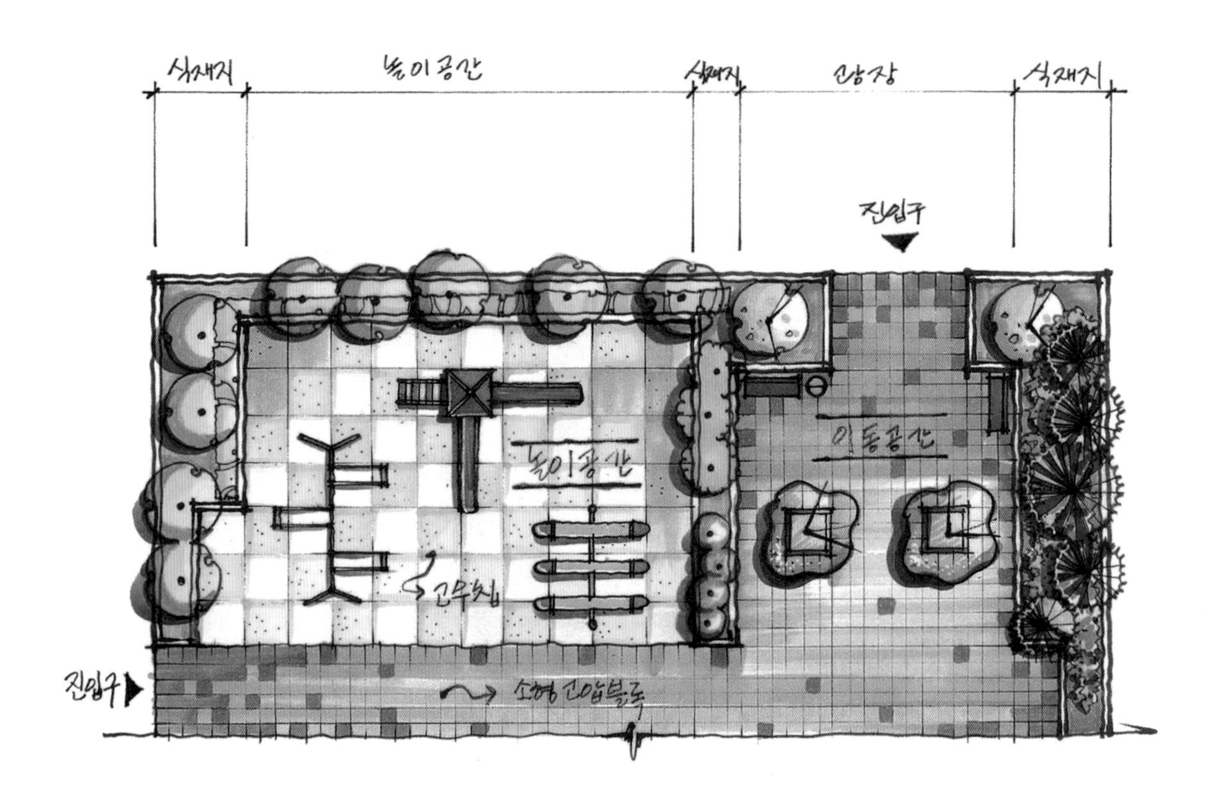

Section
단면도

수직적 입단면의 구조를 파악하여 설계된 내용을 이해하고, 더불어 기출문제와 다르게 단면의 위치와 방향이 변경되어 출제되어도 충분히 대비할 수 있도록 한다.

Perspective
투시도

평면설계와 단면설계를 바탕으로 한 전체 투시도로서, 공간의 구성과 시설물 및 수목의 조화를 한 눈에 볼 수 있도록 조감도 형태로 나타내었다. 설계의 내용을 파악하여 도면작성 시 반영하도록 한다.

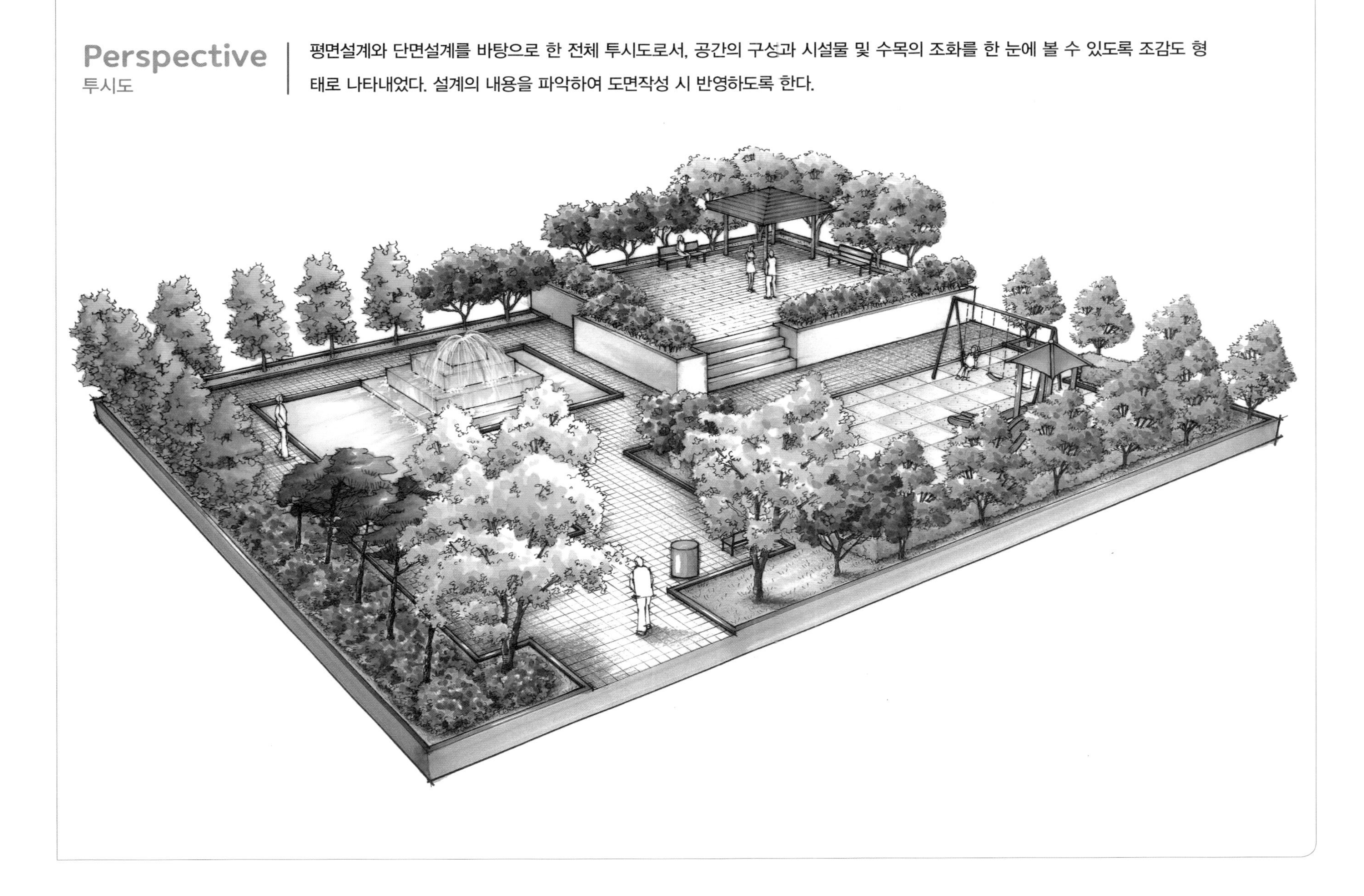

○ 시험시간 : 2시간 30분

자격종목	조경기능사	작품명	도로변소공원

【 설계문제 】

우리나라 중부지역에 위치한 도로변의 빈 공간에 대한 조경설계를 하고자 합니다. 주어진 현황도 및 아래사항을 참조하여 설계조건에 따라 조경계획도를 작성합니다.(단, 2점 쇄선 안 부분을 조경설계 대상지로 합니다.)

【 요구사항 】

1) 식재 평면도를 위주로 한 조경계획도를 축척 1/100로 작성하십시오.(지급용지 1)
2) 도면 오른쪽 위에 작업명칭을 작성하십시오.
3) 도면 오른쪽에는 "주요시설물 수량표와 수목(식재) 수량표"를 함께 작성하고, 수량표 아래쪽 여백을 이용하여 "방위표시와 막대축척"을 반드시 그려 넣으시오.(단, 전체 대상지의 길이를 고려하여 범례표의 폭을 조정할 수 있다.)
4) 도면의 전체적인 안정감을 위하여 "테두리선"을 작성하십시오.
5) 도로변 소공원 부지 내의 A-A′ 단면도를 축척 1/100로 작성하십시오.(지급용지 2)

【 요구조건 】

1) 해당 지역은 도로변 소공원으로 휴식공간과 어린이들이 즐길 수 있는 특성을 고려하여 조경계획도를 작성합니다. 포장지역을 제외한 곳에는 가능한 식재를 계획합니다.(녹지공간은 대각선친 부분임)
2) 포장지역은 "소형고압블록, 투수콘크리트, 콘크리트, 고무칩, 마사토 등"을 적당한 위치에 선택하여 표시하고 포장명을 기입합니다.
3) "나" 지역은 '중앙광장'으로 휴식을 취할 수 있는 퍼걸러(3,500×3,500) 1개소, 등벤치 5개소를 계획하고 설치하시오.
4) "가" 지역은 "나" 지역에 비해 1m 높은 어린이를 위한 놀이공간으로 놀이시설 3종(시소, 그네, 미끄럼틀)을 계획하고 설계하시오.
5) "다" 지역은 수경공간으로 계단식 벽천(4계단)이 단높이(0.3m), 단너비(0.5m), 전체높이(1.2m)로 설치되어 있으며 벽천 앞의 수경공간(3.5×7.0m)은 깊이 60cm로 설계하시오.
6) "라" 지역은 주차공간으로 소형자동차(2,500×5,000mm) 2대를 주차할 수 있는 공간으로 계획하고 설계하시오.
7) 대상지 경계에 위치한 녹지대의 식재는 유도식재, 녹음식재, 경관식재(소나무 군식) 등의 식재 패턴을 필요한 곳에 배식합니다.
8) 수목은 아래의 수종 중에서 10가지를 선정하여 골고루 안정적이고 아늑한 경관이 될 수 있도록 계획하고 설계하시오.
9) A-A′ 단면도는 포장재료, 경계선 및 기타 시설물의 기초, 주변의 수목, 중요시설물, 이용자 등을 단면도상에 반드시 표기하고, 높이차를 한눈에 볼 수 있도록 설계하시오.

소나무(H4.0×W2.0), 소나무(H3.0×W1.5), 소나무(H2.5×W1.2), 스트로브잣나무(H2.5×W1.2), 스트로브잣나무(H2.0×W1.0), 왕벚나무(H4.5×B15), 버즘나무(H3.5×B8), 느티나무(H3.0×R6), 청단풍(H2.5×R8), 다정큼나무(H1.0×W0.6), 동백나무(H2.5×R8), 중국단풍(H2.5×R5), 굴거리나무(H2.5×W0.6), 자귀나무(H2.5×R6), 태산목(H1.5×W0.5), 먼나무(H2.0×R5), 산딸나무(H2.0×R5), 산수유(H2.5×R7), 꽃사과(H2.5×R5), 수수꽃다리(H1.5×W0.6), 병꽃나무(H1.0×W0.4), 쥐똥나무(H1.0×W0.3), 명자나무(H0.6×W0.4), 산철쭉(H0.3×W0.4), 자산홍(H0.3×W0.3), 영산홍(H0.4×W0.3), 조릿대(H0.6×7가지)

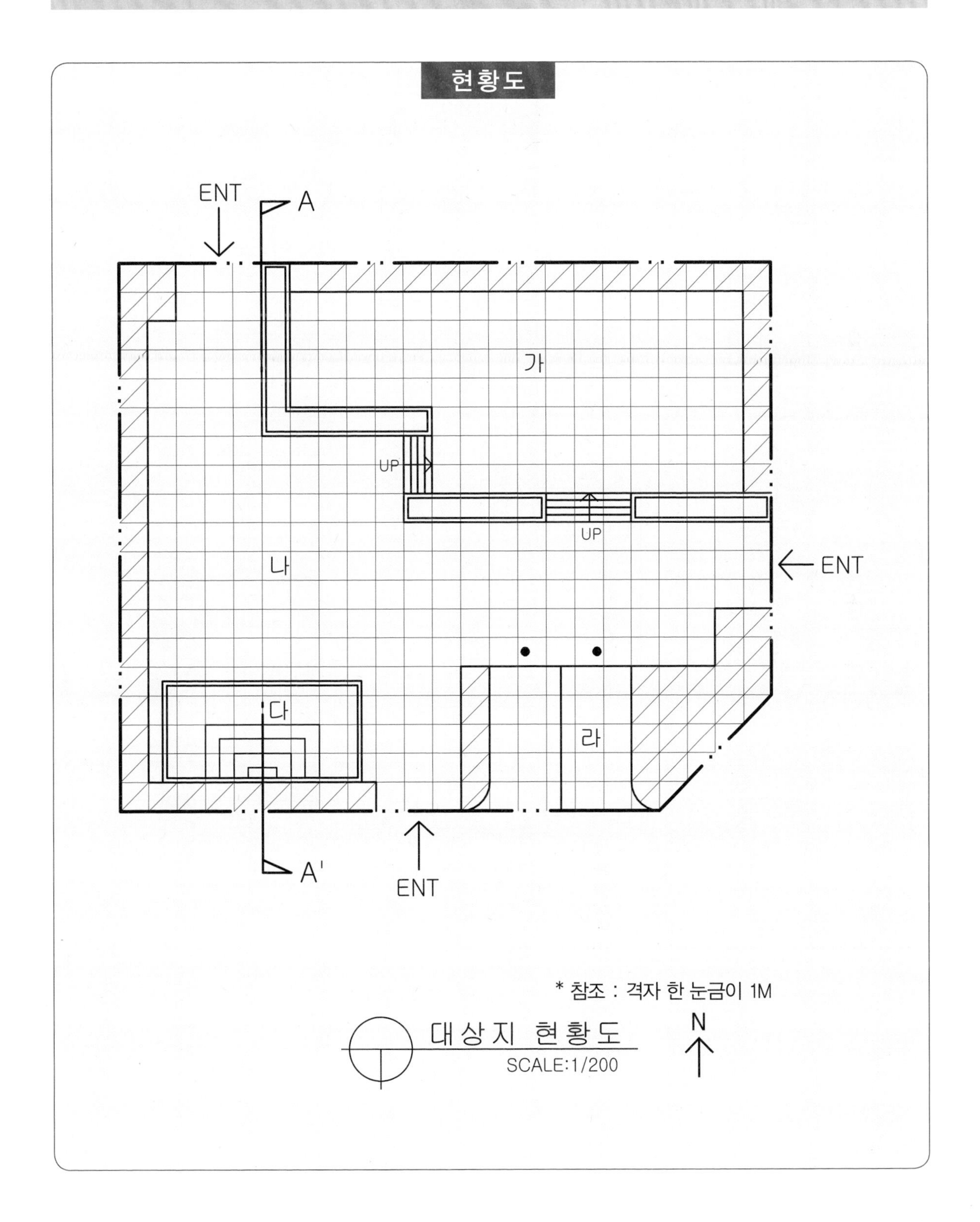

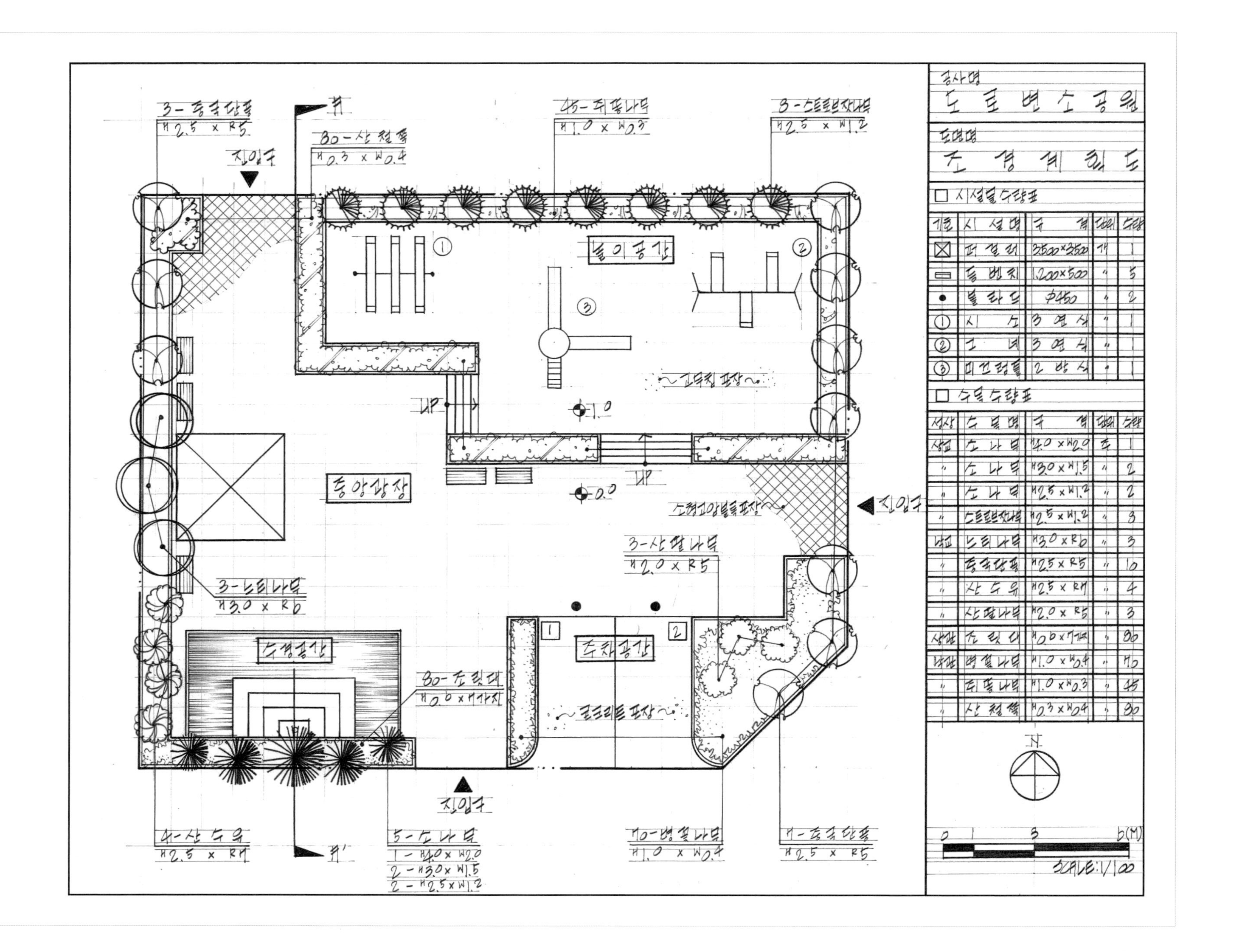

공사명: 도로변소공원

도면명: 조경계획도

□ 시설물수량표

기호	시설명	규격	단위	수량
⊠	퍼걸러	2500×2500	개	1
▭	평벤치	1200×500	〃	5
●	볼라드	φ450	〃	2
①	시소	3연식	〃	1
②	그네	3연식	〃	1
③	미끄럼틀	2방식	〃	1

□ 수목수량표

성상	수목명	규격	단위	수량
상교	소나무	H4.0×W2.0	주	1
〃	소나무	H3.0×W1.5	〃	2
〃	소나무	H2.5×W1.2	〃	2
〃	스트로브잣나무	H2.5×W1.2	〃	3
낙교	느티나무	H3.0×R6	〃	3
〃	중국단풍	H2.5×R5	〃	10
〃	산수유	H2.5×R4	〃	4
〃	산딸나무	H2.0×R5	〃	3
상관	조릿대	H0.6×7가지	〃	80
낙관	병꽃나무	H1.0×W0.4	〃	40
〃	쥐똥나무	H1.0×W0.3	〃	45
〃	산철쭉	H0.3×W0.4	〃	80

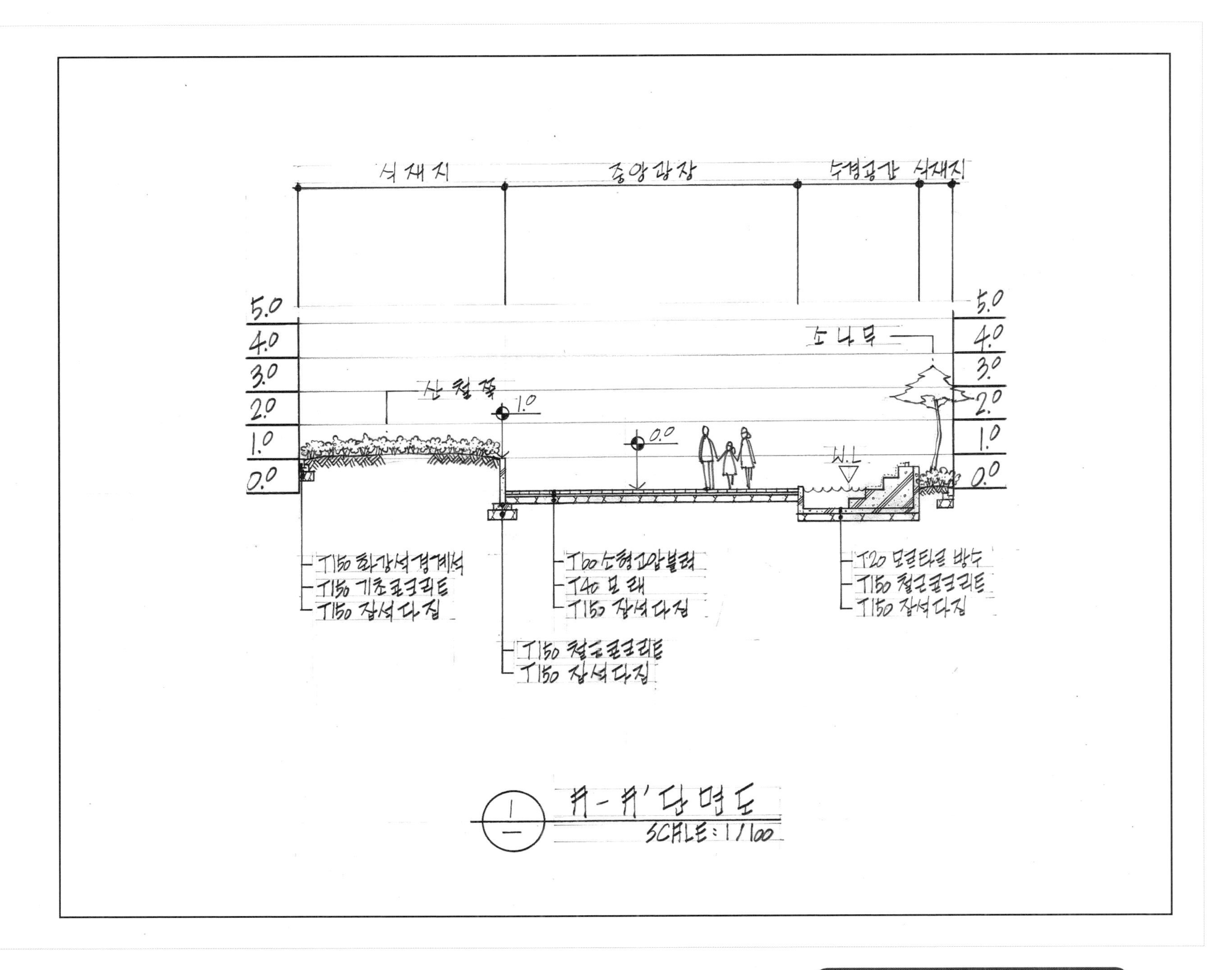

식재지
중앙광장
수경공간 식재지
5.0
4.0
3.0
2.0
1.0
0.0
소나무
산책로
W.L
T150 화강석경계석
T150 기초콘크리트
T150 잡석다짐
T60 소형고압블럭
T40 모래
T150 잡석다짐
T150 철근콘크리트
T150 잡석다짐
T20 모르타르 방수
T150 철근콘크리트
T150 잡석다짐
가-가' 단면도
SCALE : 1/100

도면이해하기

Floor Plan
부분평면도

'요구조건'에 맞추어 계획된 평면도의 일부분으로서, 설계도면에 나타나는 공간의 구성과 시설물 및 포장, 배식 등 설계요소의 내용 및 표현방법을 알 수 있다.

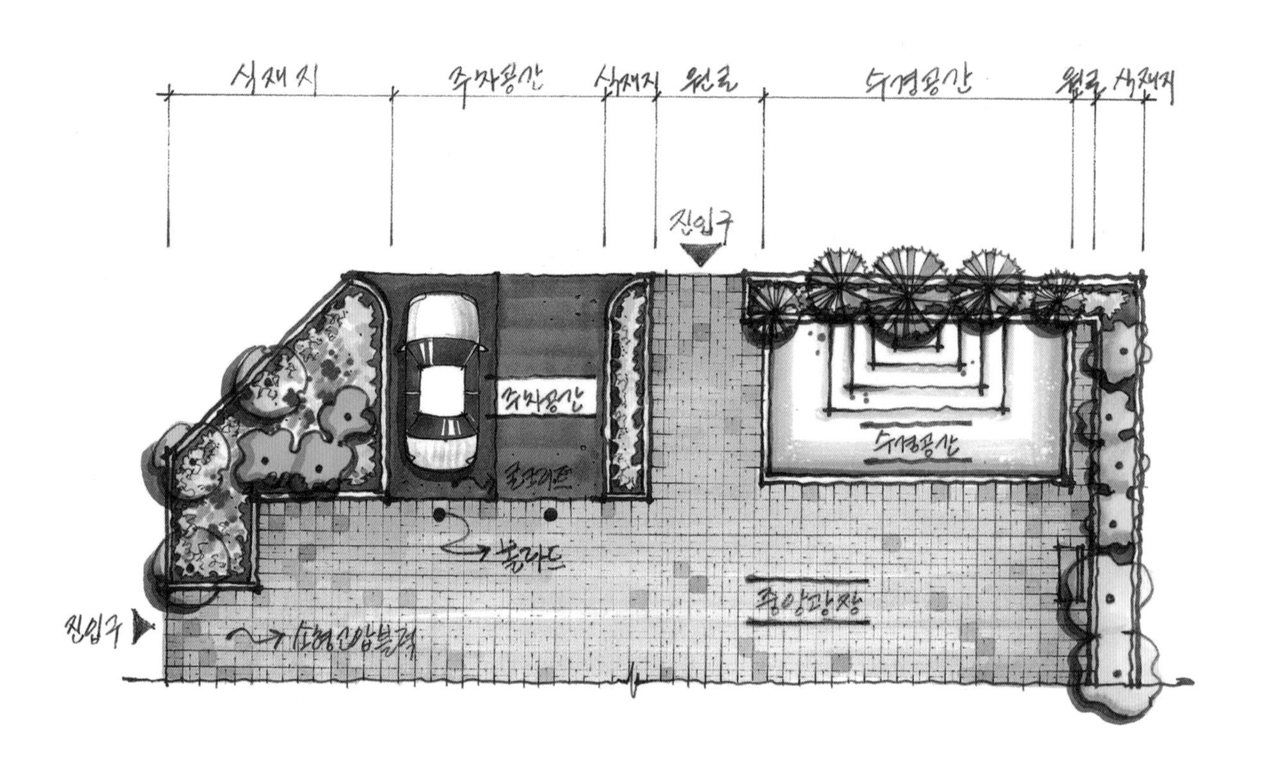

Section
단면도

수직적 입단면의 구조를 파악하여 설계된 내용을 이해하고, 더불어 기출문제와 다르게 단면의 위치와 방향이 변경되어 출제되어도 충분히 대비할 수 있도록 한다.

Perspective
투시도

평면설계와 단면설계를 바탕으로 한 전체 투시도로서, 공간의 구성과 시설물 및 수목의 조화를 한 눈에 볼 수 있도록 조감도 형태로 나타내었다. 설계의 내용을 파악하여 도면작성 시 반영하도록 한다.

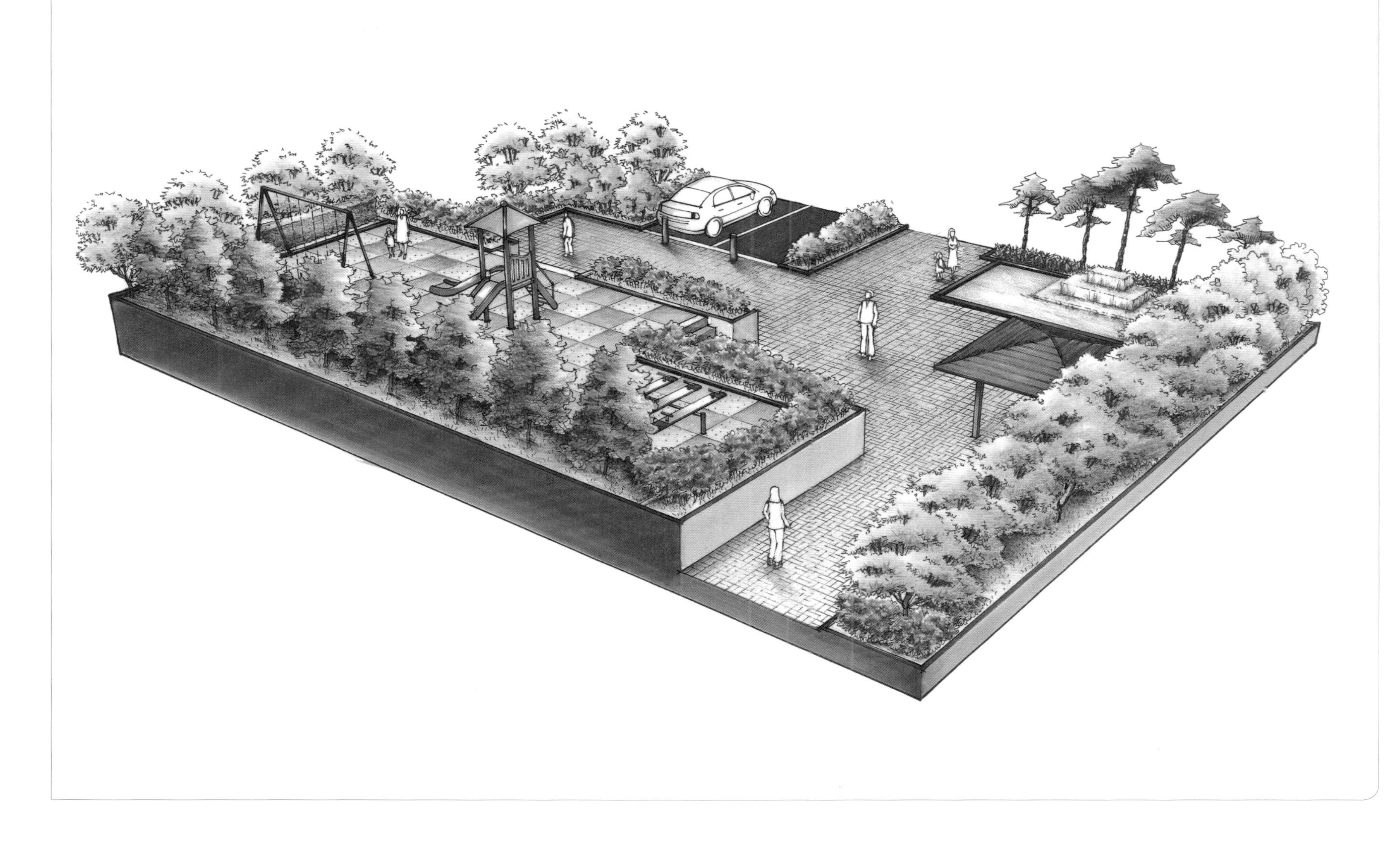

○ 시험시간 : 2시간 30분

자격종목	조경기능사	작품명	도로변소공원

【 설계문제 】

우리나라 중부지역에 위치한 도로변의 빈 공간에 대한 조경설계를 하고자 합니다. 주어진 현황도 및 아래사항을 참조하여 설계조건에 따라 조경계획도를 작성합니다.(단, 2점 쇄선 안 부분을 조경설계 대상지로 합니다.)

【 요구사항 】

1) 식재 평면도를 위주로 한 조경계획도를 축척 1/100로 작성하십시오.(지급용지 1)
2) 도면 오른쪽 위에 작업명칭을 작성하십시오.
3) 도면 오른쪽에는 "주요시설물 수량표와 수목(식재) 수량표"를 함께 작성하고, 수량표 아래쪽 여백을 이용하여 "방위표시와 막대축척"을 반드시 그려 넣으시오.(단, 전체 대상지의 길이를 고려하여 범례표의 폭을 조정할 수 있다.)
4) 도면의 전체적인 안정감을 위하여 "테두리선"을 작성하십시오.
5) 도로변 소공원 부지 내의 A-A′ 단면도를 축척 1/100로 작성하십시오.(지급용지 2)

【 요구조건 】

1) 해당 지역은 도로변 소공원으로 휴식공간과 어린이들이 즐길 수 있는 특성을 고려하여 조경계획도를 작성합니다. 포장지역을 제외한 곳에는 가능한 식재를 계획합니다.(녹지공간은 대각선친 부분임)
2) 포장지역은 "소형고압블록, 투수콘크리트, 콘크리트, 고무칩, 마사토 등"을 적당한 위치에 선택하여 표시하고 포장명을 기입합니다.
3) "나" 지역은 휴게공간으로 퍼걸러(3,500×3,500mm) 1개소, 등벤치 2개소를 계획하고 설치하시오.
4) "가" 지역은 어린이를 위한 놀이공간으로 놀이시설 3종(시소, 그네, 정글짐)을 계획하고 설계하시오.
5) "다" 지역은 이동공간으로 필요한 공간에 수목보호대 4개소를 계획하여 낙엽활엽수를 식재하고, 평벤치 4개소를 계획하고 설계하시오.
6) "라" 지역은 주차공간으로 소형자동차(2,500×5,000mm) 2대를 주차할 수 있는 공간으로 계획하고 설계하시오.
7) "마" 지역은 수경공간으로 계단식 벽천(4계단)이 30cm 간격(전체높이:1.2m)으로 설치 되어 있으며 벽천 앞의 수경공간은 깊이 60cm로 설계하시오.
8) 대상지역은 진입구에 계단이 위치해 있으며, 대상지 외곽부지보다 높이가 1m 높은 것으로 보고 설계합니다.
9) 대상지 경계에 위치한 외곽 녹지대의 식재는 유도식재, 녹음식재, 경관식재(소나무 군식) 등의 식재 패턴을 필요한 곳에 배식합니다.
10) 수목은 아래의 수종 중에서 10가지를 선정하여 골고루 안정적이고 아늑한 경관이 될 수 있도록 계획하고 설계하시오.
11) A-A′ 단면도는 포장재료, 경계선 및 기타 시설물의 기초, 주변의 수목, 중요시설물, 이용자 등을 단면도상에 반드시 표시합니다.

소나무(H4.0×W2.0), 소나무(H3.0×W1.5), 소나무(H2.5×W1.2), 스트로브잣나무(H2.5×W1.2), 스트로브잣나무(H2.0×W1.0), 왕벚나무(H4.5×B15), 버즘나무(H3.5×B8), 느티나무(H3.0×R6), 청단풍(H2.5×R8), 다정큼나무(H1.0×W0.6), 동백나무(H2.5×R8), 중국단풍(H2.5×R5), 굴거리나무(H2.5×W0.6), 자귀나무(H2.5×R6), 태산목(H1.5×W0.5), 먼나무(H2.0×R5), 산딸나무(H2.0×R5), 산수유(H2.5×R7), 꽃사과(H2.5×R5), 수수꽃다리(H1.5×W0.6), 병꽃나무(H1.0×W0.4), 쥐똥나무(H1.0×W0.3), 명자나무(H0.6×W0.4), 산철쭉(H0.3×W0.4), 자산홍(H0.3×W0.3), 영산홍(H0.4×W0.3), 조릿대(H0.6×7가지)

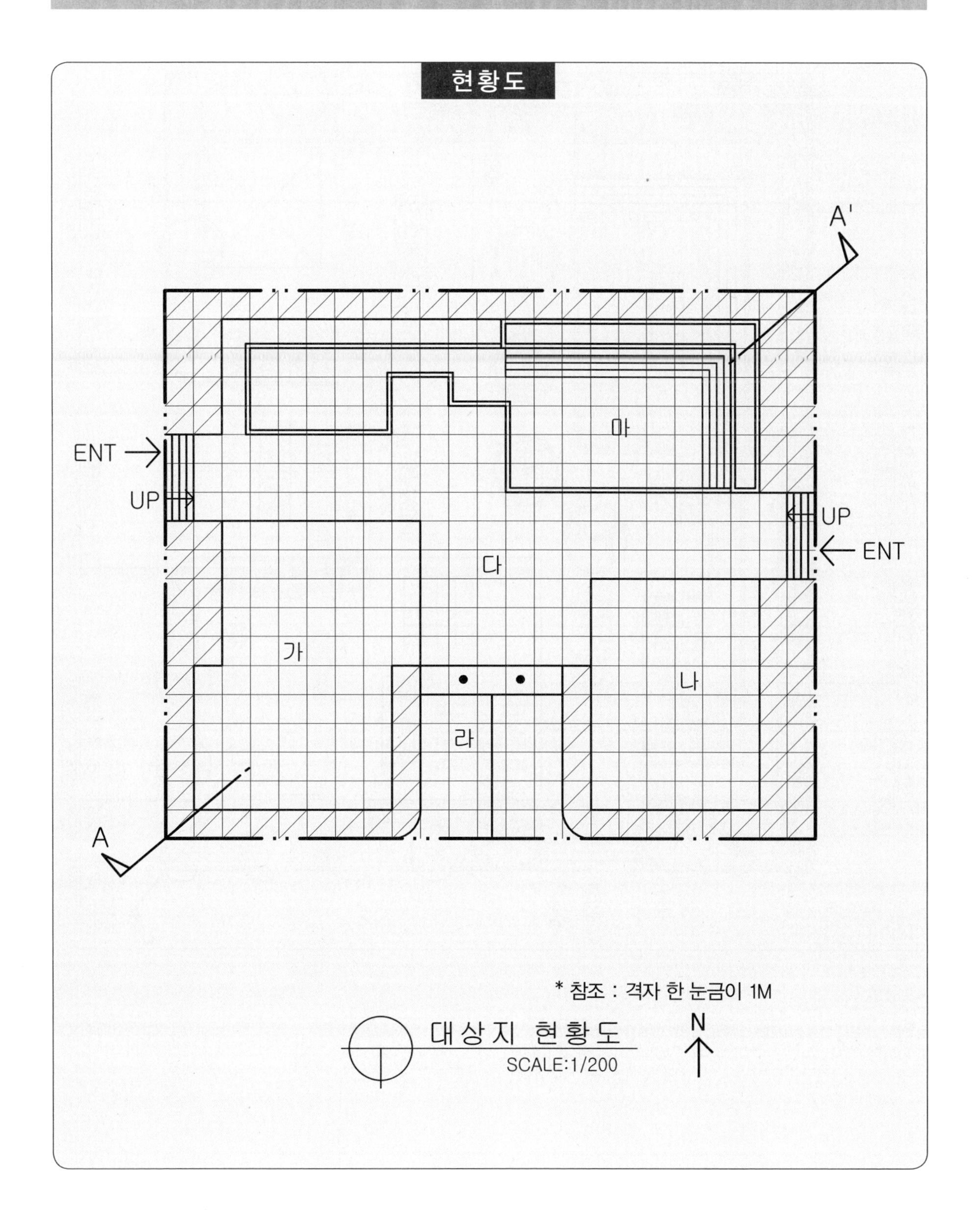

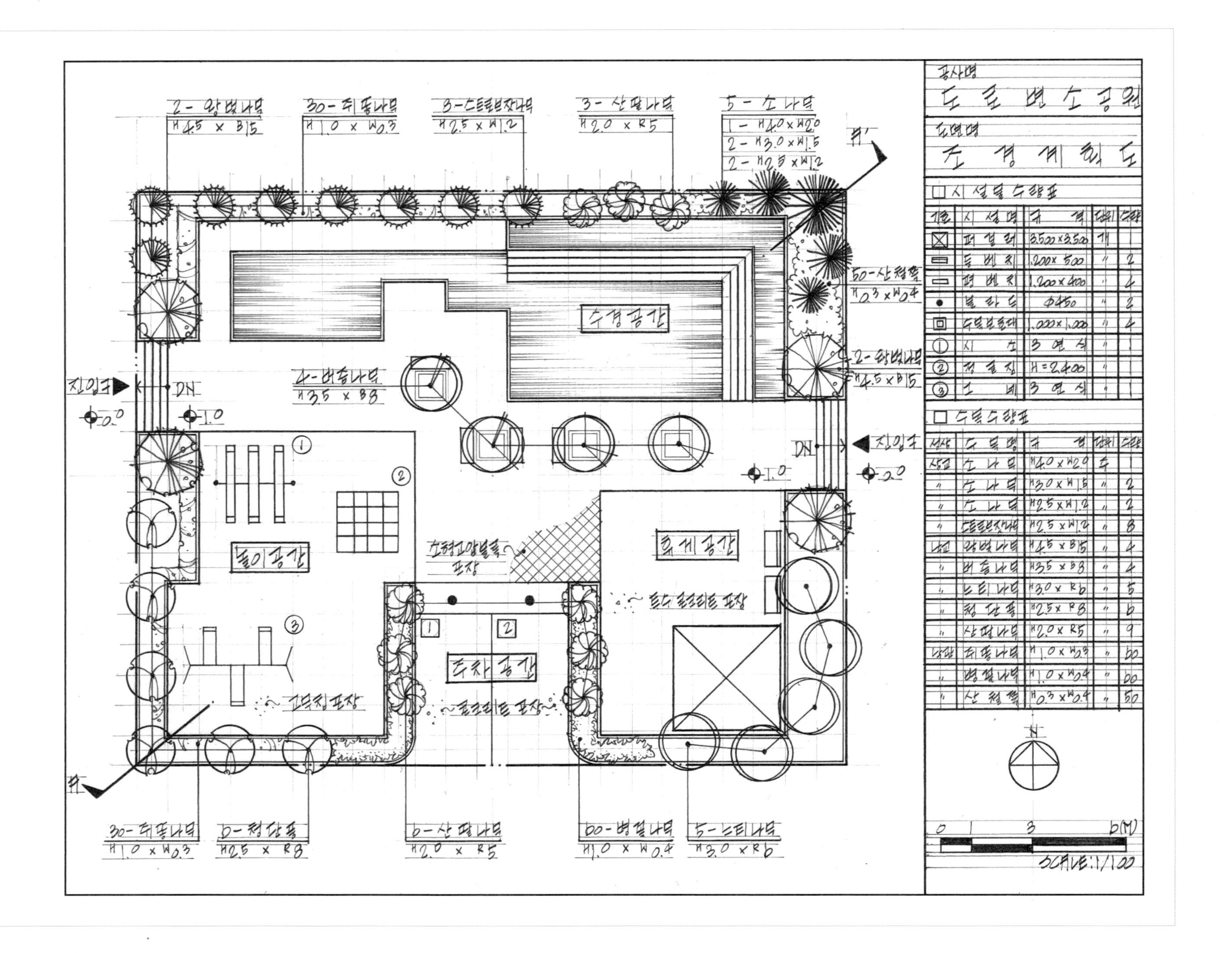
공사명
도로변 소공원
도면명
조경계획도
□ 시설물 수량표
기호 | 시설명 | 규격 | 단위 | 수량
⊠ | 퍼걸러 | 3,500×3,500 | 개 | 1
▭ | 등벤치 | 1,200×500 | 〃 | 2
▭ | 평벤치 | 1,200×400 | 〃 | 4
● | 볼라드 | Φ450 | 〃 | 8
▣ | 수목보호대 | 1,000×1,000 | 〃 | 4
① | 시소 | 3연식 | 〃 | 1
② | 정글짐 | H=2,400 | 〃 | 1
③ | 그네 | 3연식 | 〃 | 1
□ 수목수량표
성상 | 수목명 | 규격 | 단위 | 수량
상록 | 소나무 | H4.0×W2.0 | 주 | 1
〃 | 소나무 | H3.0×W1.5 | 〃 | 2
〃 | 소나무 | H2.5×W1.2 | 〃 | 2
〃 | 스트로브잣나무 | H2.5×W1.2 | 〃 | 8
낙엽 | 왕벚나무 | H4.5×B15 | 〃 | 4
〃 | 버즘나무 | H3.5×B8 | 〃 | 4
〃 | 느티나무 | H3.0×R6 | 〃 | 5
〃 | 청단풍 | H2.5×R8 | 〃 | 6
〃 | 산딸나무 | H2.0×R5 | 〃 | 9
관목 | 회똥나무 | H1.0×W0.3 | 〃 | 60
〃 | 병꽃나무 | H1.0×W0.4 | 〃 | 60
〃 | 산철쭉 | H0.3×W0.4 | 〃 | 50
0 1 3 6(M)
SCALE:1/100
2-왕벚나무 H4.5×B15
30-회똥나무 H1.0×W0.3
3-스트로브잣나무 H2.5×W1.2
3-산딸나무 H2.0×R5
5-소나무
1-H4.0×W2.0
2-H3.0×W1.5
2-H2.5×W1.2
50-산철쭉 H0.3×W0.4
2-왕벚나무 H4.5×B15
4-버즘나무 H3.5×B8
수경공간
놀이공간
휴게공간
주차공간
소형고압블록 포장
투수콘크리트 포장
콘크리트 포장
고무칩 포장
진입구
DN
30-회똥나무 H1.0×W0.3
6-청단풍 H2.5×R8
6-산딸나무 H2.0×R5
60-병꽃나무 H1.0×W0.4
5-느티나무 H3.0×R6

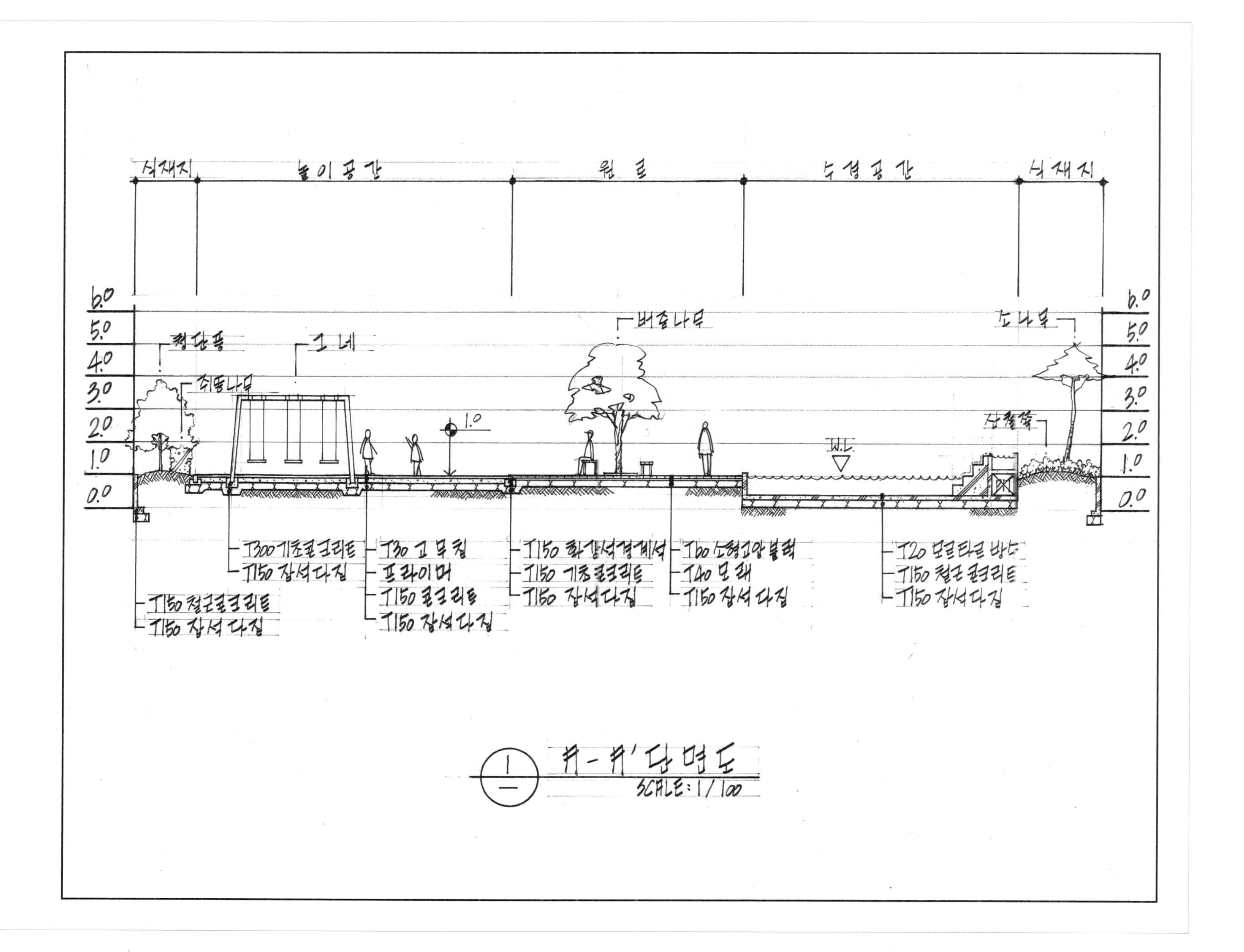
식재지
놀이공간
원로
수경공간
식재지
6.0
5.0
4.0
3.0
2.0
1.0
0.0
청단풍
그네
쥐똥나무
버즘나무
소나무
산철쭉
W.L.
1.0
T300 기초콘크리트
T150 잡석다짐
T150 철근콘크리트
T150 잡석다짐
T30 고무칩
프라이머
T150 콘크리트
T150 잡석다짐
T150 화강석경계석
T150 기초콘크리트
T150 잡석다짐
T60 소형고압블럭
T40 모래
T150 잡석다짐
T20 모르타르 방수
T150 철근콘크리트
T150 잡석다짐
가-가' 단면도
SCALE: 1/100

도면이해하기

Floor Plan
부분평면도

'요구조건'에 맞추어 계획된 평면도의 일부분으로서, 설계도면에 나타나는 공간의 구성과 시설물 및 포장, 배식 등 설계요소의 내용 및 표현방법을 알 수 있다.

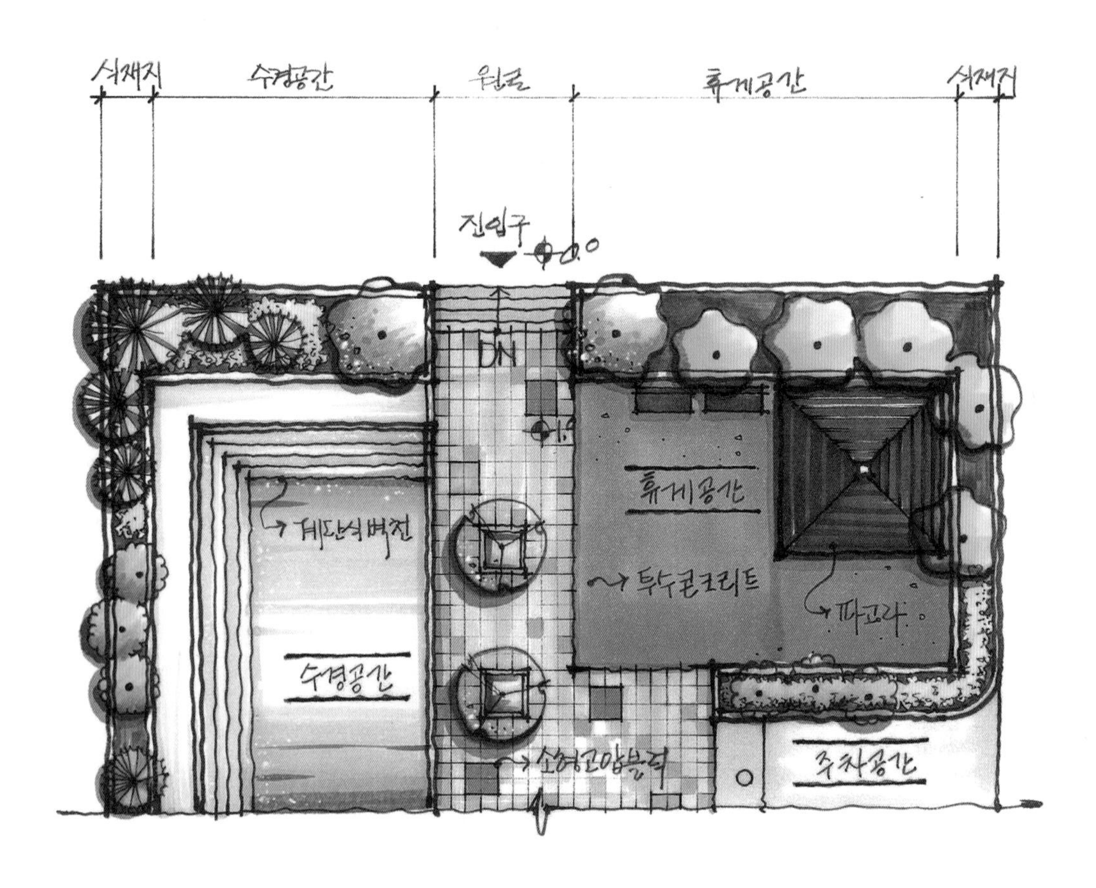

Section
단면도

수직적 입단면의 구조를 파악하여 설계된 내용을 이해하고, 더불어 기출문제와 다르게 단면의 위치와 방향이 변경되어 출제되어도 충분히 대비할 수 있도록 한다.

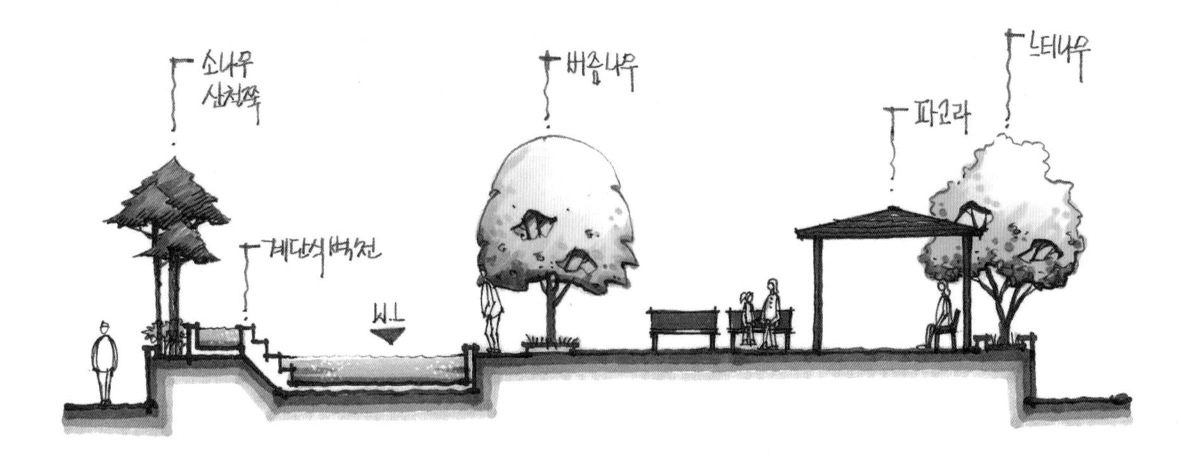

Perspective
투시도

평면설계와 단면설계를 바탕으로 한 전체 투시도로서, 공간의 구성과 시설물 및 수목의 조화를 한 눈에 볼 수 있도록 조감도 형태로 나타내었다. 설계의 내용을 파악하여 도면작성 시 반영하도록 한다.

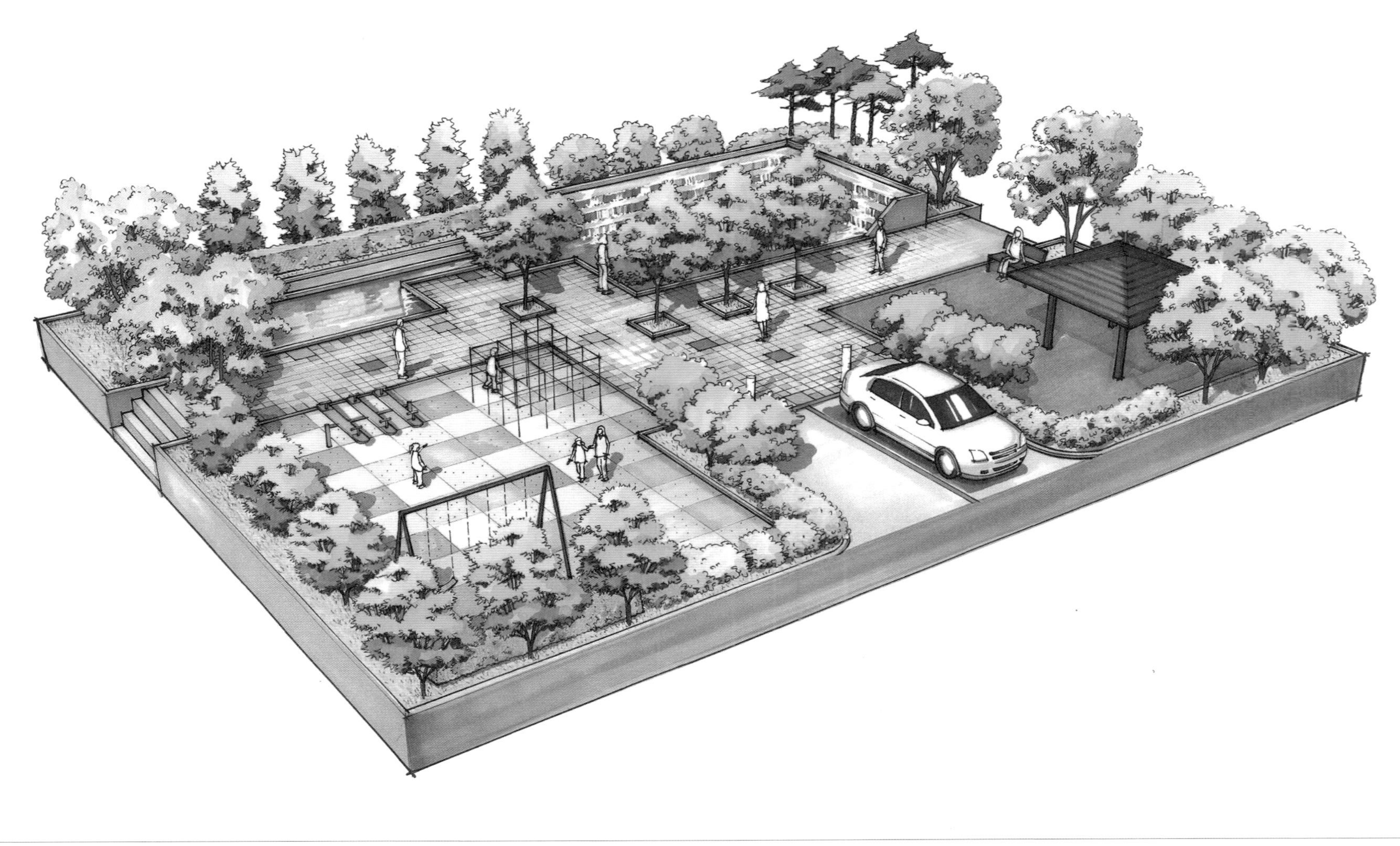

○ 시험시간 : 2시간 30분

자격종목	조경기능사	작품명	도로변소공원

【 설계문제 】

우리나라 중부지역에 위치한 도로변의 빈 공간에 대한 조경설계를 하고자 합니다. 주어진 현황도 및 아래 사항을 참조하여 조경계획도를 작성합니다.(단, 2점 쇄선 안 부분을 조경설계 대상지로 합니다.)

【 요구사항 】

1) 식재 평면도를 위주로 한 조경계획도를 축척 1/100로 작성하십시오.(지급용지 1)
2) 도면 오른쪽 위에 작업명칭을 작성하십시오.
3) 도면 오른쪽에는 "중요시설물 수량표와 수목(식재) 수량표"를 작성하고, 수량표 아래쪽 "방위표시와 막대축척"을 반드시 그려 넣으시오.(단, 전체 대상지의 길이를 고려하여 범례표의 폭을 조정할 수 있습니다.)
4) 도면의 전체적인 안정감을 위하여 "테두리선"을 작성하십시오.
5) B-B′ 단면도를 축척 1/100로 작성하십시오.(지급용지 2)

【 요구조건 】

1) 해당 지역은 도로변의 자투리 공간을 이용하여 휴식 및 어린이들이 즐길 수 있는 도로변 소공원으로, 공원의 특징을 고려하여 조경계획도를 작성하시오.
2) 포장지역을 제외한 곳에는 모두 식재를 실시하시오.(단, 녹지공간은 빗금친 부분이며, 경사의 차이가 발생하는 곳은 식수대(plant box)로 처리되어 있으며 분위기를 고려하여 식재를 실시하시오.)
3) 포장지역은 "소형고압블록, 콘크리트, 고무칩, 마사토, 투수콘크리트 등"의 적당한 재료를 선택하여 재료의 사용이 적합한 장소에 기호로 표현하고, 포장명을 반드시 기입하시오.
4) "가" 지역은 놀이공간으로 계획하고, 그 안에 어린이 놀이시설을 3종 배치하시오.
5) "다" 지역은 휴식공간으로 이용자들의 편안한 휴식을 위해 퍼걸러(3,500×3,500mm) 1개와 앉아서 휴식을 즐길 수 있도록 등벤치를 계획 설계하시오.
6) "라" 지역은 주차공간으로 소형자동차(3,000×5,000mm) 2대가 주차할 수 있는 공간으로 계획하시오.
7) "나" 지역은 동적인 공간의 휴식공간으로 평벤치 2개를 설치하고, 수목보호대(4개)에 동일한 수종의 낙엽교목을 식재하시오.
8) "마" 지역은 등고선 1개당 20cm가 높으며, 그곳은 녹지지역으로 경관식재를 실시하시오. 아울러 반드시 크기가 다른 소나무를 3종을 식재하고, 계절성을 느낄 수 있게 다른 수목을 조화롭게 배치하시오.
9) "다" 지역은 "가", "나", "라" 지역보다 1m 높은 지역으로 계획하시오.
10) 대상지 내에는 유도식재, 녹음식재, 경관식재, 소나무 군식 등의 식재 패턴을 필요한 곳에 배식하고, 필요에 따라 수목보호대를 추가로 설치하여 포장 내에 식재를 할 수 있습니다.
11) 수목은 아래에 주어진 수종 중에서 종류가 다른 10가지를 반드시 선정하여 골고루 안정적인 배식이 될 수 있도록 계획하며, 인출선을 이용하여 수량, 수종명칭, 규격을 반드시 표기하시오.
12) B-B′ 단면도는 경사, 포장재료, 경계선 및 기타 시설물의 기초, 주변의 수목, 중요시설물, 이용자 등을 단면도상에 반드시 표기하고, 높이차를 한눈에 볼 수 있도록 설계하시오.

소나무(H4.0×W2.0), 소나무(H3.0×W1.5), 소나무(H2.5×W1.2), 스트로브잣나무(H2.5×W1.2), 스트로브잣나무(H2.0×W1.0), 왕벚나무(H4.5×B15), 버즘나무(H3.5×B8), 느티나무(H3.0×R6), 청단풍(H2.5×R8), 다정큼나무(H1.0×W0.6), 동백나무(H2.5×R8), 중국단풍(H2.5×R5), 굴거리나무(H2.5×W0.6), 자귀나무(H2.5×R6), 태산목(H1.5×W0.5), 먼나무(H2.0×R5), 산딸나무(H2.0×R5), 산수유(H2.5×R7), 꽃사과(H2.5×R5), 수수꽃다리(H1.5×W0.6), 병꽃나무(H1.0×W0.4), 쥐똥나무(H1.0×W0.3), 명자나무(H0.6×W0.4), 산철쭉(H0.3×W0.4), 자산홍(H0.3×W0.3), 영산홍(H0.4×W0.3), 조릿대(H0.6×7가지)

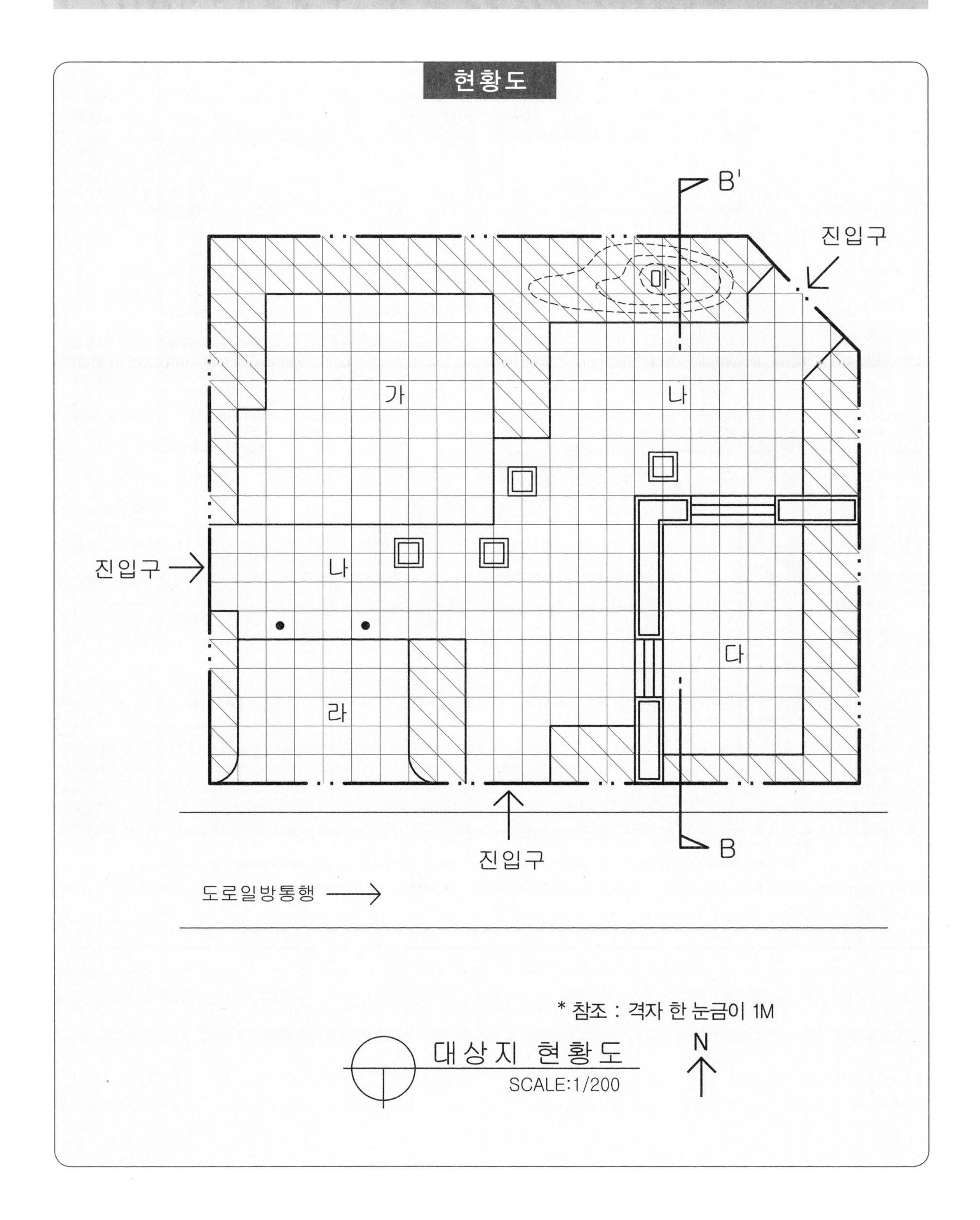

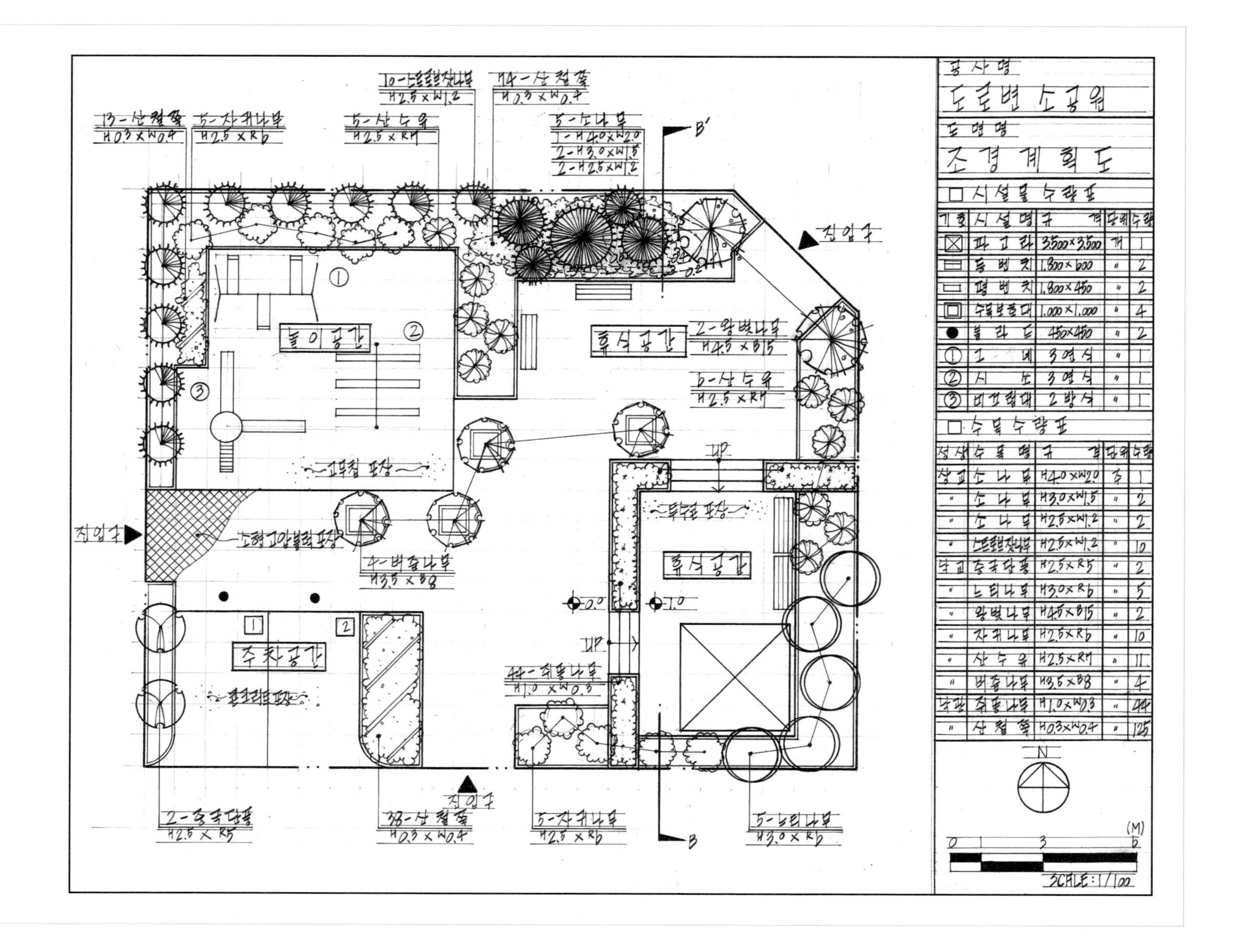
공사명
도로변 소공원
도면명
조경계획도
□ 시설물 수량표
기호 | 시설명 | 규격 | 단위 | 수량
파고라 | 3,500×3,500 | 개 | 1
등벤치 | 1,800×600 | 〃 | 2
평벤치 | 1,800×450 | 〃 | 2
수목보호대 | 1,000×1,000 | 〃 | 4
볼라드 | 450×450 | 〃 | 2
① 그네 | 3연식 | 〃 | 1
② 시소 | 3연식 | 〃 | 1
③ 미끄럼대 | 2방식 | 〃 | 1
□ 수목수량표
성상 | 수목명 | 규격 | 단위 | 수량
상교 | 소나무 | H4.0×W2.0 | 주 | 1
〃 | 소나무 | H3.0×W1.5 | 〃 | 2
〃 | 소나무 | H2.5×W1.2 | 〃 | 2
〃 | 스트로브잣나무 | H2.5×W1.2 | 〃 | 10
낙교 | 중국단풍 | H2.5×R5 | 〃 | 2
〃 | 느티나무 | H3.0×R6 | 〃 | 5
〃 | 왕벚나무 | H4.5×B15 | 〃 | 2
〃 | 자귀나무 | H2.5×R6 | 〃 | 10
〃 | 산수유 | H2.5×R7 | 〃 | 11
〃 | 버즘나무 | H3.5×B8 | 〃 | 4
낙관 | 쥐똥나무 | H1.0×W0.3 | 〃 | 44
〃 | 산철쭉 | H0.3×W0.4 | 〃 | 125
N
SCALE:1/100
놀이공간
휴식공간
휴식공간
주차공간
고무칩 포장
소형고압블럭 포장
진입구
UP

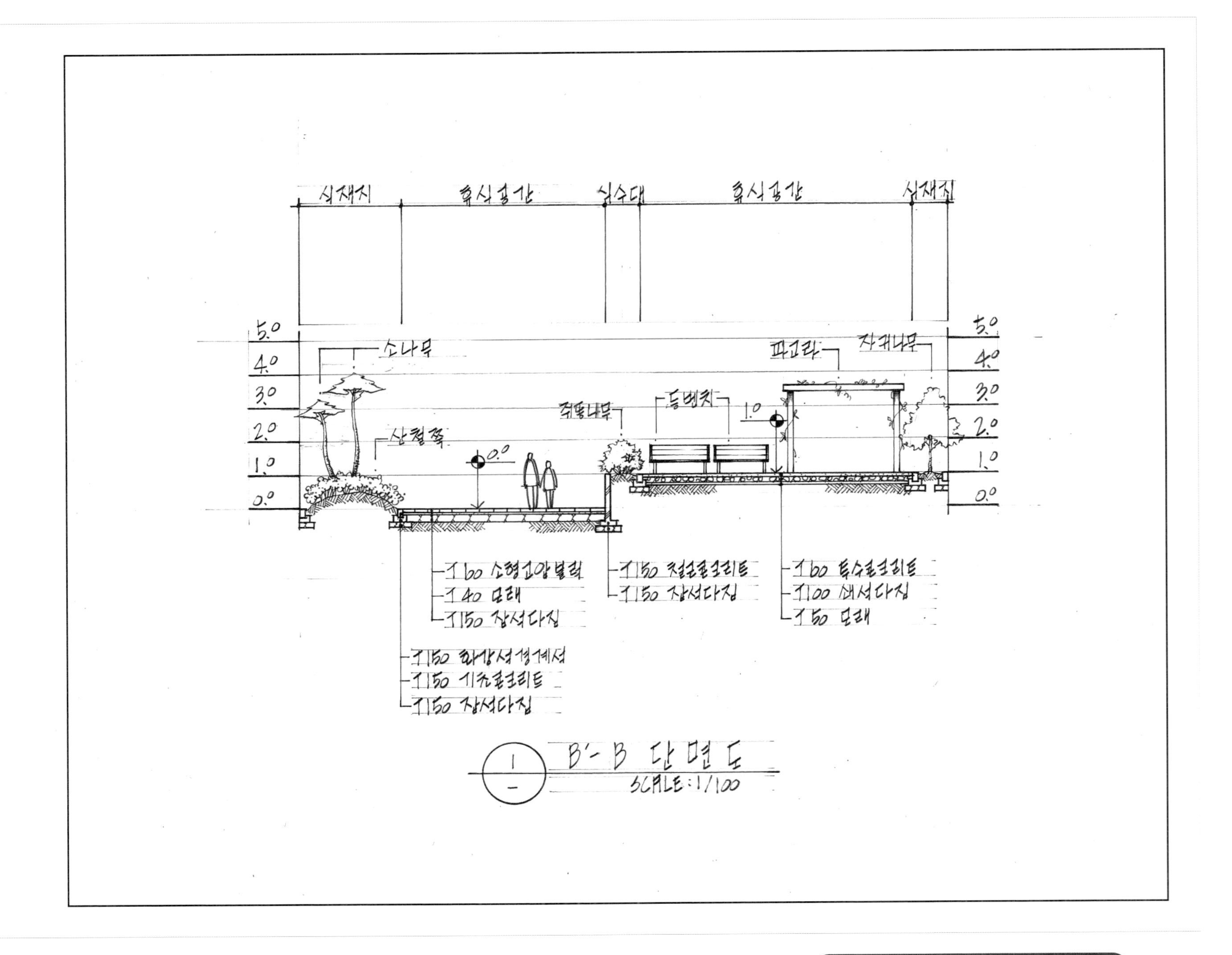

식재지
휴식공간
식수대
휴식공간
식재지
5.0
4.0
3.0
2.0
1.0
0.0
소나무
산철쭉
0.0
쥐똥나무
등벤치
1.0
퍼고라
자귀나무
T60 소형고압블럭
T40 모래
T150 잡석다짐
T150 철근콘크리트
T150 잡석다짐
T60 투수콘크리트
T100 쇄석다짐
T50 모래
T150 화강석경계석
T150 기초콘크리트
T150 잡석다짐
B'-B 단면도
SCALE:1/100

도면이해하기

Floor Plan
부분평면도

'요구조건'에 맞추어 계획된 평면도의 일부분으로서, 설계도면에 나타나는 공간의 구성과 시설물 및 포장, 배식 등 설계요소의 내용 및 표현방법을 알 수 있다.

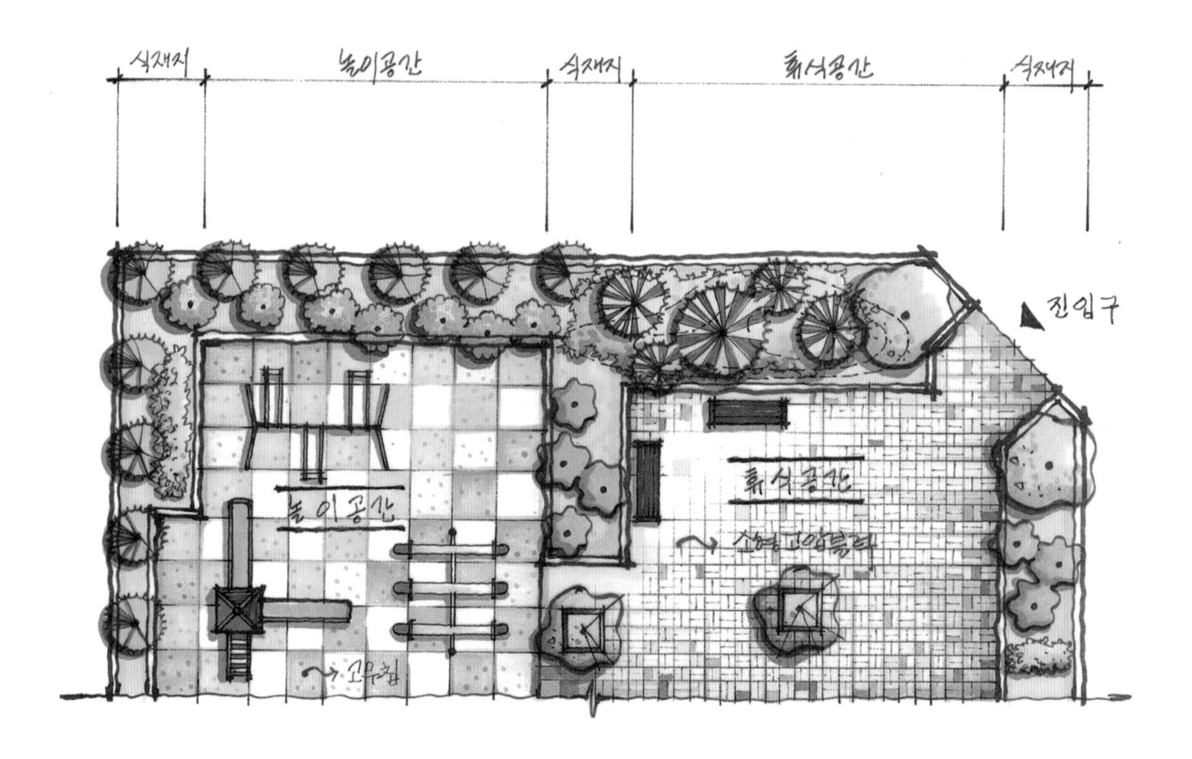

Section
단면도

수직적 입단면의 구조를 파악하여 설계된 내용을 이해하고, 더불어 기출문제와 다르게 단면의 위치와 방향이 변경되어 출제되어도 충분히 대비할 수 있도록 한다.

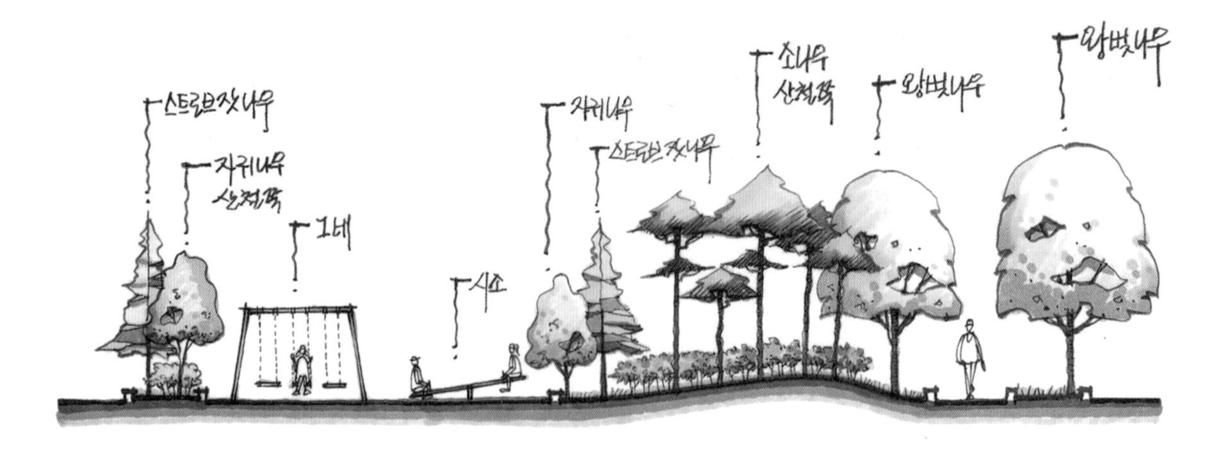

Perspective
투시도

평면설계와 단면설계를 바탕으로 한 전체 투시도로서, 공간의 구성과 시설물 및 수목의 조화를 한 눈에 볼 수 있도록 조감도 형태로 나타내었다. 설계의 내용을 파악하여 도면작성 시 반영하도록 한다.

○ 시험시간 : 2시간 30분

자격종목	조경기능사	작품명	기념공원

【 설계문제 】

우리나라 중부지역에 위치한 도로변의 빈 공간에 대한 조경설계를 하고자 합니다. 주어진 현황도 및 아래 사항을 참조하여 설계조건에 따라 조경계획도를 작성합니다.(단, 2점 쇄선 안 부분을 조경설계 대상지로 합니다.)

【 요구사항 】

1) 식재 평면도를 위주로 한 조경계획도를 축척 1/100로 작성하십시오.(지급용지 1)
2) 도면 오른쪽 위에 작업명칭을 작성하십시오.
3) 도면 오른쪽에는 "중요시설물 수량표와 수목(식재) 수량표"를 작성하고, 수량표 아래쪽 "방위표시와 막대축척"을 반드시 그려 넣으시오.(단, 전체 대상지의 길이를 고려하여 범례표의 폭을 조정할 수 있습니다.)
4) 도면의 전체적인 안정감을 위하여 "테두리선"을 작성하십시오.
5) B-B′ 단면도를 축척 1/100로 작성하십시오.(지급용지 2)

【 요구조건 】

1) 해당 지역은 도로변에 위치한 소공원으로 어린이들이 주 이용 대상이며, 그 특성에 맞는 조경계획도를 작성하시오.
2) 포장지역을 제외한 곳에는 가능한 식재를 하시오.(녹지공간은 빗금친 부분)
3) 포장지역은 "소형고압블록, 콘크리트, 마사토, 모래 등"으로 적당한 위치에 적합한 포장재를 선택하여 표시하고, 포장명을 기입한다.
4) "가" 지역은 다목적 운동공간으로 계획하고, 등벤치 4개 및 적합한 포장을 실시한다.
5) "가", "라" 지역은 "나", "다" 지역보다 1M 정도 높은 공간으로 계획 설계하고, 경사부분의 처리를 적합하게 한다.
6) "나" 지역은 중심광장으로 중앙에 분수가 설치되어 있으며, 그 주변으로 수목보호대를 8개 설치하여 수목을 배치하고, 적당한 곳에 등벤치 4개를 설치한다.
7) "다" 지역은 주차공간으로 소형자동차(3×5m) 2대가 주차할 수 있는 공간으로 계획하고 설계한다.
8) "라" 지역은 휴식공간으로 계획하고, 적당한 곳에 퍼걸러(3.5×3.5m) 2개를 설치하고, 평상형 벤치(1,200×500mm) 2개를 설치한다.
9) 대상지 내에 보행자 통행에 지장을 주지 않는 곳에 휴지통 3개를 설치한다.
10) 대상지 내에는 유도식재, 녹음식재, 경관식재, 소나무 군식 등의 식재 패턴을 필요한 곳에 적당히 배식하고, 필요한 곳에 수목보호대를 설치하여 포장 내에 식재를 한다.
11) 수목은 아래에 주어진 수종 중에서 종류가 다른 10가지를 선정하여 골고루 안정적인 배식이 될 수 있도록 계획하며, 인출선을 이용하여 수량, 수종명칭, 규격을 반드시 표기하시오.
12) B-B′ 단면도는 경사, 포장재료, 경계선 및 기타 시설물의 기초, 주변의 수목, 중요시설물, 이용자 등을 단면도상에 반드시 표기하고, 높이차를 한눈에 볼 수 있도록 설계하시오.

소나무(H4.0×W2.0), 소나무(H3.0×W1.5), 소나무(H2.5×W1.2), 스트로브잣나무(H2.5×W1.2), 스트로브잣나무(H2.0×W1.0), 왕벚나무(H4.5×B15), 버즘나무(H3.5×B8), 느티나무(H3.0×R6), 청단풍(H2.5×R8), 중국단풍(H2.5×R5), 자귀나무(H2.5×R6), 산딸나무(H2.0×R5), 산수유(H2.5×R7), 꽃사과(H2.5×R5), 수수꽃다리(H1.5×W0.6), 병꽃나무(H1.0×W0.4), 쥐똥나무(H1.0×W0.3), 명자나무(H0.6×W0.4), 산철쭉(H0.3×W0.4), 자산홍(H0.3×W0.3), 조릿대(H0.6×7가지)

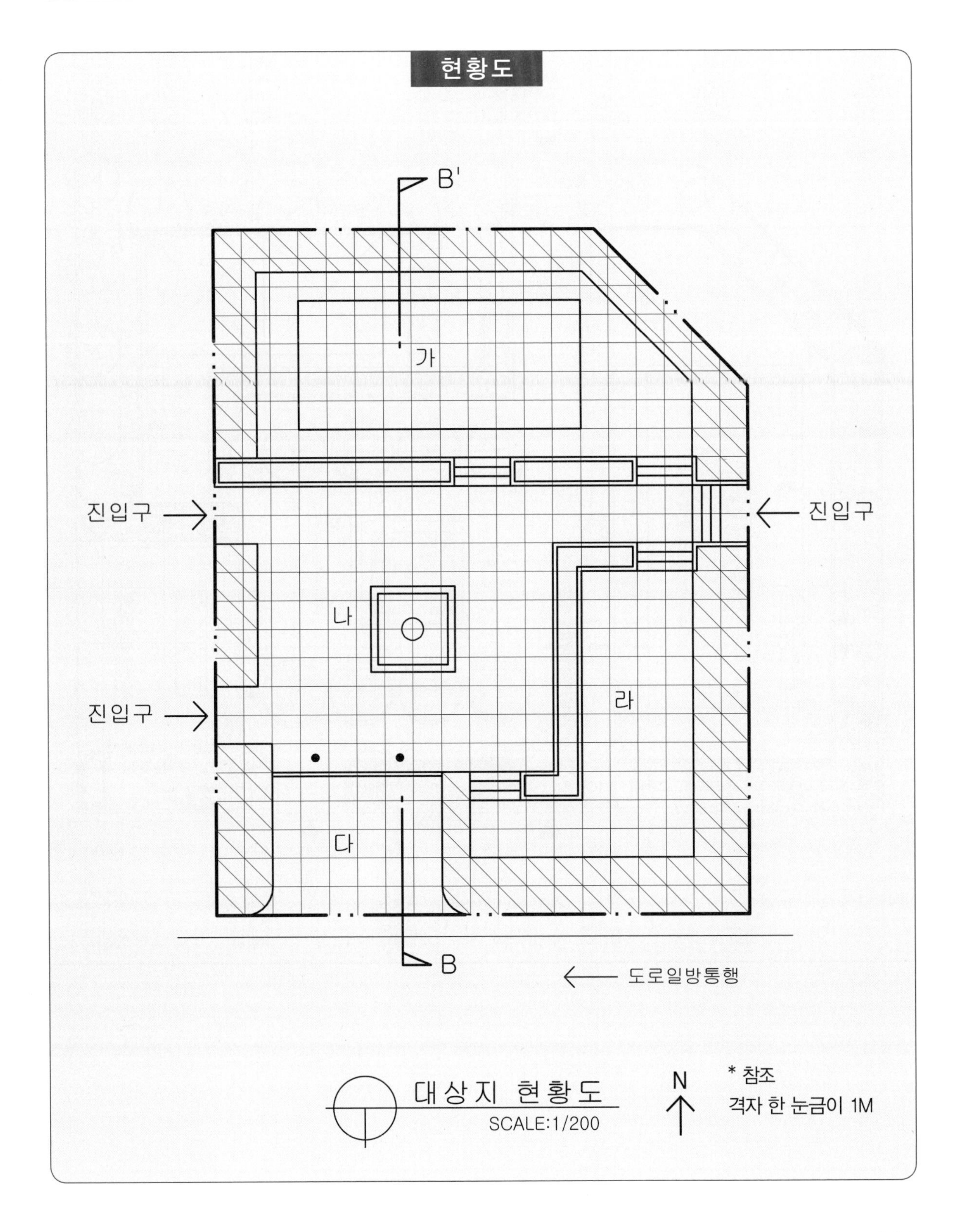

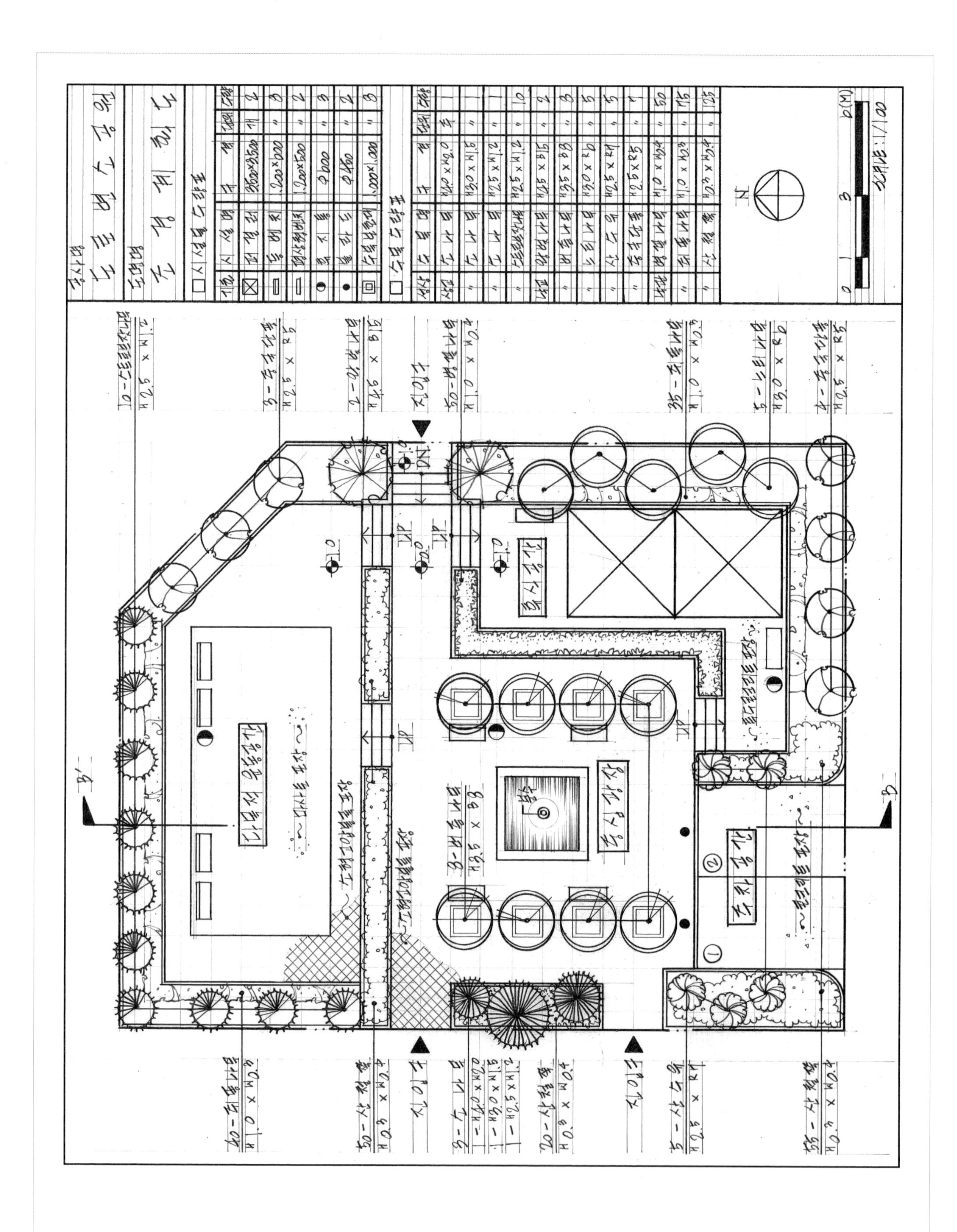

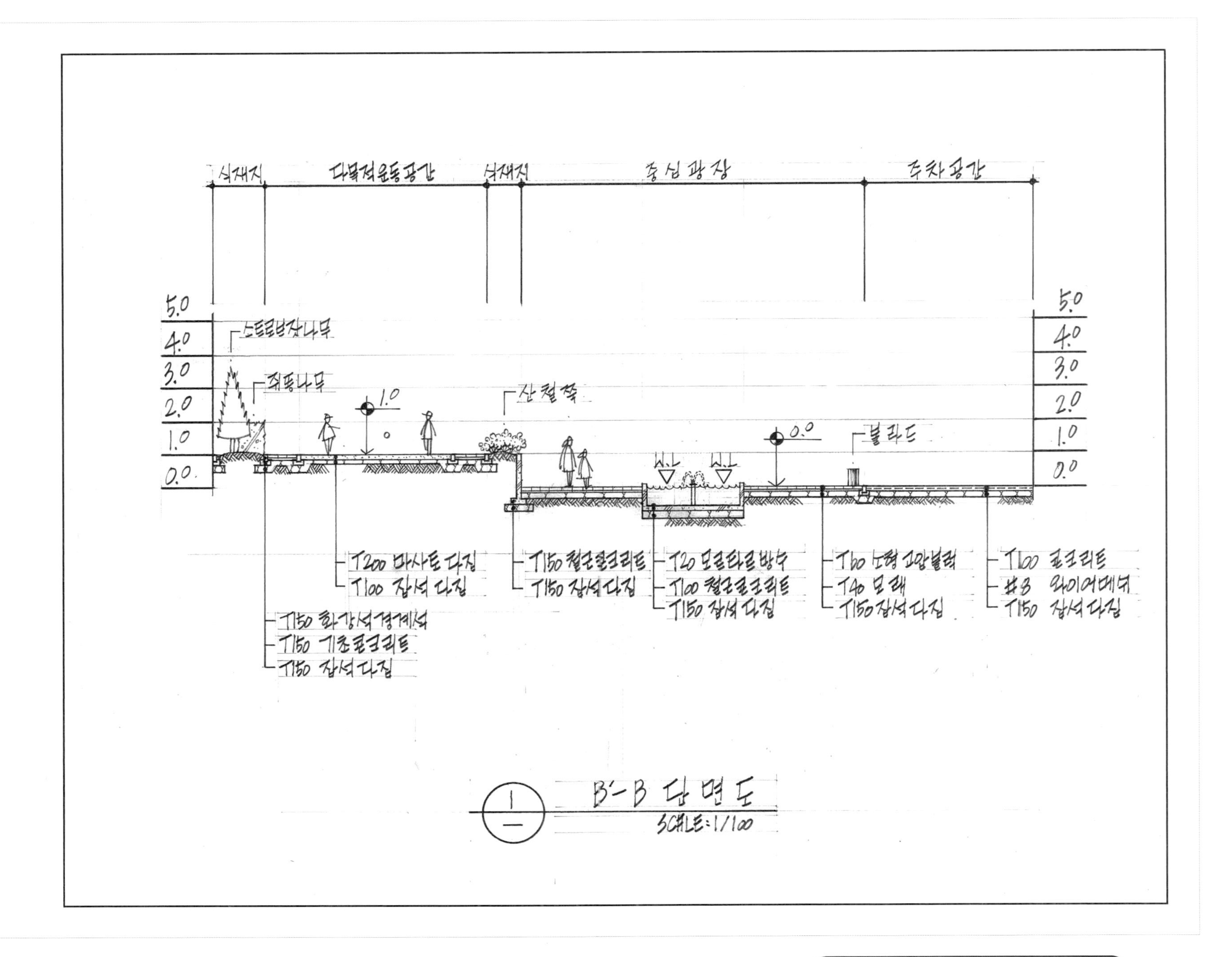

식재지
다목적운동공간
식재지
중심광장
주차공간
5.0
4.0
3.0
2.0
1.0
0.0
스트로브잣나무
쥐똥나무
1.0
산철쭉
0.0
볼라드
W.L
T200 마사토다짐
T100 잡석다짐
T150 화강석경계석
T150 기초콘크리트
T150 잡석다짐
T150 철근콘크리트
T150 잡석다짐
T20 모르타르방수
T100 철근콘크리트
T150 잡석다짐
T60 소형고압블럭
T40 모래
T150 잡석다짐
T100 콘크리트
#8 와이어메쉬
T150 잡석다짐
B'-B 단면도
SCALE:1/100

도면이해하기

Floor Plan
부분평면도

'요구조건'에 맞추어 계획된 평면도의 일부분으로서, 설계도면에 나타나는 공간의 구성과 시설물 및 포장, 배식 등 설계요소의 내용 및 표현방법을 알 수 있다.

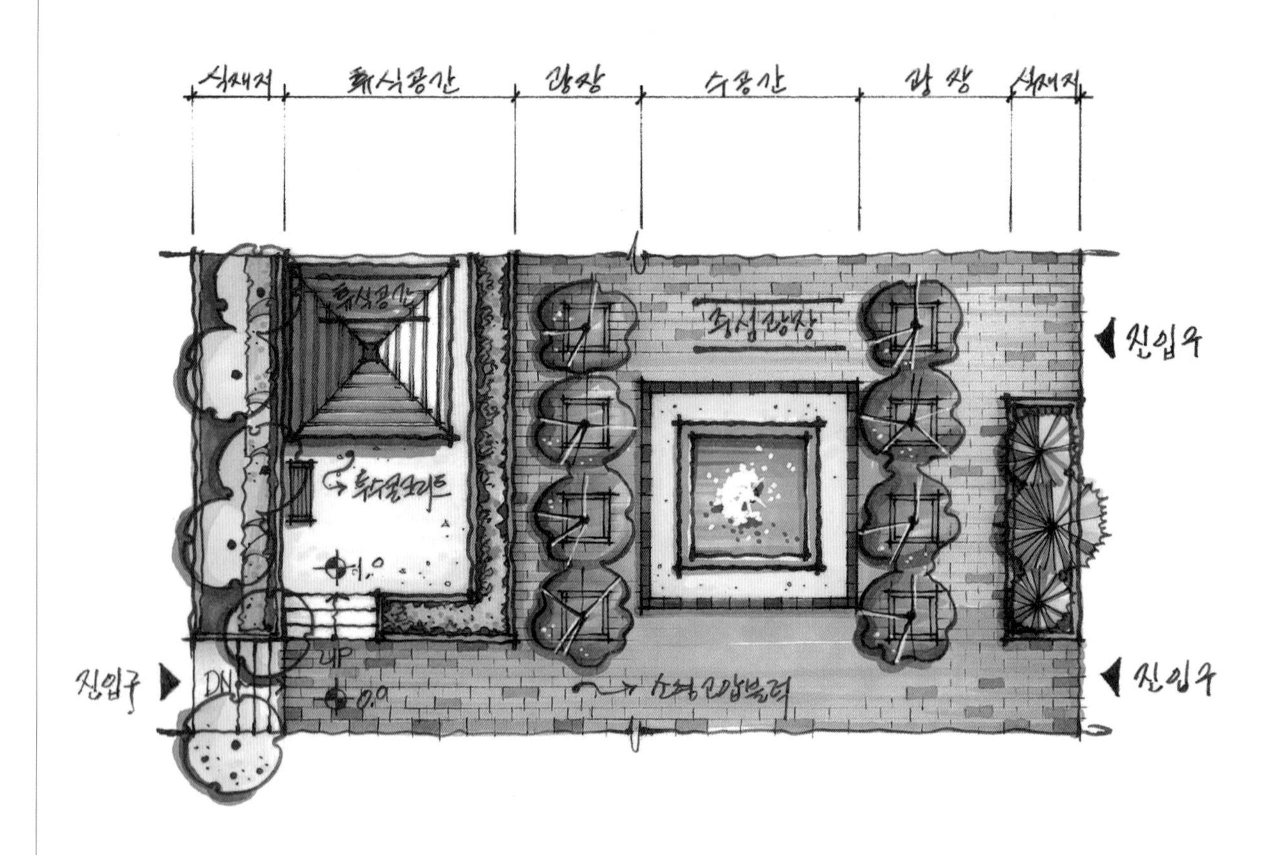

Section
단면도

수직적 입단면의 구조를 파악하여 설계된 내용을 이해하고, 더불어 기출문제와 다르게 단면의 위치와 방향이 변경되어 출제되어도 충분히 대비할 수 있도록 한다.

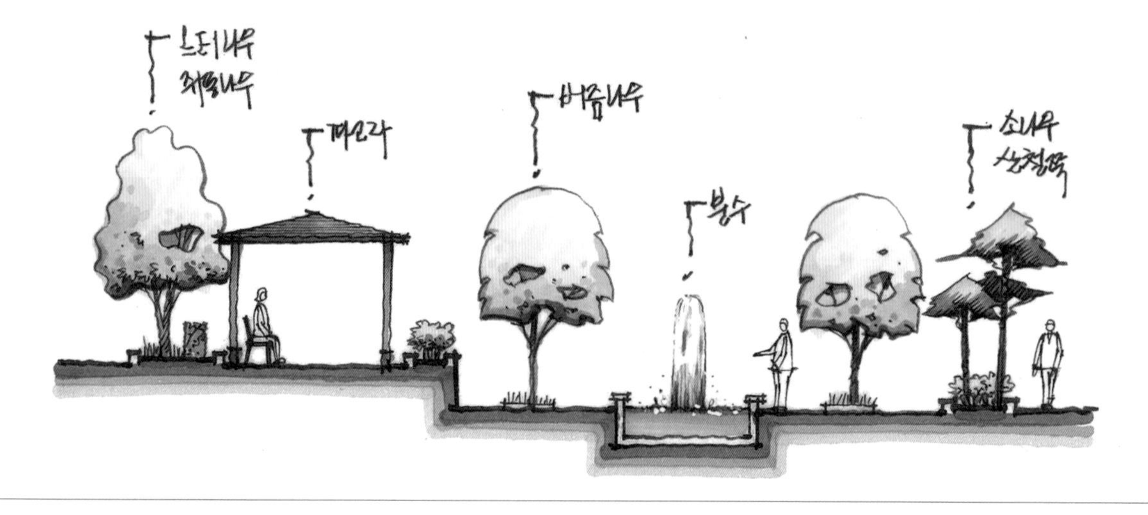

Perspective
투시도

평면설계와 단면설계를 바탕으로 한 전체 투시도로서, 공간의 구성과 시설물 및 수목의 조화를 한 눈에 볼 수 있도록 조감도 형태로 나타내었다. 설계의 내용을 파악하여 도면작성 시 반영하도록 한다.

○ 시험시간 : 2시간 30분

자격종목	조경기능사	작품명	도로변소공원

【 설계문제 】

우리나라 중부지역에 위치한 도로변의 빈 공간에 대한 조경설계를 하고자 한다. 주어진 현황도 및 아래 사항을 참조하여 설계조건에 따라 조경계획도를 작성한다.(단, 2점 쇄선 안 부분이 조경설계 대상지임)

【 요구사항 】

1) 식재평면도를 위주로 한 조경계획도를 축척 1/100로 작성한다.(지급용지 1)
2) 도면 오른쪽 위에 작업명칭을 작성한다.
3) 도면 오른쪽에는 "중요시설물 수량표와 수목(식재) 수량표"를 작성하고, 수량표 아래쪽 "방위표시와 막대축척"을 그려 넣는다.(단, 전체 대상지의 길이를 고려하여 범례표의 폭을 조정할 수 있다.)
4) 도면의 전체적인 안정감을 위하여 "테두리선"을 넣는다.
5) B-B′ 단면도를 축척 1/100로 작성한다.(지급용지 2)

【 요구조건 】

1) 해당 지역은 도로변에 위치한 소공원으로 어린이들이 주이용 대상들이며, 그 특성에 맞는 조경계획도를 작성한다.
2) 포장지역을 제외한 곳에는 가능한 식재·계획한다.(녹지공간은 빗금친 부분)
3) 포장지역은 "소형고압블록, 콘크리트, 마사토, 모래 등"으로 적당한 위치에 적합한 포장재를 선택하여 표시하고, 포장명을 기입한다.
4) "라" 지역은 다목적 운동공간으로 계획하고, 벤치를 4개 및 적합한 포장을 실시한다.
5) "가", "라" 지역은 "나", "다" 지역보다 1M 높고, 그 높이 차이를 식수대로 처리하였으므로 적합한 조치를 계획한다.
6) "가" 지역은 휴식공간 주변으로 수목보호대를 4개 설치하여 수목을 배치하고, 적당한 곳에 등벤치 4개를 설치한다.
7) "다" 지역은 주차공간으로 소형자동차(3,000×5,000mm) 6대가 주차할 수 있는 공간으로 계획하고 설계한다.
8) "나" 지역은 주차장을 이용하는 고객 및 도보 이용자들을 위한 보행공간으로 활용한다.
9) 대상지 내에 보행자 통행에 지장을 주지 않는 곳에 휴지통 3개를 설치한다.
10) 대상지 내에는 유도식재, 녹음식재, 경관식재, 소나무 군식 등의 식재 패턴을 필요한 곳에 적당히 배식하고, 필요한 곳에 수목보호대를 설치하여 포장 내에 식재를 한다.
11) 수목은 아래에 주어진 수종 중에서 10가지를 선정하여 골고루 안정적인 배식이 될 수 있도록 계획하며, 인출선을 이용하여 수량, 수종명칭, 규격을 반드시 표기하시오.
12) B-B′ 단면도는 경사, 포장재료, 경계선 및 기타 시설물의 기초, 주변의 수목, 중요시설물, 이용자 등을 단면도상에 반드시 표시한다.

소나무(H4.0×W2.0), 소나무(H3.0×W1.5), 소나무(H2.5×W1.2), 스트로브잣나무(H2.5×W1.2), 스트로브잣나무(H2.0×W1.0), 왕벚나무(H4.5×B15), 버즘나무(H3.5×B8), 느티나무(H3.0×R6), 청단풍(H2.5×R8), 다정큼나무(H1.0×W0.6), 동백나무(H2.5×R8), 중국단풍(H2.5×R5), 굴거리나무(H2.5×W0.6), 자귀나무(H2.5×R6), 태산목(H1.5×W0.5), 먼나무(H2.0×R5), 산딸나무(H2.0×R5), 산수유(H2.5×R7), 꽃사과(H2.5×R5), 수수꽃다리(H1.5×W0.6), 병꽃나무(H1.0×W0.4), 쥐똥나무(H1.0×W0.3), 명자나무(H0.6×W0.4), 산철쭉(H0.3×W0.4), 자산홍(H0.3×W0.3), 영산홍(H0.4×W0.3), 조릿대(H0.6×7가지)

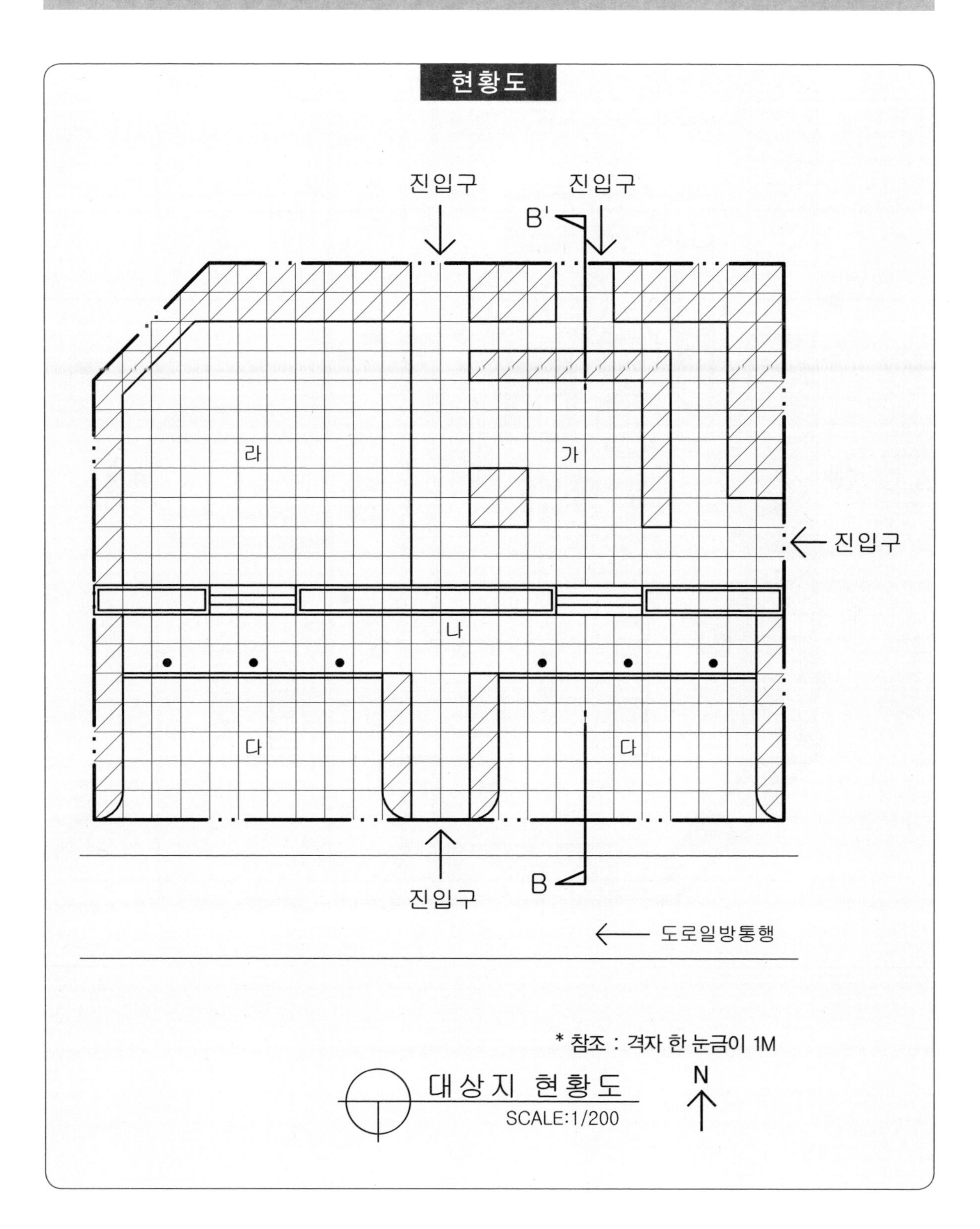

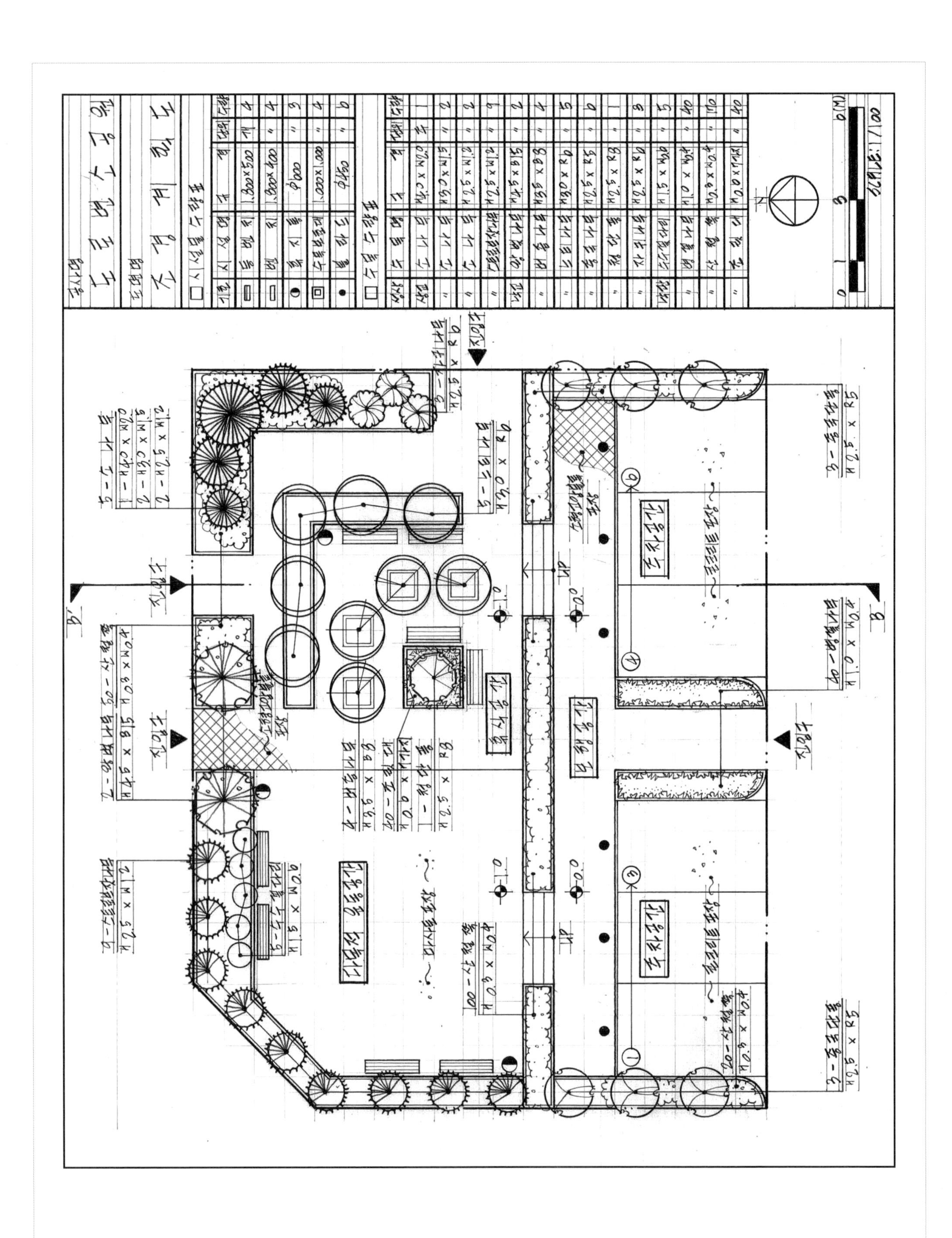

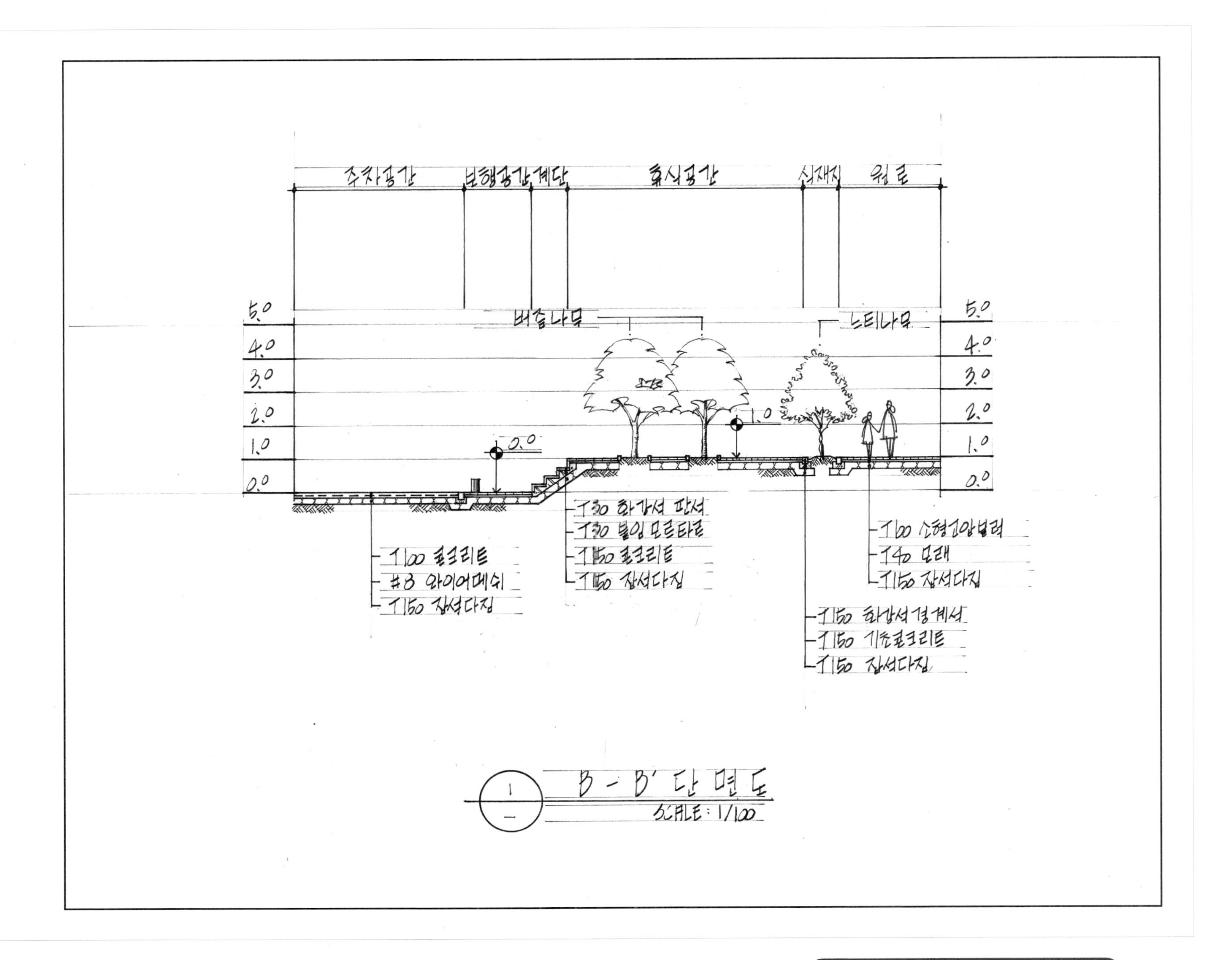

주차공간
보행공간
계단
휴식공간
식재지
원로
버즘나무
느티나무
5.0
4.0
3.0
2.0
1.0
0.0
T100 콘크리트
#8 와이어메쉬
T150 잡석다짐
T30 화강석 판석
T30 붙임 모르타르
T150 콘크리트
T150 잡석다짐
T100 소형고압블럭
T40 모래
T150 잡석다짐
T150 화강석경계석
T150 기초콘크리트
T150 잡석다짐
B - B' 단면도
SCALE : 1/100

도면이해하기

Floor Plan
부분평면도

'요구조건'에 맞추어 계획된 평면도의 일부분으로서, 설계도면에 나타나는 공간의 구성과 시설물 및 포장, 배식 등 설계요소의 내용 및 표현방법을 알 수 있다.

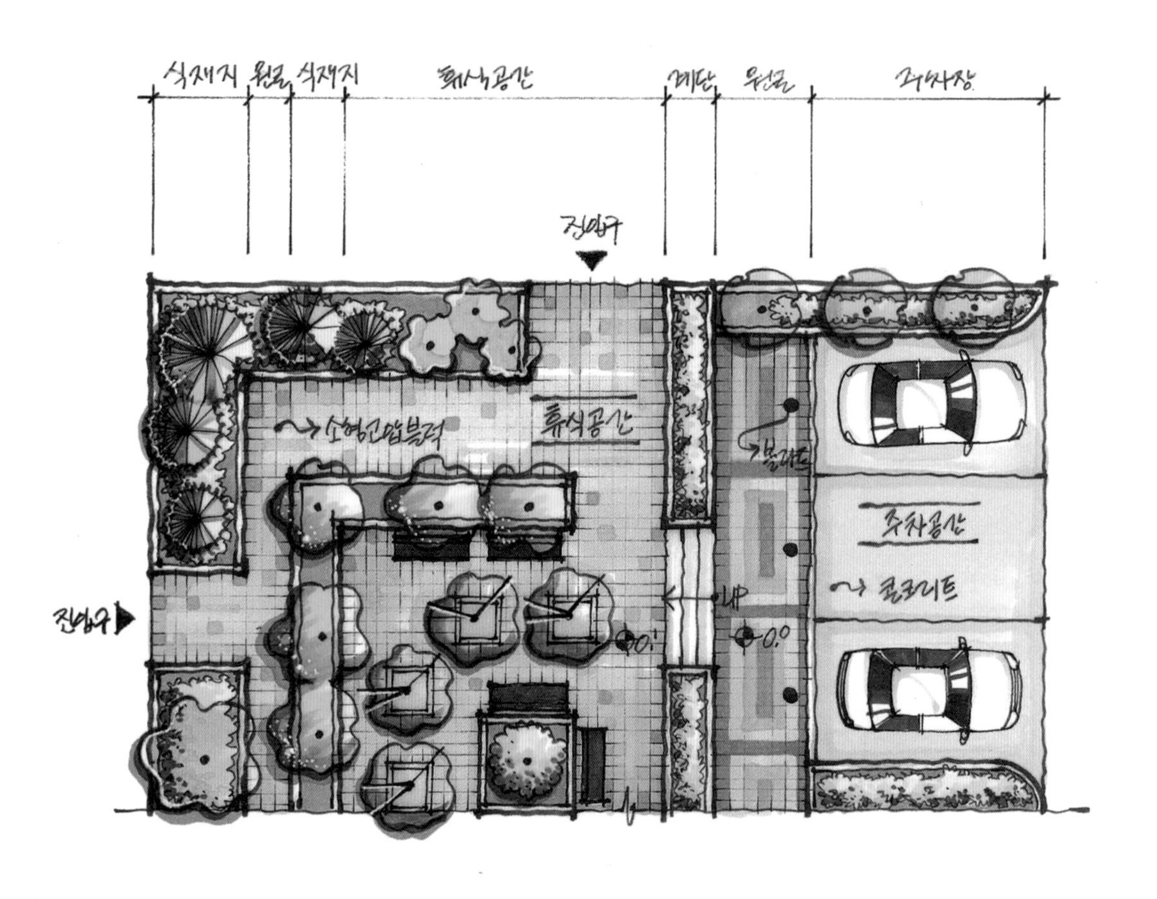

Section
단면도

수직적 입단면의 구조를 파악하여 설계된 내용을 이해하고, 더불어 기출문제와 다르게 단면의 위치와 방향이 변경되어 출제되어도 충분히 대비할 수 있도록 한다.

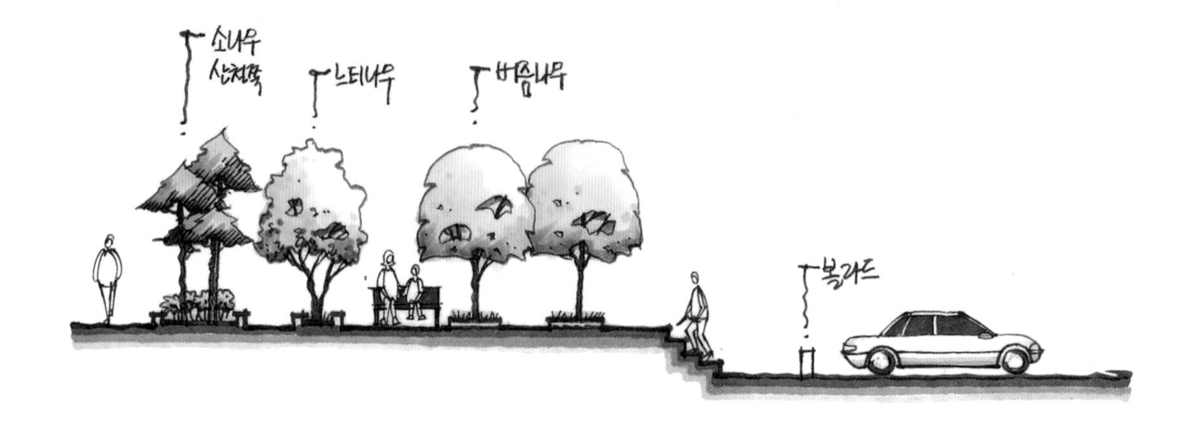

Perspective
투시도

평면설계와 단면설계를 바탕으로 한 전체 투시도로서, 공간의 구성과 시설물 및 수목의 조화를 한 눈에 볼 수 있도록 조감도 형태로 나타내었다. 설계의 내용을 파악하여 도면작성 시 반영하도록 한다.

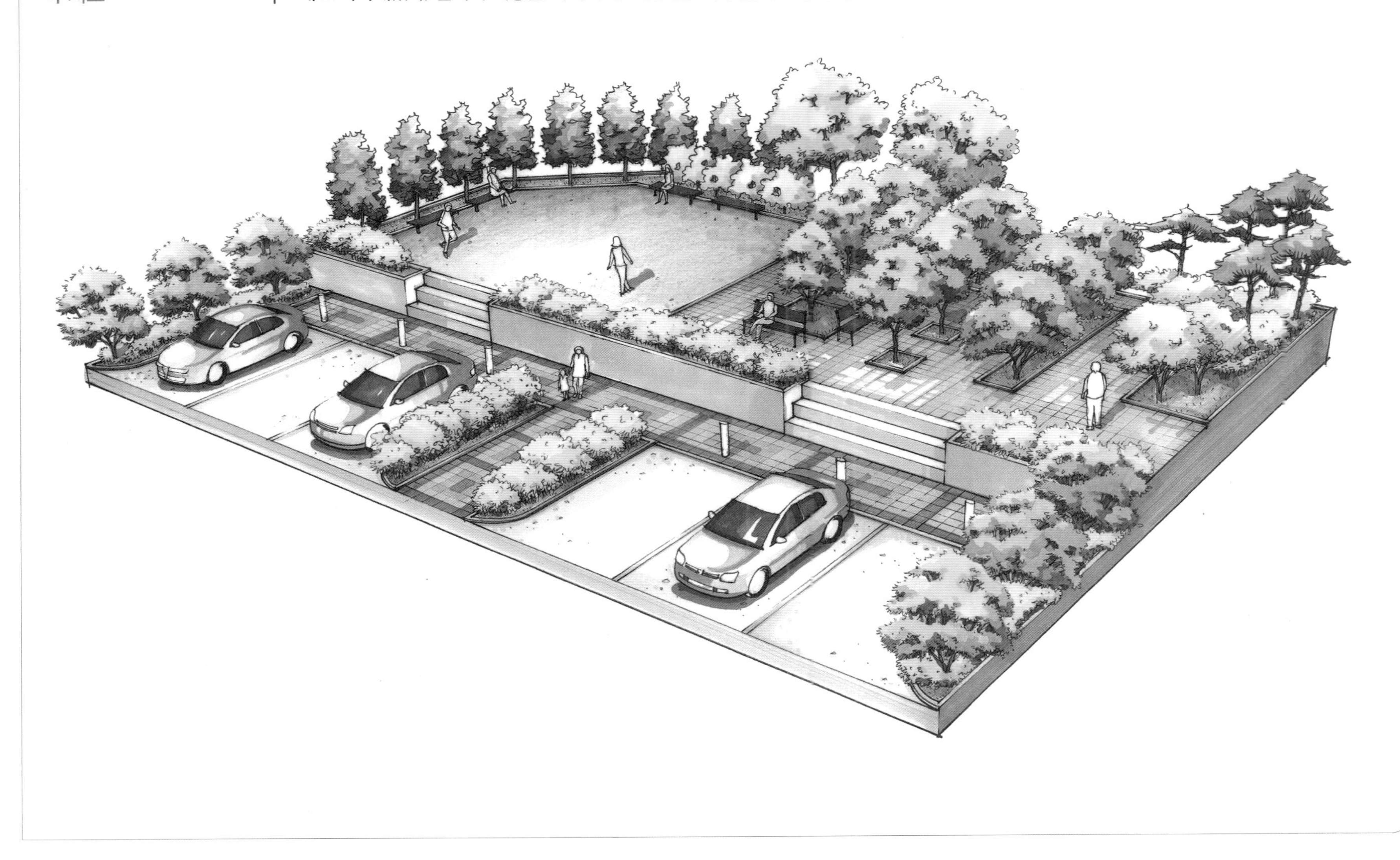

○ 시험시간 : 2시간 30분

자격종목	조경기능사	작품명	도로변소공원

【 설계문제 】

우리나라 중부지역에 위치한 도로변의 기념공원 공간에 대한 조경설계를 하고자 한다. 주어진 현황도 및 아래 사항을 참조하여 설계조건에 따라 조경계획도를 작성한다.(단, 2점 쇄선 안 부분이 조경설계 대상지로 합니다.)

【 요구사항 】

1) 식재평면도를 위주로 한 조경계획도를 축척 1/100로 작성한다.(지급용지 1)
2) 도면 오른쪽 위에 작업명칭을 작성한다.
3) 도면 오른쪽에는 "중요시설물 수량표와 수목(식재) 수량표"를 작성하고, 수량표 아래쪽 "방위표시와 막대축척"을 그려 넣는다.(단, 전체 대상지의 길이를 고려하여 범례표의 폭을 조정할 수 있다.)
4) 도면의 전체적인 안정감을 위하여 "테두리선"을 넣는다.
5) B-B′ 단면도를 축척 1/100로 작성한다.(지급용지 2)

【 요구조건 】

1) 해당 지역은 도로변의 자투리 공간을 이용하여 휴식 및 어린이들이 즐길 수 있는 기념공원으로, 공원의 특징을 고려하여 조경계획도를 작성한다.
2) 포장지역을 제외한 곳에는 모두 식재를 실시한다.(녹지공간은 빗금친 부분)
3) 포장지역은 "소형고압블록, 콘크리트, 모래, 마사토, 투수콘크리트 등"으로 적당한 위치에 선택하여 표시하고, 포장명을 반드시 기입한다.
4) "가" 지역은 놀이공간으로 계획하고, 그 안에 어린이놀이시설을 3종 배치한다.
5) "다" 지역은 휴식공간으로 이용자들의 편안한 휴식을 위해 퍼걸러(5,000×5,000mm) 1개와 앉아서 휴식을 즐길 수 있도록 등벤치 3개를 계획 설계한다.
6) "라" 지역은 주차공간으로 소형자동차(3,000×5,000mm) 3대가 주차할 수 있는 공간으로 계획하고 설계한다.
7) "나" 지역은 "가", "다", "라" 지역보다 1m 높은 지역으로 기념광장으로 계획하고, 적당한 곳에 벤치 3개를 배치한다.
8) 대상지 내에 보행자 통행에 지장을 주지 않는 곳에 2인용 평상형 벤치(1,200×500mm) 4개(단, 퍼걸러 안에 설치된 벤치는 제외), 휴지통 3개소를 설치한다.
9) 대상지 내에는 유도식재, 녹음식재, 경관식재, 소나무 군식 등의 식재 패턴을 필요한 곳에 배식하고, 필요에 따라 수목보호대를 추가로 설치하여 포장 내에 식재를 한다.
10) 수목은 아래에 주어진 수종 중에서 종류가 다른 10가지를 선정하여 골고루 안정적인 배식이 될 수 있도록 계획하며, 인출선을 이용하여 수량, 수종명칭, 규격을 반드시 표기하시오.
11) B-B′ 단면도는 경사, 포장재료, 경계선 및 기타 시설물의 기초, 주변의 수목, 중요시설물, 이용자 등을 단면도상에 반드시 표기한다.

소나무(H4.0×W2.0), 소나무(H3.0×W1.5), 소나무(H2.5×W1.2), 스트로브잣나무(H2.5×W1.2), 스트로브잣나무(H2.0×W1.0), 왕벚나무(H4.5×B15), 버즘나무(H3.5×B8), 느티나무(H3.0×R6), 청단풍(H2.5×R8), 중국단풍(H2.5×R5), 자귀나무(H2.5×R6), 산딸나무(H2.0×R5), 산수유(H2.5×R7), 꽃사과(H2.5×R5), 수수꽃다리(H1.5×W0.6), 병꽃나무(H1.0×W0.4), 쥐똥나무(H1.0×W0.3), 명자나무(H0.6×W0.4), 산철쭉(H0.3×W0.4), 자산홍(H0.3×W0.3), 조릿대(H0.6×7가지)

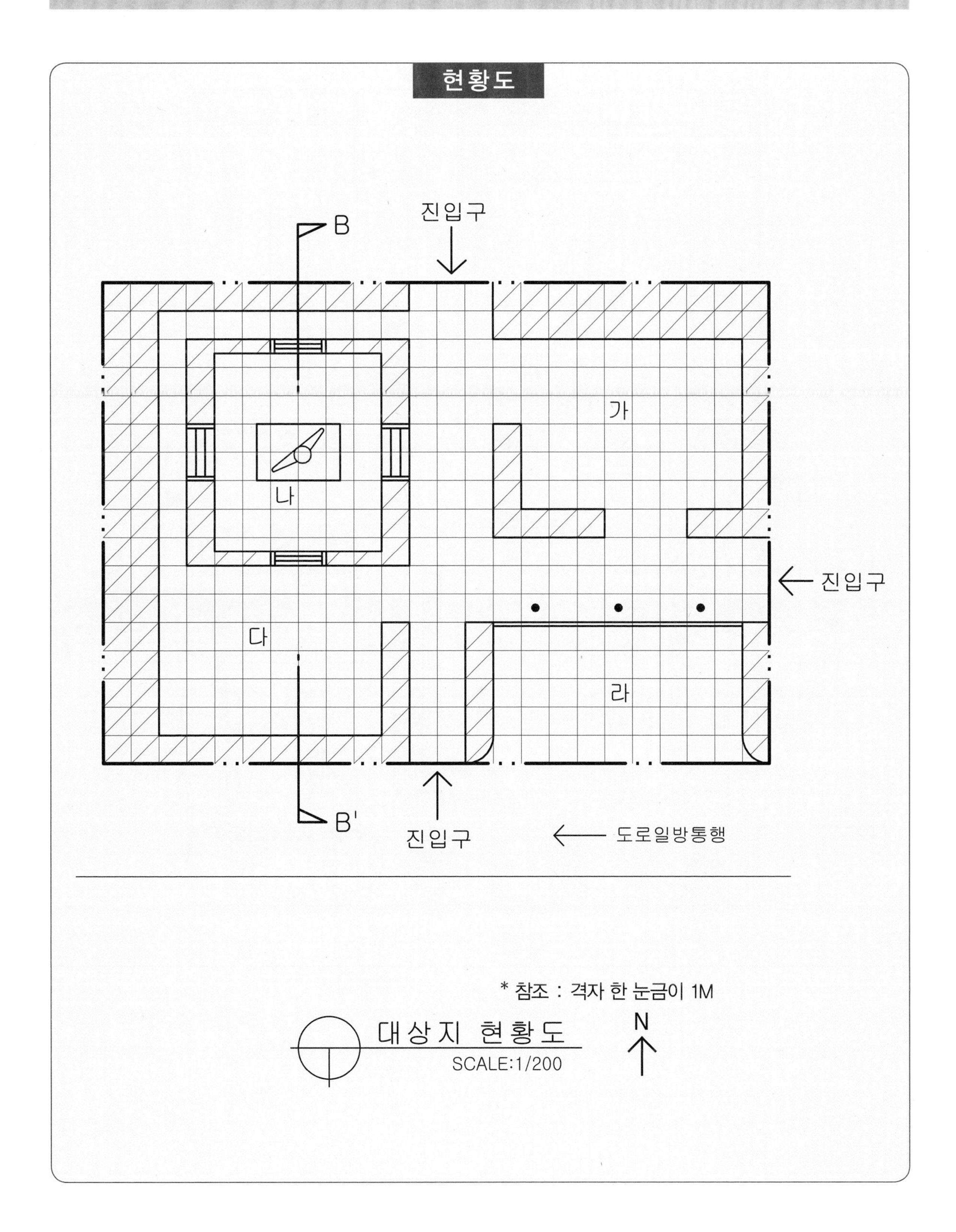

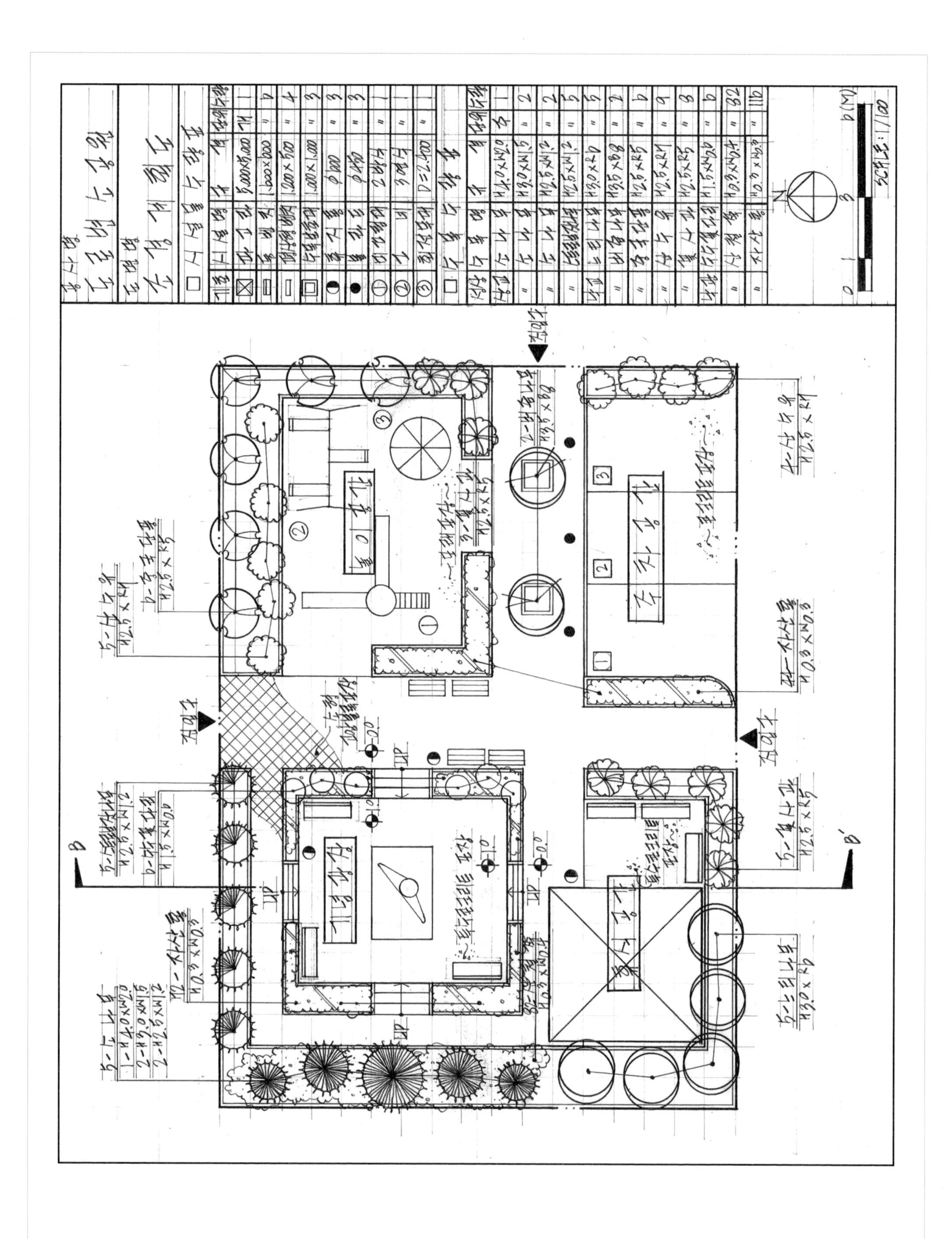

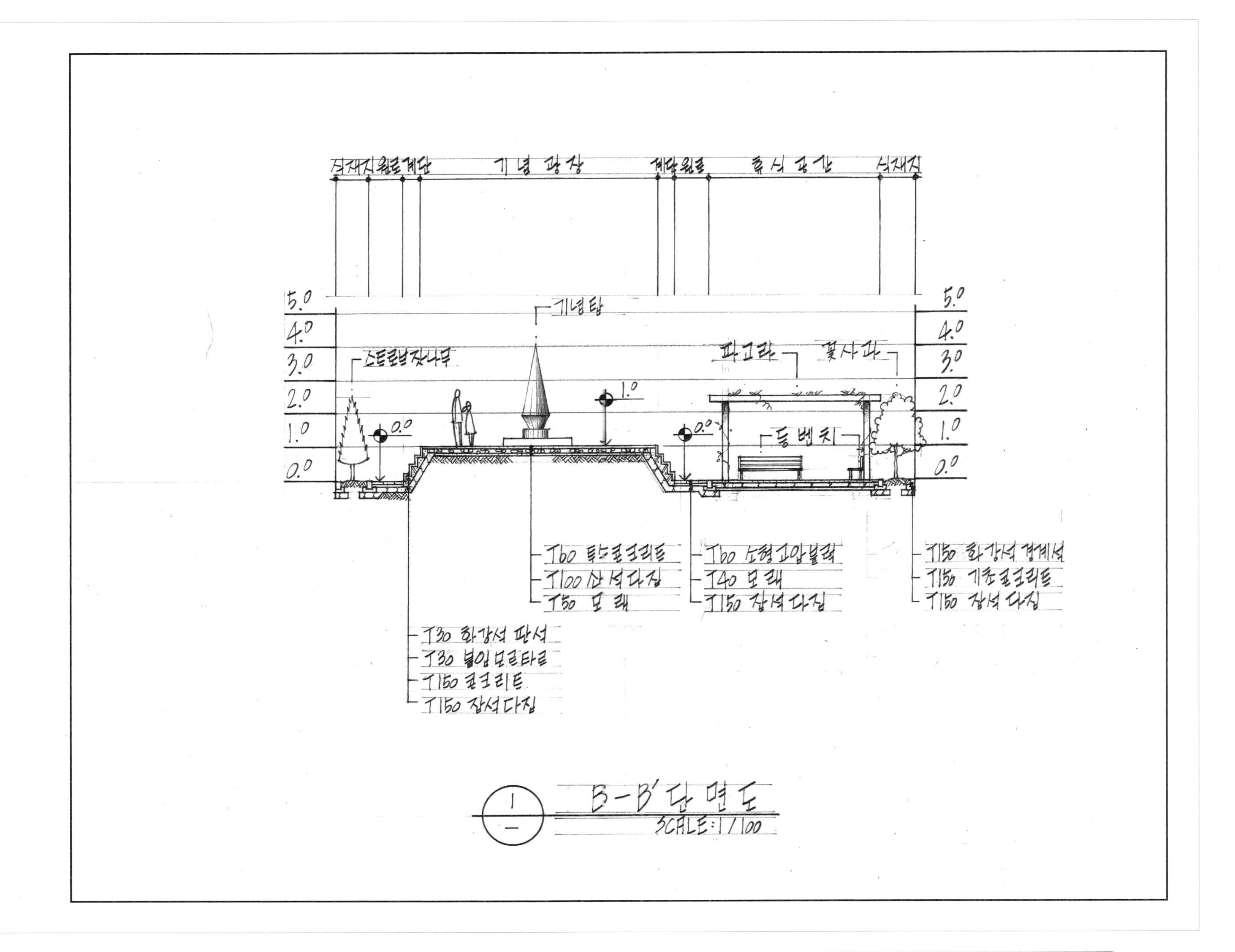

식재지 원로 계단
기념 광장
계단 원로
휴식 공간
식재지
5.0
4.0
3.0
2.0
1.0
0.0
기념탑
스트로브잣나무
파고라
꽃사과
등벤치
0.0
1.0
T60 투수콘크리트
T100 잡석다짐
T50 모래
T60 소형고압블럭
T40 모래
T150 잡석다짐
T150 화강석 경계석
T150 기초콘크리트
T150 잡석다짐
T30 화강석 판석
T30 붙임모르타르
T150 콘크리트
T150 잡석다짐
B-B' 단면도
SCALE:1/100

도면이해하기

Floor Plan
부분평면도

'요구조건'에 맞추어 계획된 평면도의 일부분으로서, 설계도면에 나타나는 공간의 구성과 시설물 및 포장, 배식 등 설계요소의 내용 및 표현방법을 알 수 있다.

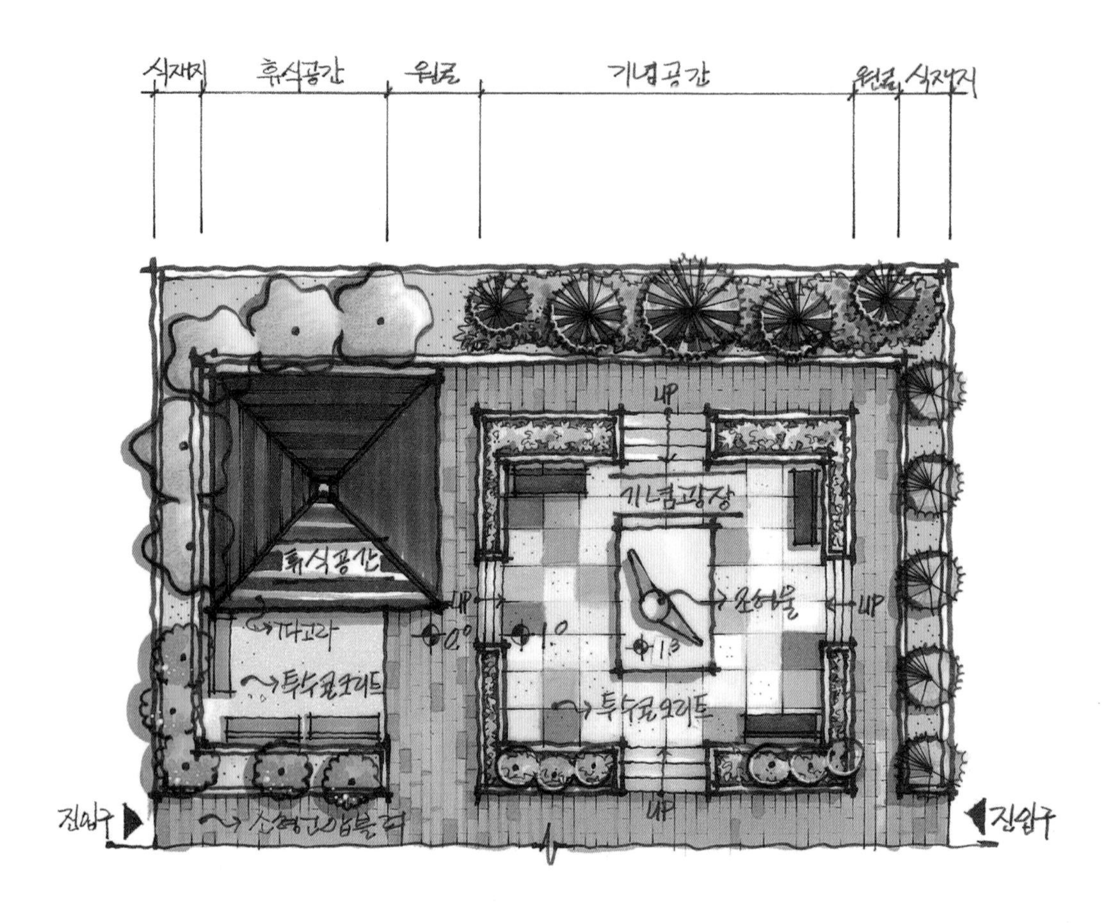

Section
단면도

수직적 입단면의 구조를 파악하여 설계된 내용을 이해하고, 더불어 기출문제와 다르게 단면의 위치와 방향이 변경되어 출제되어도 충분히 대비할 수 있도록 한다.

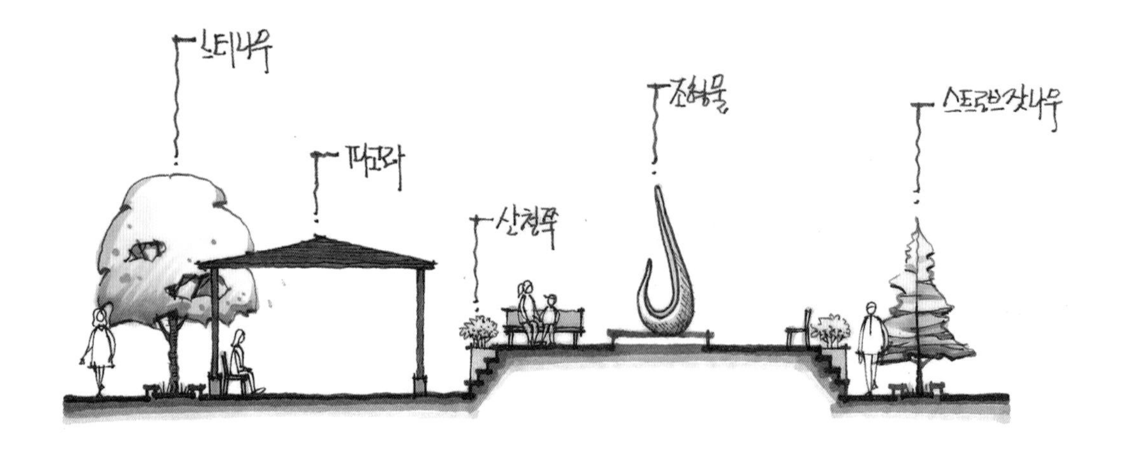

Perspective
투시도

평면설계와 단면설계를 바탕으로 한 전체 투시도로서, 공간의 구성과 시설물 및 수목의 조화를 한 눈에 볼 수 있도록 조감도 형태로 나타내었다. 설계의 내용을 파악하여 도면작성 시 반영하도록 한다.

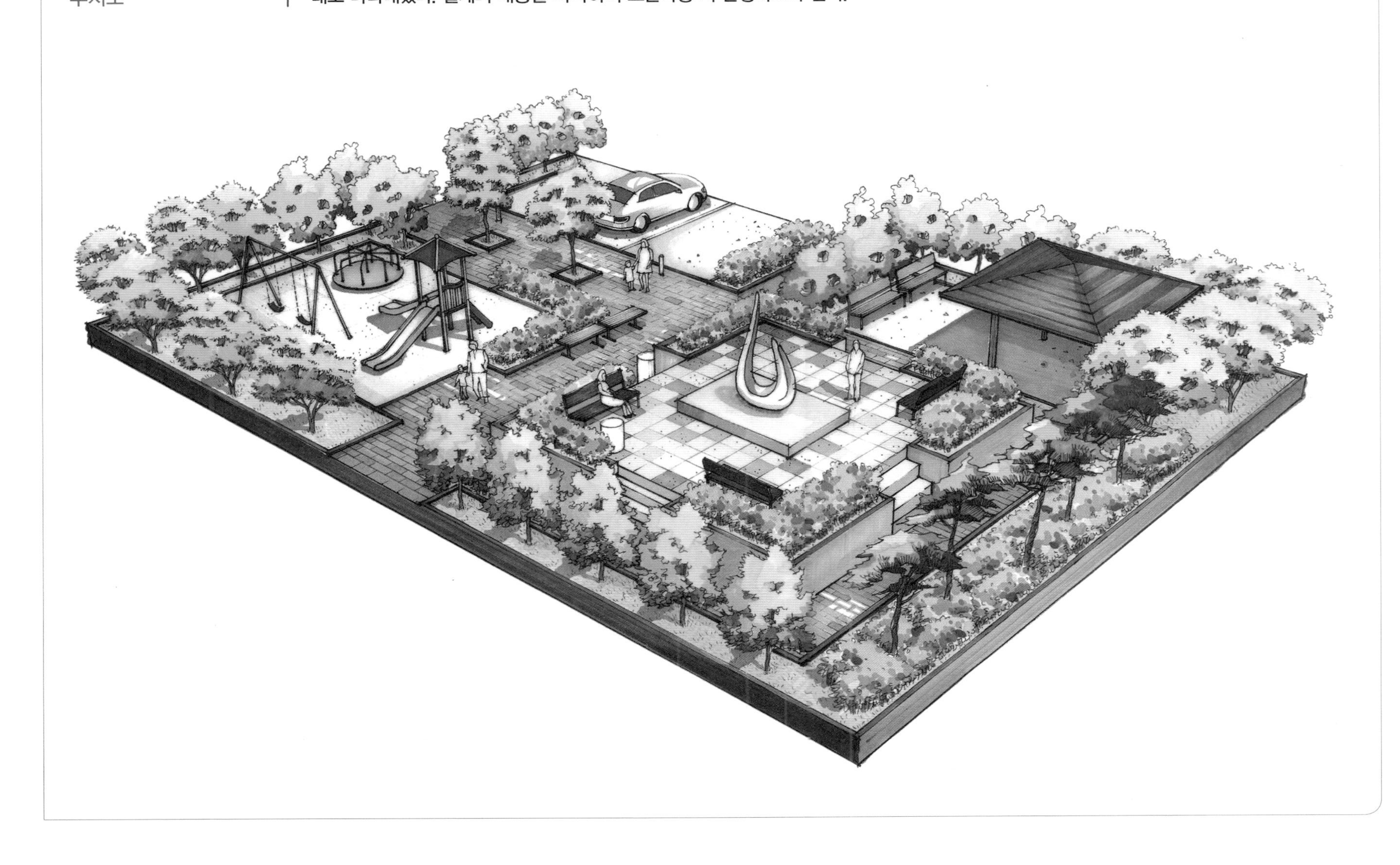

○ 시험시간 : 2시간 30분

자격종목	조경기능사	작품명	도로변소공원

【 설계문제 】

우리나라 중부지역에 위치한 도로변의 빈 공간에 대한 조경설계를 하고자 한다. 주어진 현황도 및 아래 사항을 참조하여 설계조건에 따라 조경계획도를 작성합니다.(단, 2점 쇄선 안 부분이 조경설계 대상지로 합니다.)

【 요구사항 】

1) 식재평면도를 위주로 한 조경계획도를 축척 1/100로 작성한다.(지급용지 1)
2) 도면 오른쪽 위에 작업명칭을 작성한다.
3) 도면 오른쪽에는 "중요시설물 수량표와 수목(식재) 수량표"를 작성하고, 수량표 아래쪽 "방위표시와 막대축척"을 그려 넣는다.(단, 전체 대상지의 길이를 고려하여 범례표의 폭을 조정할 수 있다.)
4) 도면의 전체적인 안정감을 위하여 "테두리선"을 넣는다.
5) 도로변 소공원 부지 내의 B-B′ 단면도를 축척 1/100로 작성하십시오.(지급용지 2)

【 요구조건 】

1) 해당 지역은 도로변의 자투리 공간을 이용하여 휴식 및 어린이들이 즐길 수 있는 도로변 소공원으로, 공원의 특징을 고려하여 조경계획도를 작성하시오.
2) 포장지역을 제외한 곳에는 모두 식재를 실시하시오.(단, 녹지공간은 빗금친 부분이며, 경사의 차이가 발생하는 곳은 식수대(plant box)로 처리되어 있으며 분위기를 고려하여 식재를 실시하시오.)
3) 포장지역은 "소형고압블록, 콘크리트, 고무칩, 마사토, 투수콘크리트 등"의 적당한 재료를 선택하여 재료의 사용이 적합한 장소에 기호로 표현하고, 포장명을 반드시 기입하시오.
4) "가" 지역은 주차공간으로 소형자동차(2,500×5,000mm) 2대가 주차할 수 있는 공간으로 계획하시오.
5) "나" 지역은 놀이공간으로 계획하고, 그 안에 어린이 놀이시설을 3종류 배치하시오.
6) "다" 지역은 수(水) 공간으로 수심이 60cm 깊이로 설계하시오.
7) "라" 지역은 휴식공간으로 이용자들의 편안한 휴식을 위해 퍼걸러(3,500×3,500mm) 1개와 앉아서 휴식을 즐길 수 있도록 등벤치 2개를 계획 설계하시오.
8) 대상지역은 진입구에 계단이 위치해 있으면 높이 차이가 1m 높은 것으로 보고 설계한다.
9) 대상지 내에는 유도식재, 녹음식재, 경관식재, 소나무 군식 등의 식재 패턴을 필요한 곳에 배식하고, 필요에 따라 수목보호대를 추가로 설치하여 포장 내에 식재를 하시오.
10) 수목은 아래에 주어진 수종 중에서 종류가 다른 10가지를 반드시 선정하여 골고루 안정적인 배식이 될 수 있도록 계획하며, 인출선을 이용하여 수량, 수종명칭, 규격을 반드시 표기하시오.
11) B-B′ 단면도는 경사, 포장재료, 경계선 및 기타 시설물의 기초, 주변의 수목, 중요시설물, 이용자 등을 단면도상에 반드시 표기한다.

소나무(H4.0×W2.0), 소나무(H3.0×W1.5), 소나무(H2.5×W1.2), 스트로브잣나무(H2.5×W1.2), 스트로브잣나무(H2.0×W1.0), 왕벚나무(H4.5×B15), 버즘나무(H3.5×B8), 느티나무(H3.0×R6), 청단풍(H2.5×R8), 다정큼나무(H1.0×W0.6), 동백나무(H2.5×R8), 중국단풍(H2.5×R5), 굴거리나무(H2.5×W0.6), 자귀나무(H2.5×R6), 태산목(H1.5×W0.5), 먼나무(H2.0×R5), 산딸나무(H2.0×R5), 산수유(H2.5×R7), 꽃사과(H2.5×R5), 수수꽃다리(H1.5×W0.6), 병꽃나무(H1.0×W0.4), 쥐똥나무(H1.0×W0.3), 명자나무(H0.6×W0.4), 산철쭉(H0.3×W0.4), 자산홍(H0.3×W0.3), 영산홍(H0.4×W0.3), 조릿대(H0.6×7가지)

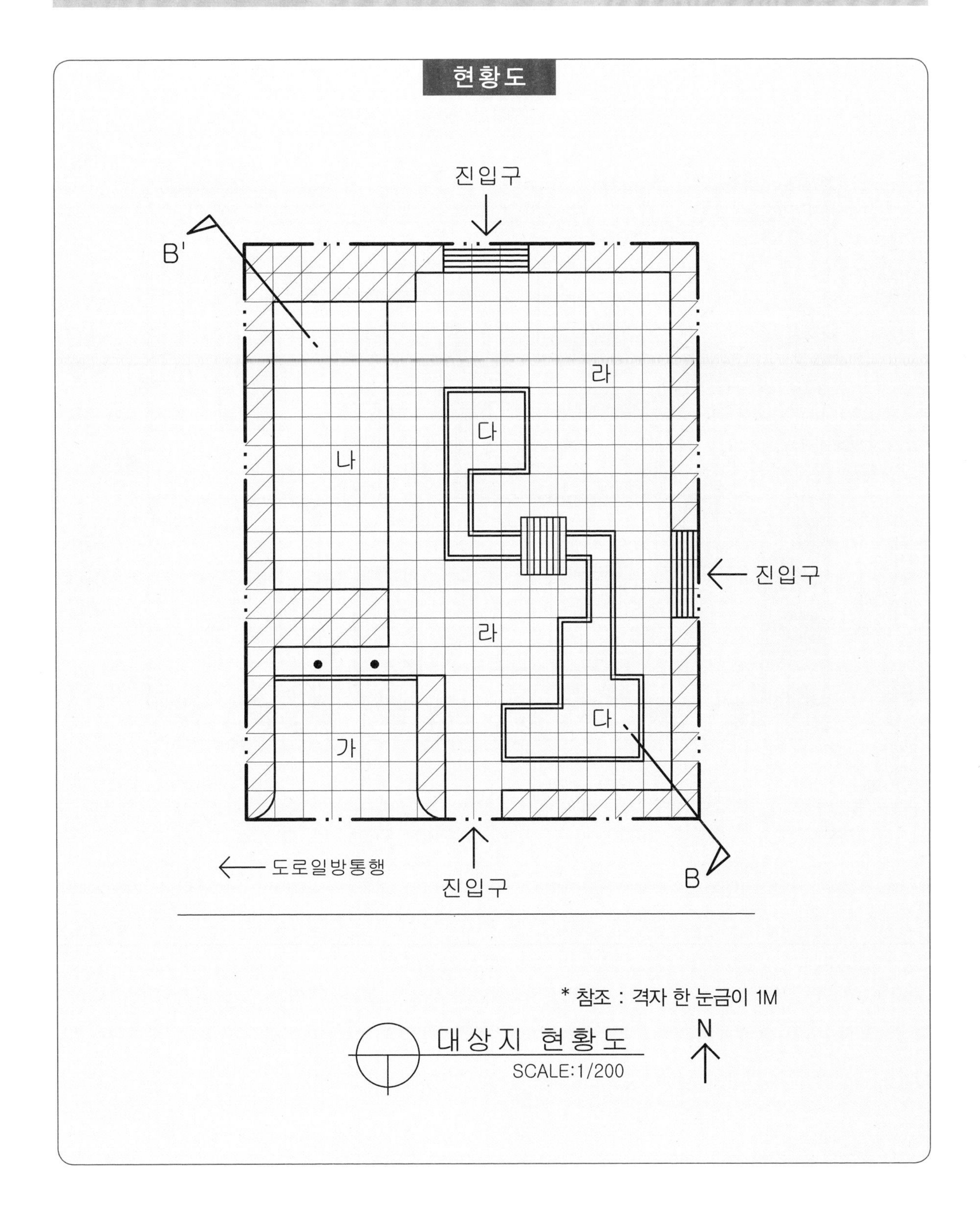

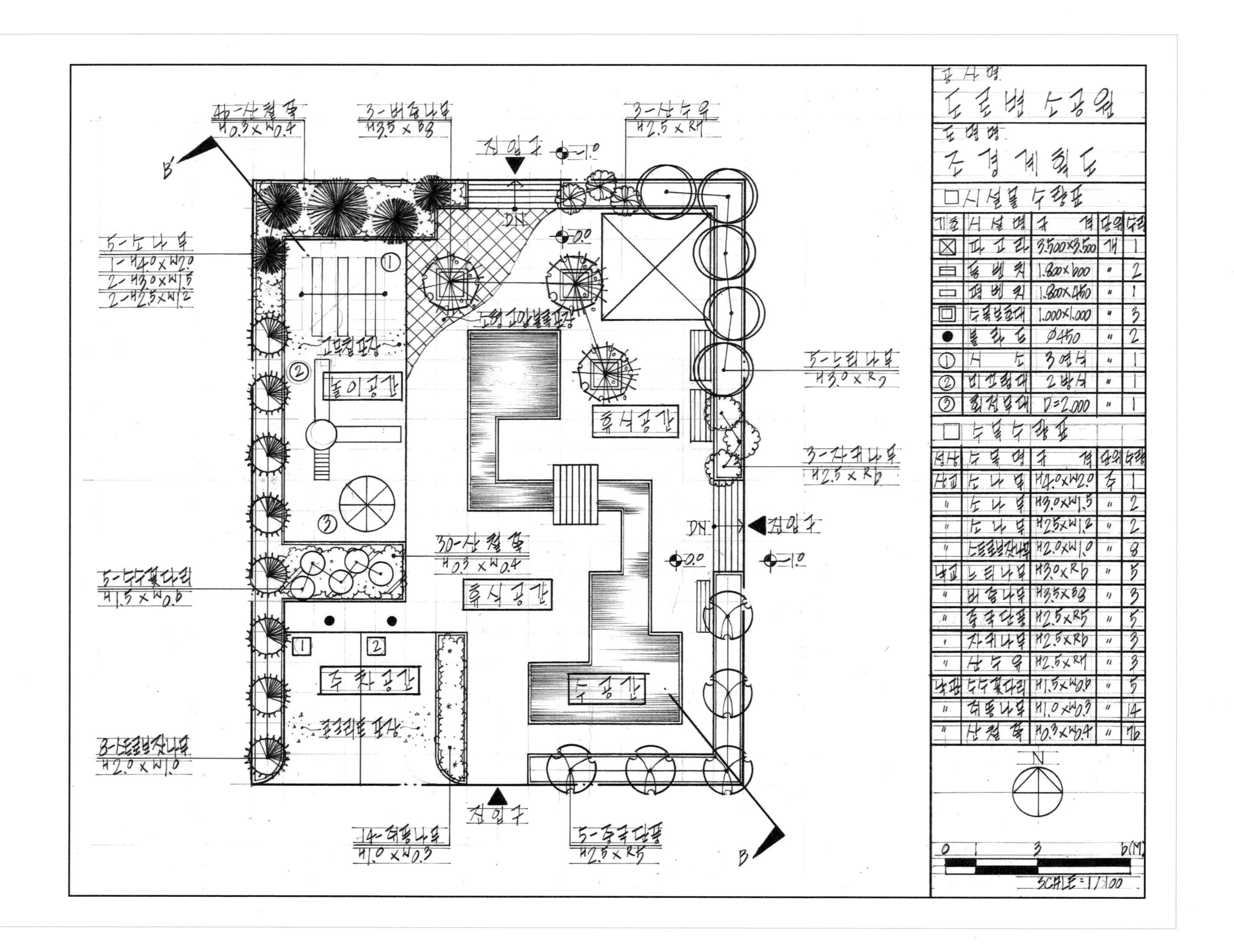
공사명
도로변 소공원
도면명
조경계획도
□ 시설물 수량표
기호 | 시설명 | 규격 | 단위 | 수량
파고라 | 3,500×3,500 | 개 | 1
등벤치 | 1,800×600 | 〃 | 2
평벤치 | 1,800×450 | 〃 | 1
수목보호대 | 1,000×1,000 | 〃 | 3
볼라드 | Ø450 | 〃 | 2
① 시소 | 3연식 | 〃 | 1
② 미끄럼대 | 2방식 | 〃 | 1
③ 회전무대 | D=2,000 | 〃 | 1
□ 수목수량표
성상 | 수목명 | 규격 | 단위 | 수량
상교 | 소나무 | H4.0×W2.0 | 주 | 1
〃 | 소나무 | H3.0×W1.5 | 〃 | 2
〃 | 소나무 | H2.5×W1.2 | 〃 | 2
〃 | 스트로브잣나무 | H2.0×W1.0 | 〃 | 8
낙교 | 느티나무 | H3.0×R6 | 〃 | 5
〃 | 벚나무 | H3.5×B8 | 〃 | 3
〃 | 중국단풍 | H2.5×R5 | 〃 | 5
〃 | 자귀나무 | H2.5×R6 | 〃 | 3
〃 | 산수유 | H2.5×R4 | 〃 | 3
〃 | 산철쭉 | H0.3×W0.4 | 〃 | 76
N
0 3 6(M)
SCALE=1/100
46-산철쭉 H0.3×W0.4
3-벚나무 H3.5×B8
3-산수유 H2.5×R4
출입구
DN
5-느티나무 H3.0×R7
3-자귀나무 H2.5×R6
5-소나무 1-H4.0×W2.0 2-H3.0×W1.5 2-H2.5×W1.2
30-산철쭉 H0.3×W0.4
휴식공간
놀이공간
주차공간
수공간
8-스트로브잣나무 H2.0×W1.0
5-중국단풍 H2.5×R5
B
B'

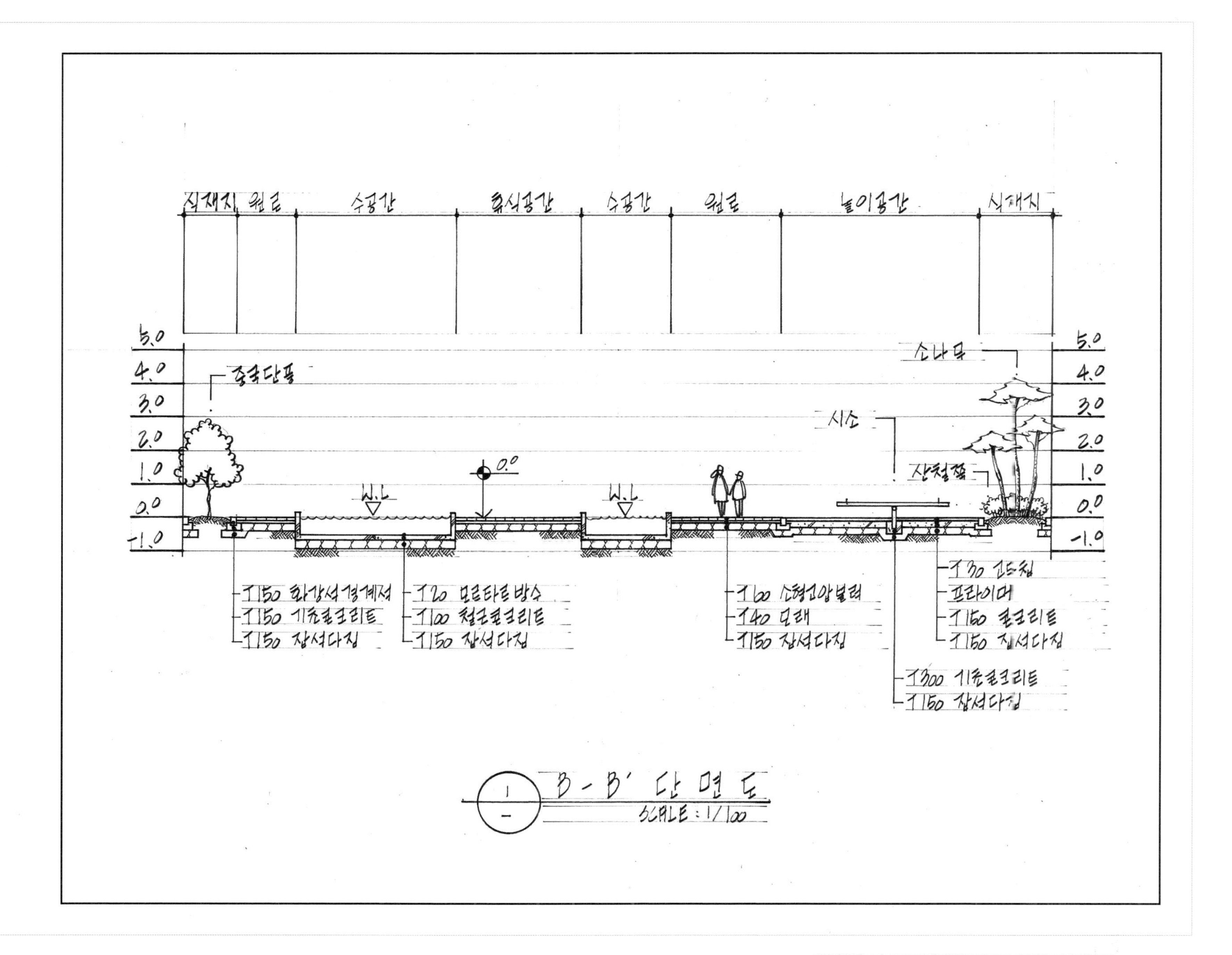
식재지
원로
수공간
휴식공간
수공간
원로
놀이공간
식재지
5.0
4.0
3.0
2.0
1.0
0.0
-1.0
중국단풍
소나무
시소
산철쭉
W.L
W.L
0.0
T150 화강석경계석
T150 기초콘크리트
T150 잡석다짐
T20 모르타르 방수
T100 철근콘크리트
T150 잡석다짐
T60 소형고압블럭
T40 모래
T150 잡석다짐
T30 고무칩
프라이머
T150 콘크리트
T150 잡석다짐
T300 기초콘크리트
T150 잡석다짐
B - B' 단면도
SCALE : 1/100

조경설계

도면이해하기

Floor Plan
부분평면도

'요구조건'에 맞추어 계획된 평면도의 일부분으로서, 설계도면에 나타나는 공간의 구성과 시설물 및 포장, 배식 등 설계요소의 내용 및 표현방법을 알 수 있다.

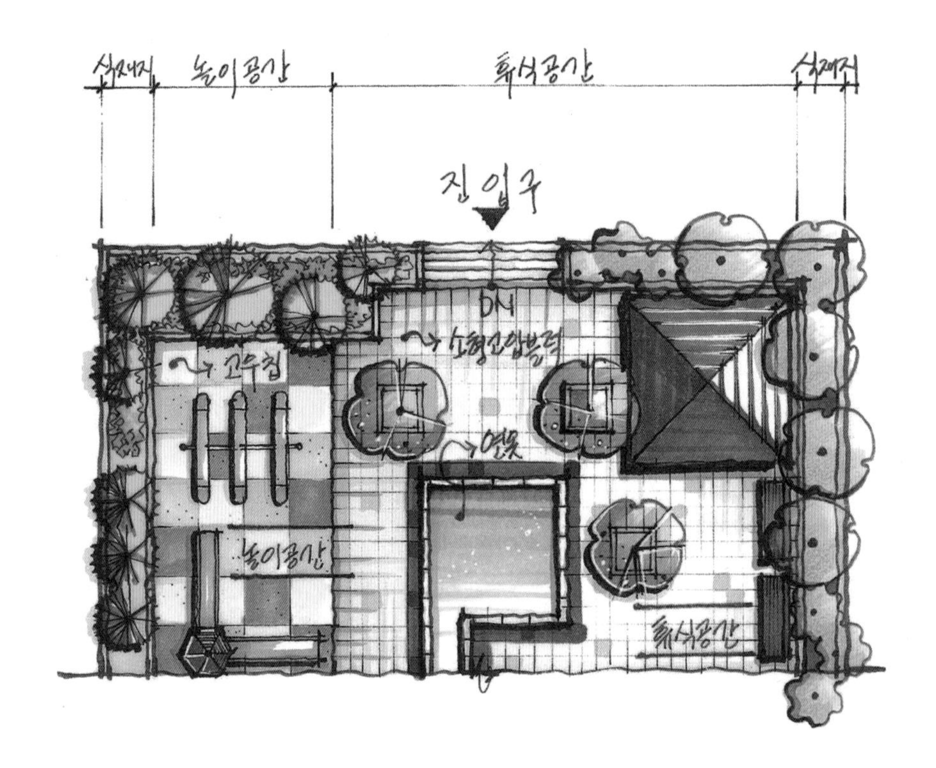

Section
단면도

수직적 입단면의 구조를 파악하여 설계된 내용을 이해하고, 더불어 기출문제와 다르게 단면의 위치와 방향이 변경되어 출제되어도 충분히 대비할 수 있도록 한다.

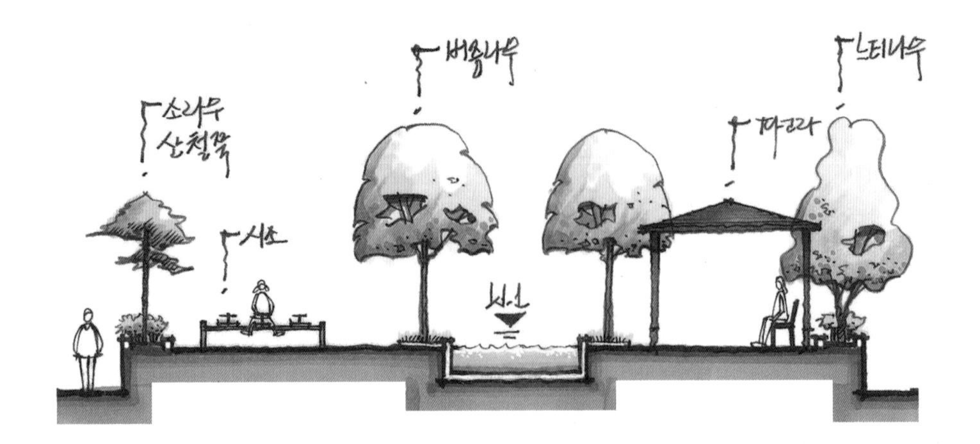

Perspective
투시도

평면설계와 단면설계를 바탕으로 한 전체 투시도로서, 공간의 구성과 시설물 및 수목의 조화를 한 눈에 볼 수 있도록 조감도 형태로 나타내었다. 설계의 내용을 파악하여 도면작성 시 반영하도록 한다.

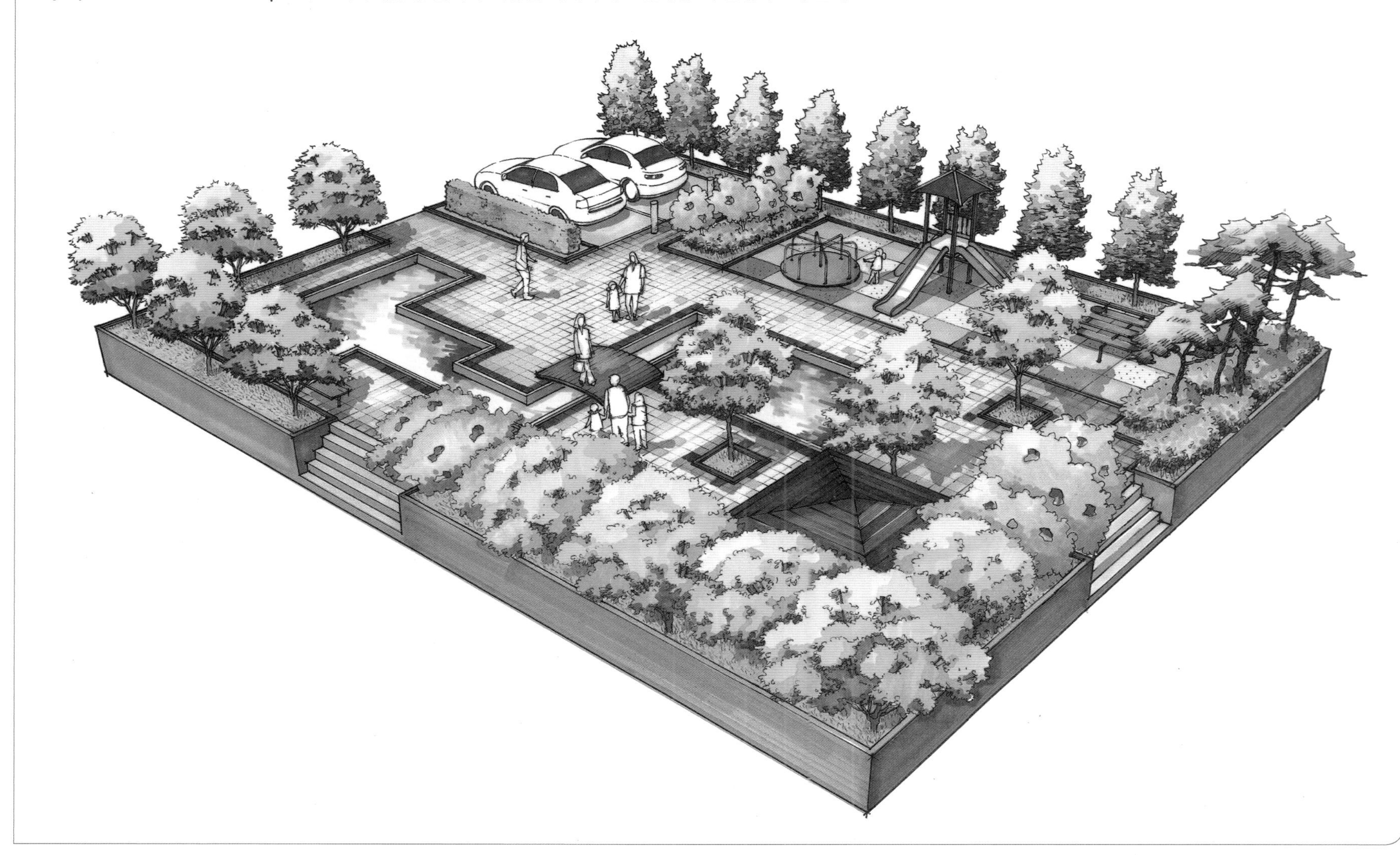

○ 시험시간 : 2시간 30분

자격종목	조경기능사	작품명	미로 및 놀이 소공원

【 설계문제 】

우리나라 중부지역에 위치한 도로변의 빈 공간에 대한 조경설계를 하고자 합니다. 주어진 현황도 및 아래 사항을 참조하여 설계조건에 따라 조경계획도를 작성합니다.(단, 2점 쇄선 안 부분을 조경설계 대상지로 합니다.)

【 요구사항 】

1) 식재 평면도를 위주로 한 조경계획도를 축척 1/100로 작성하십시오.(지급용지 1)
2) 도면 오른쪽 위에 작업명칭을 작성하십시오.
3) 도면 오른쪽에는 "중요시설물 수량표와 수목(식재) 수량표"를 작성하고, 수량표 아래쪽에는 "방위표시와 막대축척"을 반드시 그려 넣으시오.(단, 전체 대상지의 길이를 고려하여 범례표의 폭을 조정할 수 있습니다.)
4) 도면의 전체적인 안정감을 위하여 "테두리선"을 작성하십시오.
5) B-B′ 단면도를 축척 1/100로 작성하십시오.(지급용지 2)

【 요구조건 】

1) 해당 지역은 어린이들이 즐길 수 있는 미로 및 놀이소공원으로, 공원의 특징을 고려하여 조경계획도를 작성하시오.
2) 포장지역을 제외한 곳에는 모두 식재를 실시하시오.(단, 녹지공간은 빗금친 부분이며, 경사의 차이가 발생하는 곳은 식수대(plant box)로 처리되어 있으며 분위기를 고려하여 식재를 실시하시오.)
3) 포장지역은 "점토벽돌, 콘크리트, 고무칩, 마사토, 투수콘크리트 등"의 적당한 재료를 선택하여 재료의 사용이 적합한 장소에 기호로 표현하고, 포장명을 반드시 기입하시오.
4) "가" 지역은 놀이공간으로 계획하고, 그 안에 어린이 놀이시설(정글짐, 회전무대, 2연식시소, 3단 철봉 등)을 3종 배치하시오.
5) "나" 지역은 휴식공간으로 이용자들의 편안한 휴식을 위해 퍼걸러(3,500×5,000mm) 1개를 설치하시오.
6) "라" 지역은 미로공간으로 담장(A)의 소재와 두께는 자유이며, 단 높이는 1m 정도로 한다.
7) 보행자의 통행에 지장을 주지 않는 곳에 2인용 평의자(1,200×500mm) 3개와 휴지통 3개를 배치하시오.
8) "가" 지역은 "나", "다", "라" 지역에 비해 1m 높이차가 있다.
9) 대상지 내에는 유도식재, 녹음식재, 경관식재, 소나무 군식 등의 식재 패턴을 필요한 곳에 배식하고, 필요에 따라 수목보호대를 추가로 설치하여 포장 내에 식재를 할 수 있습니다.
10) 수목은 아래에 주어진 수종 중에서 종류가 다른 10가지를 반드시 선정하여 골고루 안정적인 배식이 될 수 있도록 계획하며, 인출선을 이용하여 수량, 수종명칭, 규격을 반드시 표기하시오.
11) B-B′ 단면도는 포장재료, 경계선 및 기타 시설물의 기초, 주변의 수목, 중요시설물, 이용자 등을 단면도상에 반드시 표시합니다.

소나무(H4.0×W2.0), 소나무(H3.0×W1.5), 소나무(H2.5×W1.2), 스트로브잣나무(H2.5×W1.2), 스트로브잣나무(H2.0×W1.0), 왕벚나무(H4.5×B15), 버즘나무(H3.5×B8), 느티나무(H3.0×R6), 청단풍(H2.5×R8), 다정큼나무(H1.0×W0.6), 동백나무(H2.5×R8), 중국단풍(H2.5×R5), 굴거리나무(H2.5×W0.6), 자귀나무(H2.5×R6), 태산목(H1.5×W0.5), 먼나무(H2.0×R5), 산딸나무(H2.0×R5), 산수유(H2.5×R7), 꽃사과(H2.5×R5), 수수꽃다리(H1.5×W0.6), 병꽃나무(H1.0×W0.4), 쥐똥나무(H1.0×W0.3), 명자나무(H0.6×W0.4), 산철쭉(H0.3×W0.4), 자산홍(H0.3×W0.3), 영산홍(H0.4×W0.3), 조릿대(H0.6×7가지)

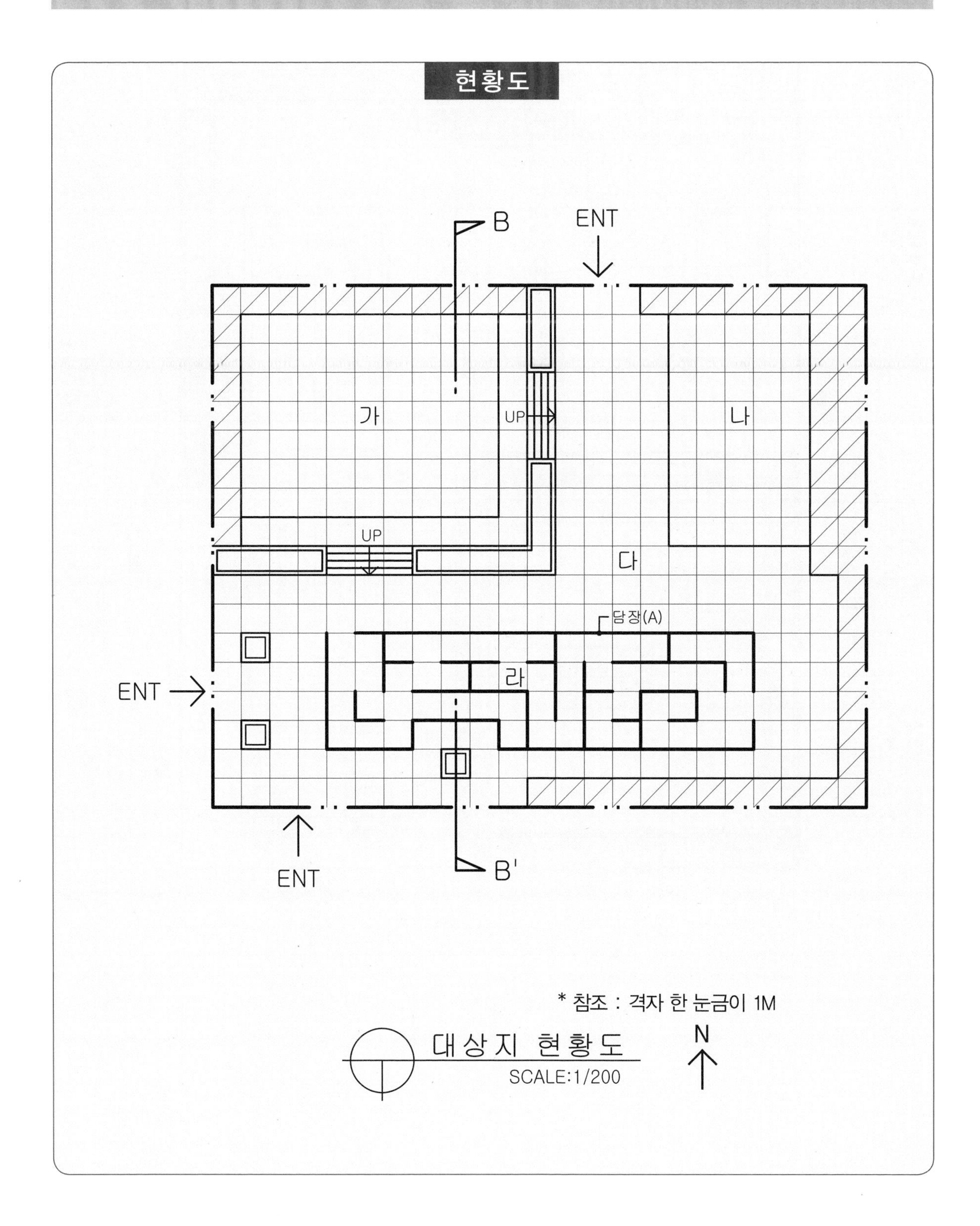

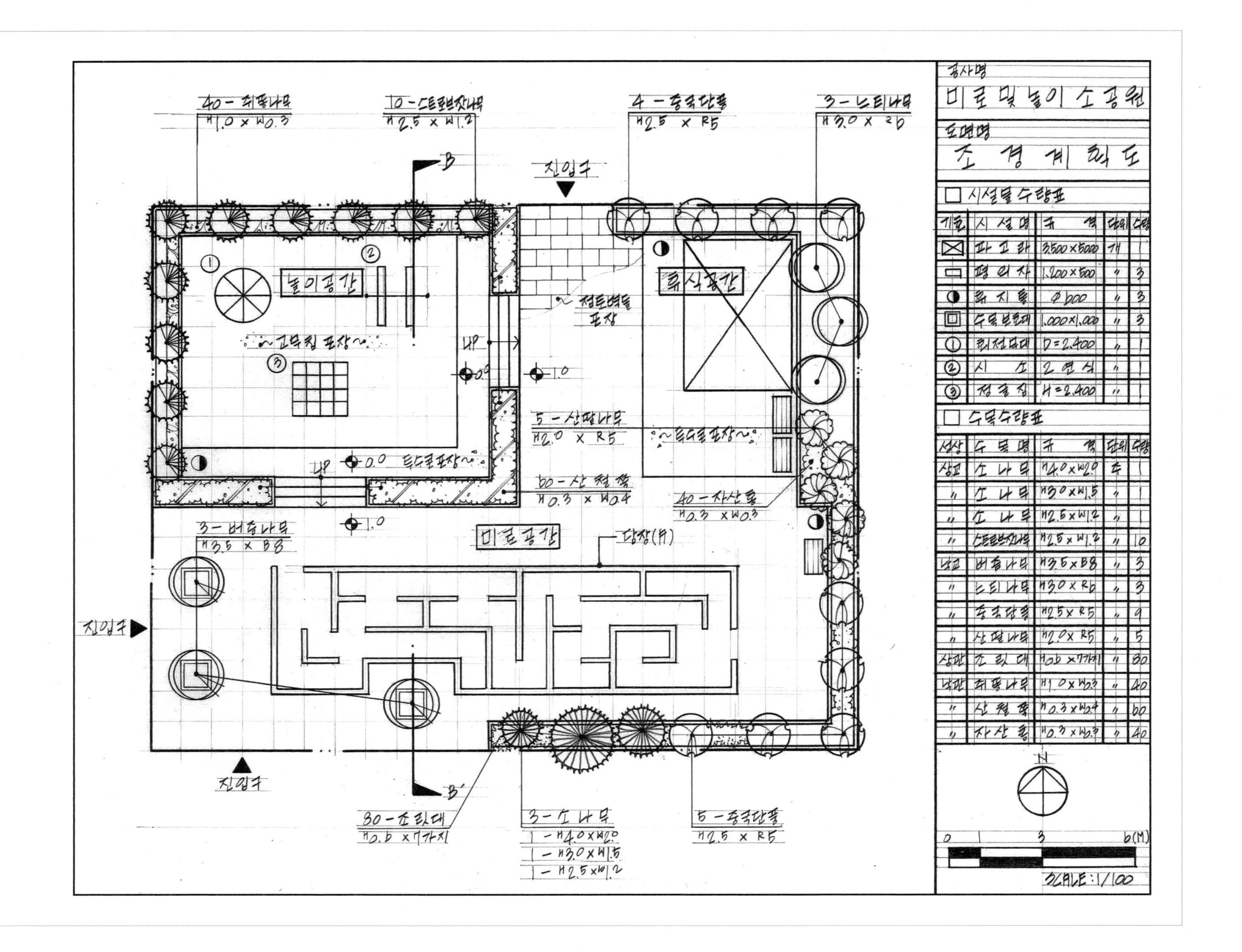

□ 시설물수량표

기호	시설명	규격	단위	수량
	파고라	3,500×5,000	개	
	평의자	1,200×500	〃	3
	휴지통	Φ600	〃	3
	수목보호대	1,000×1,000	〃	3
①	회전무대	D=2,400	〃	1
②	시소	2연식	〃	1
③	정글짐	H=2,400	〃	1

□ 수목수량표

성상	수목명	규격	단위	수량
상교	소나무	H4.0×W2.0	주	1
〃	소나무	H3.0×W1.5	〃	1
〃	소나무	H2.5×W1.2	〃	1
〃	스트로브잣나무	H2.5×W1.2	〃	10
낙교	버즘나무	H3.5×B8	〃	3
〃	느티나무	H3.0×R6	〃	3
〃	중국단풍	H2.5×R5	〃	9
〃	산딸나무	H2.0×R5	〃	5
상관	조릿대	H0.6×7가지	〃	80
낙관	쥐똥나무	H1.0×W0.3	〃	40
〃	산철쭉	H0.3×W0.4	〃	60
〃	자산홍	H0.3×W0.3	〃	40

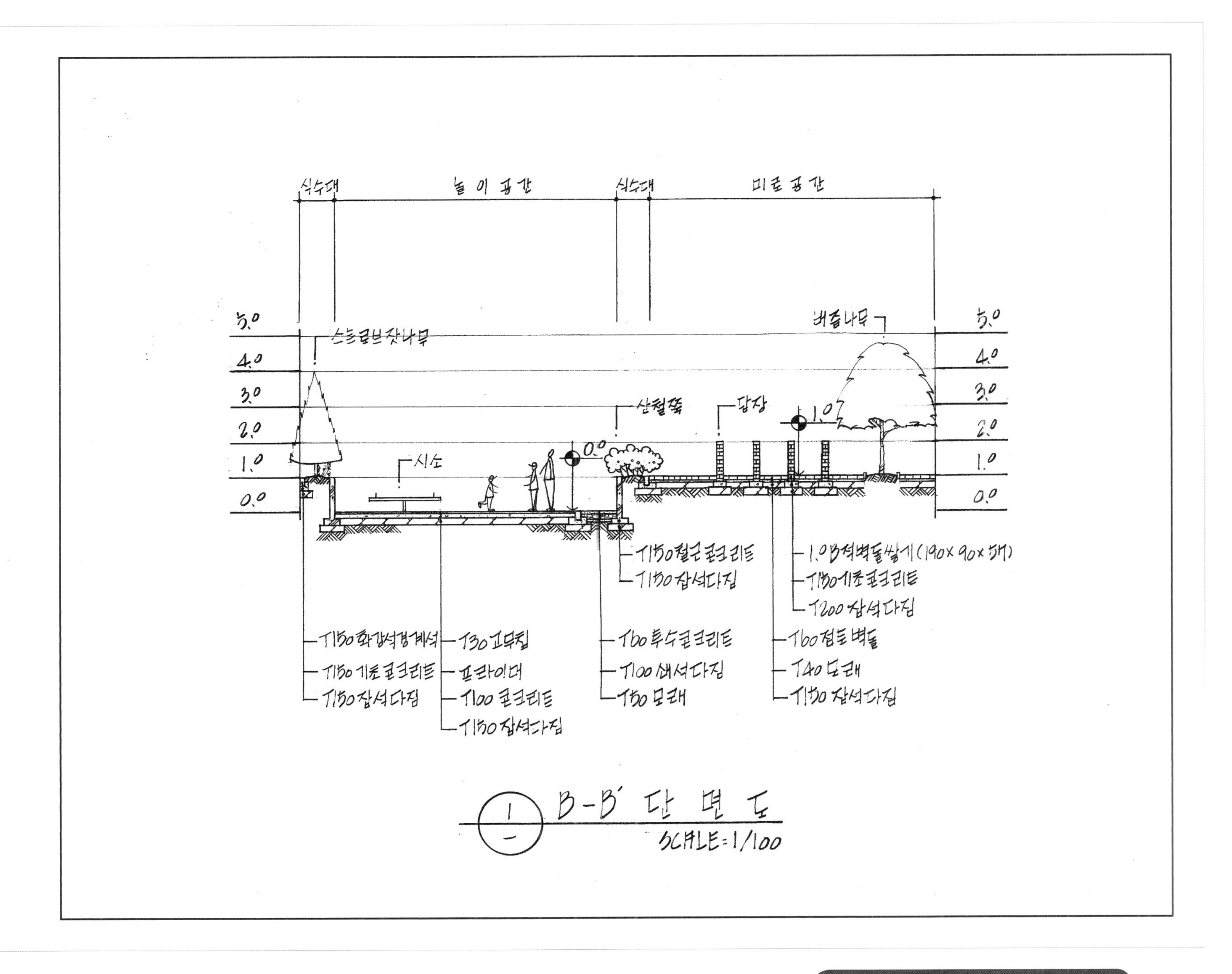
식수대
놀이공간
식수대
미로공간
5.0
4.0
3.0
2.0
1.0
0.0
스트로브잣나무
시소
0.0
산철쭉
담장
1.07
배롱나무
T150 화강석경계석
T150 기초콘크리트
T150 잡석다짐
T30 고무칩
프라이머
T100 콘크리트
T150 잡석다짐
T150 철근콘크리트
T150 잡석다짐
T60 투수콘크리트
T100 쇄석다짐
T50 모래
1.0B 적벽돌쌓기 (190×90×57)
T150 기초콘크리트
T200 잡석다짐
T60 점토벽돌
T40 모래
T150 잡석다짐
1
-
B-B' 단면도
SCALE=1/100

도면이해하기

Floor Plan
부분평면도

'요구조건'에 맞추어 계획된 평면도의 일부분으로서, 설계도면에 나타나는 공간의 구성과 시설물 및 포장, 배식 등 설계요소의 내용 및 표현방법을 알 수 있다.

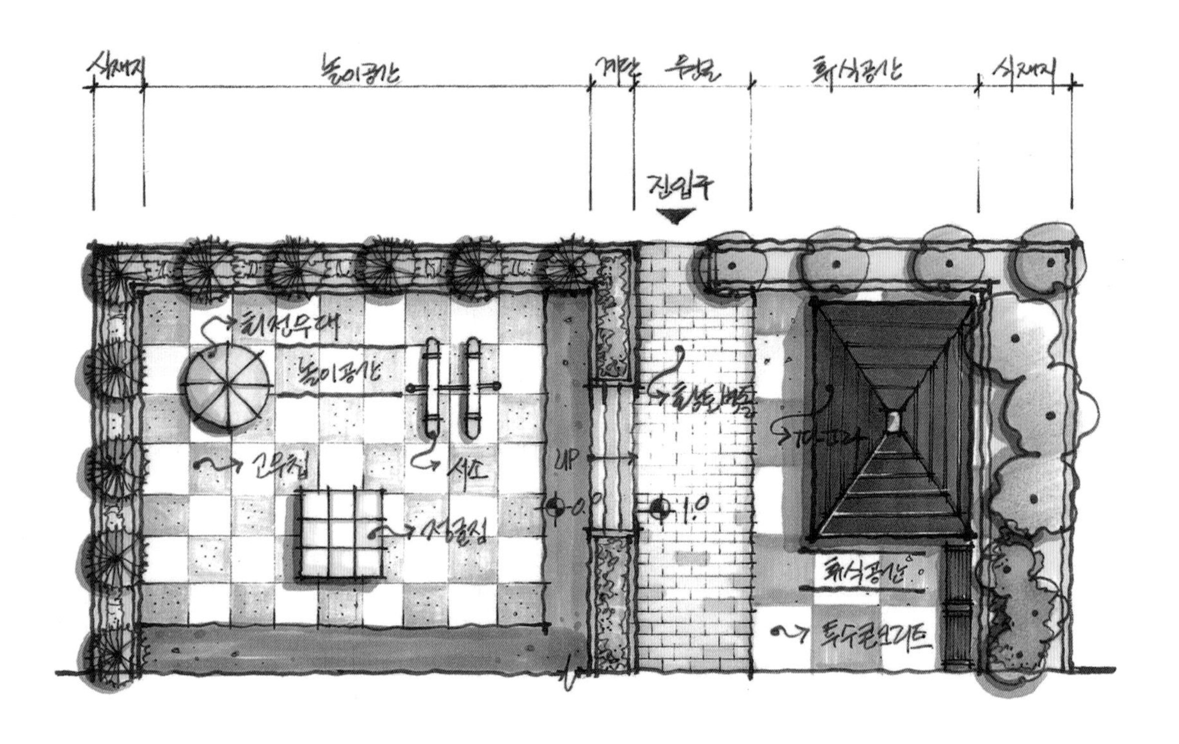

Section
단면도

수직적 입단면의 구조를 파악하여 설계된 내용을 이해하고, 더불어 기출문제와 다르게 단면의 위치와 방향이 변경되어 출제되어도 충분히 대비할 수 있도록 한다.

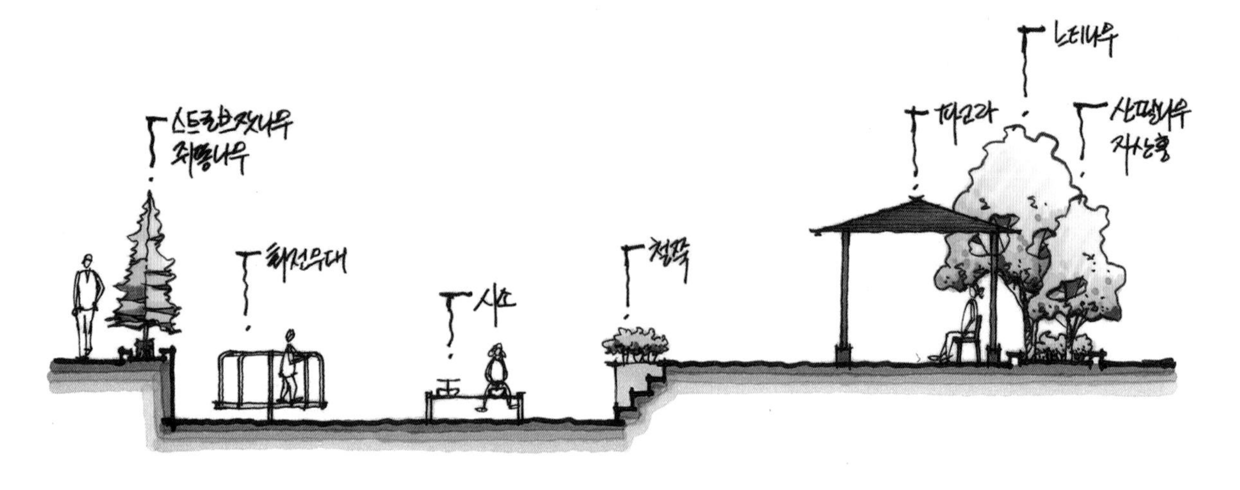

Perspective
투시도

평면설계와 단면설계를 바탕으로 한 전체 투시도로서, 공간의 구성과 시설물 및 수목의 조화를 한 눈에 볼 수 있도록 조감도 형태로 나타내었다. 설계의 내용을 파악하여 도면작성 시 반영하도록 한다.

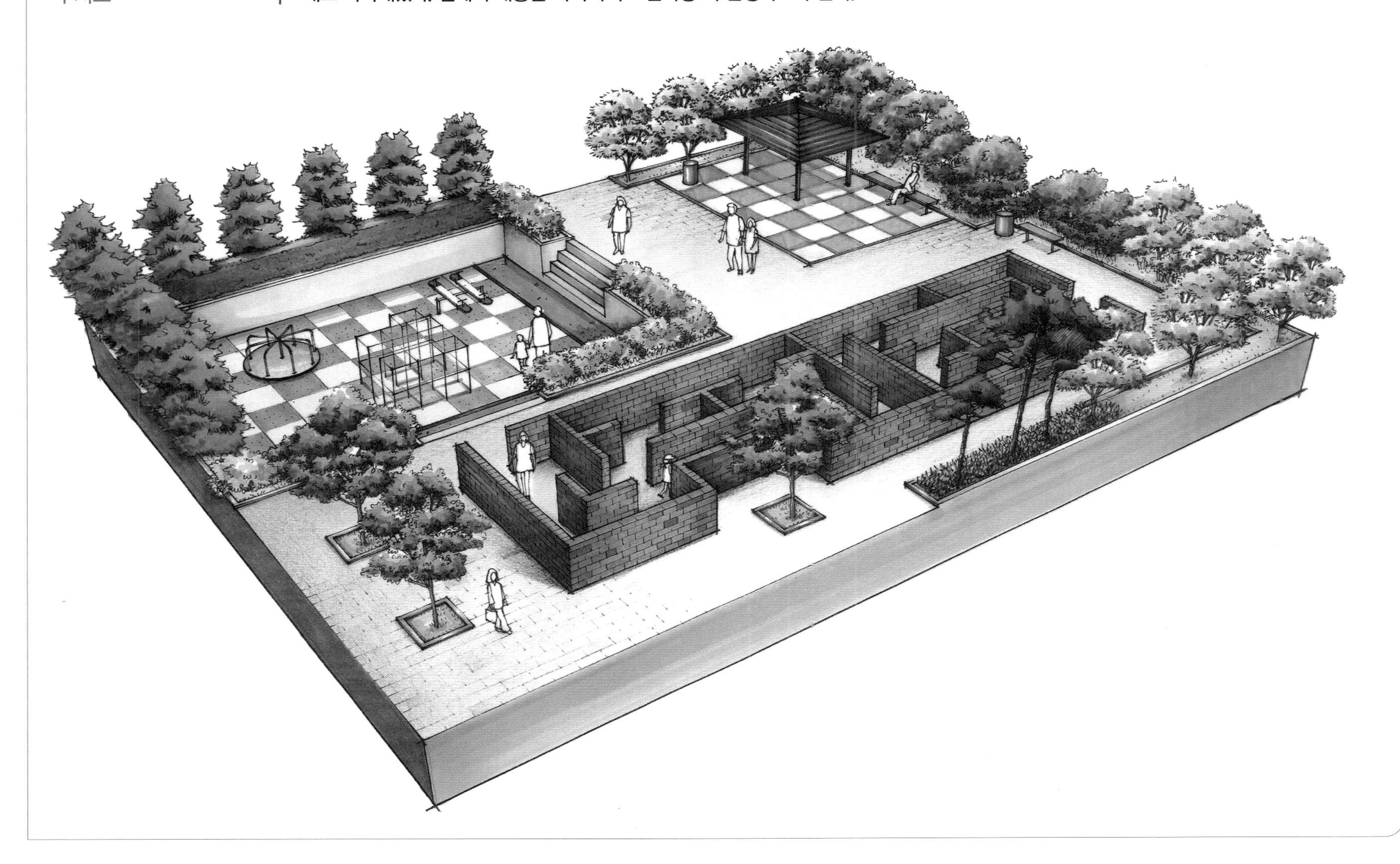

○ 시험시간 : 2시간 30분

자격종목	조경기능사	작품명	도로변소공원

【 설계문제 】

우리나라 중부지역에 위치한 도로변의 빈 공간에 대한 조경설계를 하고자 한다. 주어진 현황도 및 아래 사항을 참조하여 설계조건에 따라 조경계획도를 작성합니다.(단, 2점 쇄선 안 부분이 조경설계 대상지로 합니다.)

【 요구사항 】

1) 식재평면도를 위주로 한 조경계획도를 축척 1/100로 작성한다.(지급용지 1)
2) 도면 오른쪽 위에 작업명칭을 작성한다.
3) 도면 오른쪽에는 "중요시설물 수량표와 수목(식재) 수량표"를 작성하고, 수량표 아래쪽 "방위표시와 막대축척"을 그려 넣는다.(단, 전체 대상지의 길이를 고려하여 범례표의 폭을 조정할 수 있다.)
4) 도면의 전체적인 안정감을 위하여 "테두리선"을 넣는다.
5) 도로변 소공원 부지 내의 B-B′ 단면도를 축척 1/100로 작성하십시오.(지급용지 2)

【 요구조건 】

1) 해당 지역은 도로변의 자투리 공간을 이용하여 휴식 및 어린이들이 즐길 수 있는 도로변 소공원으로, 공원의 특징을 고려하여 조경계획도를 작성하시오.
2) 포장지역을 제외한 곳에는 모두 식재를 실시하시오.(단, 녹지공간은 빗금친 부분이며, 분위기를 고려하여 식재를 실시하시오.)
3) 포장지역은 "점토벽돌, 화강석블록포장, 콘크리트, 고무칩, 마사토, 투수콘크리트 등"의 적당한 재료를 선택하여 재료의 사용이 적합한 장소에 기호로 표현하고, 포장명을 반드시 기입하시오.
4) "가" 지역은 주차공간으로 소형자동차(2,500×5,000mm) 2대가 주차할 수 있는 공간으로 계획하시오.
5) "나" 지역은 놀이공간으로 계획하고, 그 안에 어린이 놀이시설물을 3종류 배치하시오.
6) "다" 지역은 수(水)공간으로 수심이 60cm 깊이로 설계하시오.
7) "라" 지역은 휴식공간으로 이용자들의 편안한 휴식을 위해 퍼걸러(3,500×3,500mm) 1개와 앉아서 휴식을 즐길 수 있도록 등벤치를 퍼걸러 하부에 4개, 외부공간에 4개를 계획 설계하시오.
8) 대상지역은 진입구에 계단이 위치해 있으면 높이 차이가 1m 높은 것으로 보고 설계합니다.
9) 대상지 내에는 유도식재, 녹음식재, 경관식재, 소나무 군식 등의 식재패턴을 필요한 곳에 배식하고, 필요에 따라 수목보호대를 추가로 설치하여 포장 내에 식재를 하시오.
10) 수목은 아래에 주어진 수종 중에서 종류가 다른 10가지를 반드시 선정하여 골고루 안정적인 배식이 될 수 있도록 계획하며, 인출선을 이용하여 수량, 수종명칭, 규격을 반드시 표기하시오.
11) B-B′ 단면도는 경사, 포장재료, 경계선 및 기타 시설물의 기초, 주변의 수목, 중요시설물, 이용자 등을 단면도상에 반드시 표기하고, 높이차를 한눈에 볼 수 있도록 설계하시오.

소나무(H4.0×W2.0), 소나무(H3.0×W1.5), 소나무(H2.5×W1.2), 스트로브잣나무(H2.5×W1.2), 스트로브잣나무(H2.0×W1.0), 왕벚나무(H4.5×B15), 버즘나무(H3.5×B8), 느티나무(H4.0×R20), 청단풍(H2.5×R8), 다정큼나무(H1.0×W0.6), 동백나무(H2.5×R8), 중국단풍(H2.5×R5), 굴거리나무(H2.5×W0.6), 자귀나무(H2.5×R6), 태산목(H1.5×W0.5), 먼나무(H2.0×R5), 산딸나무(H2.0×R5), 산수유(H2.5×R7), 꽃사과(H2.5×R5), 수수꽃다리(H1.5×W0.6), 병꽃나무(H1.0×W0.4), 쥐똥나무(H1.0×W0.3), 명자나무(H0.6×W0.4), 산철쭉(H0.3×W0.4), 자산홍(H0.3×W0.3), 영산홍(H0.4×W0.3), 조릿대(H0.6×7가지)

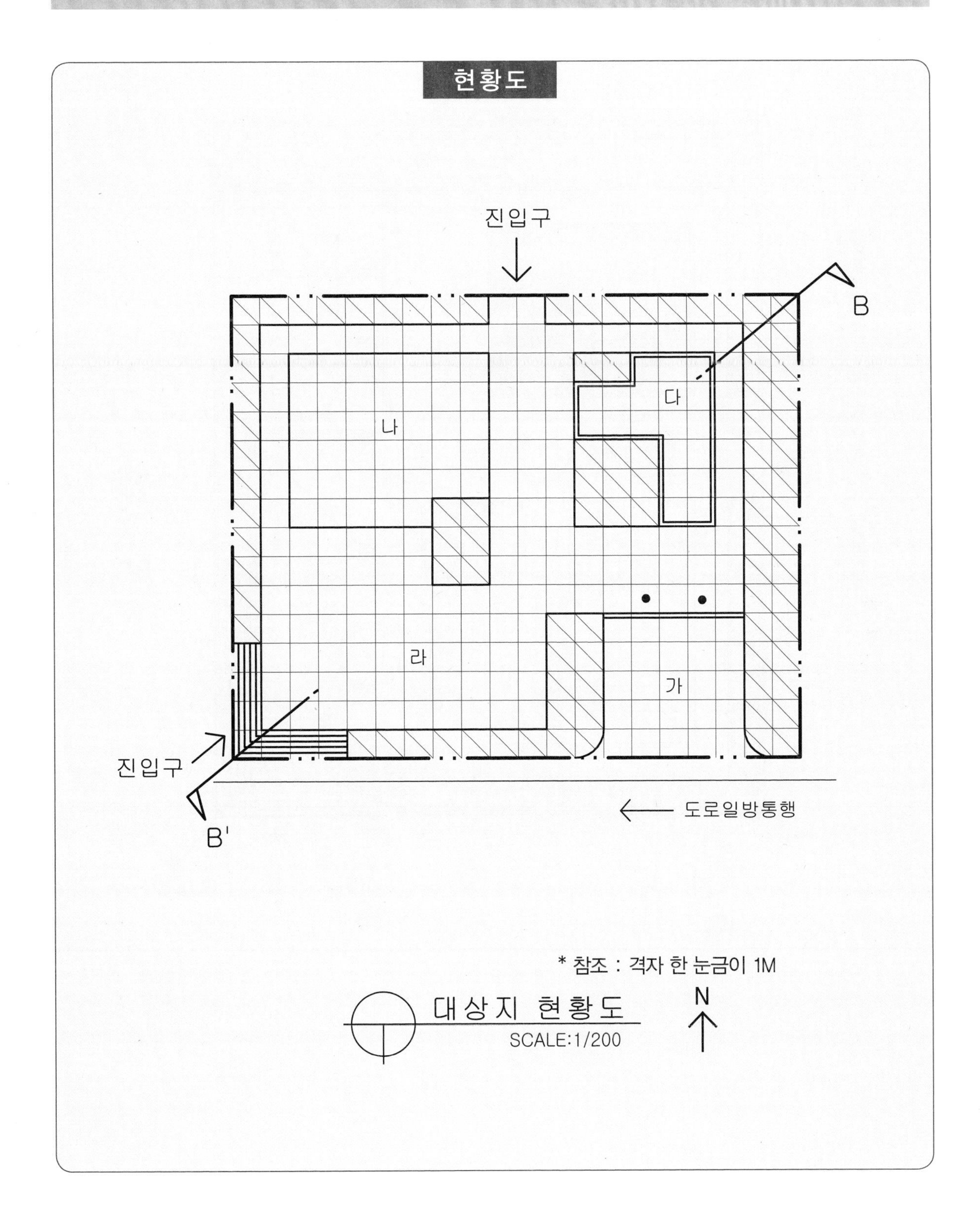

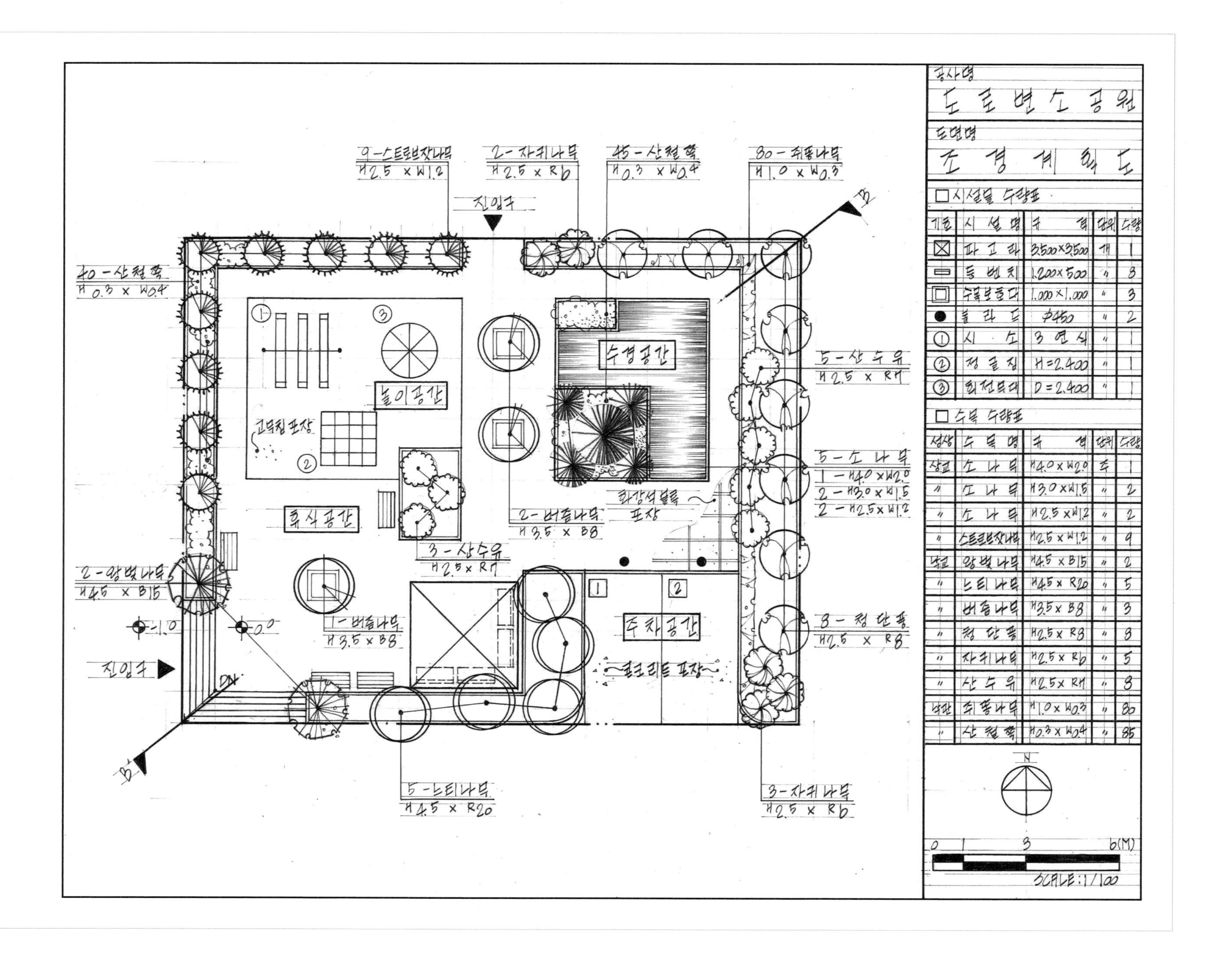

□ 시설물 수량표

기호	시설명	규격	단위	수량
⊠	파고라	3,500×3,500	개	1
▭	등벤치	1,200×500	〃	8
□	수목보호대	1,000×1,000	〃	3
●	볼라드	Φ450	〃	2
①	시소	3연식	〃	1
②	정글짐	H=2,400	〃	1
③	회전무대	D=2,400	〃	1

□ 수목 수량표

성상	수목명	규격	단위	수량
상교	소나무	H4.0×W2.0	주	1
〃	소나무	H3.0×W1.5	〃	2
〃	소나무	H2.5×W1.2	〃	2
〃	스트로브잣나무	H2.5×W1.2	〃	9
낙교	왕벚나무	H4.5×B15	〃	2
〃	느티나무	H4.5×R20	〃	5
〃	버즘나무	H3.5×B8	〃	3
〃	청단풍	H2.5×R8	〃	3
〃	자귀나무	H2.5×R6	〃	5
〃	산수유	H2.5×R7	〃	8
낙관	쥐똥나무	H1.0×W0.3	〃	80
〃	산철쭉	H0.3×W0.4	〃	85

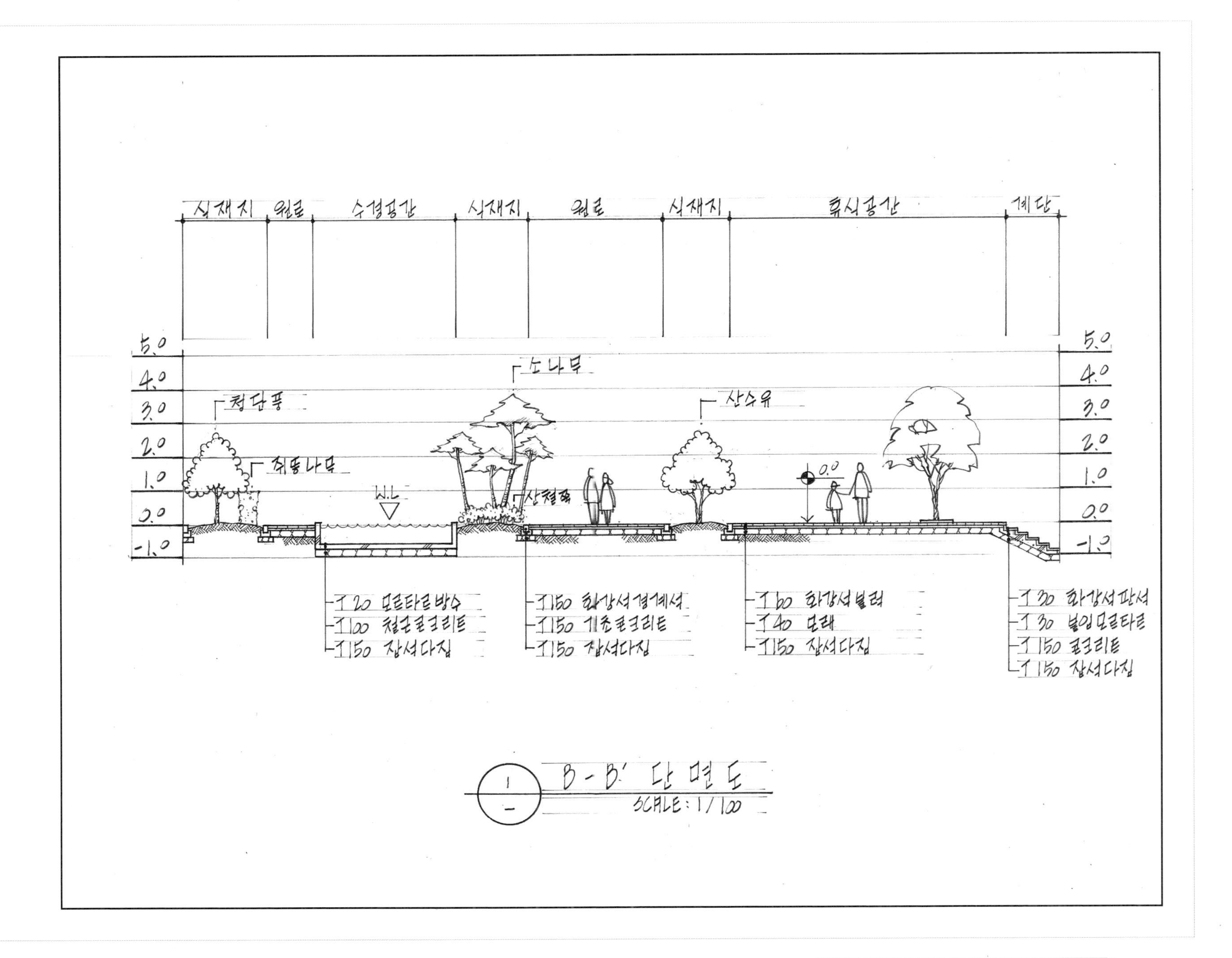
식재지
원로
수경공간
식재지
원로
식재지
휴식공간
계단
5.0
4.0
3.0
2.0
1.0
0.0
-1.0
소나무
청단풍
산수유
쥐똥나무
산철쭉
W.L
0.0
T20 모르타르방수
T100 철근콘크리트
T150 잡석다짐
T150 화강석경계석
T150 기초콘크리트
T150 잡석다짐
T60 화강석블럭
T40 모래
T150 잡석다짐
T30 화강석판석
T30 붙임모르타르
T150 콘크리트
T150 잡석다짐
B-B' 단면도
SCALE : 1/100

조경설계

도면이해하기

Floor Plan
부분평면도

'요구조건'에 맞추어 계획된 평면도의 일부분으로서, 설계도면에 나타나는 공간의 구성과 시설물 및 포장, 배식 등 설계요소의 내용 및 표현방법을 알 수 있다.

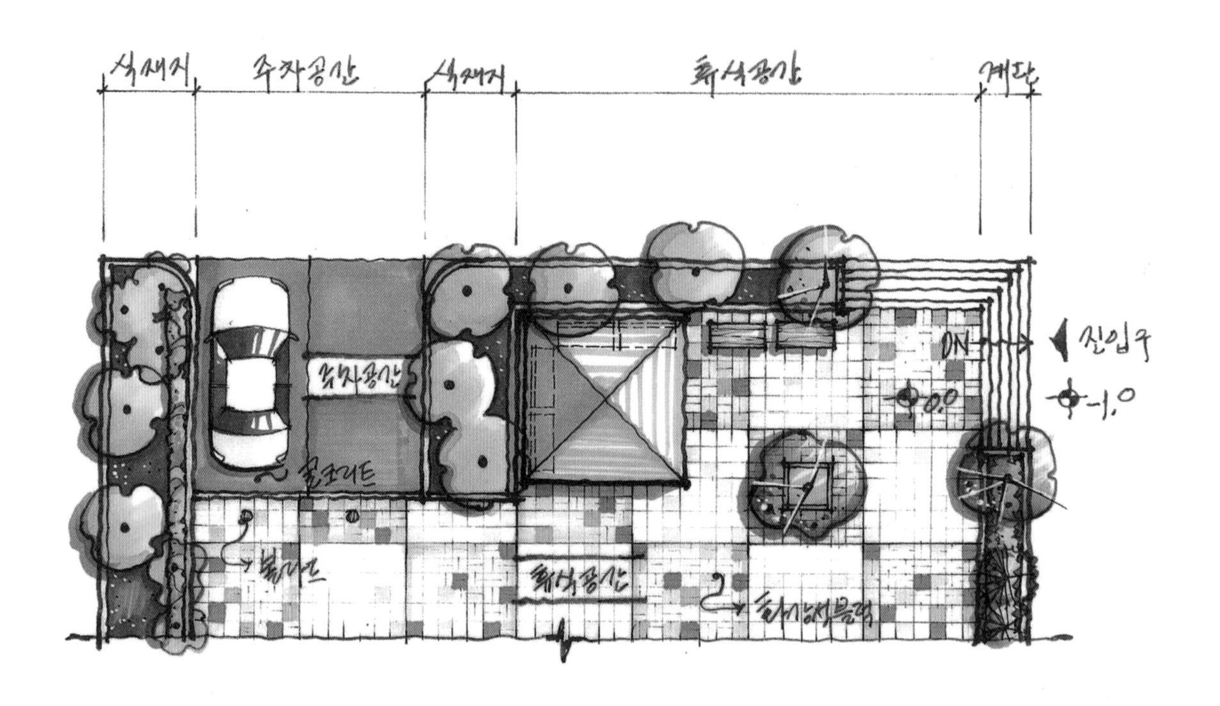

Section
단면도

수직적 입단면의 구조를 파악하여 설계된 내용을 이해하고, 더불어 기출문제와 다르게 단면의 위치와 방향이 변경되어 출제되어도 충분히 대비할 수 있도록 한다.

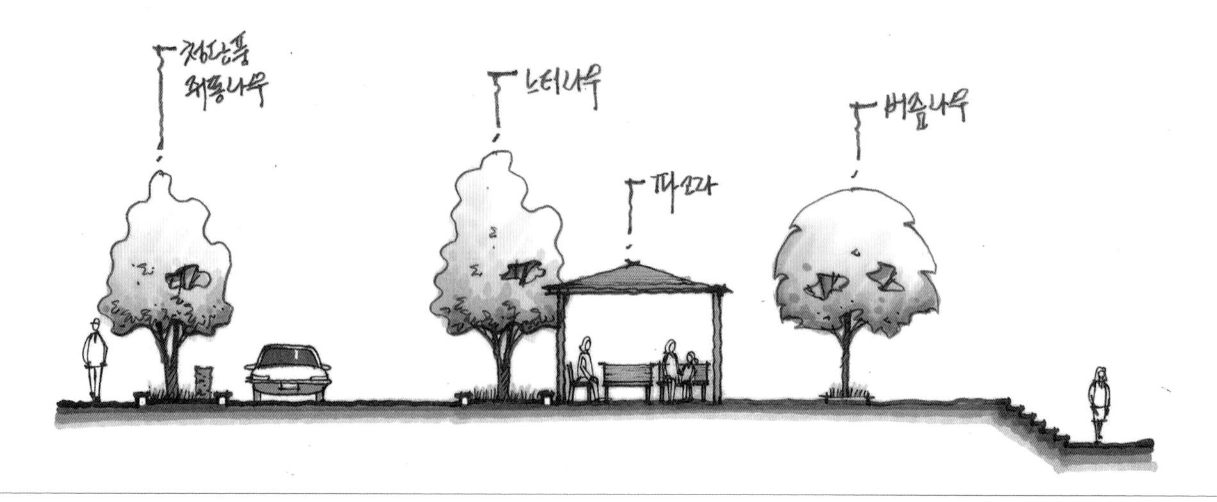

Perspective
투시도

평면설계와 단면설계를 바탕으로 한 전체 투시도로서, 공간의 구성과 시설물 및 수목의 조화를 한 눈에 볼 수 있도록 조감도 형태로 나타내었다. 설계의 내용을 파악하여 도면작성 시 반영하도록 한다.

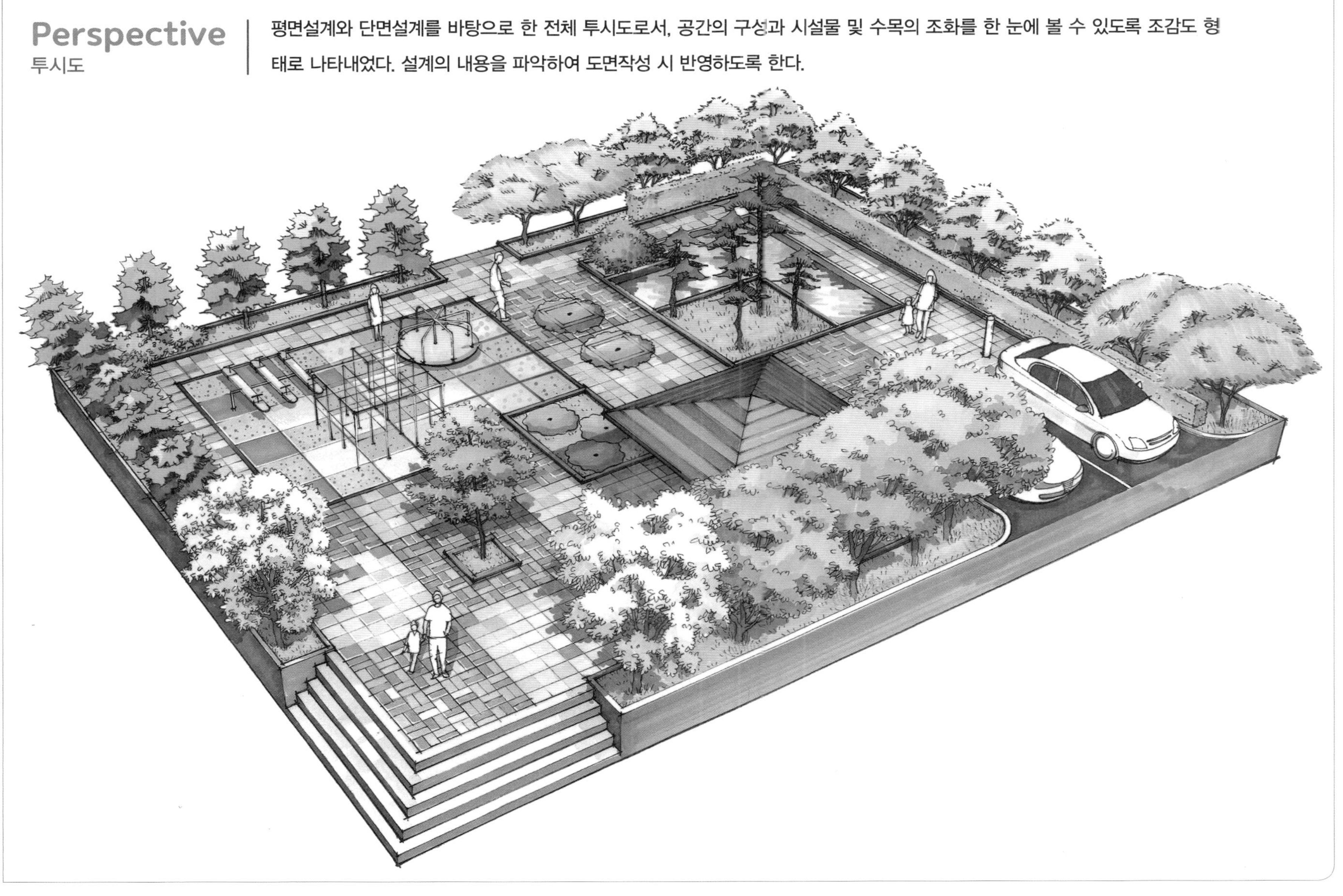

○ 시험시간 : 2시간 30분

자격종목	조경기능사	작품명	도로변소공원

【 설계문제 】

우리나라 중부지역에 위치한 도로변의 빈 공간에 대한 조경설계를 하고자 합니다. 주어진 현황도 및 아래 사항을 참조하여 설계조건에 따라 조경계획도를 작성합니다.(단, 2점 쇄선 안 부분을 조경설계 대상지로 합니다.)

【 요구사항 】

1) 식재 평면도를 위주로 한 조경계획도를 축척 1/100로 작성하십시오.(지급용지 1)
2) 도면 오른쪽 위에 작업명칭을 작성하십시오.
3) 도면 오른쪽에는 "중요시설물 수량표와 수목(식재) 수량표"를 작성하고, 수량표 아래쪽 "방위표시와 막대축척"을 반드시 그려 넣으시오.(단, 전체 대상지의 길이를 고려하여 범례표의 폭을 조정할 수 있습니다.)
4) 도면의 전체적인 안정감을 위하여 "테두리선"을 작성하십시오.
5) B-B′ 단면도를 축척 1/100로 작성하십시오.(지급용지 2)

【 요구조건 】

1) 해당 지역은 도심에 위치한 소공원으로, 야외무대를 사용할 수 있는 공원의 특징을 고려하여 조경계획도를 작성하시오.
2) 포장지역을 제외한 곳에는 모두 식재를 실시하시오.(단, 녹지공간은 빗금친 부분이며, 경사의 차이가 발생하는 곳은 식수대(plant box)로 처리되어 있으며 분위기를 고려하여 식재를 실시하시오.)
3) 포장지역은 "점토벽돌, 화강석판석, 콘크리트, 고무칩, 마사토, 투수콘크리트 등"의 적당한 재료를 선택하여 재료의 사용이 적합한 장소에 기호로 표현하고, 포장명을 반드시 기입하시오.
4) "가" 지역은 정적인 휴식공간으로 이용자들의 편안한 휴식을 위해 퍼걸러(3,500×3,500mm) 1개, 등받이형 벤치(1,200×500mm)2개, 휴지통 1개를 설치하시오.
5) "나" 지역은 놀이공간으로 계획하고, 그 안에 어린이 놀이시설(회전무대, 철봉, 시소 2연식, 정글짐 등)을 3종 배치하시오.
6) "다" 지역은 완충공간으로 필요시 휴식공간으로 사용할 수 있으며 "마" 지역에 비해 1M 낮다.
7) "라" 지역은 야외무대 공간으로 "다"지역에 비해 0.6m 높게 설치하고 바닥포장은 미끄러짐이 비교적 적은 재료를 사용하시오.(단, 녹지지대 쪽 가림벽 2.5m 를 고려하시오.)
8) "마" 지역은 이동공간으로 "나" 지역에 비해 1M 높다. 필요에 따라 평상형 벤치를 배치하시오. 수목보호대, 휴지통은 추가로 설치가능 하다.
9) 주출입구 근처에 동일한 수종 3주를 배식하시오.
10) 대상지 내에는 유도식재, 녹음식재, 경관식재, 소나무 군식 등의 식재 패턴을 필요한 곳에 배식하고, 필요에 따라 수목보호대를 추가로 설치하여 포장 내에 식재를 할 수 있습니다.
11) 수목은 아래에 주어진 수종 중에서 종류가 다른 10가지를 반드시 선정하여 골고루 안정적인 배식이 될 수 있도록 계획하며, 인출선을 이용하여 수량, 수종명칭, 규격을 반드시 표기하시오.
12) B-B′ 단면도는 경사, 포장재료, 경계선 및 기타 시설물의 기초, 주변의 수목, 중요시설물, 이용자 등을 단면도상에 반드시 표기하고, 높이차를 한눈에 볼 수 있도록 설계하시오.

소나무(H4.0×W2.0), 소나무(H3.0×W1.5), 소나무(H2.5×W1.2), 스트로브잣나무(H2.5×W1.2), 스트로브잣나무(H2.0×W1.0), 왕벚나무(H4.5×B15), 버즘나무(H3.5×B8), 느티나무(H3.0×R6), 청단풍(H2.5×R8), 다정큼나무(H1.0×W0.6), 동백나무(H2.5×R8), 중국단풍(H2.5×R5), 굴거리나무(H2.5×W0.6), 자귀나무(H2.5×R6), 태산목(H1.5×W0.5), 먼나무(H2.0×R5), 산딸나무(H2.0×R5), 산수유(H2.5×R7), 꽃사과(H2.5×R5), 수수꽃다리(H1.5×W0.6), 병꽃나무(H1.0×W0.4), 쥐똥나무(H1.0×W0.3), 명자나무(H0.6×W0.4), 산철쭉(H0.3×W0.4), 자산홍(H0.3×W0.3), 영산홍(H0.4×W0.3), 조릿대(H0.6×7가지), 잔디(0.3×0.3×0.03)

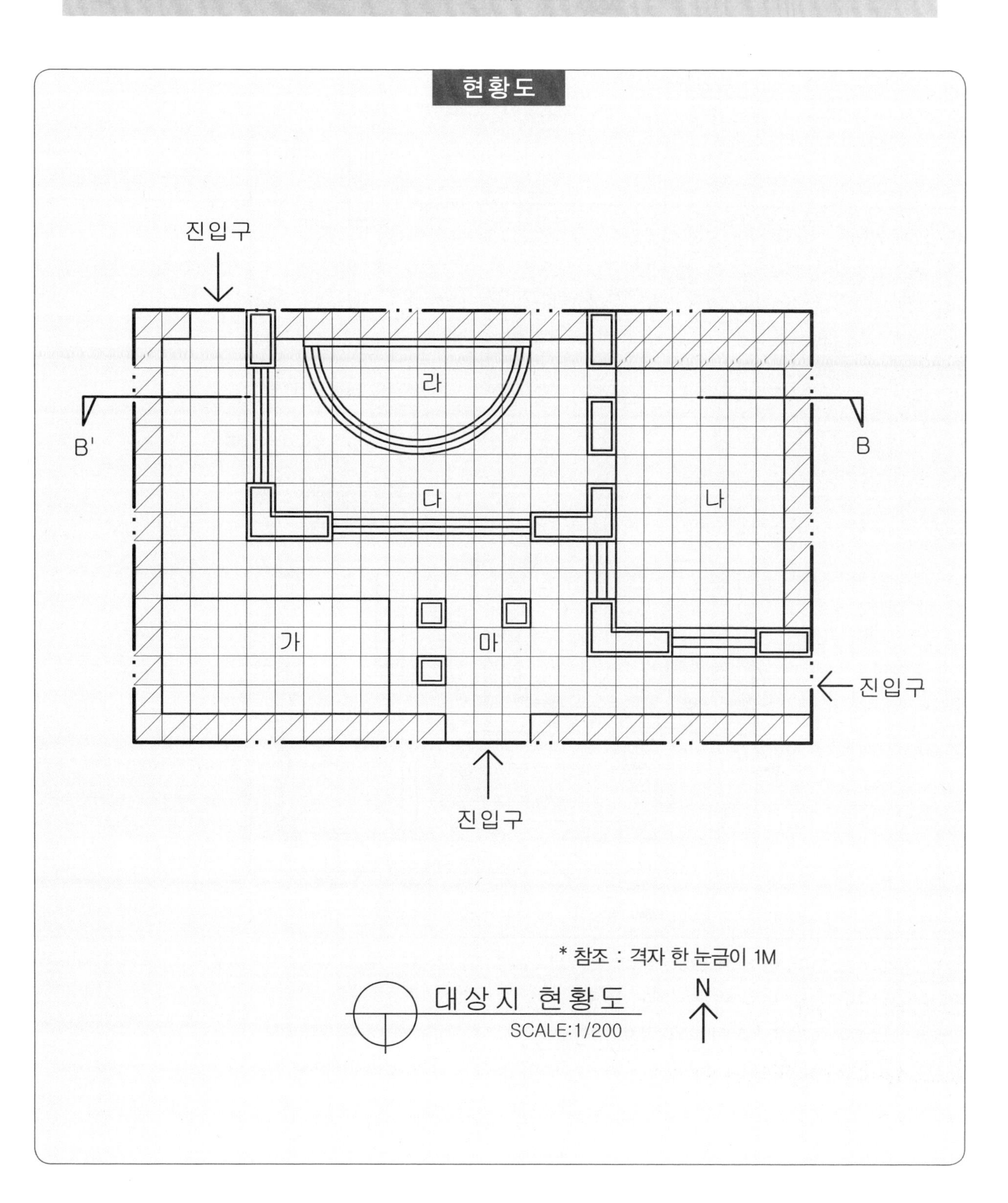

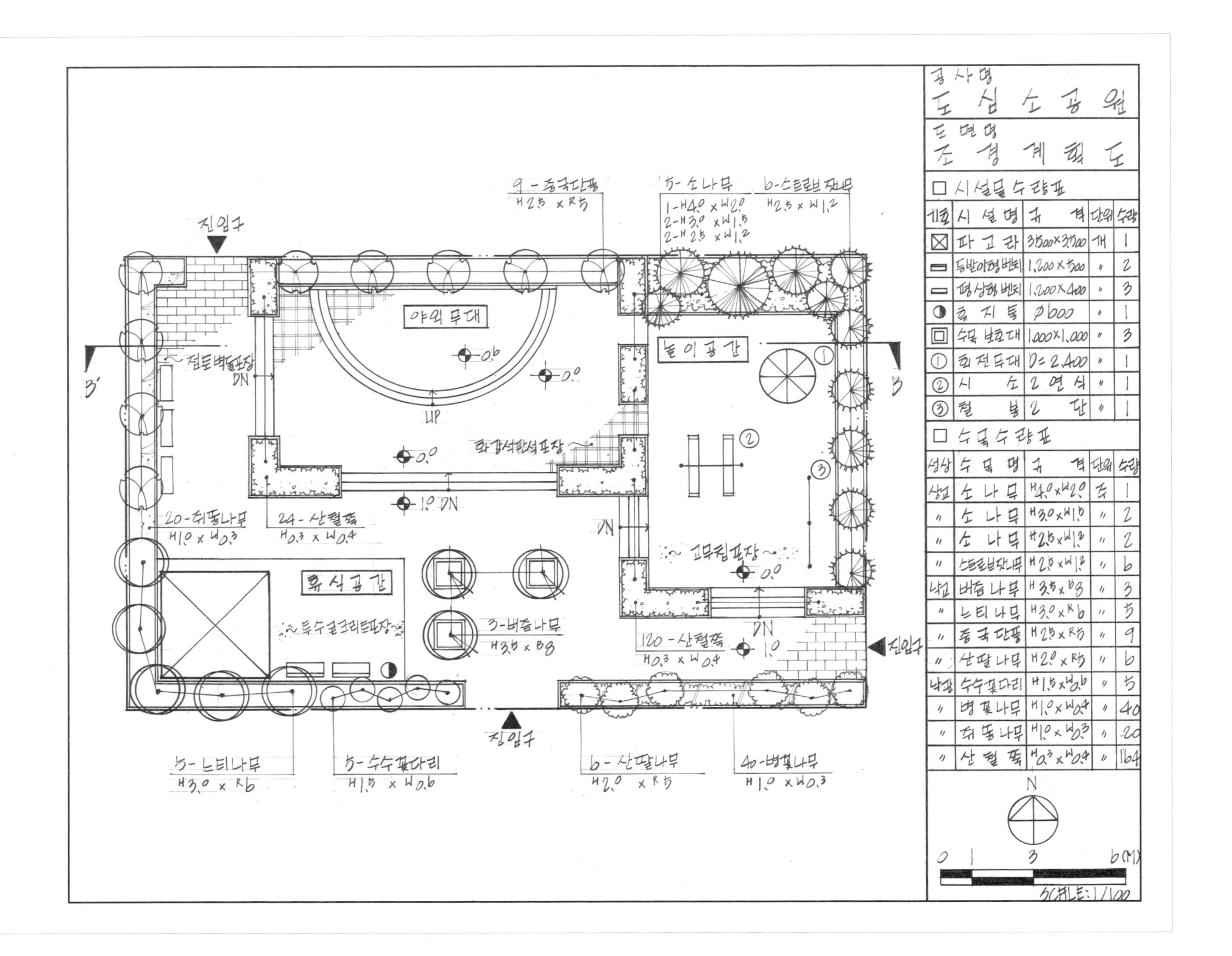

□ 시설물수량표

기호	시설명	규격	단위	수량
⊠	파고라	3,500×3,500	개	1
▭	등받이형벤치	1,200×500	〃	2
▭	평상형벤치	1,200×400	〃	3
◑	휴지통	∅600	〃	1
▣	수목보호대	1,000×1,000	〃	3
①	회전무대	D=2,400	〃	1
②	시소	2연식	〃	1
③	철봉	2단	〃	1

□ 수목수량표

성상	수목명	규격	단위	수량
상교	소나무	H4.0×W2.0	주	1
〃	소나무	H3.0×W1.5	〃	2
〃	소나무	H2.5×W1.2	〃	2
〃	스트로브잣나무	H2.5×W1.2	〃	6
낙교	버즘나무	H3.5×B8	〃	3
〃	느티나무	H3.0×R6	〃	5
〃	중국단풍	H2.5×R5	〃	9
〃	산딸나무	H2.0×R5	〃	6
낙관	수수꽃다리	H1.5×W0.6	〃	5
〃	병꽃나무	H1.0×W0.4	〃	40
〃	쥐똥나무	H1.0×W0.3	〃	20
〃	산철쭉	H0.3×W0.4	〃	164

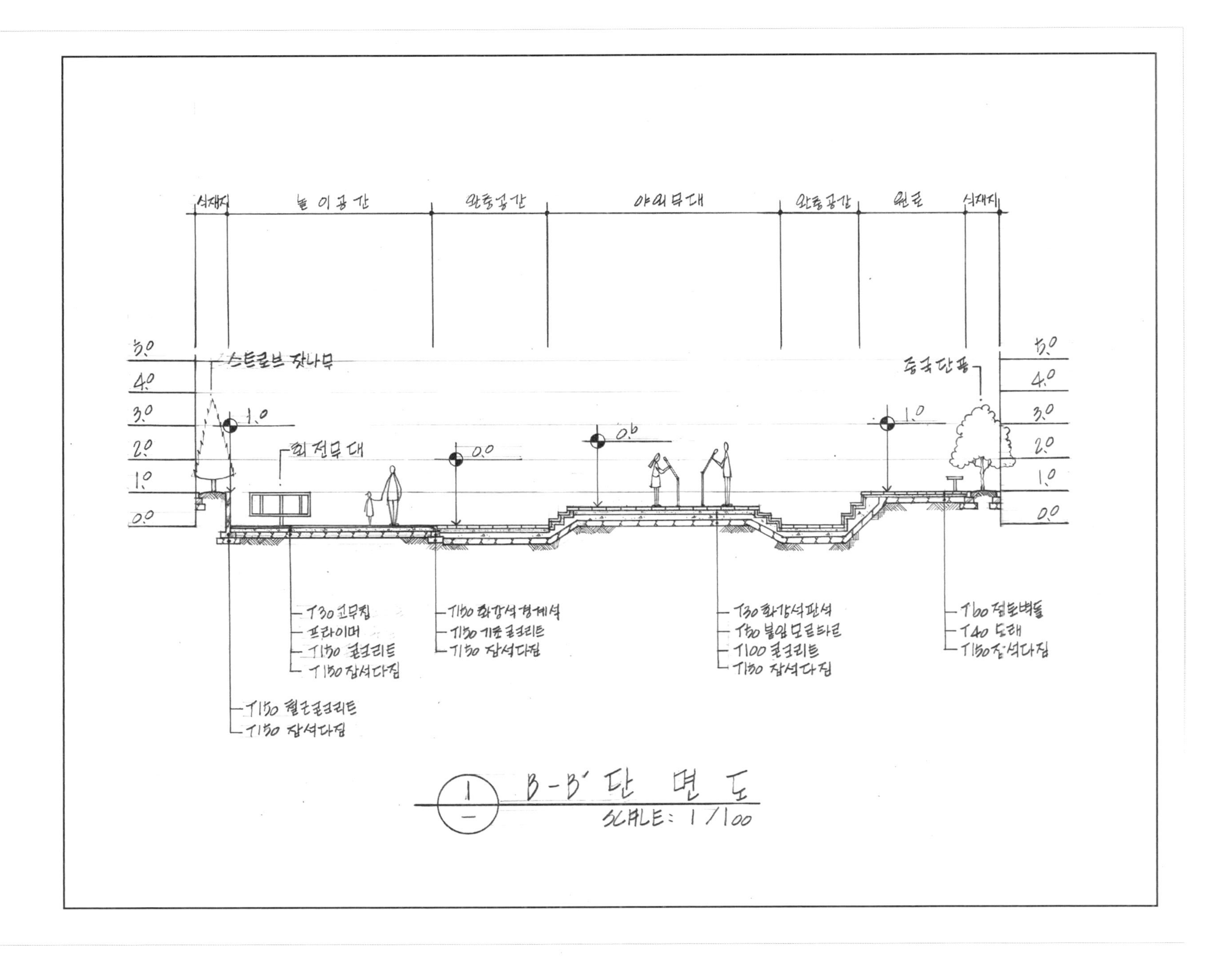
식재지
놀이공간
관중공간
야외무대
관중공간
원로
식재지
스트로브 잣나무
회전무대
중국단풍
T30 고무칩
프라이머
T150 콘크리트
T150 잡석다짐
T150 철근콘크리트
T150 잡석다짐
T150 화강석 경계석
T150 기초 콘크리트
T150 잡석다짐
T30 화강석판석
T50 붙임 모르타르
T100 콘크리트
T150 잡석다짐
T60 점토벽돌
T40 모래
T150 잡석다짐
B-B' 단면도
SCALE : 1/100

도면이해하기

Floor Plan
부분평면도

'요구조건'에 맞추어 계획된 평면도의 일부분으로서, 설계도면에 나타나는 공간의 구성과 시설물 및 포장, 배식 등 설계요소의 내용 및 표현방법을 알 수 있다.

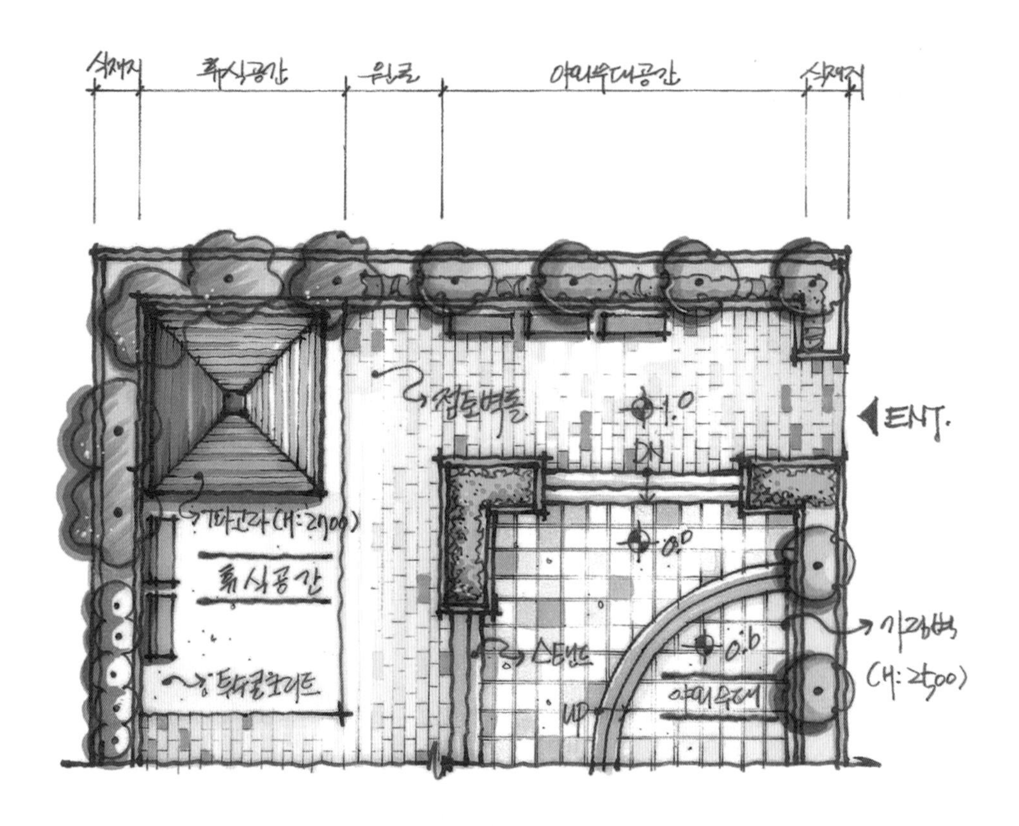

Section
단면도

수직적 입단면의 구조를 파악하여 설계된 내용을 이해하고, 더불어 기출문제와 다르게 단면의 위치와 방향이 변경되어 출제되어도 충분히 대비할 수 있도록 한다.

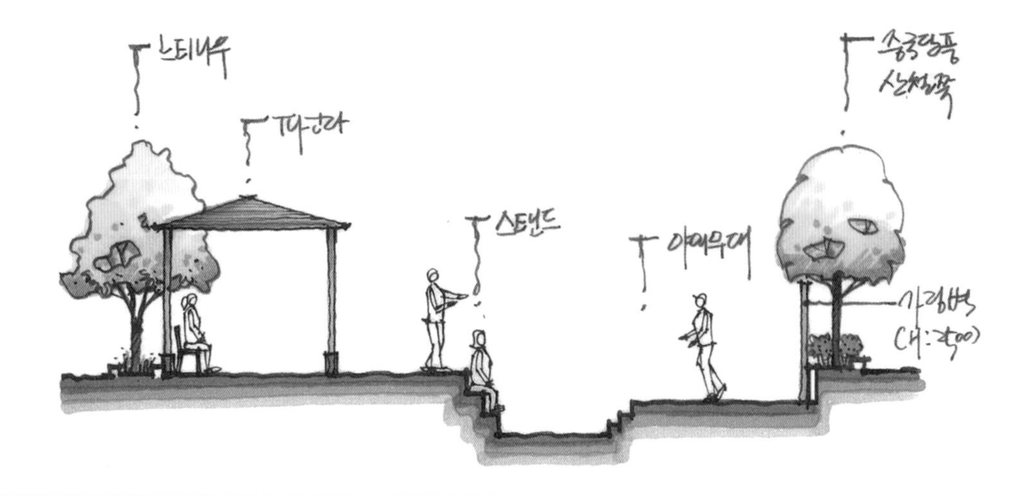

Perspective
투시도

평면설계와 단면설계를 바탕으로 한 전체 투시도로서, 공간의 구성과 시설물 및 수목의 조화를 한 눈에 볼 수 있도록 조감도 형태로 나타내었다. 설계의 내용을 파악하여 도면작성 시 반영하도록 한다.

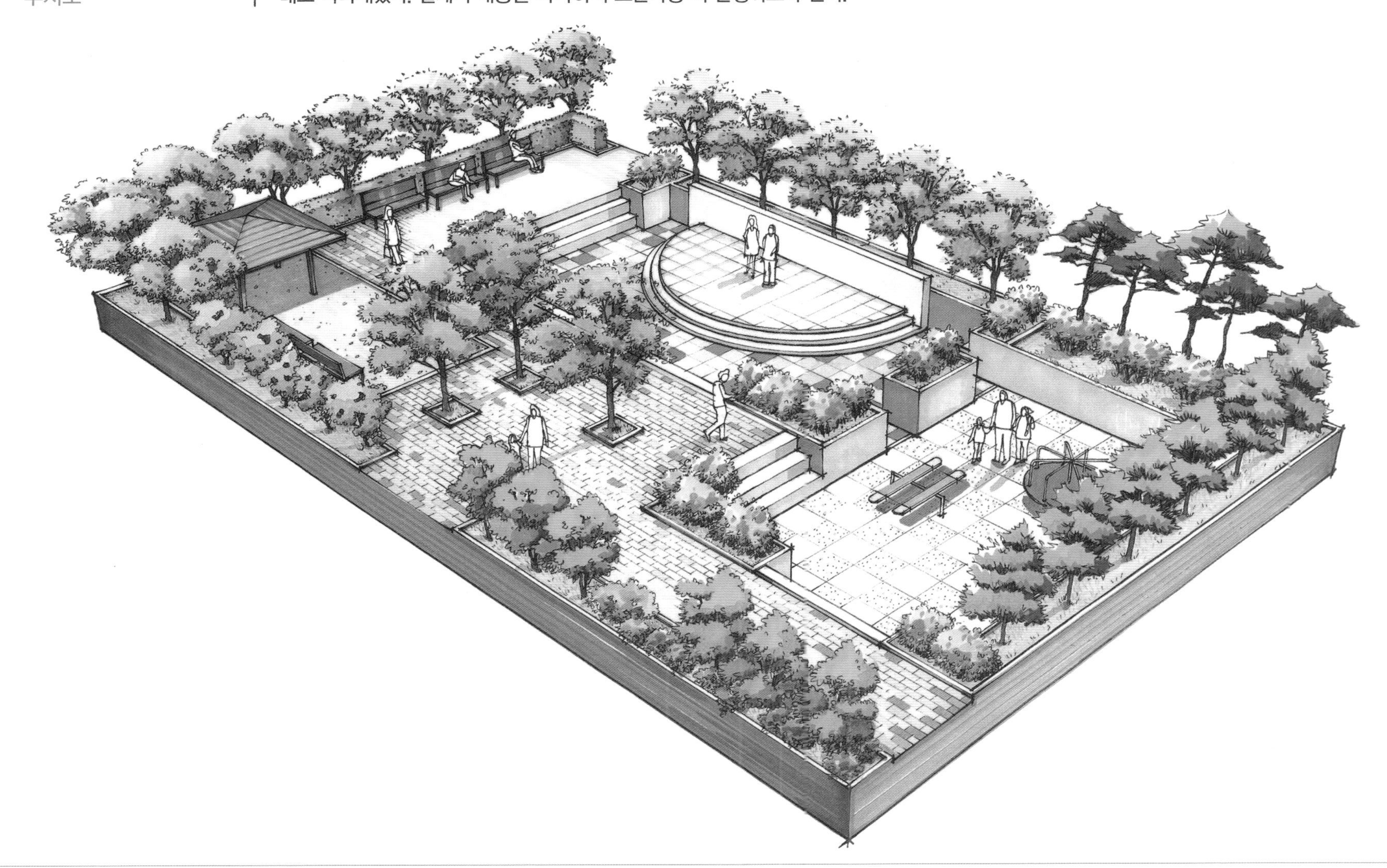

○ 시험시간 : 2시간 30분

자격종목	조경기능사	작품명	도로변소공원

【 설계문제 】

우리나라 중부지역에 위치한 도로변의 빈 공간에 대한 조경설계를 하고자 합니다. 주어진 현황도 및 아래사항을 참조하여 설계조건에 따라 조경계획도를 작성합니다.(단, 2점 쇄선 안 부분을 조경설계 대상지로 합니다.)

【 요구사항 】

1) 식재 평면도를 위주로 한 조경계획도를 축척 1/100로 작성하십시오.(지급용지 1)
2) 도면 오른쪽 위에 작업명칭을 작성하십시오.
3) 도면 오른쪽에는 "주요시설물 수량표와 수목(식재) 수량표"를 함께 작성하고, 수량표 아래쪽 여백을 이용하여 "방위표시와 막대축척"을 반드시 그려 넣으시오.(단, 전체 대상지의 길이를 고려하여 범례표의 폭을 조정할 수 있다.)
4) 도면의 전체적인 안정감을 위하여 "테두리선"을 작성하십시오.
5) 도로변 소공원 부지 내의 B-B′ 단면도를 축척 1/100로 작성하십시오.(지급용지 2)

【 요구조건 】

1) 해당 지역은 도로변의 자투리 공간을 이용하여 휴식 및 어린이들이 즐길 수 있는 도로변 소공원으로, 공원의 특징을 고려하여 조경계획도를 작성하시오.
2) 포장지역을 제외한 곳에는 모두 식재를 실시하시오.(단, 녹지공간은 빗금친 부분이며, 경사의 차이가 발생하는 곳은 식수대(plant box)로 처리되어 있으며 분위기를 고려하여 식재를 실시하시오.)
3) 포장지역은 "소형고압블럭, 콘크리트, 고무칩, 마사토, 투수콘크리트 등"의 적당한 재료를 선택하여 재료의 사용이 적합한 장소에 기호로 표현하고, 포장명을 반드시 기입하시오.
4) "가" 지역은 휴식공간으로 이용자들의 편안한 휴식을 위해 퍼걸러(3,500×3,500mm) 1개, 등받이형 벤치(1,200×500mm)2개, 휴지통 1개를 설치하시오.
5) "나" 지역은 놀이공간으로 계획하고, 그 안에 어린이 놀이시설(회전무대, 3단 철봉, 2연식시소, 정글짐 등)을 3종 배치하시오.
6) "다" 지역은 광장으로 "라" 지역에 비해 1M 높게 설계하시오.
7) "라" 지역은 도섭지(B) 주변공간으로 수목보호대 3개를 설치하고, 필요에 따라 평상형 벤치를 배치하시오.
8) "마" 지역은 정자 및 도섭지(B)와 연계된 연못으로 깊이 60cm로 계획하시오.
9) (A)는 장애인 및 노약자의 보행을 위한 램프시설로 난간 등의 시설은 임의로 설계하시오.
10) (B)는 도섭지로 친수기능이 가능하도록 깊이 30cm로 계획하시오.
11) 대상지 내에는 유도식재, 녹음식재, 경관식재, 소나무 군식 등의 식재 패턴을 필요한 곳에 배식하고, 필요에 따라 수목보호대를 추가로 설치하여 포장 내에 식재를 할 수 있습니다.
12) 수목은 아래에 주어진 수종 중에서 종류가 다른 10가지를 반드시 선정하여 골고루 안정적인 배식이 될 수 있도록 계획하며, 인출선을 이용하여 수량, 수종명칭, 규격을 반드시 표기하시오.

13) B-B′ 단면도는 경사, 포장재료, 경계선 및 기타 시설물의 기초, 주변의 수목, 중요시설물, 이용자 등을 단면 도상에 반드시 표기하고, 높이차를 한눈에 볼 수 있도록 설계하시오.

소나무(H4.0×W2.0), 소나무(H3.0×W1.5), 소나무(H2.5×W1.2), 스트로브잣나무(H2.5×W1.2), 스트로브잣나무(H2.0×W1.0), 왕벚나무(H4.5×B15), 버즘나무(H3.5×B8), 느티나무(H3.0×R6), 청단풍(H2.5×R8), 다정큼나무(H1.0×W0.6), 동백나무(H2.5×R8), 중국단풍(H2.5×R5), 굴거리나무(H2.5×W0.6), 자귀나무(H2.5×R6), 태산목(H1.5×W0.5), 먼나무(H2.0×R5), 산딸나무(H2.0×R5), 산수유(H2.5×R7), 꽃사과(H2.5×R5), 수수꽃다리(H1.5×W0.6), 병꽃나무(H1.0×W0.4), 쥐똥나무(H1.0×W0.3), 명자나무(H0.6×W0.4), 산철쭉(H0.3×W0.4), 자산홍(H0.3×W0.3), 영산홍(H0.4×W0.3), 조릿대(H0.6×7가지)

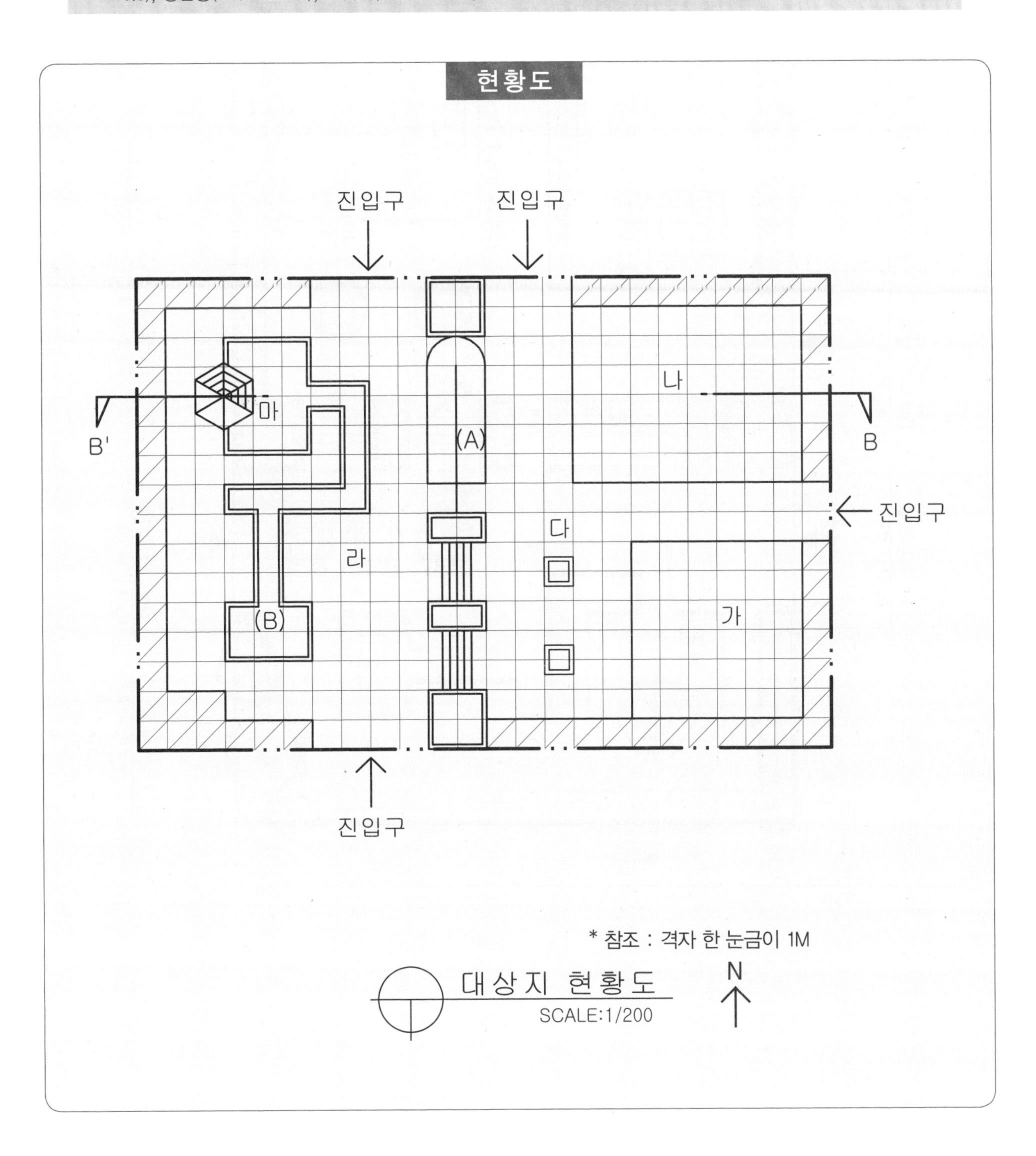

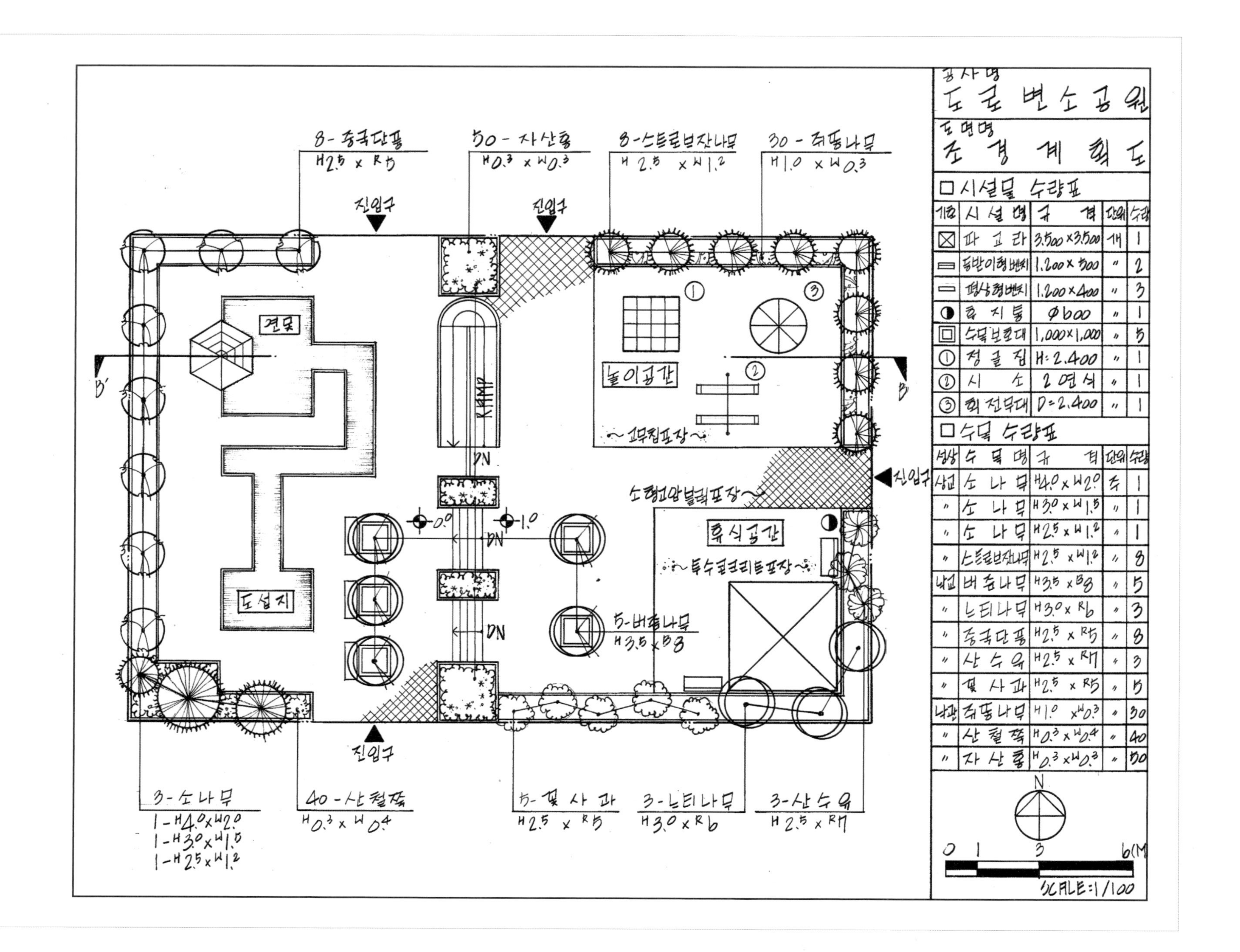

□ 시설물 수량표

기호	시설명	규격	단위	수량
⊠	파고라	3,500×3,500	개	1
▭	등받이형벤치	1,200×500	"	2
▭	평상형벤치	1,200×400	"	3
◐	휴지통	φ600	"	1
▣	수목보호대	1,000×1,000	"	5
①	정글짐	H:2,400	"	1
②	시소	2연식	"	1
③	회전무대	D=2,400	"	1

□ 수목 수량표

성상	수목명	규격	단위	수량
상교	소나무	H4.0×W2.0	주	1
"	소나무	H3.0×W1.5	"	1
"	소나무	H2.5×W1.2	"	1
"	스트로브잣나무	H2.5×W1.2	"	8
낙교	버즘나무	H3.5×B8	"	5
"	느티나무	H3.0×R6	"	3
"	중국단풍	H2.5×R5	"	8
"	산수유	H2.5×R7	"	3
"	꽃사과	H2.5×R5	"	5
낙관	쥐똥나무	H1.0×W0.3	"	30
"	산철쭉	H0.3×W0.4	"	40
"	자산홍	H0.3×W0.3	"	50

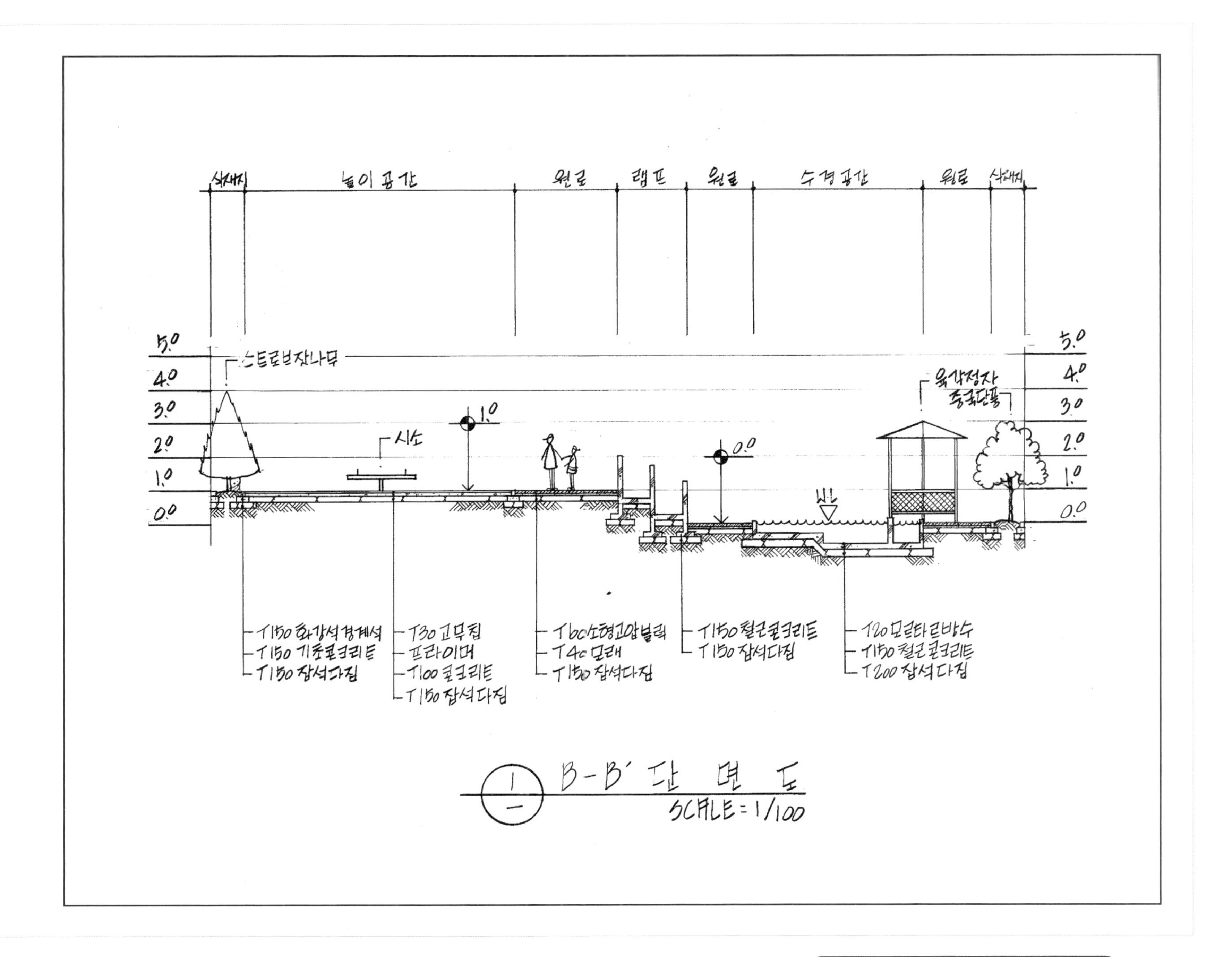

식재지
놀이공간
원로
램프
원로
수경공간
원로
식재지
스트로브잣나무
육각정자
중국단풍
시소
1.0
0.0
WL
T150 화강석경계석
T150 기초콘크리트
T150 잡석다짐
T30 고무칩
프라이머
T100 콘크리트
T150 잡석다짐
T60 소형고압블럭
T40 모래
T150 잡석다짐
T150 철근콘크리트
T150 잡석다짐
T20 모르타르방수
T150 철근콘크리트
T200 잡석다짐
B-B' 단면도
SCALE=1/100

도면이해하기

Floor Plan
부분평면도

'요구조건'에 맞추어 계획된 평면도의 일부분으로서, 설계도면에 나타나는 공간의 구성과 시설물 및 포장, 배식 등 설계요소의 내용 및 표현방법을 알 수 있다.

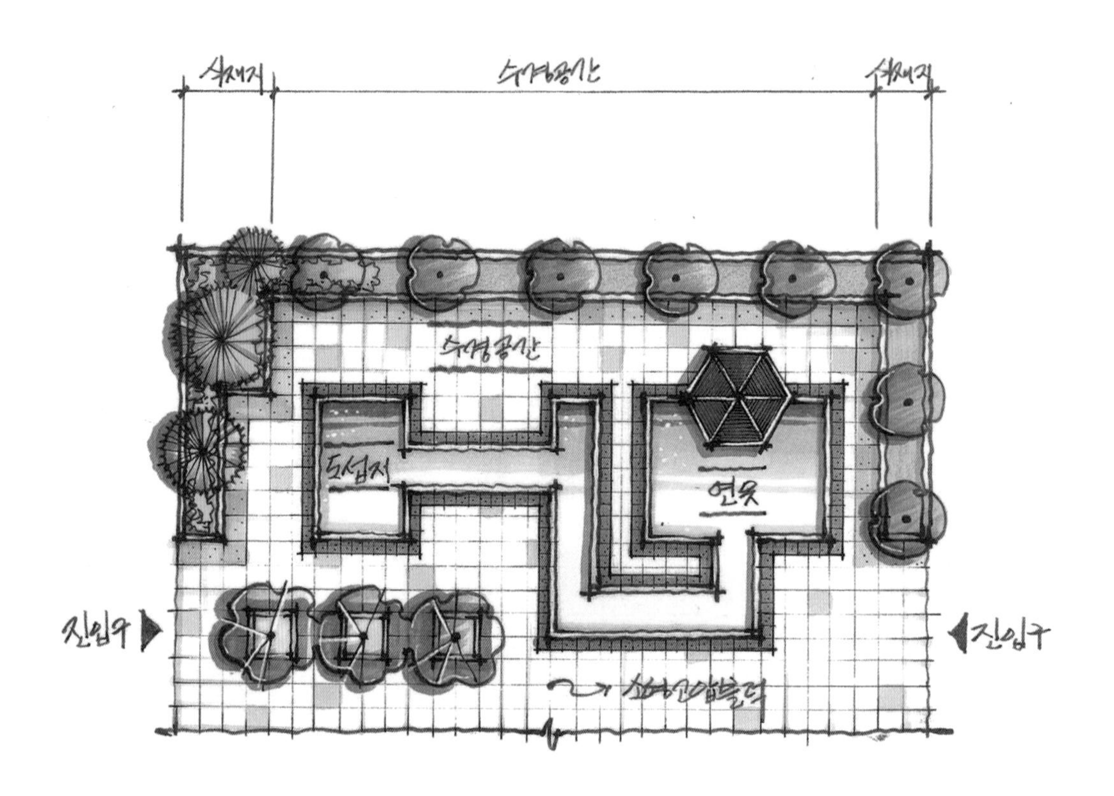

Section
단면도

수직적 입단면의 구조를 파악하여 설계된 내용을 이해하고, 더불어 기출문제와 다르게 단면의 위치와 방향이 변경되어 출제되어도 충분히 대비할 수 있도록 한다.

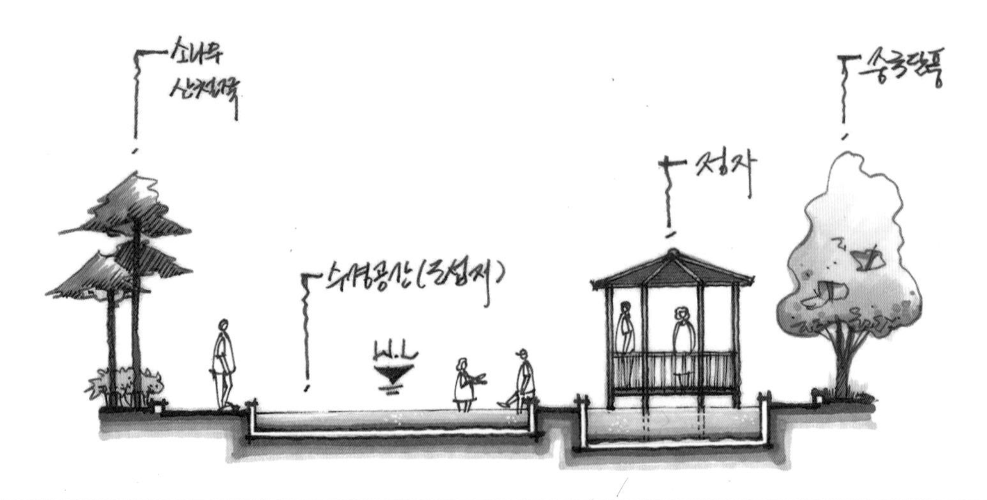

Perspective
투시도

평면설계와 단면설계를 바탕으로 한 전체 투시도로서, 공간의 구성과 시설물 및 수목의 조화를 한 눈에 볼 수 있도록 조감도 형태로 나타내었다. 설계의 내용을 파악하여 도면작성 시 반영하도록 한다.

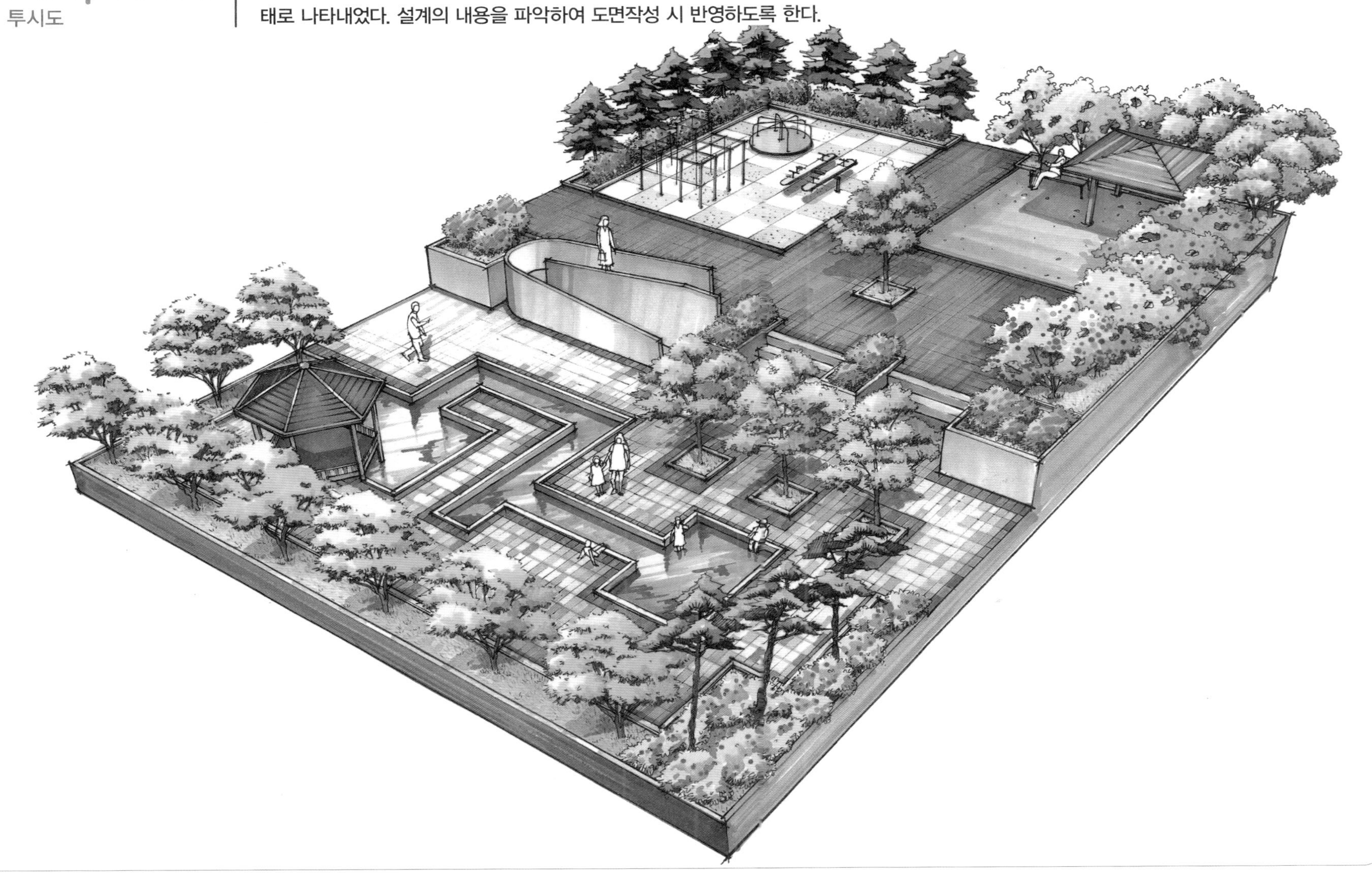

○ 시험시간 : 2시간 30분

자격종목	조경기능사	작품명	도로변소공원

【 설계문제 】

우리나라 중부지역에 위치한 도로변의 빈 공간에 대한 조경설계를 하고자 합니다. 주어진 현황도 및 아래 사항을 참조하여 설계조건에 따라 조경계획도를 작성합니다.(단, 2점 쇄선 안 부분을 조경설계 대상지로 합니다.)

【 요구사항 】

1) 식재 평면도를 위주로 한 조경계획도를 축척 1/100로 작성하십시오.(지급용지 1)
2) 도면 오른쪽 위에 작업명칭을 작성하십시오.
3) 도면 오른쪽에는 "중요시설물 수량표와 수목(식재) 수량표"를 작성하고, 수량표 아래쪽 "방위표시와 막대축척"을 반드시 그려 넣으시오.(단, 전체 대상지의 길이를 고려하여 범례표의 폭을 조정할 수 있습니다.)
4) 도면의 전체적인 안정감을 위하여 "테두리선"을 작성하십시오.
5) B-B′ 단면도를 축척 1/100로 작성하십시오.(지급용지 2)

【 요구조건 】

1) 해당 지역은 도심 내 빈 공간을 이용한 휴식 및 놀이를 위한 도로변 소공원으로 공원의 특징을 고려하여 조경계획도를 작성하시오.
2) 포장지역을 제외한 곳에는 모두 식재를 실시하시오.(단, 녹지공간은 빗금친 부분이며, 분위기를 고려하여 식재를 실시하시오.)
3) 포장지역은 "소형고압블럭, 화강석판석, 점토벽돌, 황토, 콘크리트, 고무칩, 투수콘크리트 등"의 적당한 재료를 선택하여 재료의 사용이 적합한 장소에 기호로 표현하고, 포장명을 반드시 기입하시오.
4) "가" 지역은 놀이공간으로 계획하고, 그 안에 어린이 놀이시설(정글짐, 회전무대, 3단철봉, 2연식 시소 등)을 3종 배치하시오.
5) "나" 지역은 보행을 겸한 광장으로 공간 성격에 맞게 포장재료를 선택하시오.
6) "다" 지역은 주차공간으로 소형자동차(2,500×5,000mm) 2대를 주차할 수 있도록 계획하고, 카스토퍼 4개를 적당한 위치에 설치하시오.
7) "라" 지역은 초화원으로 식수지역에 임의의 초화류를 식재하시오.
8) "마" 지역은 휴식공간으로 이용자들의 편안한 휴식을 위해 퍼걸러(4,000×3,000mm) 1개, 평상형 벤치(1,200×500mm) 2개를 추가로 설치하시오.
9) "바" 지역은 "나" 지역보다 3m 높은 지역으로 화강석 판석 포장을 하시오.
10) "사" 지역은 기념공간으로 "바" 지역보다 0.3m 높으며, 조형물(1000×1000×800mm) 1개를 설계하고 너비 0.5m, 높이 1m의 조경부조물을 설치하시오.
11) 계단 옆 경사면에는 적당한 수종을 식재 하시오.
12) 수목은 아래에 주어진 수종 중에서 종류가 다른 10가지를 반드시 선정하여 골고루 안정적인 배식이 될 수 있도록 계획하며, 인출선을 이용하여 수량, 수종명칭, 규격을 반드시 표기하시오.
13) B-B′ 단면도는 경사, 포장재료, 경계선 및 기타 시설물의 기초, 주변의 수목, 중요시설물, 이용자 등을 단면

소나무(H3.0×W1.5), 전나무(H2.5×W1.2), 독일가문비(H2.0×W1.2), 서양측백(H2.0×W1.0), 느티나무(H3.5×R8), 가중나무(H3.0×B8), 매화나무(H2.5×R8), 네군도 단풍(H2.5×R8), 복자기(H2.0×R5), 다정큼나무(H1.0×W0.6), 모과나무(H2.5×R6), 산딸나무(H2.0×R5), 동백나무(H2.5×R8), 꽃사과(H2.5×R5), 아왜나무(H3.0×R7), 굴거리나무(H2.5×W0.6), 자귀나무(H2.5×R6), 산수유(H2.5×R7), 후박나무(H2.5×R6), 식나무(H2.5×R6), 병꽃나무(H1.0×W0.4), 쥐똥나무(H1.0×W0.3), 명자나무(H0.6×W0.4), 자산홍(H0.3×W0.3), 사철나무(H0.8×W0.3), 잔디(0.3×0.3×0.03)

현황도

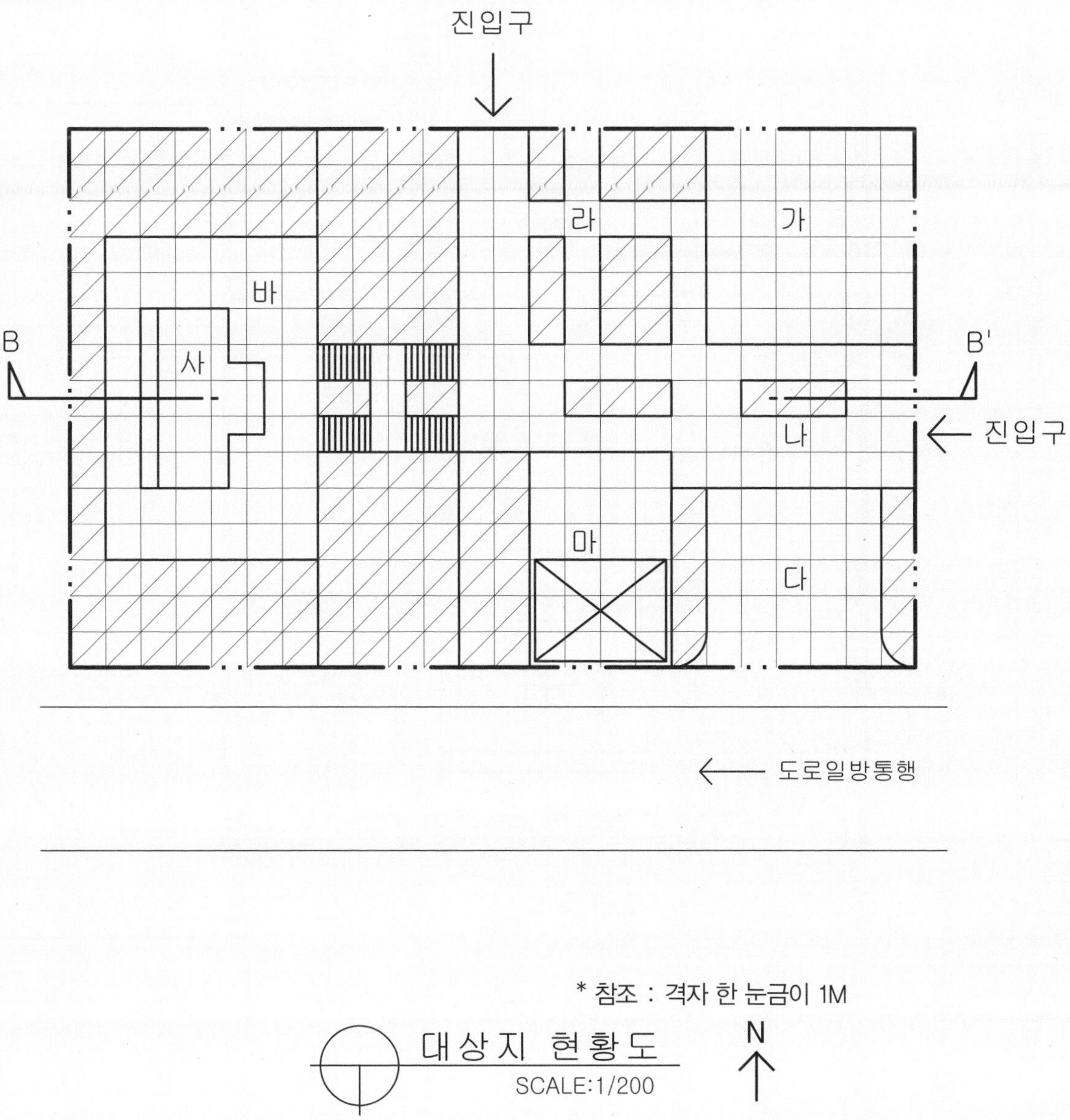

진입구

라

가

바

B

사

B'

나

진입구

마

다

도로일방통행

* 참조 : 격자 한 눈금이 1M

대상지 현황도

SCALE:1/200

N

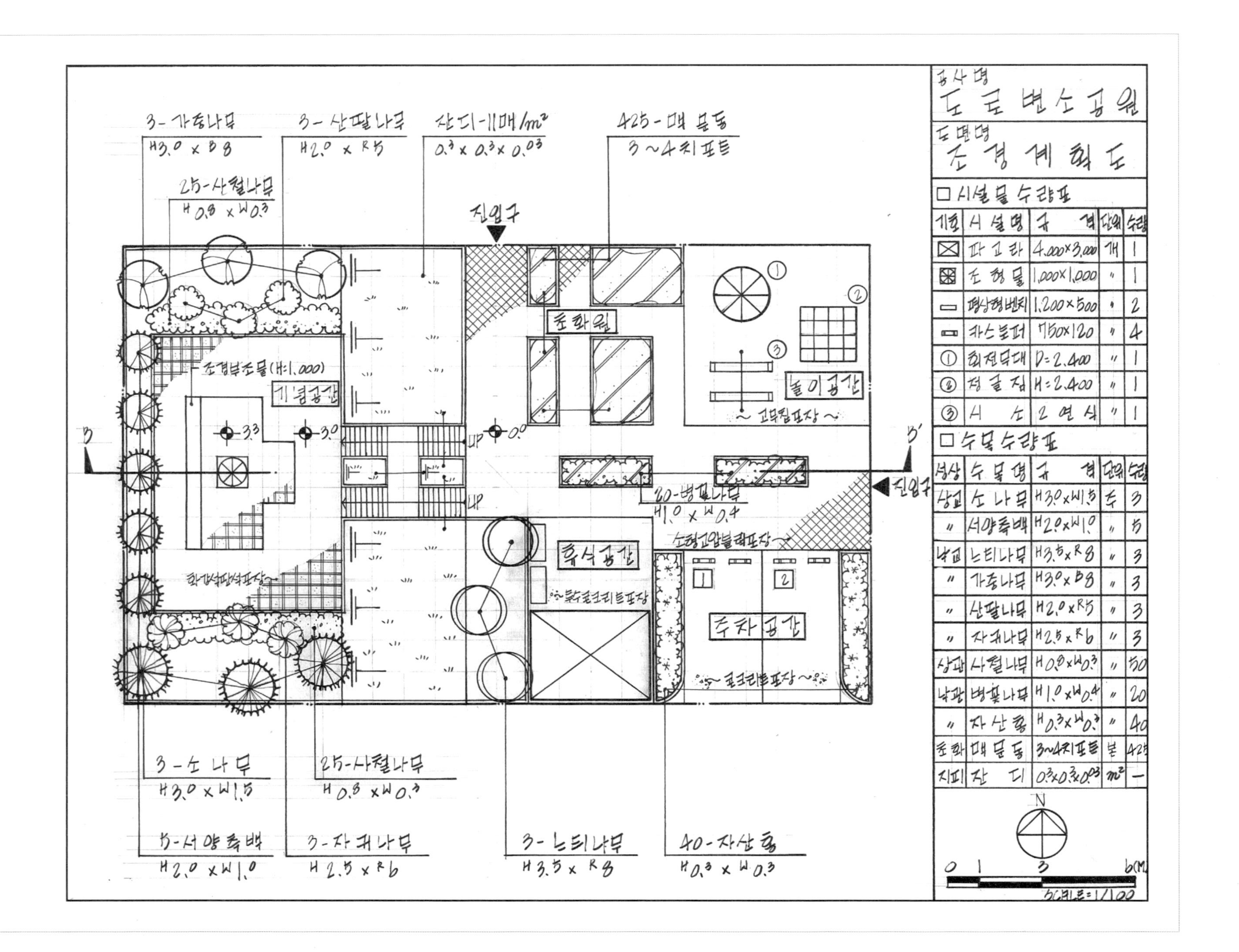

□ 시설물수량표

기호	시설명	규격	단위	수량
⊠	파고라	4,000×3,000	개	1
	조형물	1,000×1,000	〃	1
	평상형벤치	1,200×500	〃	2
	차스볼러	750×120	〃	4
①	회전무대	D=2,400	〃	1
②	정글짐	H=2,400	〃	1
③	시소	2연식	〃	1

□ 수목수량표

성상	수목명	규격	단위	수량
상교	소나무	H3.0×W1.5	주	3
〃	서양측백	H2.0×W1.0	〃	5
낙교	느티나무	H3.5×R8	〃	3
〃	가중나무	H3.0×B8	〃	3
〃	산딸나무	H2.0×R5	〃	3
〃	자귀나무	H2.5×R6	〃	3
상관	사철나무	H0.8×W0.3	〃	50
낙관	병꽃나무	H1.0×W0.4	〃	20
〃	자산홍	H0.3×W0.3	〃	40
초화	매발톱	3~4치포트	본	425
지피	잔디	0.3×0.3×0.03	m²	—

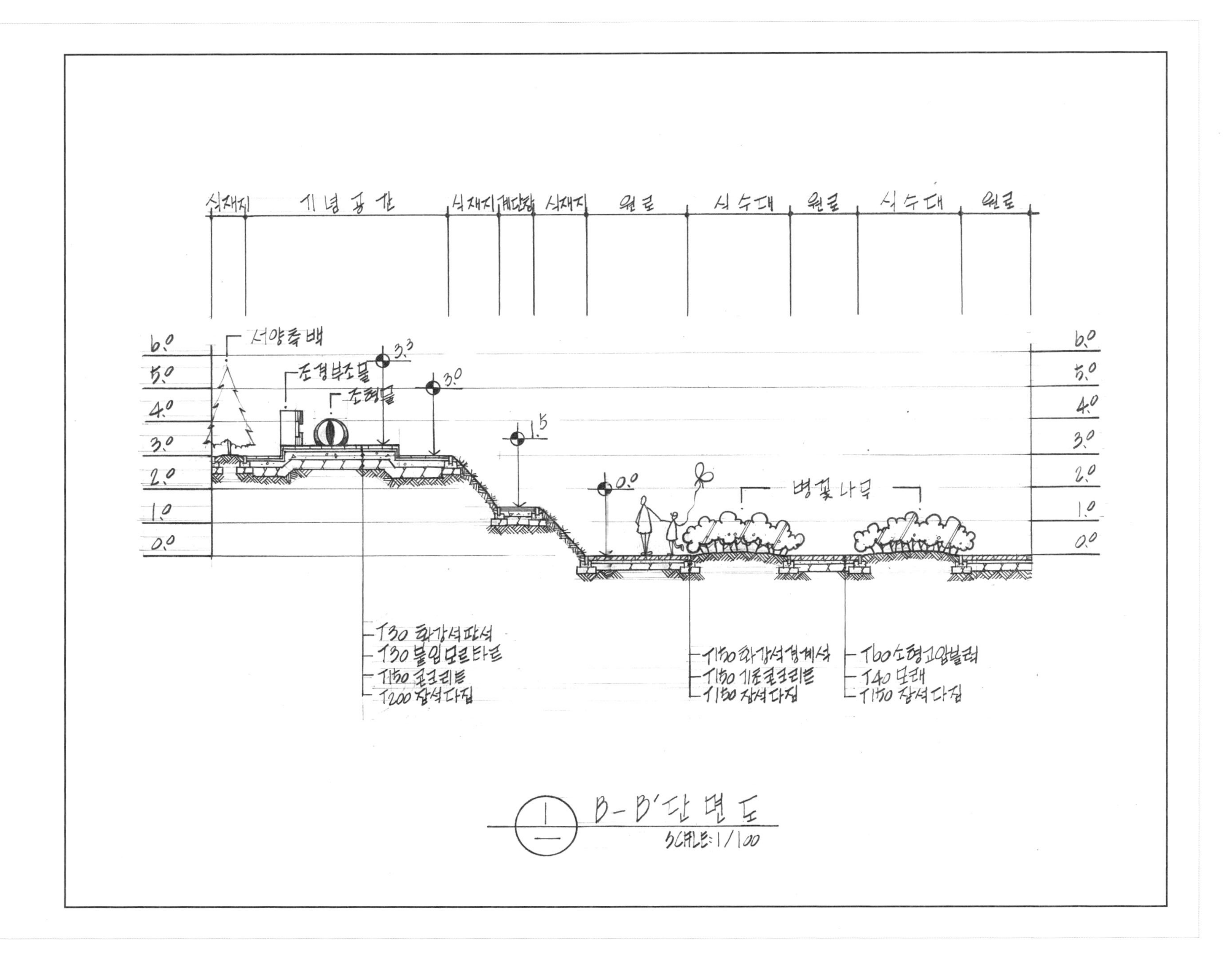
식재지
기념공간
식재지
계단참
식재지
원로
식수대
원로
식수대
원로
서양측백
조경부조물
조형물
3.3
3.0
1.5
0.0
병꽃나무
6.0
5.0
4.0
3.0
2.0
1.0
0.0
T30 화강석판석
T30 붙임모르타르
T150 콘크리트
T200 잡석다짐
T150 화강석경계석
T150 기초콘크리트
T150 잡석다짐
T60 소형고압블럭
T40 모래
T150 잡석다짐
B-B'단면도
SCALE: 1/100

조경설계

도면이해하기

Floor Plan
부분평면도

'요구조건'에 맞추어 계획된 평면도의 일부분으로서, 설계도면에 나타나는 공간의 구성과 시설물 및 포장, 배식 등 설계요소의 내용 및 표현방법을 알 수 있다.

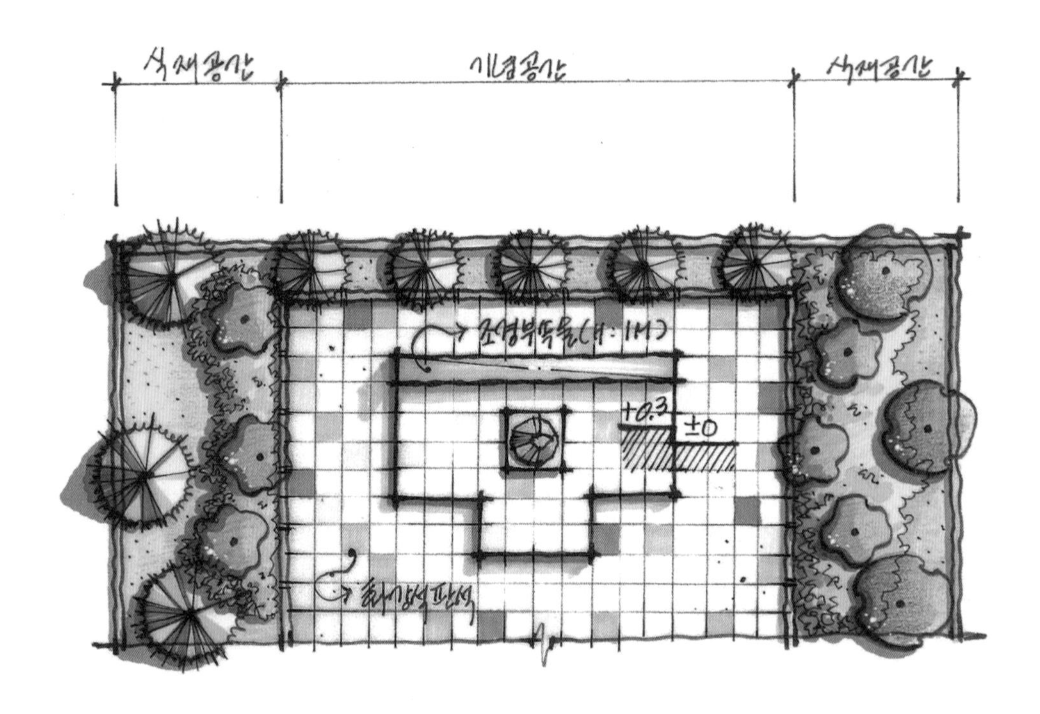

Section
단면도

수직적 입단면의 구조를 파악하여 설계된 내용을 이해하고, 더불어 기출문제와 다르게 단면의 위치와 방향이 변경되어 출제되어도 충분히 대비할 수 있도록 한다.

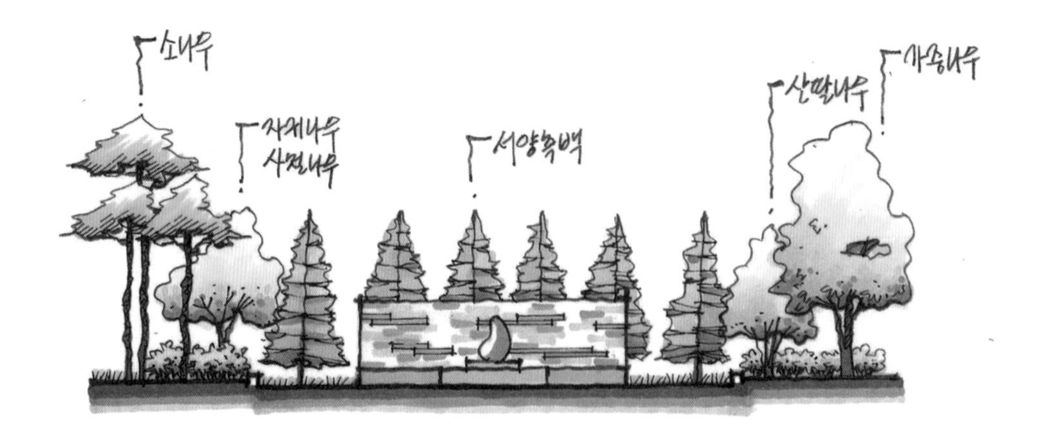

Perspective
투시도

평면설계와 단면설계를 바탕으로 한 전체 투시도로서, 공간의 구성과 시설물 및 수목의 조화를 한 눈에 볼 수 있도록 조감도 형태로 나타내었다. 설계의 내용을 파악하여 도면작성 시 반영하도록 한다.

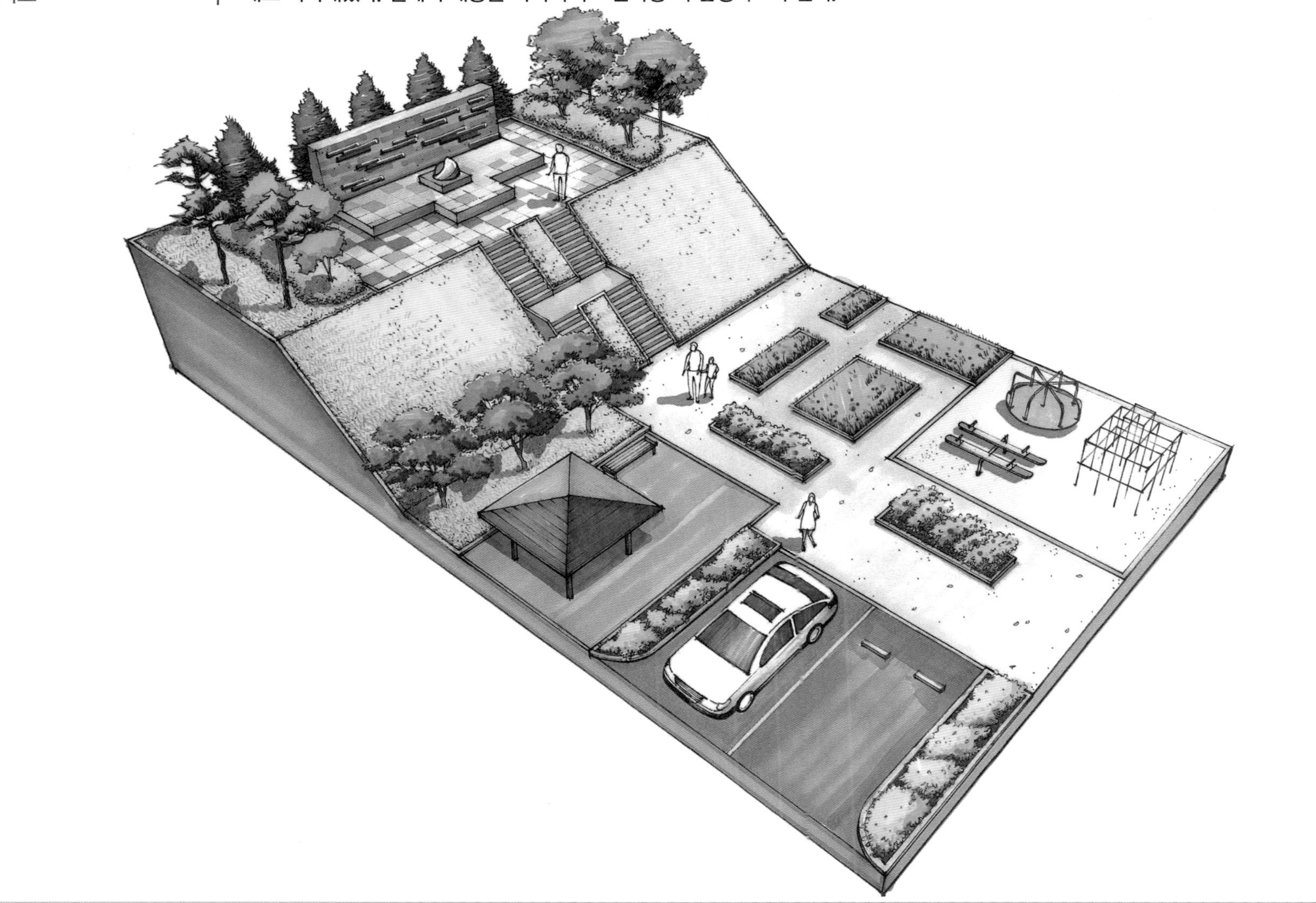

○ 시험시간 : 2시간 30분

자격종목	조경기능사	작품명	도로변소공원

【 설계문제 】

우리나라 중부지역에 위치한 도로변의 빈 공간에 대한 조경설계를 하고자 합니다. 주어진 현황도 및 아래사항을 참조하여 설계조건에 따라 조경계획도를 작성합니다.(단, 2점 쇄선 안 부분을 조경설계 대상지로 합니다.)

【 요구사항 】

1) 식재 평면도를 위주로 한 조경계획도를 축척 1/100로 작성하십시오.(지급용지 1)
2) 도면 오른쪽 위에 작업명칭을 작성하십시오.
3) 도면 오른쪽에는 "주요시설물 수량표와 수목(식재) 수량표"를 함께 작성하고, 수량표 아래쪽 여백을 이용하여 "방위표시와 막대축척"을 반드시 그려 넣으시오.(단, 전체 대상지의 길이를 고려하여 범례표의 폭을 조정할 수 있다.)
4) 도면의 전체적인 안정감을 위하여 "테두리선"을 작성하십시오.
5) 도로변 소공원 부지 내의 B-B′ 단면도를 축척 1/100로 작성하십시오.(지급용지 2)

【 요구조건 】

1) 해당 지역은 도로변의 자투리 공간을 이용하여 휴식 및 어린이들이 즐길 수 있는 도로변 소공원으로, 공원의 특징을 고려하여 조경계획도를 작성하시오.
2) 포장지역을 제외한 곳에는 모두 식재를 실시하시오.(단, 녹지공간은 빗금친 부분이며, 경사의 차이가 발생하는 곳은 식수대(plant box)로 처리되어 있으며 분위기를 고려하여 식재를 실시하시오.)
3) 포장지역은 "소형고압블럭, 콘크리트, 고무칩, 마사토, 투수콘크리트 등"의 적당한 재료를 선택하여 재료의 사용이 적합한 장소에 기호로 표현하고, 포장명을 반드시 기입하시오.
4) "다" 지역은 놀이공간으로 회전무대(D2,400), 3단 철봉(H2,200×L4,000), 단주식 미끄럼대(H2,700×L4,200×W1,000) 3종을 배치하시오.
5) "가" 지역은 정서적인 휴게공간으로 이용자들의 편안한 휴식을 위해 장퍼걸러(5,000×3,000mm) 1개, 등벤치 1개를 설치하시오.
6) "라" 지역은 "나" 연못의 인접지역으로 수목보호대 3개에 동일한 낙엽교목을 식재하고, 평벤치 2개를 설치하시오.
7) "나" 지역은 수경공간으로 물이 차있으며, "라"와 "마1" 지역보다 60cm 정도 낮은 위치로 계획하시오.
8) "마1" 지역은 공간과 공간을 연결하는 연계동선으로 대상지의 설계 성격에 맞게 적합한 포장을 선택하시오.
9) "마2" 지역은 "마1" 지역과 "라" 지역보다 1m 높은 지역으로 산책로 주변에 등벤치 3개를 설치하고, 벤치 주변에 휴지통 1개소를 설치하시오.
10) "A" 시설은 폭 1m의 장방형 정형식 케스케이트(계류)로 약 9m 정도 흘러가 연못과 합류된다. 3번의 단차로 자연스럽게 연못으로 흘러들어가며, "마2" 지역과 거의 동일한 높이를 유지하고 있으므로 "라" 지역과는 옹벽을 설치하여 단차이를 자연스럽게 해소하시오.
11) 대상지 내에는 유도식재, 녹음식재, 경관식재, 소나무 군식 등의 식재 패턴을 필요한 곳에 배식하고, 필요에 따라 수목보호대를 추가로 설치하여 포장 내에 식재를 할 수 있습니다.

12) 수목은 아래에 주어진 수종 중에서 종류가 다른 10가지를 반드시 선정하여 골고루 안정적인 배식이 될 수 있도록 계획하며, 인출선을 이용하여 수량, 수종명칭, 규격을 반드시 표기하시오.
13) B-B′ 단면도는 경사, 포장재료, 경계선 및 기타 시설물의 기초, 주변의 수목, 중요시설물, 이용자 등을 단면 도상에 빈드시 표기하고, 높이자를 한눈에 볼 수 있도록 설계하시오.

소나무(H4.0×W2.0), 소나무(H3.0×W1.5), 소나무(H2.5×W1.2), 스트로브잣나무(H2.5×W1.2), 스트로브잣나무(H2.0×W1.0), 왕벚나무(H4.0×B15), 버즘나무(H3.5×B8), 느티나무(H3.0×R6), 청단풍(H2.5×R8), 다정큼나무(H1.0×W0.6), 동백나무(H2.5×R8), 중국단풍(H2.5×R5), 굴거리나무(H2.5×W0.6), 자귀나무(H2.5×R6), 태산목(H1.5×W0.5), 먼나무(H2.0×R5), 산딸나무(H2.0×R5), 산수유(H2.5×R7), 꽃사과(H2.5×R5), 수수꽃다리(H1.5×W0.6), 병꽃나무(H1.0×W0.4), 쥐똥나무(H1.0×W0.3), 명자나무(H0.6×W0.4), 산철쭉(H0.3×W0.4), 자산홍(H0.3×W0.3), 영산홍(H0.4×W0.3), 조릿대(H0.6×7가지)

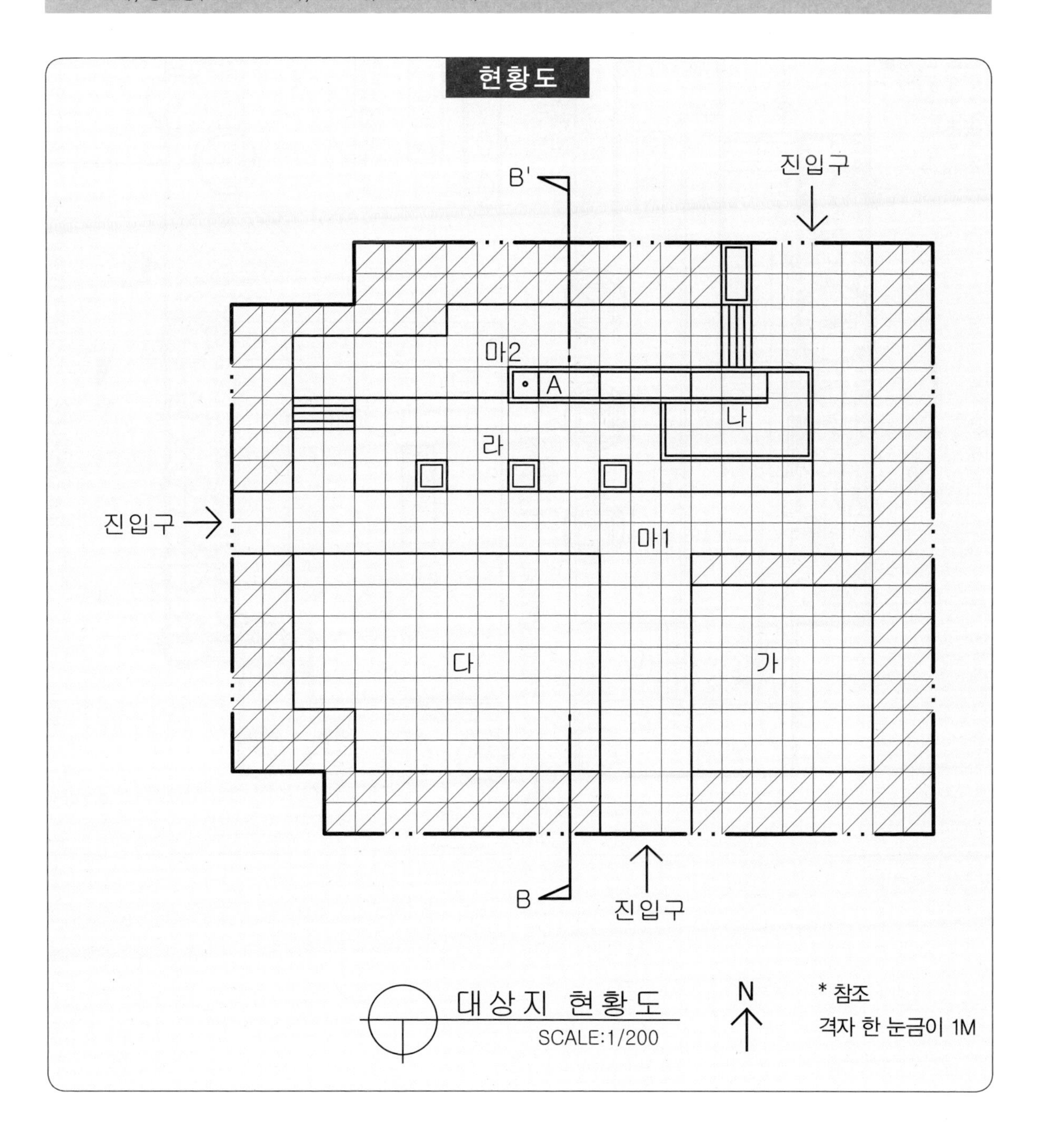

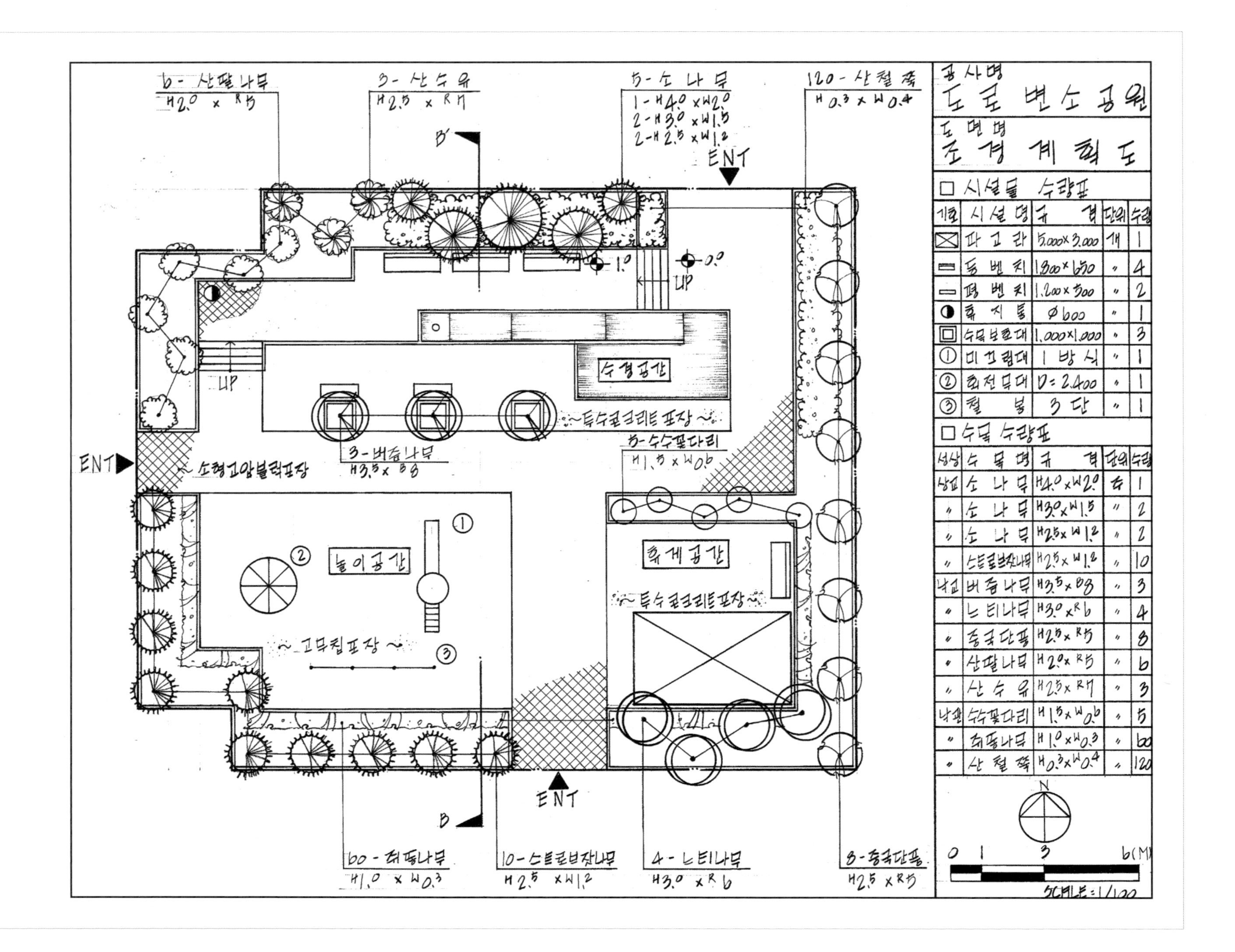

□ 시설물 수량표

기호	시설명	규격	단위	수량
⊠	파고라	5,000×3,000	개	1
▭	등벤치	1,800×650	〃	4
▭	평벤치	1,200×500	〃	2
◐	휴지통	φ600	〃	1
▣	수목보호대	1,000×1,000	〃	3
①	미끄럼대	1방식	〃	1
②	회전무대	D=2,400	〃	1
③	철봉	3단	〃	1

□ 수목 수량표

성상	수목명	규격	단위	수량
상교	소나무	H4.0×W2.0	주	1
〃	소나무	H3.0×W1.5	〃	2
〃	소나무	H2.5×W1.2	〃	2
〃	스트로브잣나무	H2.5×W1.2	〃	10
낙교	버즘나무	H3.5×B8	〃	3
〃	느티나무	H3.0×R6	〃	4
〃	중국단풍	H2.5×R5	〃	8
〃	산딸나무	H2.0×R5	〃	6
〃	산수유	H2.5×R7	〃	3
낙관	수수꽃다리	H1.5×W0.6	〃	5
〃	쥐똥나무	H1.0×W0.3	〃	60
〃	산철쭉	H0.3×W0.4	〃	120

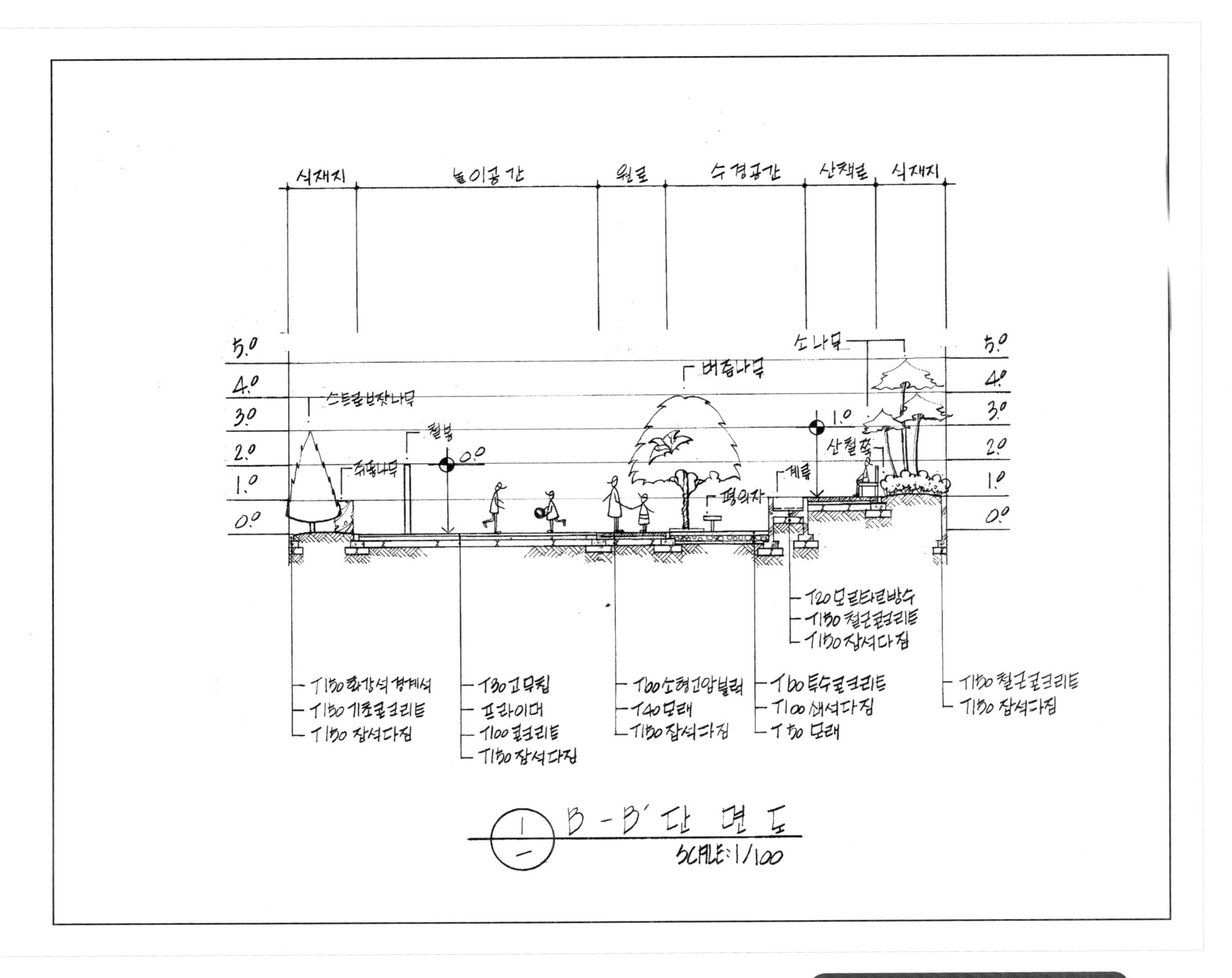
식재지
놀이공간
원로
수경공간
산책로
식재지
5.0
4.0
3.0
2.0
1.0
0.0
스트로브잣나무
철봉
0.0
수양나무
버즘나무
평의자
계류
소나무
1.0
산철쭉
T20 모르타르방수
T150 철근콘크리트
T150 잡석다짐
T150 화강석 경계석
T150 기초콘크리트
T150 잡석다짐
T30 고무칩
프라이머
T100 콘크리트
T150 잡석다짐
T60 소형고압블럭
T40 모래
T150 잡석다짐
T60 투수콘크리트
T100 쇄석다짐
T50 모래
T150 철근콘크리트
T150 잡석다짐
B-B' 단면도
SCALE:1/100

도면이해하기

Floor Plan
부분평면도

'요구조건'에 맞추어 계획된 평면도의 일부분으로서, 설계도면에 나타나는 공간의 구성과 시설물 및 포장, 배식 등 설계요소의 내용 및 표현방법을 알 수 있다.

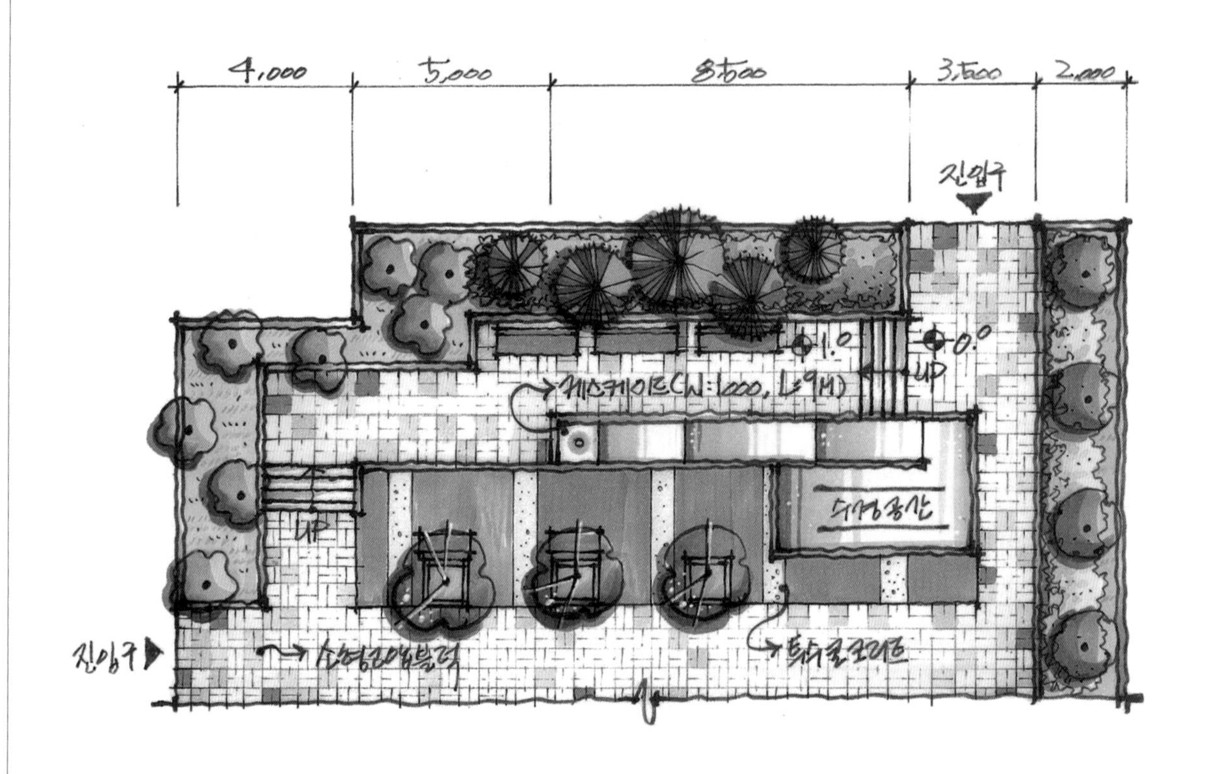

Section
단면도

수직적 입단면의 구조를 파악하여 설계된 내용을 이해하고, 더불어 기출문제와 다르게 단면의 위치와 방향이 변경되어 출제되어도 충분히 대비할 수 있도록 한다.

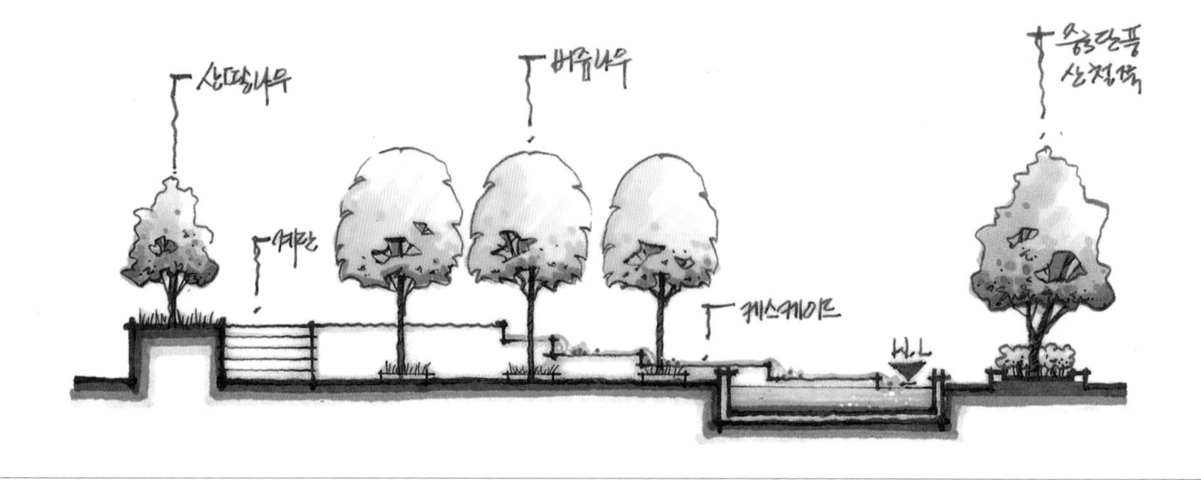

Perspective
투시도

평면설계와 단면설계를 바탕으로 한 전체 투시도로서, 공간의 구성과 시설물 및 수목의 조화를 한 눈에 볼 수 있도록 조감도 형태로 나타내었다. 설계의 내용을 파악하여 도면작성 시 반영하도록 한다.

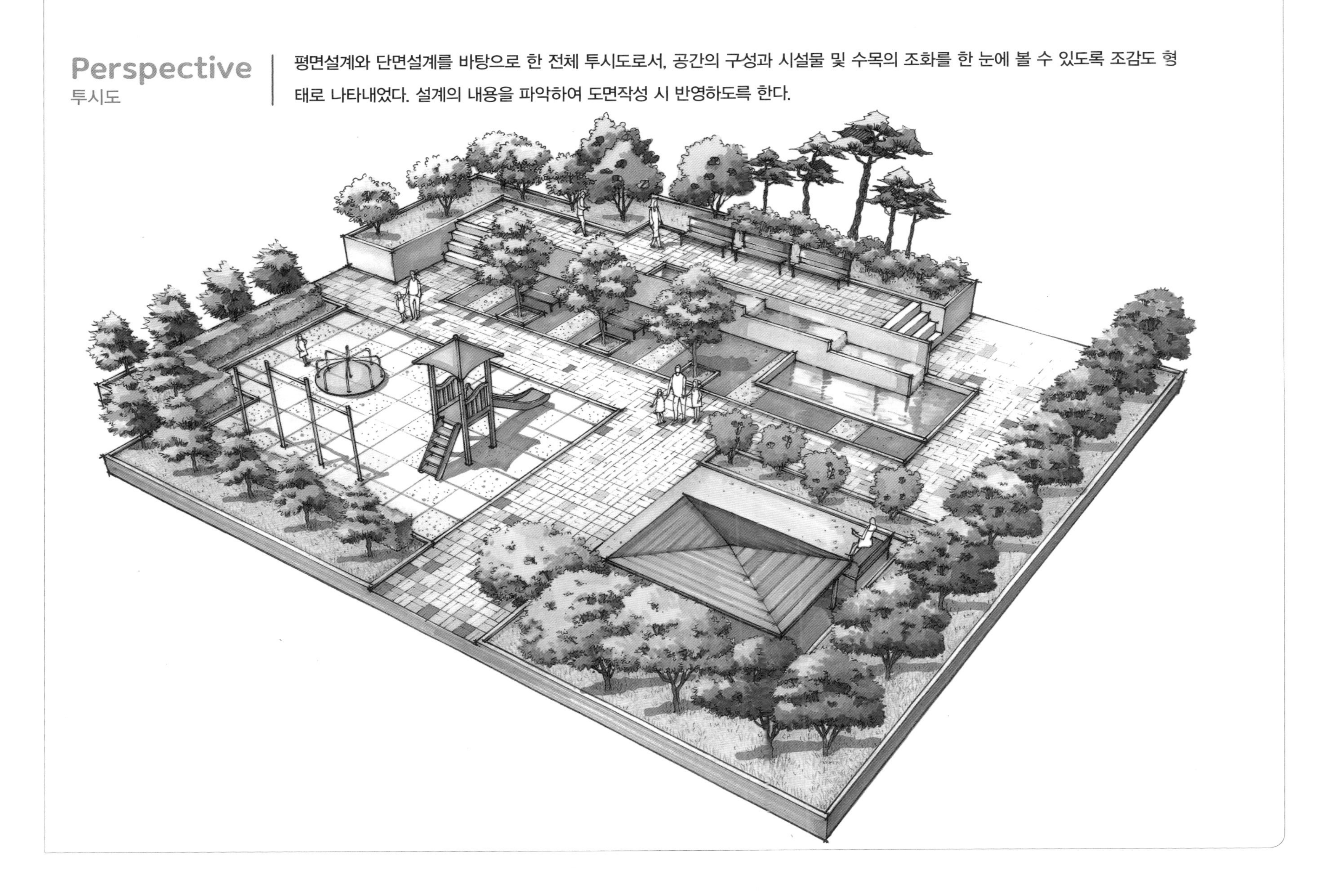

○ 시험시간 : 2시간 30분

자격종목	조경기능사	작품명	도로변소공원

【 설계문제 】

우리나라 중부지역에 위치한 도로변의 빈 공간에 대한 조경설계를 하고자 합니다. 주어진 현황도 및 아래 사항을 참조하여 설계조건에 따라 조경계획도를 작성합니다.(단 2점 쇄선 안 부분을 조경설계 대상지로 합니다.)

【 요구사항 】

1) 식재 평면도를 위주로 한 조경계획도를 축척 1/100로 작성하십시오.(지급용지 1)
2) 도면 오른쪽 위에 작업명칭을 작성하십시오.
3) 도면 오른쪽에는 "중요시설물 수량표와 수목(식재) 수량표"를 작성하고, 수량표 아래쪽 "방위표시와 막대축척"을 반드시 그려 넣으시오.(단, 전체 대상지의 길이를 고려하여 범례표의 폭을 조정할 수 있습니다.)
4) 도면의 전체적인 안정감을 위하여 "테두리선"을 작성하십시오.
5) B-B′ 단면도를 축척 1/100로 작성하십시오.(지급용지 2)

【 요구조건 】

1) 해당 지역은 도로변 소공원으로 휴식공간과 어린이들이 즐길 수 있는 특성을 고려하여 조경계획도를 작성합니다. 포장지역을 제외한 곳에는 가능한 식재를 계획합니다.(녹지공간은 대각선친 부분임)
2) 포장지역은 "소형고압블록, 투수콘크리트, 콘크리트, 고무칩, 마사토" 등을 적당한 위치에 선택하여 표시하고 포장명을 기입합니다.
3) "가" 지역은 휴식공간 으로 이용자들의 편안한 휴식을 위해 퍼걸러(3,500×3,500mm) 1개소, 등벤치(1,800×650mm) 1개소를 계획하고 설치하시오.
4) "나" 지역은 어린이를 위한 놀이공간으로 놀이기구 2종, 운동기구 1종을 계획하고 설치하시오.
5) "다" 지역은 수경공간으로 수경공간은 깊이 0.6m로 설계하고, 수경공간을 둘러싼 목재데크를 폭 1m로 산책로를 계획하여 설치하시오.
6) "라" 지역은 주차공간으로 소형자동차(3,000×5,000mm) 2대를 주차할 수 있는 공간으로 계획하시오.
7) "마" 지역은 중앙광장으로 동일수종 3주를 배식하고, 앉아서 휴식을 즐길 수 있도록 평벤치 4개를 계획하고 설치하시오. 그 주변으로 바닥분수(2,500×2,500mm)를 임의로 설치하시오.
8) 대상지 경계에 위치한 녹지대의 식재는 유도식재, 녹음식재, 경관식재(소나무 군식) 등의 식재 패턴을 필요한 곳에 배식합니다.
9) 수목은 아래의 수종 중에서 10가지를 선정하여 골고루 안정적이고 아늑한 경관이 될 수 있도록 계획하고 설계하시오.
10) B-B′ 단면도는 포장재료, 경계선 및 기타 시설물의 기초, 주변의 수목, 중요시설물, 이용자 등을 단면도상에 반드시 표시합니다.

소나무(H4.0×W2.0), 소나무(H3.0×W1.5), 소나무(H2.5×W1.2), 스트로브잣나무(H2.5×W1.2), 스트로브잣나무(H2.0×W1.0), 왕벚나무(H4.0×B15), 버즘나무(H3.5×B8), 느티나무(H3.0×R6), 청단풍(H2.5×R8), 다정큼나무(H1.0×W0.6), 동백나무(H2.5×R8), 중국단풍(H2.5×R5), 굴거리나무(H2.5×W0.6), 자귀나무(H2,5×R6), 태산목(H1.5×W0.5), 먼나무(H2.0×R5), 산딸나무(H2.0×R5), 산수유(H2.5×R7), 꽃사과(H2.5×R5), 수수꽃다리(H1.5×W0.6), 병꽃나무(H1.0×W0.4), 쥐똥나무(H1.0×W0.3), 명자나무(H0.6×W0.4), 산철쭉(H0.3×W0.4), 자산홍(H0.3×W0.3), 영산홍(H0.4×W0.3), 조릿대(H0.6×7가지)

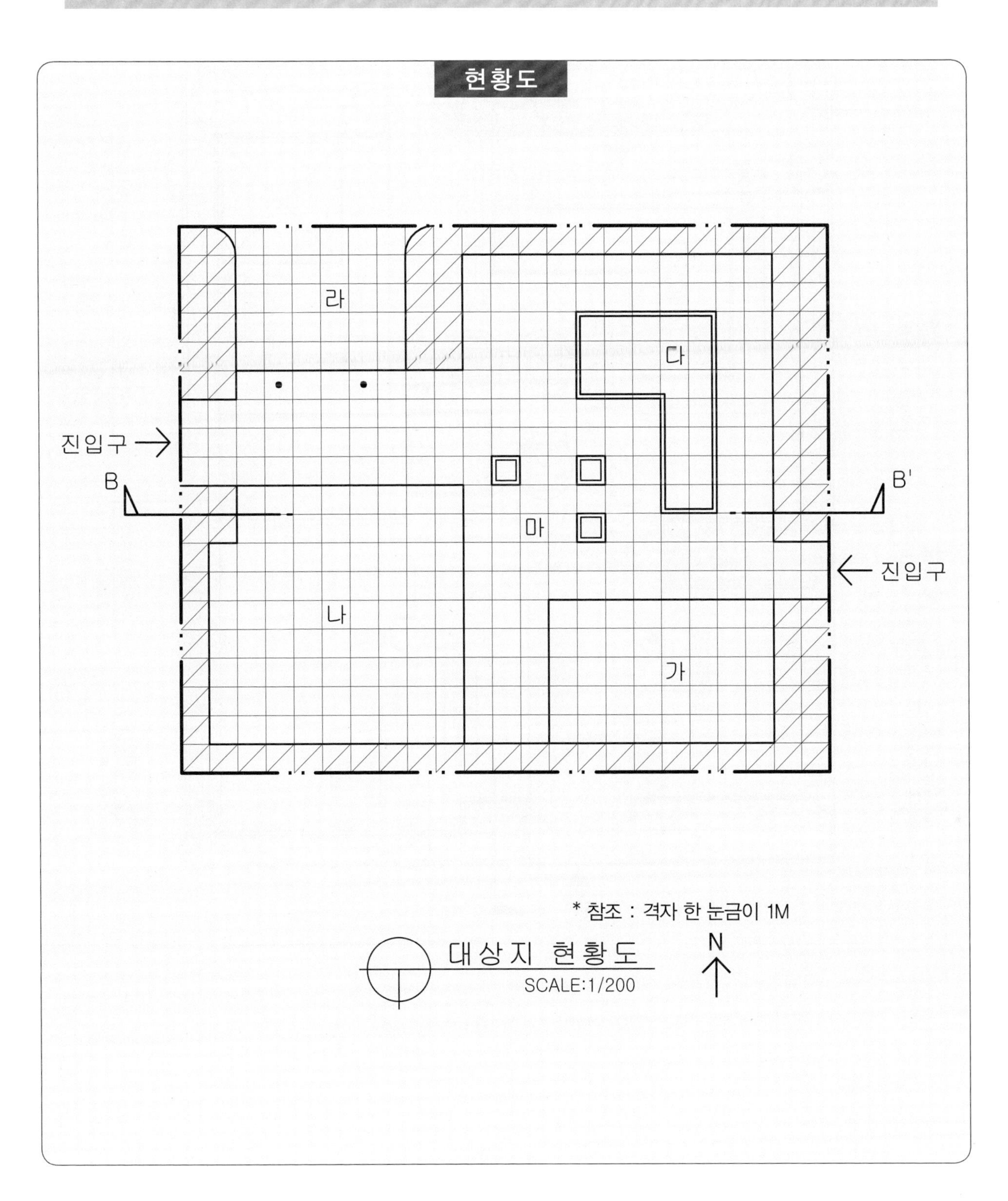

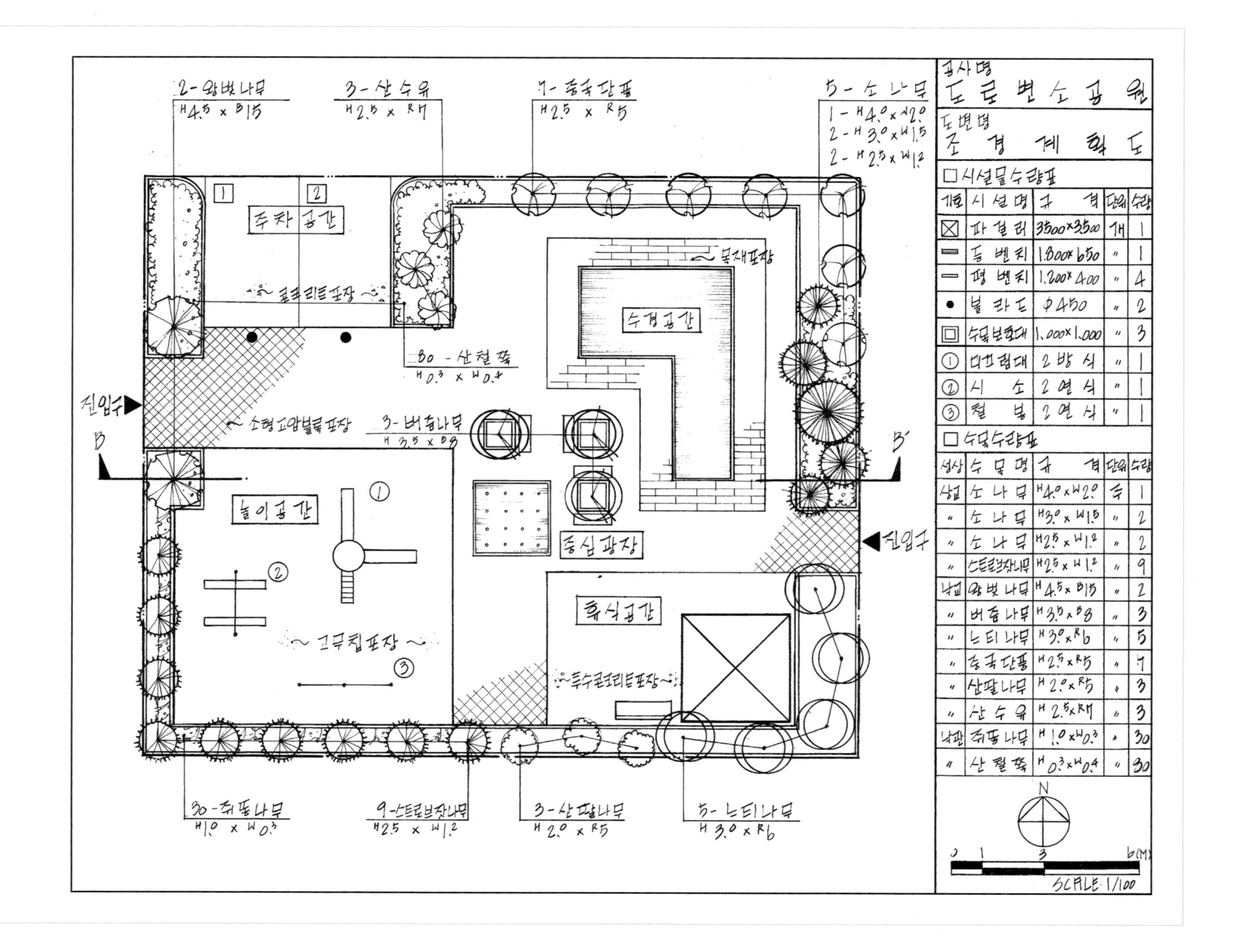

□ 시설물수량표

기호	시설명	규격	단위	수량
⊠	파고라	3500×3500	개	1
▭	등벤치	1,800×650	"	1
▭	평벤치	1,200×400	"	4
●	볼라드	Φ450	"	2
▣	수목보호대	1,000×1,000	"	3
①	미끄럼대	2방식	"	1
②	시소	2연식	"	1
③	철봉	2연식	"	1

□ 수목수량표

성상	수목명	규격	단위	수량
상교	소나무	H4.0×W2.0	주	1
"	소나무	H3.0×W1.5	"	2
"	소나무	H2.5×W1.2	"	2
"	스트로브잣나무	H2.5×W1.2	"	9
낙교	왕벚나무	H4.5×B15	"	2
"	버즘나무	H3.5×B8	"	3
"	느티나무	H3.0×R6	"	5
"	중국단풍	H2.5×R5	"	7
"	산딸나무	H2.0×R5	"	3
"	산수유	H2.5×R7	"	3
낙관	쥐똥나무	H1.0×W0.3	"	30
"	산철쭉	H0.3×W0.4	"	30

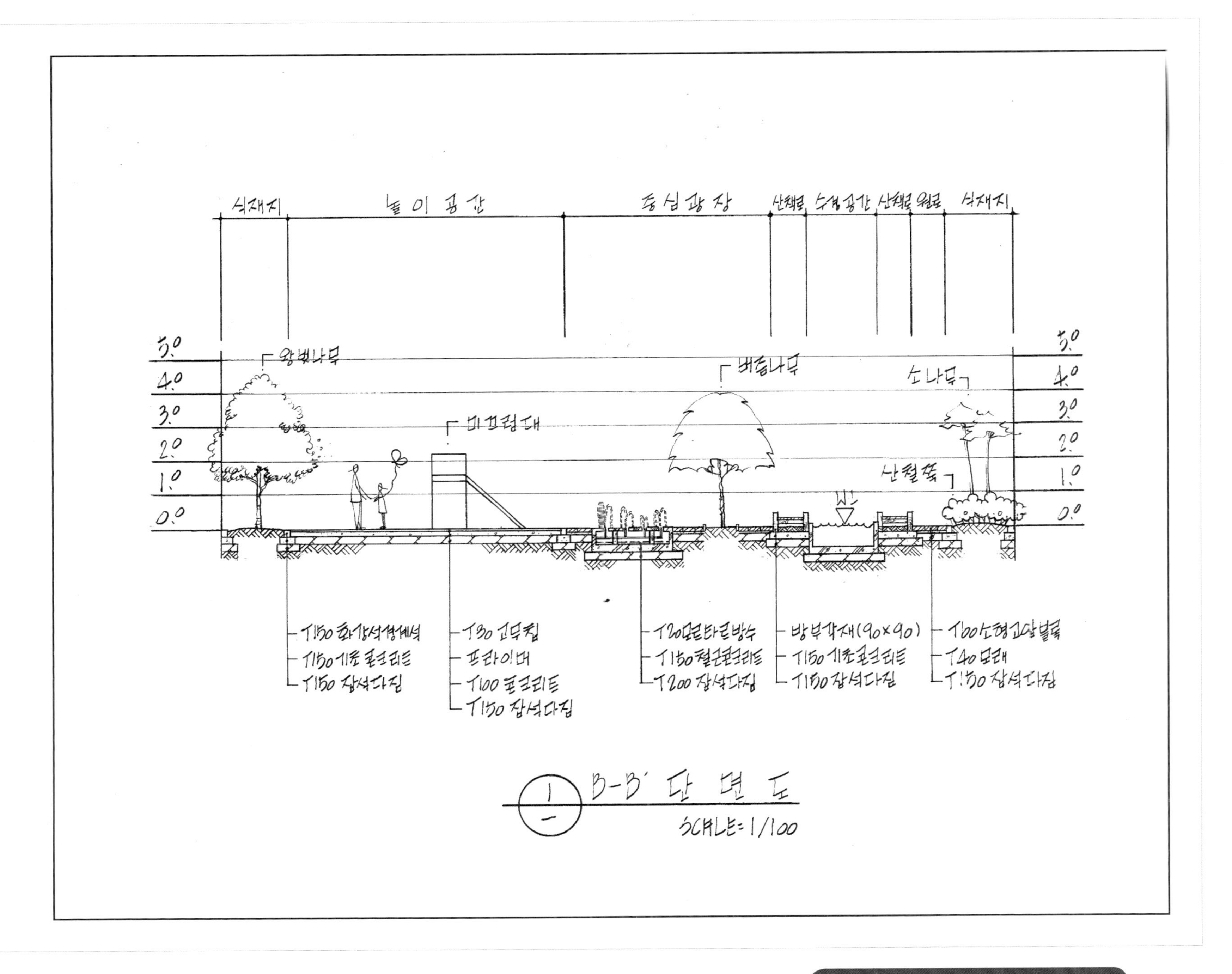

식재지
놀이공간
중심광장
산책로
수경공간
산책로
원로
식재지
5.0
4.0
3.0
2.0
1.0
0.0
왕벚나무
미끄럼대
메타세쿼이아
소나무
산철쭉
T150 화강석블록
T150 기초콘크리트
T150 잡석다짐
T30 고무칩
프라이머
T100 콘크리트
T150 잡석다짐
T20모르타르방수
T150 철근콘크리트
T200 잡석다짐
방부각재(90×90)
T150 기초콘크리트
T150 잡석다짐
T60소형고압블록
T40 모래
T150 잡석다짐
B-B' 단면도
SCALE=1/100

도면이해하기

Floor Plan
부분평면도

'요구조건'에 맞추어 계획된 평면도의 일부분으로서, 설계도면에 나타나는 공간의 구성과 시설물 및 포장, 배식 등 설계요소의 내용 및 표현방법을 알 수 있다.

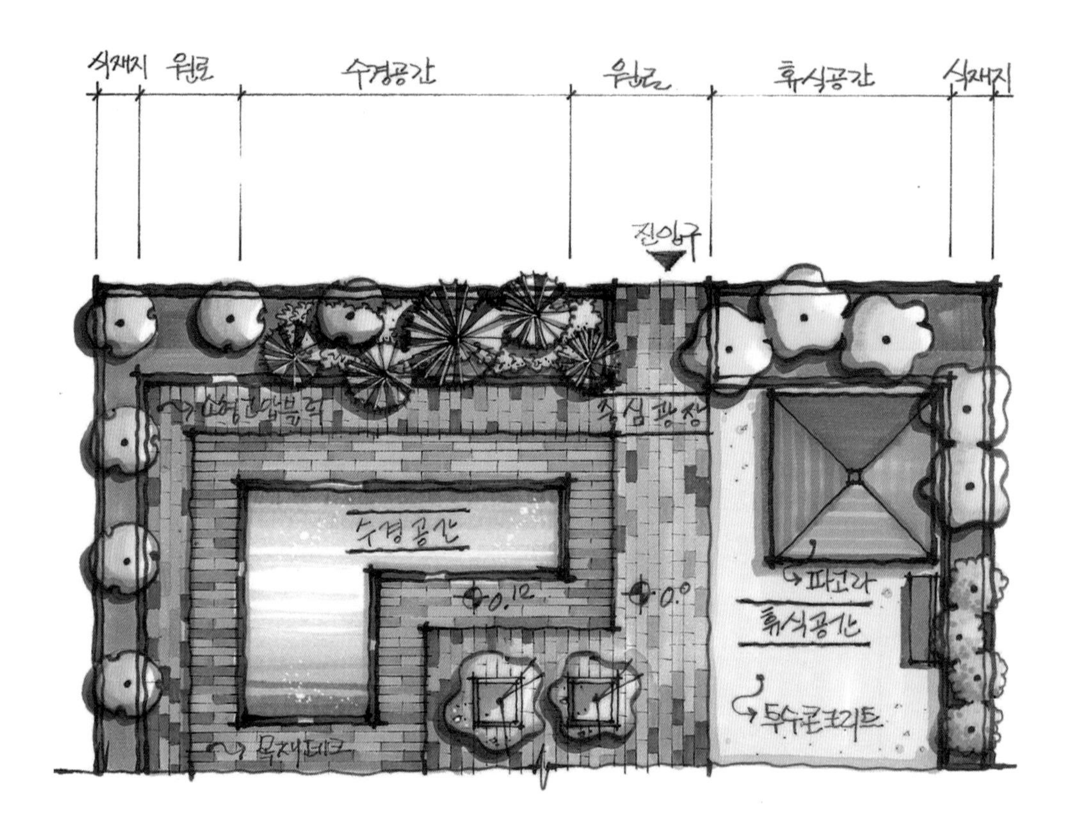

Section
단면도

수직적 입단면의 구조를 파악하여 설계된 내용을 이해하고, 더불어 기출문제와 다르게 단면의 위치와 방향이 변경되어 출제되어도 충분히 대비할 수 있도록 한다.

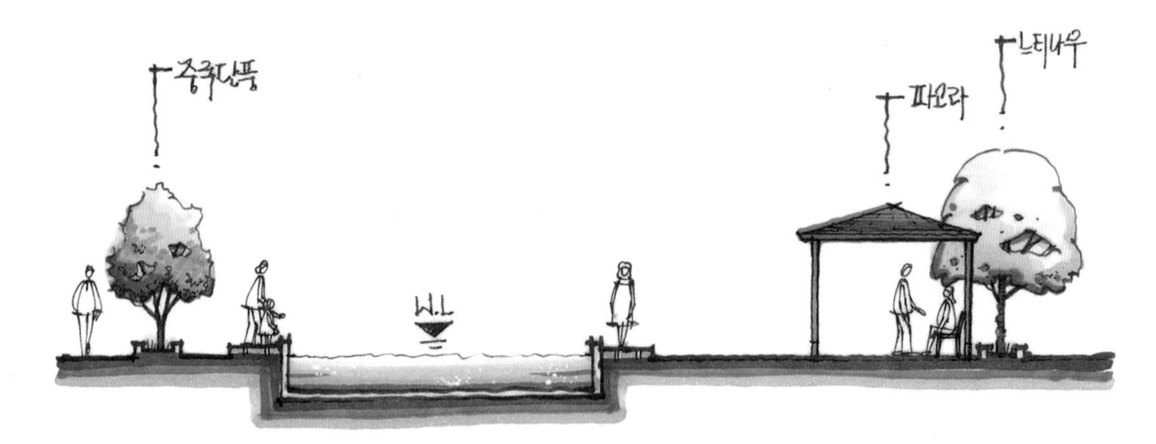

Perspective
투시도

평면설계와 단면설계를 바탕으로 한 전체 투시도로서, 공간의 구성과 시설물 및 수목의 조화를 한 눈에 볼 수 있도록 조감도 형태로 나타내었다. 설계의 내용을 파악하여 도면작성 시 반영하도록 한다.

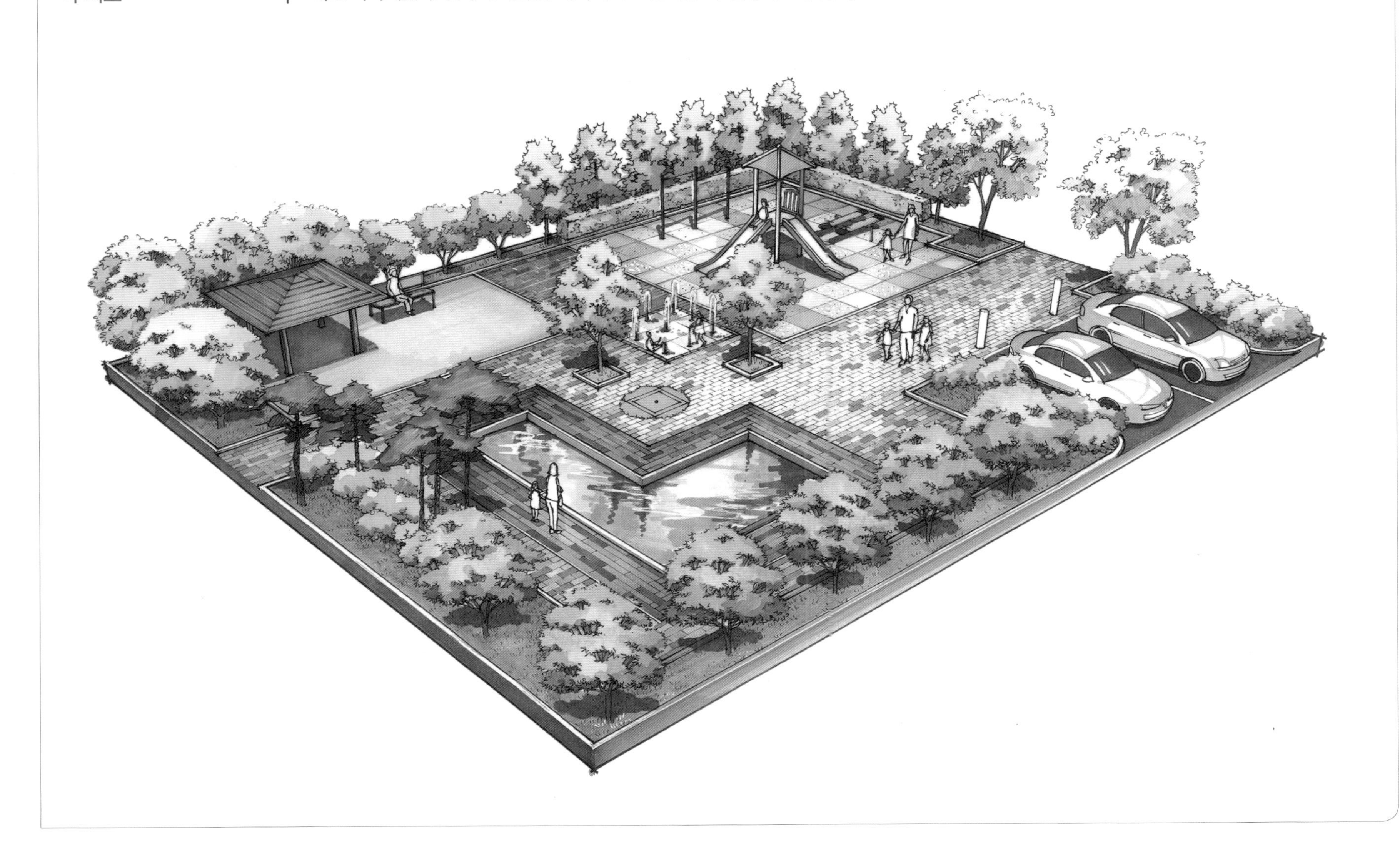

○ 시험시간 : 2시간 30분

자격종목	조경기능사	작품명	옥상정원

【 설계문제 】

우리나라 대전광역시에 위치한 옥상정원에 대한 조경설계를 하고자 한다. 주어진 현황도 및 아래 사항을 참조하여 설계조건에 따라 조경계획도를 작성합니다.(단 2점 쇄선 안 부분을 조경설계 대상지로 합니다.)

【 요구사항 】

1) 식재 평면도를 위주로 한 조경계획도를 축척 1/100로 작성하시오.(지급용지 1)
2) 도면 오른쪽 위에 작업명칭을 "옥상정원 조경설계"로 작성하십시오.
3) 도면 오른쪽에는 "중요시설물 수량표와 수목(식재) 수량표"를 작성하고, 수량표 아래쪽 여백을 이용하여 "방위표시와 막대축척"을 반드시 그려 넣으시오.(단, 전체 대상지의 길이를 고려하여 범례표의 폭을 조정할 수 있습니다.)
4) 도면의 전체적인 안정감을 위하여 "테두리선"을 작성하십시오.
5) A-A′ 단면도를 축척 1/100로 작성하십시오.(지급용지 2)
6) 반드시 식재 평면도는 성상, 수목명, 규격, 단위, 수량을 명기하여 작성하시오.

【 요구조건 】

1) 주어진 현황도면의 위를 북향으로 한다.
2) 옥상정원의 포장공간에는 휴식을 위한 등의자(1.6m×0.6m) 4개, 쉘터(3m×3m) 1개와 쉘터 하부에 평의자(1.6m×0.4m) 3개를 설치한다.
3) 시설물은 동선의 흐름을 방해하지 않도록 설치한다.
4) 플랜트는 높이가 다른 2개의 단으로 구성하되, 서측플랜터는 관목만 식재한다. 각 플랜터의 높이를 조성계획 평면도에 표시하고, A-A′ 단면도 작성시 인공식재 지반은 다음의 조건을 기준으로 한다.
   - 배수판 : THK 30 • 인공토(배수용) : THK 100 • 멀칭 : 적용하지 않음
   - 인공토(육성용) : 도입수목 성상에 따른 생존최소토심을 적용하고, 플랜터보다 5cm 낮게 계획함
5) 도면 내에 특이사항이나 특정한 표현이 필요시에는 인출선을 이용하여 나타낸다.
6) 바닥포장은 2종 이상으로 하고 "소형고압블럭, 콘크리트, 고무칩, 마사토, 투수콘크리트 등" 적당한 재료를 선택하여 적합한 장소에 기호로 표현하고, 포장명을 반드시 기입하시오.
7) 북측 녹지대는 차폐식재를 하고, 전체적으로 볼거리가 있도록 화목류 위주로 식재한다.
8) 수목은 규격이 크지 않은 수목을 선정하고 낮은 플랜터에는 관목을 식재한다.
9) 요구조건에 제시되어 있는 수목 중 남부지방 수종과 R15(B12) 규격의 수목은 식재하지 않고 제외한다.
10) 관목의 식재기준은 m^2당 9주 식재를 적용하고 10주 단위로 군식하는 것을 원칙으로 한다.
11) 아래의 제시 수목 중 10종을 선정하여 식재설계를 하고 인출선을 사용하여 식물명, 수량, 수종명칭, 규격을 도면상에 표기한다.
12) 범례란에 수목수량표를 성상별로 상록교목, 낙엽교목, 관목으로 분류하여 작성하고, 시설물 수량표, 방위표, 바스케일을 작성한다.
13) A-A′ 단면도는 경사, 포장재료, 경계선 및 기타 시설물의 기초, 주변의 수목, 중요시설물, 이용자 등을 단면

도상에 반드시 표기하고, 높이차를 한눈에 볼 수 있도록 설계하시오.

① 단면도 답안지 중앙에 평면도의 단면도 선이 지나는 시설물이나 수목 등을 규격에 맞추어 정확하게 설계한다.

② 낮은 플랜터 높이는 0.5m 이하로 하고 식재 토심은 0.43m 이상을 확보하고, 높은 플랜터 높이는 0.8~1.0m로 하고 식재 토심은 0.73m 이상을 확보한다.

- 낮은 플랜터 : 배수판 THK 30, 인공토(배수용) THK 100, 인공토(육성용) THK 300 이상
- 높은 플랜터 : 배수판 THK 30, 인공토(배수용) THK 100, 인공토(육성용) THK 600 이상

스트로브잣나무(H2.0×W1.0), 주목(H1.0×W0.8), 왕벚나무(H4.0×B10), 청단풍(H3.0×R10), 청단풍(H3.5×R15), 아왜나무(H2.0×W1.0), 후박나무(H2.5×R6), 먼나무(H2.5×R6), 매화나무(H2.5×R6), 매화나무(H4.0×R15), 배롱나무(H2.5×R6), 배롱나무(H3.5×R15), 산수유(H2.5×R8), 산수유(H3.5×R15), 금목서(H2.0×W1.0), 남천(H1.0×3가지), 수수꽃다리(H1.2×W0.4), 회양목(H0.3×W0.3), 백철쭉(H0.4×W0.4), 산철쭉(H0.4×W0.4)

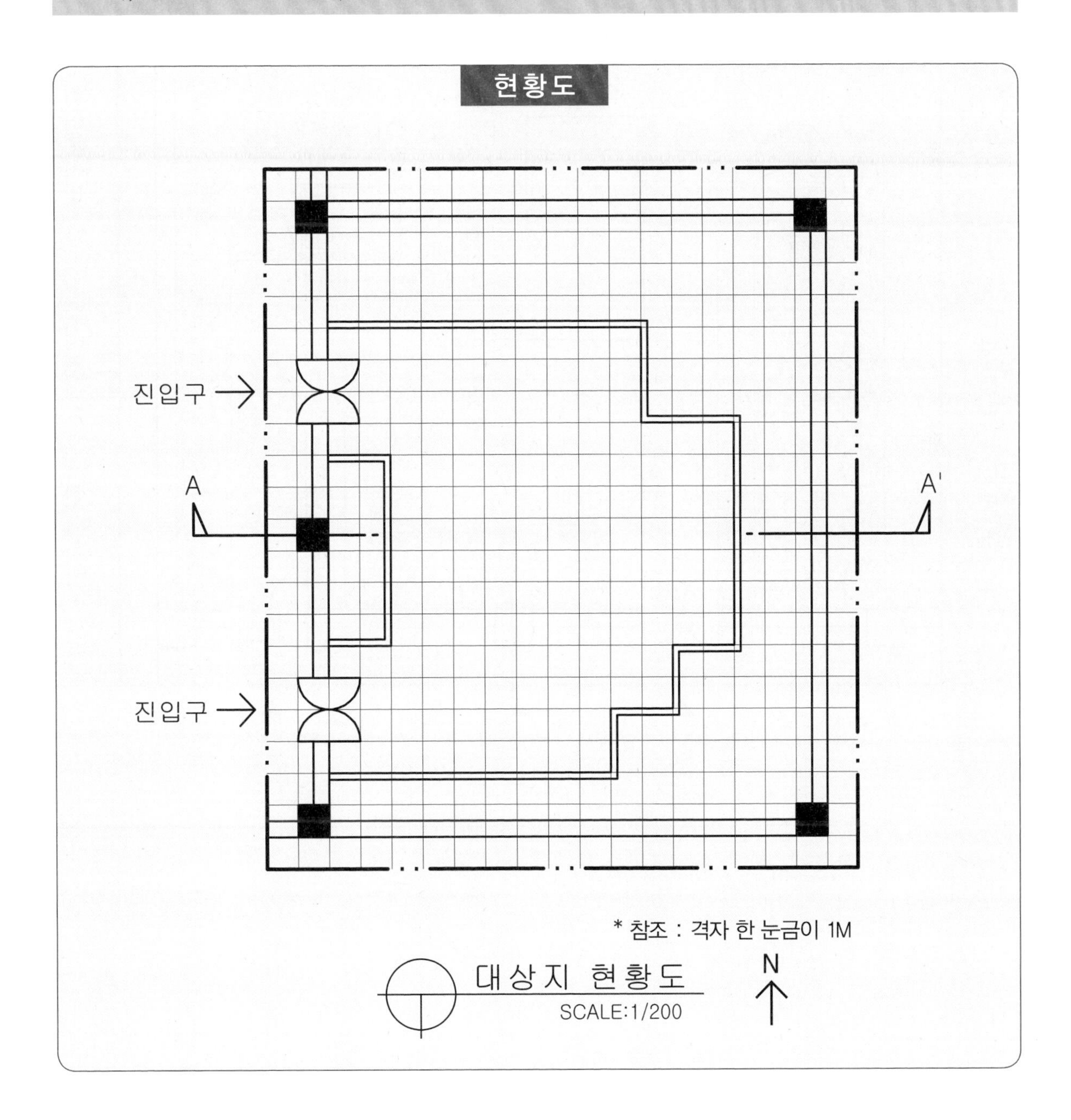

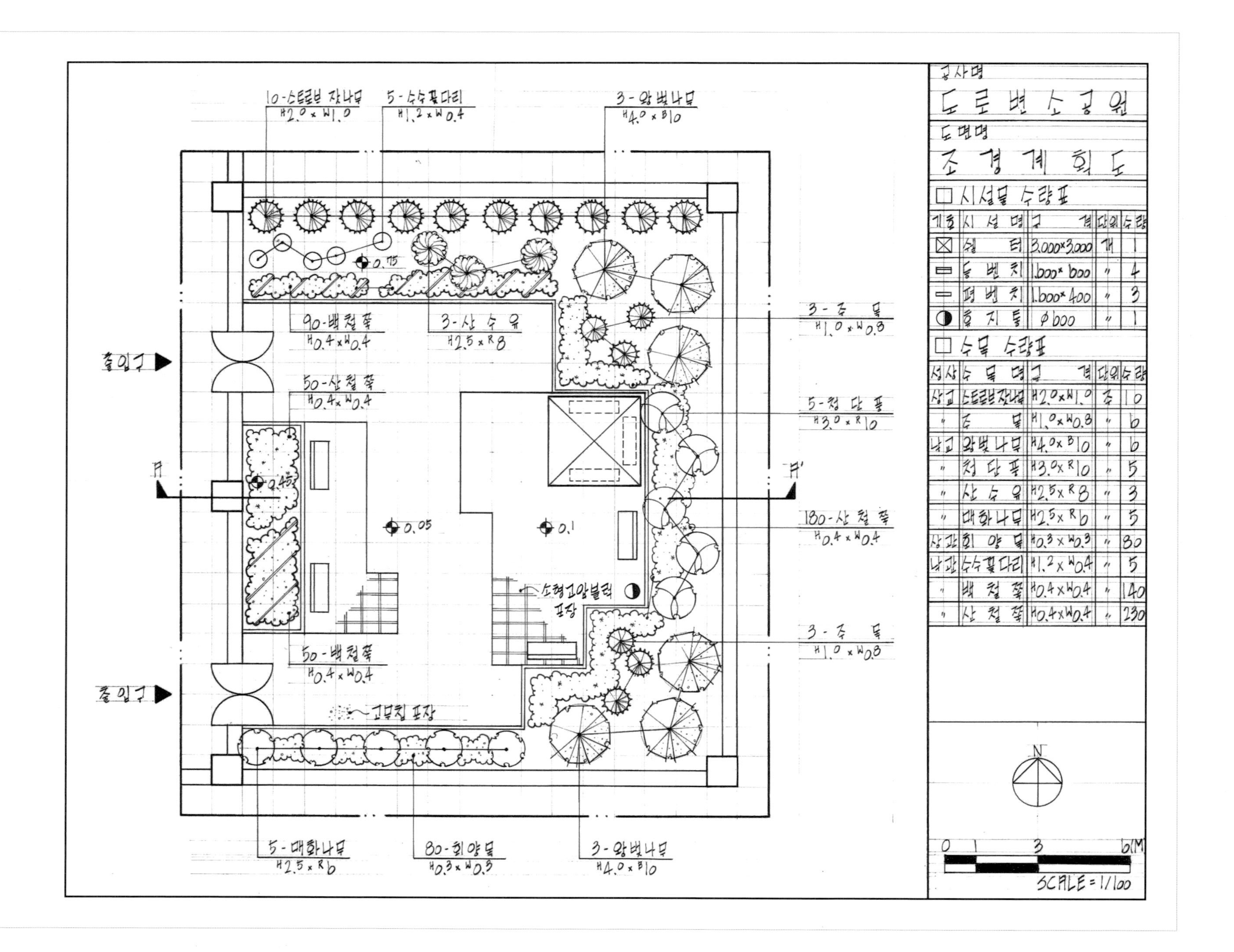

공사명: 도로변 소공원

도면명: 조경계획도

□ 시설물 수량표

기호	시설명	규격	단위	수량
⊠	쉘터	3,000*3,000	개	1
▭	등벤치	1,600*600	〃	4
▭	평벤치	1,600*400	〃	3
◑	휴지통	φ600	〃	1

□ 수목 수량표

성상	수목명	규격	단위	수량
상교	스트로브잣나무	H2.0×W1.0	주	10
〃	주목	H1.0×W0.8	〃	6
낙교	왕벚나무	H4.0×B10	〃	6
〃	청단풍	H3.0×R10	〃	5
〃	산수유	H2.5×R8	〃	3
〃	대화나무	H2.5×R6	〃	5
상관	회양목	H0.3×W0.3	〃	80
낙관	수수꽃다리	H1.2×W0.4	〃	5
〃	백철쭉	H0.4×W0.4	〃	140
〃	산철쭉	H0.4×W0.4	〃	230

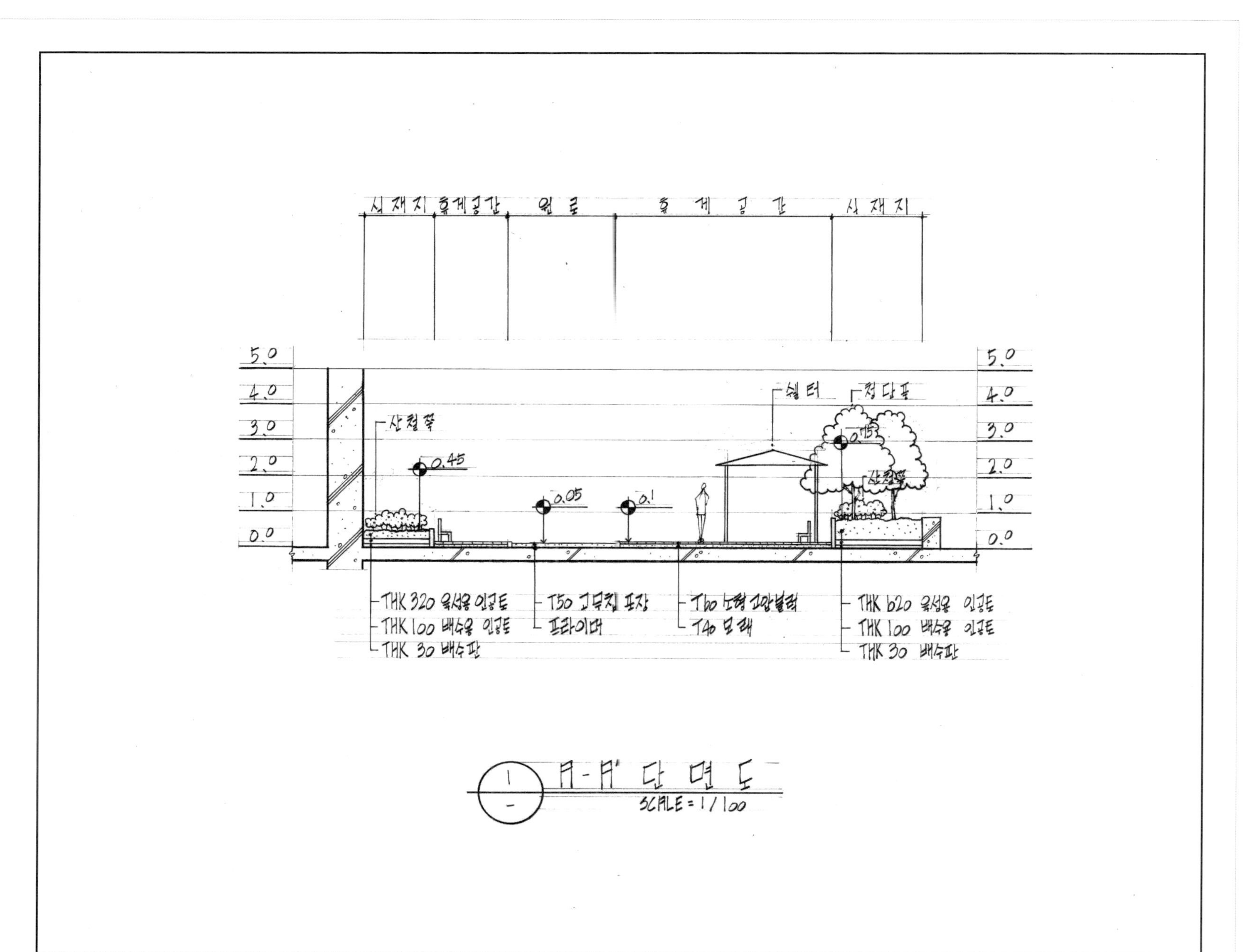

식재지
휴게공간
원로
휴게공간
식재지
5.0
4.0
3.0
2.0
1.0
0.0
쉘터
청단풍
산철쭉
0.45
0.05
0.1
THK 320 육성용 인공토
THK 100 배수용 인공토
THK 30 배수판
T50 고무칩 포장
프라이머
T60 소형고압블럭
T40 모래
THK 620 육성용 인공토
THK 100 배수용 인공토
THK 30 배수판
A-A' 단면도
SCALE=1/100

도면이해하기

Floor Plan
부분평면도

'요구조건'에 맞추어 계획된 평면도의 일부분으로서, 설계도면에 나타나는 공간의 구성과 시설물 및 포장, 배식 등 설계요소의 내용 및 표현방법을 알 수 있다.

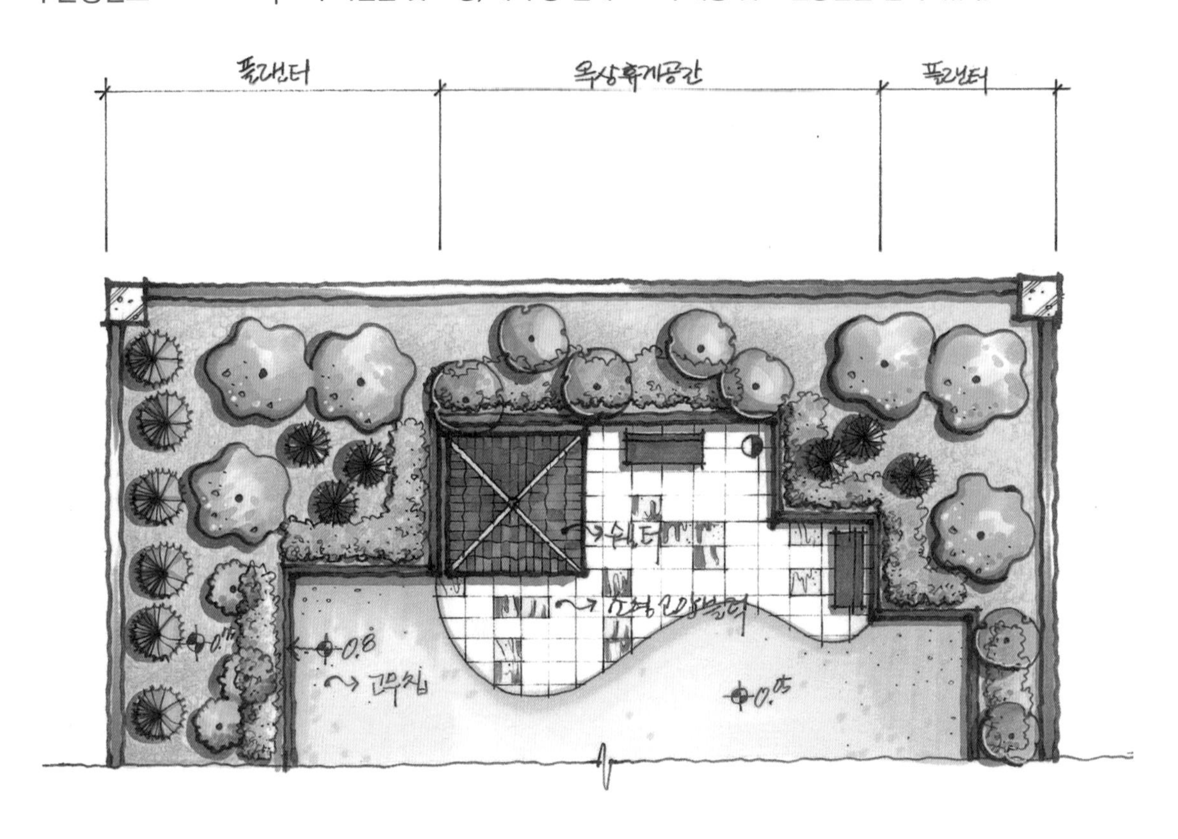

Section
단면도

수직적 입단면의 구조를 파악하여 설계된 내용을 이해하고, 더불어 기출문제와 다르게 단면의 위치와 방향이 변경되어 출제되어도 충분히 대비할 수 있도록 한다.

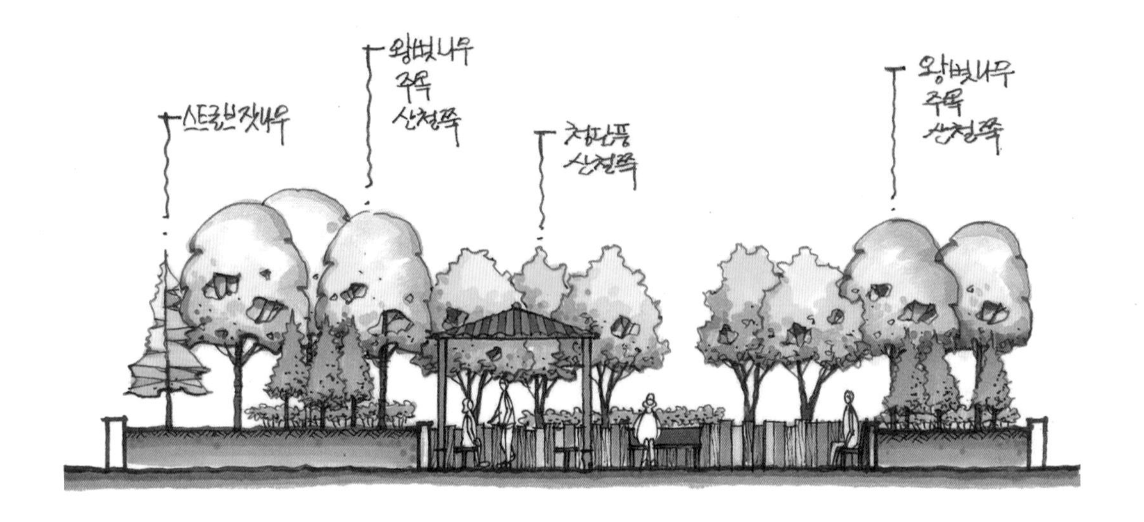

Perspective
투시도

평면설계와 단면설계를 바탕으로 한 전체 투시도로서, 공간의 구성과 시설물 및 수목의 조화를 한 눈에 볼 수 있도록 조감도 형태로 나타내었다. 설계의 내용을 파악하여 도면작성 시 반영하도록 한다.

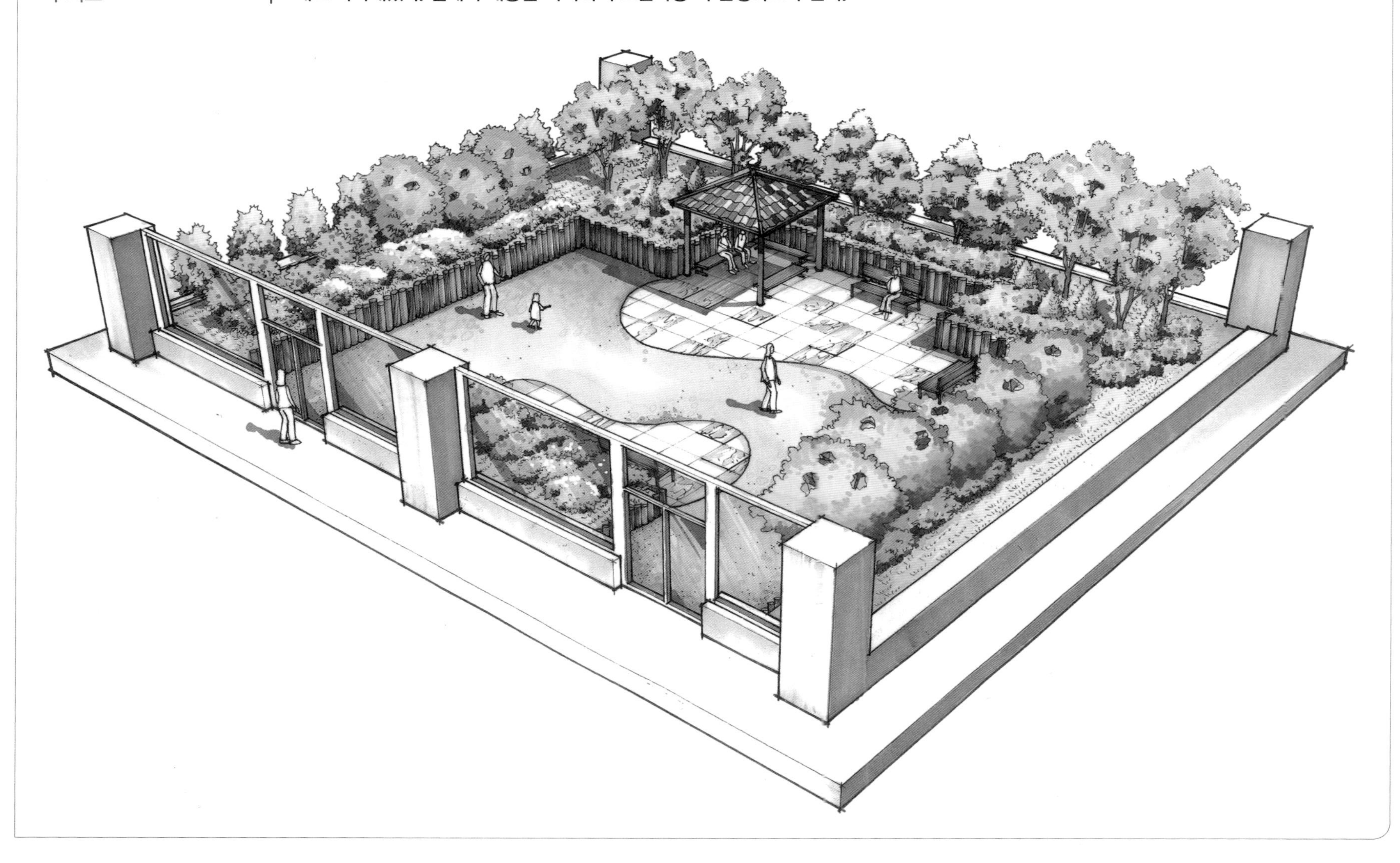

○ 시험시간 : 2시간 30분

자격종목	조경기능사	작품명	옥상정원

【 설계문제 】

우리나라 대전광역시에 위치한 옥상정원에 대한 조경설계를 하고자 한다. 주어진 현황도 및 아래 사항을 참조하여 설계조건에 따라 조경계획도를 작성합니다.(단 2점 쇄선 안 부분을 조경설계 대상지로 합니다.)

【 요구사항 】

1) 식재 평면도를 위주로 한 조경계획도를 축척 1/100로 작성하시오.(지급용지 1)
2) 도면 오른쪽 위에 작업명칭을 "옥상정원 조경설계"로 작성하십시오.
3) 도면 오른쪽에는 "중요시설물 수량표와 수목(식재) 수량표"를 작성하고, 수량표 아래쪽 여백을 이용하여 "방위표시와 막대축척"을 반드시 그려 넣으시오.(단, 전체 대상지의 길이를 고려하여 범례표의 폭을 조정할 수 있습니다.)
4) 도면의 전체적인 안정감을 위하여 "테두리선"을 작성하십시오.
5) A-A′ 단면도를 축척 1/100로 작성하십시오.(지급용지 2)

【 요구조건 】

1) "가" 지역은 휴식공간으로 쉘터(3m×3m) 1개와 쉘터 하부에 평벤치 2개를 설치하고, 원형테이블(ø800)과 등벤치 2개를 계획하시오.
2) "나" 마운딩 지역은 등고선 1개당 20cm 높이로 하고, 주변에 그늘시렁(B)이 위치해 있다.
3) "다" 지역은 화강석(THK 30)으로 포장하고 잔디를 식재하시오.
4) "라" 지역은 수경공간으로 깊이 30cm의 담수시설(1000×1000 3개소, 500×500 3개소)이 조성되어 있으며 담수시설 바닥은 자갈로 포장하고 주변에 평벤치 4개를 계획하시오.
5) 시설물은 동선의 흐름을 방해하지 않게 설치하고, 적절한 곳에 조명등 4개를 설치하시오.
6) 포장은 "소형고압블럭, 콘크리트, 고무칩, 마사토, 투수콘크리트, 목재데크, 화강석, 잔디 등" 적당한 재료를 선택하여 기호로 표현하고, 포장명을 반드시 기입하시오.
7) 북측은 인접건물로 막혀있으므로 차폐식재로 계획하고, 동측과 남측은 좋은 경관이 조망되므로 전체적으로 볼거리가 있도록 식재하시오.
8) 플랜터는 높이가 다른 3개의 단(마,바,사)으로 구성하되, 서측플랜터는 관목만 식재하시오. 각 플랜터의 높이를 계획평면도에 표시하고, A-A′ 단면도 작성시 인공식재 지반은 다음의 조건을 고려하여 설계하시오.

> ① 인공토(육성용) : 도입수목 성상에 따른 생존최소토심을 적용하고, 플랜터보다 5cm 낮게 계획한다.
> ② 가장 낮은 플랜터 높이는 0.5m 이하로 하되 식재 토심은 0.43m 이상을 확보하고, 가장 높은 플랜터는 높이 1.0m 이하로 계획하고 식재 토심은 0.73m 이상을 확보하시오.
> ※ 낮은 플랜터 : 배수판 THK 30, 인공토(배수용) THK 100, 인공토(육성용) THK 300 이상
> ※ 높은 플랜터 : 배수판 THK 30, 인공토(배수용) THK 100, 인공토(육성용) THK 600 이상

9) "마" 지역은 관목과 초화류 위주로 식재 하시오.
10) 요구조건에 제시된 수목 중 남부수종과 R15(B12) 규격의 수목은 제외하고 식재하시오.

11) 관목은 300주 이상(m^2당 10주 식재)으로 하고, 교목은 30주 이상 배식하시오.
12) 아래의 제시 수목 중 12종을 선정하여 식재설계를 하고 인출선을 사용하여 식물명, 수량, 수종명칭, 규격을 도면상에 표기하시오.
13) A-A' 단면도는 경사, 포장재료, 경계선 및 기타 시설물의 기초, 주변의 수목, 중요시설물, 이용자 등을 단면에 표기하시오.

스트로브잣나무(H2.0×W1.0), 주목(H1.0×W0.8), 왕벚나무(H4.0×B10), 청단풍(H3.0×R10), 청단풍 (H3.5×R15), 아왜나무(H2.0×W1.0), 후박나무(H2.5×R6), 먼나무(H2.5×R6), 매화나무(H2.5×R6), 매화나무(H4.0×R15), 배롱나무(H2.5×R6), 배롱나무(H3.5×R15), 산수유(H2.5×R8), 산수유(H3.5 ×R15), 목련(H2.5×R6), 금목서(H2.0×W1.0), 남천(H1.0×3가지), 수수꽃다리(H1.2×W0.4), 회양목 (H0.3×W0.3), 백철쭉(H0.4×W0.4), 산철쭉(H0.4×W0.4), 잔디(0.3×0.3×0.03), 맥문동(3~5분얼), 옥잠화(2~3분얼), 꽃창포(2~3분얼), 구절초(3치포트), 벌개미취(4치포트), 비비추(2~3분얼), 원추리(2~3분얼), 패랭이꽃(3치포트)

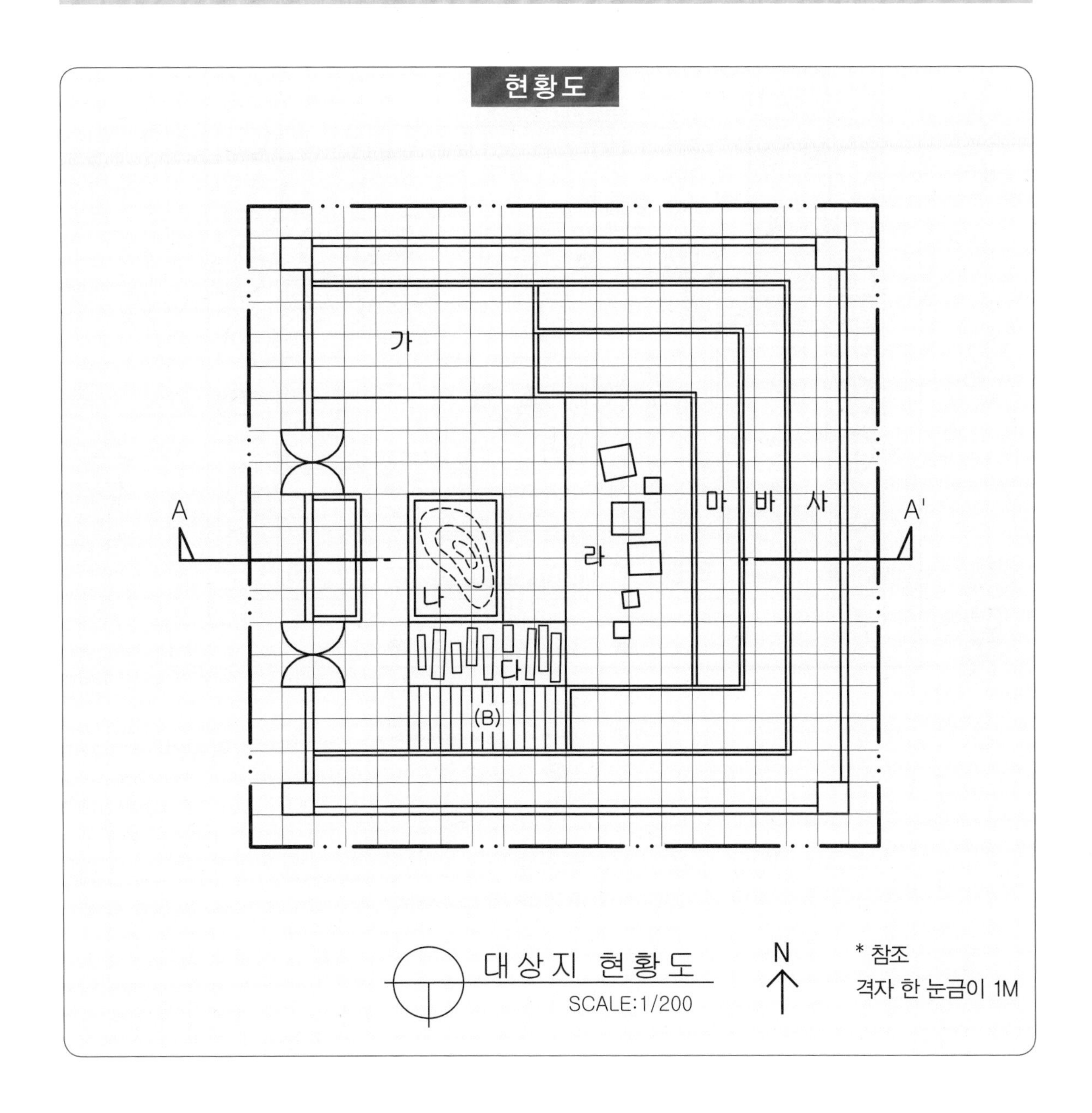

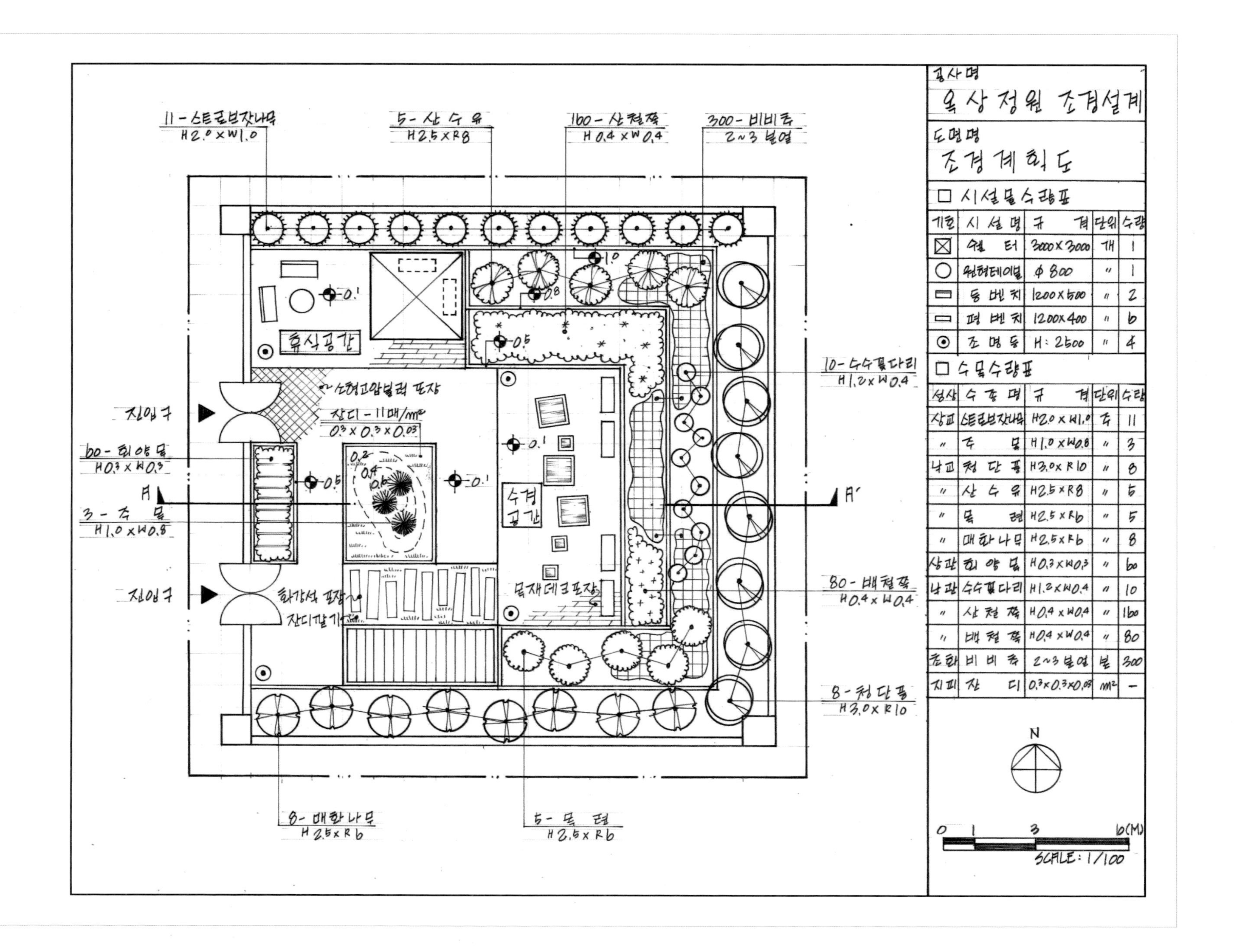
공사명
옥상정원 조경설계
도면명
조경계획도
□ 시설물수량표
기호 | 시설명 | 규격 | 단위 | 수량
셸터 | 3000×3000 | 개 | 1
원형테이블 | φ800 | 〃 | 1
등벤치 | 1200×500 | 〃 | 2
평벤치 | 1200×400 | 〃 | 6
조명등 | H: 2500 | 〃 | 4
□ 수목수량표
성상 | 수종명 | 규격 | 단위 | 수량
상교 | 스트로브잣나무 | H2.0×W1.0 | 주 | 11
〃 | 주목 | H1.0×W0.8 | 〃 | 3
낙교 | 청단풍 | H3.0×R10 | 〃 | 8
〃 | 산수유 | H2.5×R8 | 〃 | 5
〃 | 목련 | H2.5×R6 | 〃 | 5
〃 | 매화나무 | H2.5×R6 | 〃 | 8
상관 | 회양목 | H0.3×W0.3 | 〃 | 60
낙관 | 수수꽃다리 | H1.2×W0.4 | 〃 | 10
〃 | 산철쭉 | H0.4×W0.4 | 〃 | 160
〃 | 백철쭉 | H0.4×W0.4 | 〃 | 80
초화 | 비비추 | 2~3분얼 | 분 | 300
지피 | 잔디 | 0.3×0.3×0.03 | m² | -
N
0 1 3 6(M)
SCALE: 1/100
11-스트로브잣나무 H2.0×W1.0
5-산수유 H2.5×R8
160-산철쭉 H0.4×W0.4
300-비비추 2~3분얼
10-수수꽃다리 H1.2×W0.4
80-백철쭉 H0.4×W0.4
8-청단풍 H3.0×R10
8-매화나무 H2.5×R6
5-목련 H2.5×R6
60-회양목 H0.3×W0.3
3-주목 H1.0×W0.8
진입구
진입구
A
A'
휴식공간
수경공간
소형고압블럭 포장
잔디-11매/m²
0.3×0.3×0.03
화강석 포장
잔디깔기
목재데크포장
0.1
0.5
0.8
1.0
0.2
0.4
0.6

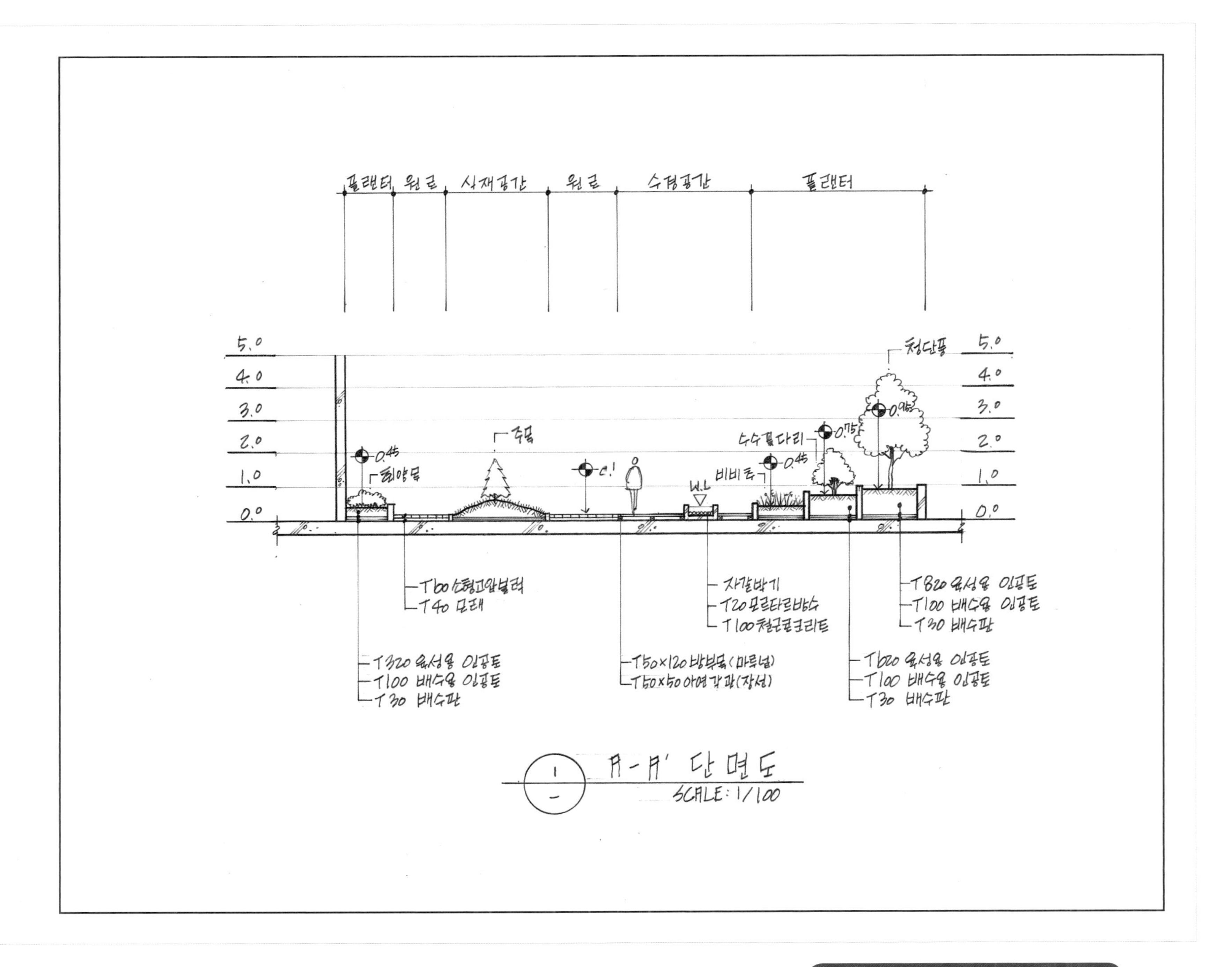

플랜터
원로
식재공간
원로
수경공간
플랜터
5.0
4.0
3.0
2.0
1.0
0.0
0.45
회양목
주목
0.45
비비추
수수꽃다리
0.75
0.9
청단풍
W.L
T60 소형고압블럭
T40 모래
T320 육성용 인공토
T100 배수용 인공토
T30 배수판
T50×120 방부목(마루널)
T50×50 아연각파(장선)
자갈박기
T20 모르타르바름
T100 철근콘크리트
T620 육성용 인공토
T100 배수용 인공토
T30 배수판
T820 육성용 인공토
T100 배수용 인공토
T30 배수판
A-A' 단면도
SCALE: 1/100

도면이해하기

Floor Plan
부분평면도

'요구조건'에 맞추어 계획된 평면도의 일부분으로서, 설계도면에 나타나는 공간의 구성과 시설물 및 포장, 배식 등 설계요소의 내용 및 표현방법을 알 수 있다.

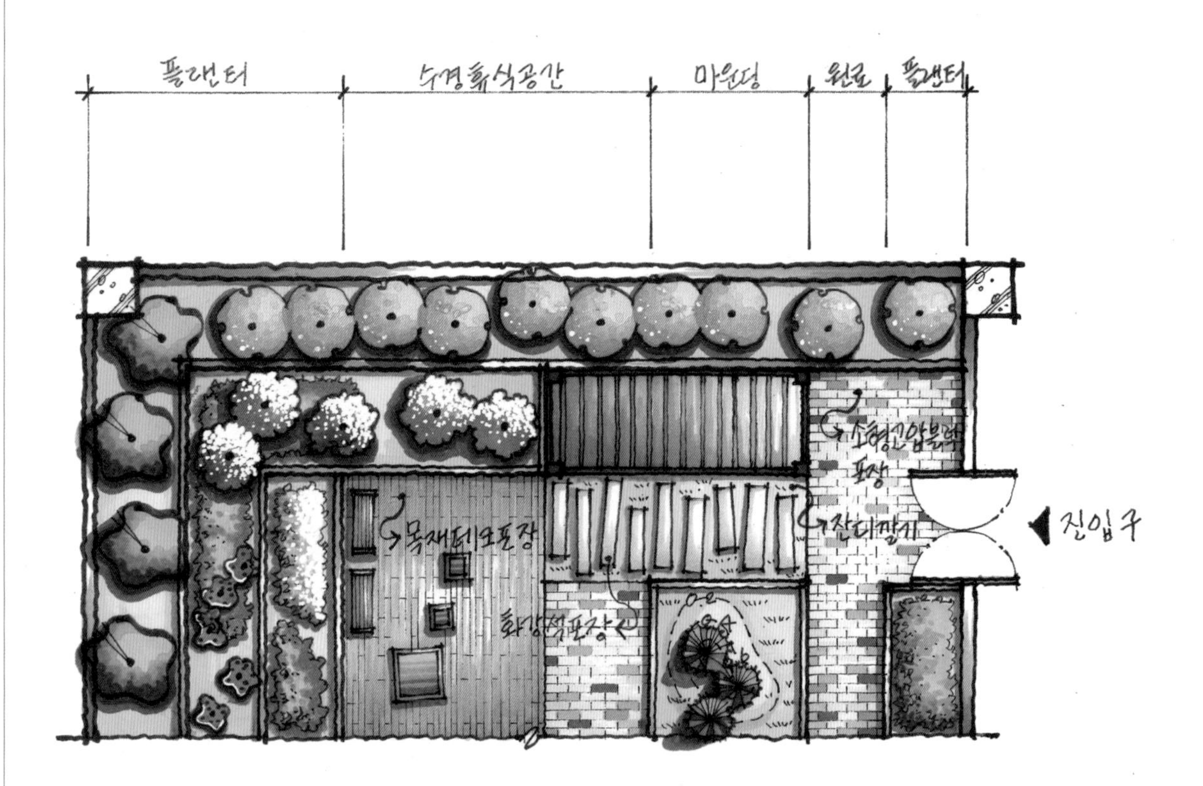

Section
단면도

수직적 입단면의 구조를 파악하여 설계된 내용을 이해하고, 더불어 기출문제와 다르게 단면의 위치와 방향이 변경되어 출제되어도 충분히 대비할 수 있도록 한다.

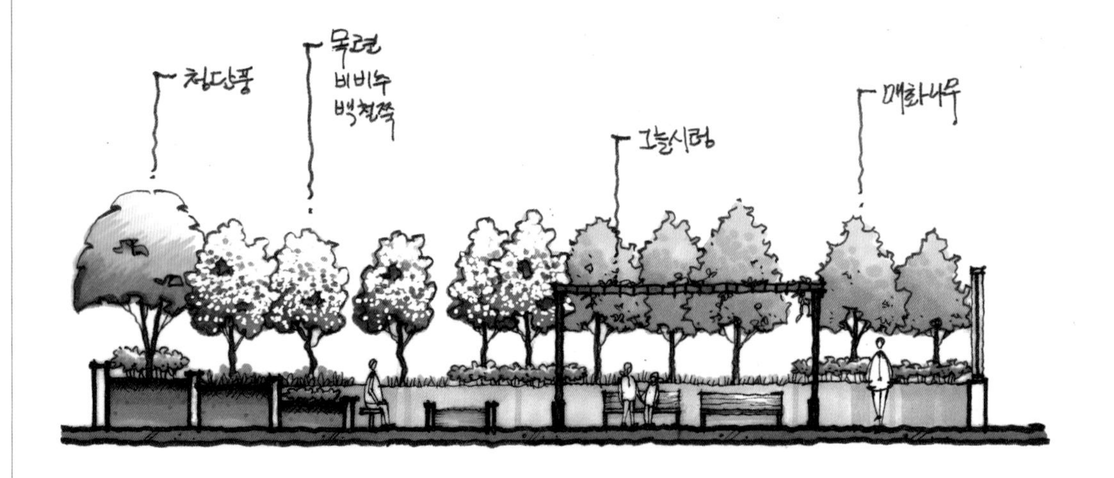

Perspective
투시도

평면설계와 단면설계를 바탕으로 한 전체 투시도로서, 공간의 구상과 시설물 및 수목의 조화를 한 눈에 볼 수 있도록 조감도 형태로 나타내었다. 설계의 내용을 파악하여 도면작성 시 반영하도록 한다.

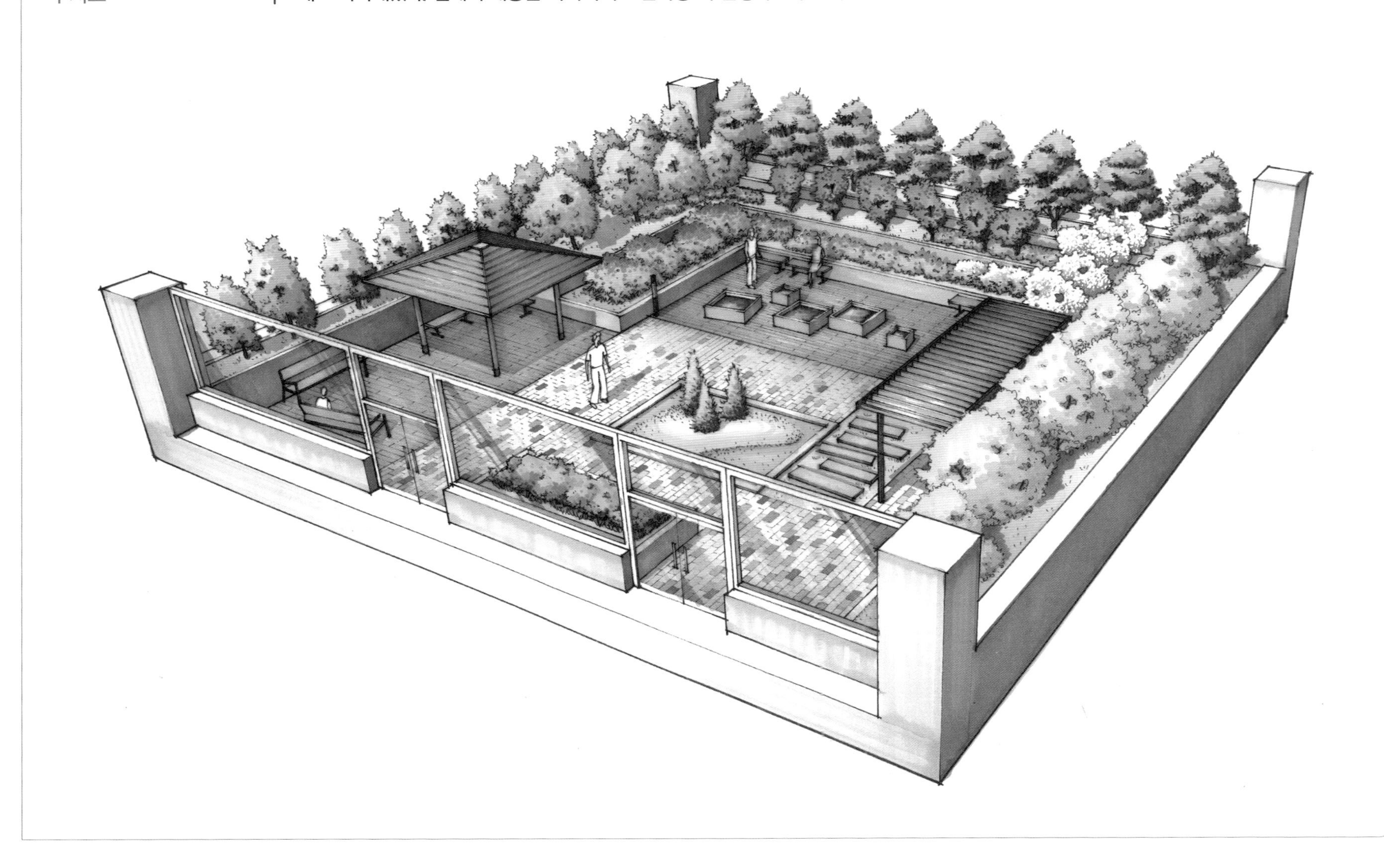

○ 시험시간 : 2시간 30분

자격종목	조경기능사	작품명	도로변소공원

【 설계문제 】

우리나라 중부지역에 위치한 도로변의 빈 공간에 대한 조경설계를 하고자 합니다. 주어진 현황도 및 아래 사항을 참조하여 설계조건에 따라 조경계획도를 작성합니다.(단 2점 쇄선 안 부분을 조경설계 대상지로 합니다.)

【 요구사항 】

1) 식재 평면도를 위주로 한 조경계획도를 축척 1/100로 작성하십시오.(지급용지 1)
2) 도면 오른쪽 위에 작업명칭을 작성하십시오.
3) 도면 오른쪽에는 "중요시설물 수량표와 수목(식재) 수량표"를 작성하고, 수량표 아래쪽 "방위표시와 막대축척"을 반드시 그려 넣으시오.(단, 전체 대상지의 길이를 고려하여 범례표의 폭을 조정할 수 있습니다.)
4) 도면의 전체적인 안정감을 위하여 "테두리선"을 작성하십시오.
5) B-B′ 단면도를 축척 1/100로 작성하십시오.(지급용지 2)

【 요구조건 】

1) 해당 지역은 도로변 소공원으로 휴식공간과 어린이들이 즐길 수 있는 공원의 특징을 고려하여 조경계획도를 작성합니다. 포장지역을 제외한 곳에는 가능한 식재를 계획합니다.(녹지공간은 대각선 친 부분임)
2) 포장지역은 "점토벽돌, 화강석블럭, 투수콘크리트, 콘크리트, 고무칩, 고무블럭, 마사토, 목재데크" 등을 적당한 위치에 선택하여 표시하고 포장명을 기입합니다.
3) "가" 지역은 휴게공간으로 파고라(3,500×3,500mm) 1개소와 등벤치, 평벤치, 앉음벽 중 1개의 휴게시설을 선택하여 계획하시오.
4) "나" 지역은 어린이를 위한 놀이공간으로 조합놀이시설(H:2,500)을 설치한 후 적당한 포장을 계획하고 그 주변으로 수목보호대 5개를 설치하여 적절한 수목을 식재하시오.
5) "나" 지역 주변 식재지는 마운딩을 조성하고 잔디로 식재하시오.
6) "다"~"바" 지역은 숨은 놀이공간으로 그네, 시소, 회전무대, 정글짐, 흔들놀이기구, 구름다리 등에서 임의로 선택하여 각 공간마다 1종을 골라 계획하고 적당한 포장을 실시하시오.
7) 진입구 마운딩에는 소나무 군식을 실시하고 유도식재, 녹음식재, 경관식재 등의 식재 패턴을 필요한 곳에 배식하시오.(마운딩 등고선은 개당 0.25m 높이로 계획하시오.)
8) 수목은 아래의 수종 중에서 10가지를 선정하여 골고루 안정적이고 아늑한 경관이 될 수 있도록 계획하고 소나무 군식은 반드시 크기가 다른 3종으로 식재하시오.
9) 관목의 식재수량은 400주 이상으로 하고, 교목은 30주 이상 배식하시오.
10) B-B′단면도는 경사, 포장재료, 경계선 및 기타 시설물, 주변의 수목, 중요시설물, 이용자 등을 단면도상에 반드시 표기하고, 높이차를 한눈에 볼 수 있도록 설계하시오.

개나리(H1.2×5가지), 계수나무(H2.5×R6), 굴거리나무(H2.5×W1.0), 금목서(H2.0×R6), 꽃사과(H2.5×R5), 꽝꽝나무(H0.3×W0.4), 낙상홍(H1.0×W0.4), 느티나무(H3.0×R6), 다정큼나무(H1.0×W0.6), 돈나무(H1.5×W1.0), 동백나무(H2.5×R8), 마가목(H3.0×R12), 매화나무(H2.0×R4), 명자나무(H0.6×W0.4), 모과나무(H3.0×R8), 목련

(H3.0×R10), 무궁화(H1.0×W0.2), 박태기나무(H1.0×W0.4), 배롱나무(H2.5×R6), 백철쭉(H0.3×W0.3), 백합나무(H4.0×R10), 버즘나무(H3.5×B8), 병꽃나무(H1.0×W0.6), 사철나무(H1.0×W0.3), 산딸나무(H2.5×R6), 산수국(H0.3×W0.4), 산수유(H2,5×R8), 산철쭉(H0.3×W0.3), 스트로브잣나무(H2.5×W1.2), 소나무(H3.0×W1.5×R10), 소나무(H4.0×W2.0×R15), 소나무(H5.0×W2.5×R20), 소나무(둥근형)(H1.2×W1.5), 수수꽃다리(H1.5×W0.8), 아왜나무(H1.5×W0.8), 영산홍(H0.3×W0.3), 왕벚나무(H4.5×B10), 은행나무(H4.0×B10), 이팝나무(H3.5×R12), 자귀나무(H2.5×R8), 자산홍(H0.3×W0.3), 자작나무(H2.5×B5), 조릿대(H0.6×W0.3), 좀작살나무(H1.2×W0.4), 주목(둥근형)(H0.3×W0.3), 주목(선형)(H2.0×W1.0) 중국단풍(H2.5×R6), 쥐똥나무(H1.0×W0.3), 청단풍(H2.5×R8), 칠엽수(H3.5×R12), 태산목(H1.5×W0.5), 홍단풍(H3.0×R10), 화살나무(H0.6×W0.3), 회양목(H0.3×W0.3), 구절초(8㎝), 금계국(8㎝), 노랑꽃창포(8㎝), 둥글레(8㎝), 맥문동(8㎝), 벌개미취(8㎝), 부처꽃(8㎝), 붓꽃(8㎝), 비비추(2~3분얼), 샐비어(10㎝), 애기나리(10㎝), 옥잠화(2~3분얼), 원추리(2~3분얼), 잔디(0.3×0.3×0.03)

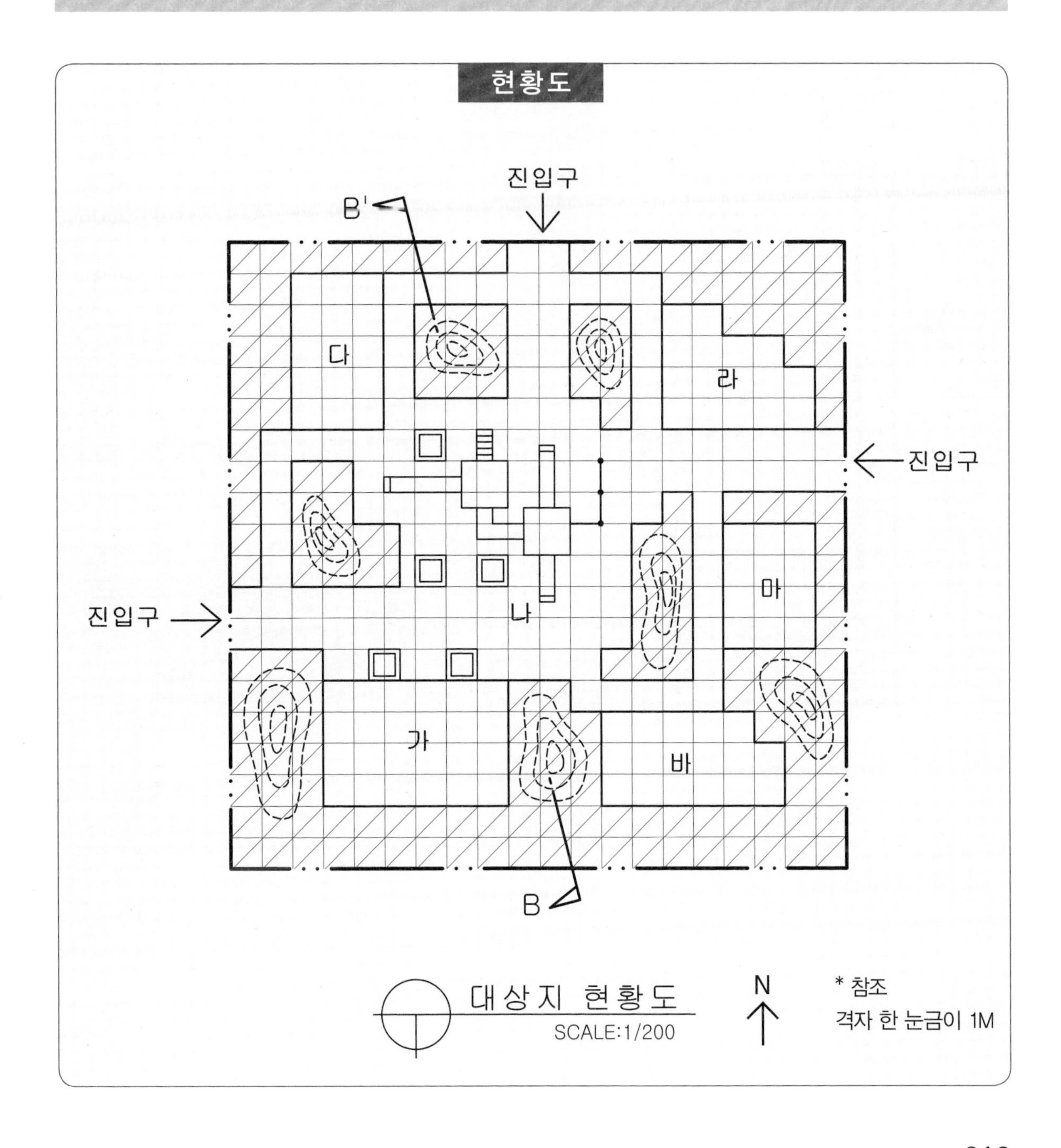

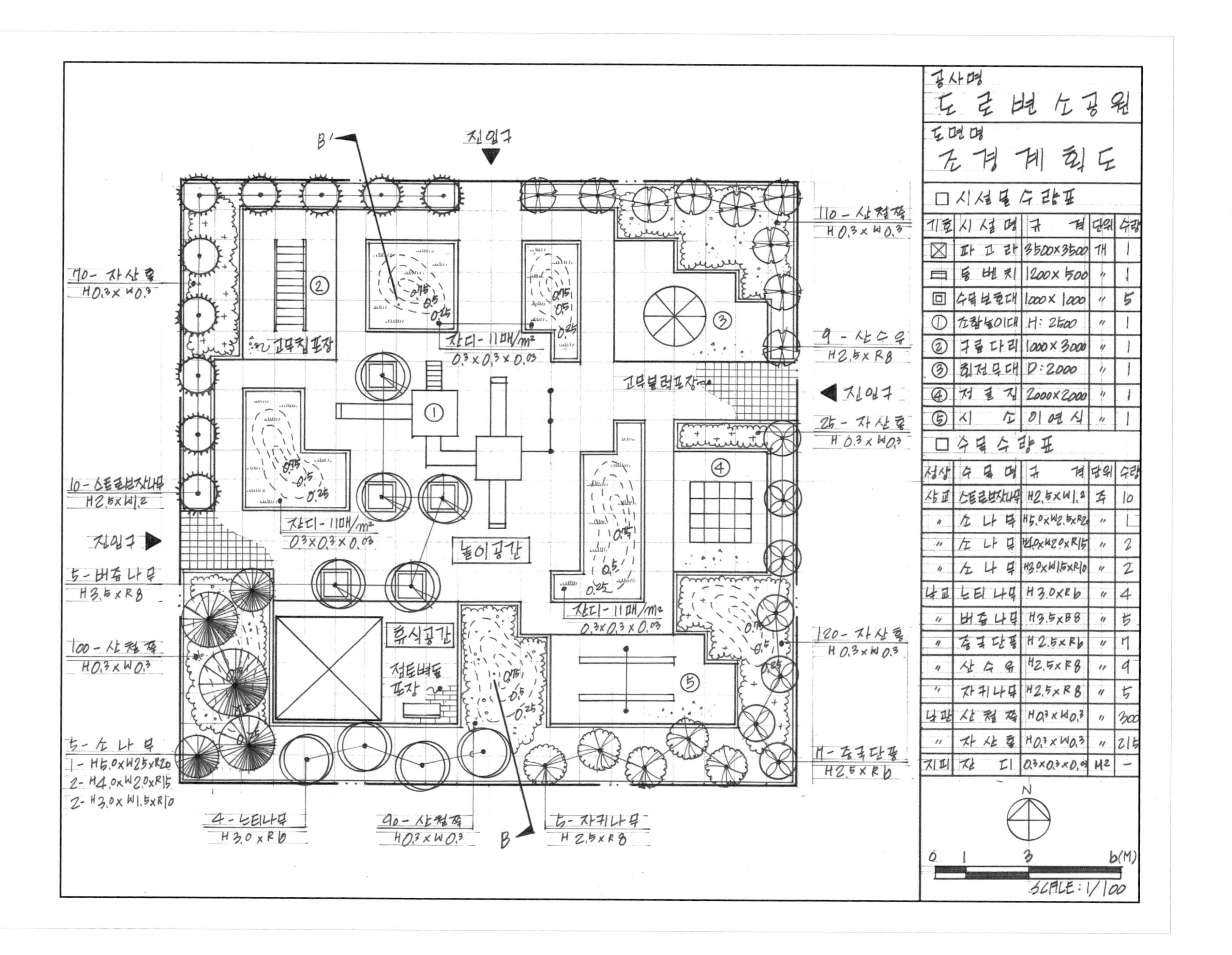

□ 시설물수량표

기호	시설명	규격	단위	수량
⊠	파고라	3500×3500	개	1
▭	등벤치	1200×500	〃	1
⊡	수목보호대	1000×1000	〃	5
①	조합놀이대	H:2500	〃	1
②	구름다리	1000×3000	〃	1
③	회전무대	D:2000	〃	1
④	정글짐	2000×2000	〃	1
⑤	시소	이연식	〃	1

□ 수목수량표

성상	수목명	규격	단위	수량
상교	스트로브잣나무	H2.5×W1.2	주	10
〃	소나무	H5.0×W2.5×R20	〃	1
〃	소나무	H4.0×W2.0×R15	〃	2
〃	소나무	H3.0×W1.5×R10	〃	2
낙교	느티나무	H3.0×R6	〃	4
〃	버즘나무	H3.5×B8	〃	5
〃	중국단풍	H2.5×R6	〃	7
〃	산수유	H2.5×R8	〃	9
〃	자귀나무	H2.5×R8	〃	5
낙관	산철쭉	H0.3×W0.3	〃	300
〃	자산홍	H0.3×W0.3	〃	215
지피	잔디	0.3×0.3×0.03	M2	—

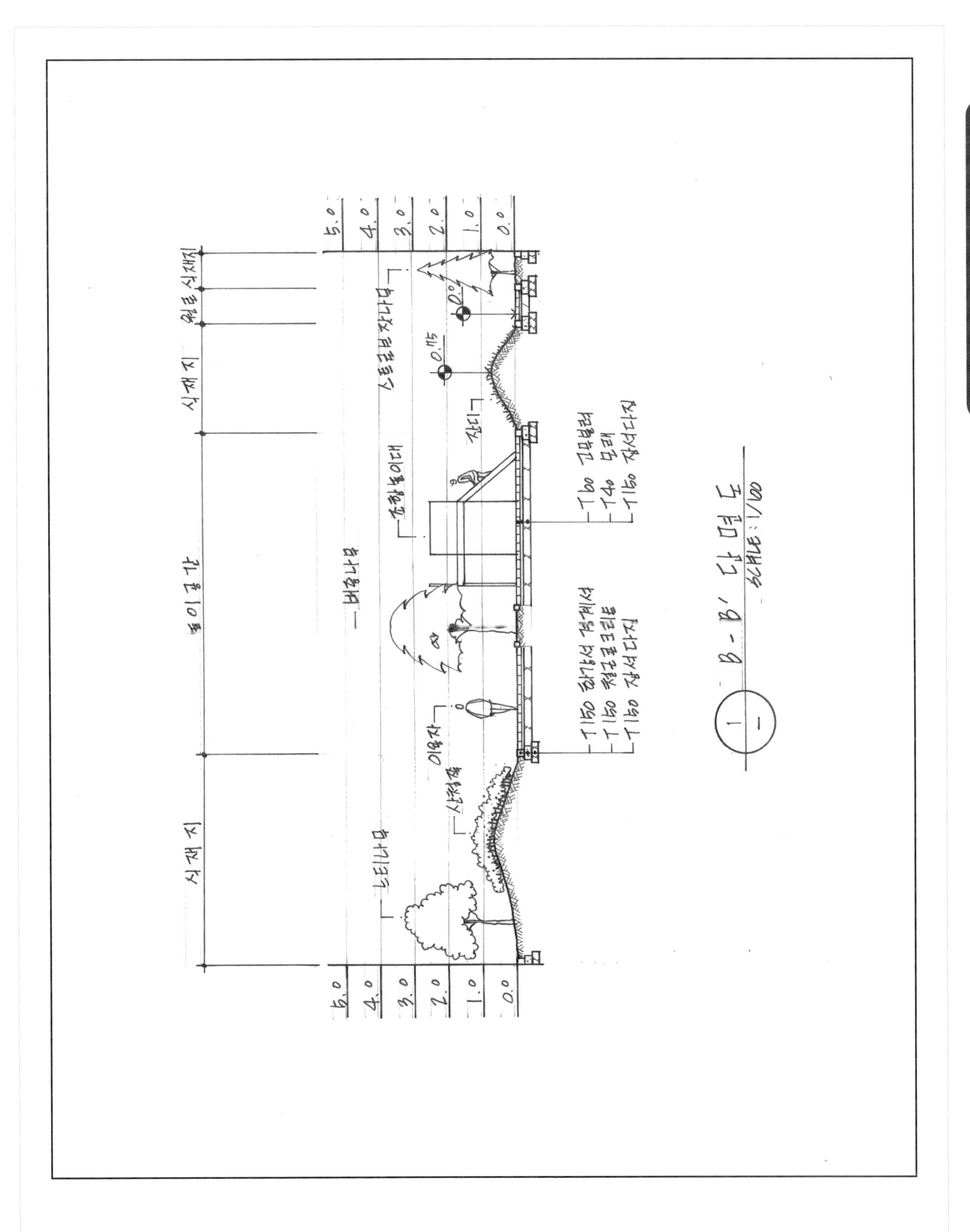
식재지
놀이공간
식재지
원로 식재지
느티나무
산철쭉
이용자
버즘나무
조합놀이대
잔디
스트로브잣나무
T150 화강석 경계석
T150 철근콘크리트
T150 잡석다짐
T60 고무블럭
T40 모래
T150 잡석다짐
5.0
4.0
3.0
2.0
1.0
0.0
B - B' 단면도
SCALE : 1/100

조경설계

도면이해하기

Floor Plan
부분평면도

'요구조건'에 맞추어 계획된 평면도의 일부분으로서, 설계도면에 나타나는 공간의 구성과 시설물 및 포장, 배식 등 설계요소의 내용 및 표현방법을 알 수 있다.

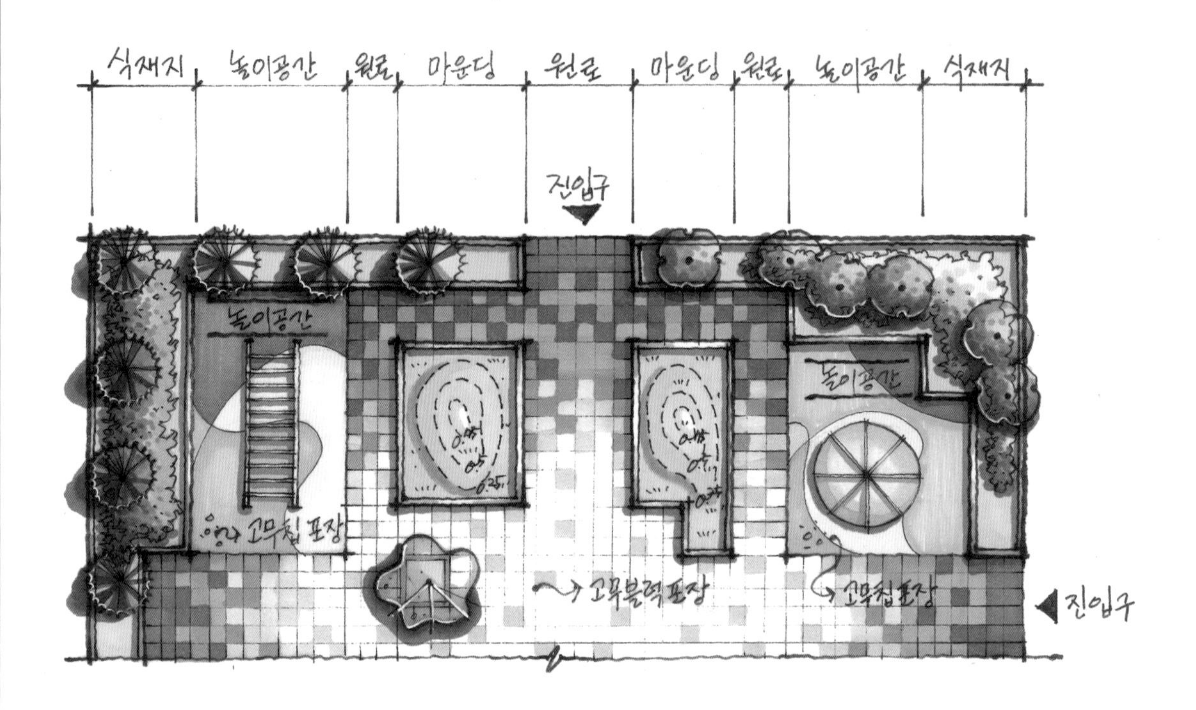

Section
단면도

수직적 입단면의 구조를 파악하여 설계된 내용을 이해하고, 더불어 기출문제와 다르게 단면의 위치와 방향이 변경되어 출제되어도 충분히 대비할 수 있도록 한다.

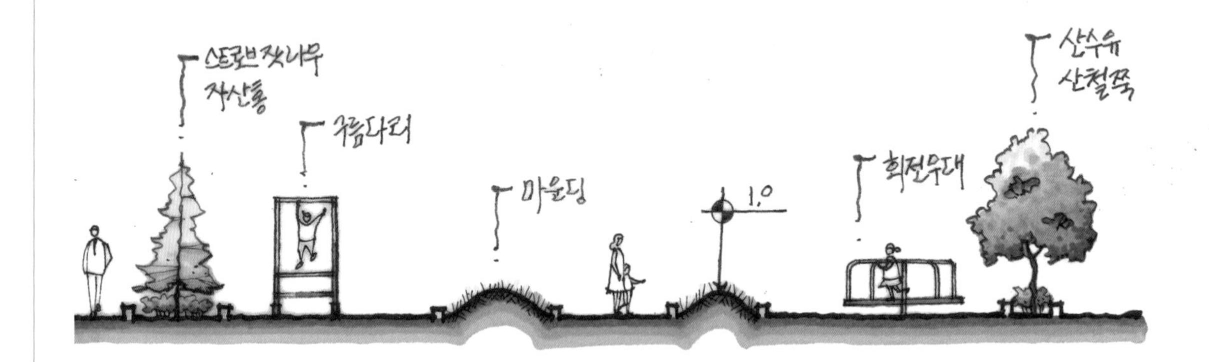

Perspective
투시도

평면설계와 단면설계를 바탕으로 한 전체 투시도로서, 공간의 구성과 시설물 및 수목의 조화를 한 눈에 볼 수 있도록 조감도 형태로 나타내었다. 설계의 내용을 파악하여 도면작성 시 반영하도록 한다.

○ 시험시간 : 2시간 30분

자격종목	조경기능사	작품명	치유정원

【 설계문제 】

우리나라 중부지역에 위치한 도로변의 빈 공간에 대한 조경설계를 하고자 합니다. 주어진 현황도 및 아래 사항을 참조하여 설계조건에 따라 조경계획도를 작성합니다.(단 2점 쇄선 안 부분을 조경설계 대상지로 합니다.)

【 요구사항 】

1) 식재 평면도를 위주로 한 조경계획도를 축척 1/100로 작성하십시오.(지급용지 1)
2) 도면 오른쪽 위에 작업명칭을 작성하십시오.
3) 도면 오른쪽에는 "중요시설물 수량표와 수목(식재) 수량표"를 작성하고, 수량표 아래쪽 "방위표시와 막대축척"을 반드시 그려 넣으시오.(단, 전체 대상지의 길이를 고려하여 범례표의 폭을 조정할 수 있습니다.)
4) 도면의 전체적인 안정감을 위하여 "테두리선"을 작성하십시오.
5) B-B′ 단면도를 축척 1/100로 작성하십시오.(지급용지 2)

【 요구조건 】

1) 해당지역은 주택가 주변에 위치한 도로변 소공원으로 공원 이용자들의 치유와 운동을 위한 공간특성을 고려하여 계획하시오.
2) 포장지역을 제외한 곳에는 모두 식재를 실시하시오. (녹지공간은 빗금친 부분임)
3) 포장지역은 점토블럭, 화강석판석, 목재데크, 콘크리트, 투수콘크리트, 마사토, 고무칩 등 적당한 재료를 선택하여 설계하시오.
4) "가"지역은 진입공간으로 계단이 위치해 있으며, 외곽부지보다 1m 높은 것으로 보고 계획하시오.
5) "나"지역은 휴식공간으로 퍼걸러 3000×3000 1개소를 설치하고 적당한 포장을 계획하시오.
6) "다"지역은 운동공간으로 운동기구 3개를 설치하여 이용자들이 운동을 즐길 수 있도록 구성하시오.
7) "라"지역은 치유의 공간으로 식수대에 향기나는 식물이나 꽃이 피는 식물을 감상할 수 있도록 허브류 및 초화류를 조화롭게 식재하시오. 또한 이용자들이 쉴 수 있도록 앉음벽을 설치하시오.
8) "A"는 연못 및 분수대로 수심 30cm로 설치하시오.
9) "마"지역~"나"지역 하단으로 이어지는 1m 폭의 오솔길(산책로)을 계획하고 적당한 포장을 실시하시오.
10) 적당한 위치에 등벤치 4개와 조명등 6개를 설치하시오.
11) 식재는 상록교목과 낙엽교목을 적절하게 배식하고, 소나무군식, 유도식재, 차폐식재, 녹음 및 경관식재를 계획하고, 마운딩은 등고선 1개당 30cm로 계획하시오.
12) 수목은 아래 주어진 수종 중에서 반드시 종류가 다른 12가지를 선정하여 식재하시오.
13) B-B' 단면도는 경사, 포장재료, 경계선 및 기타 시설물의 기초, 주변의 수목, 중요시설물, 이용자 등을 표기하고 높이차를 한눈에 볼 수 있도록 설계하시오.

개나리(H1.2×5가지), 계수나무(H2.5×R6), 굴거리나무(H2.5×W1.0), 금목서(H2.0×R6), 꽃사과(H2.5×R5), 꽝꽝나무(H0.3×W0.4), 낙상홍(H1.0×W0.4), 느티나무(H3.0× R6), 다정큼나무(H1.0×W0.6), 돈나무 (H1.5×W1.0), 동백나무(H2.5×R8), 마가목(H3.0×R12), 매화나무(H2.0×R4), 메타세쿼이아(H4.0×B8), 명자나무(H0.6×W0.4),

모과나무(H3.0×R8), 목련(H3.0×R10), 무궁화(H1.0×W0.2), 박태기나무(H1.0×W0.4), 배롱나무(H2.5×R6), 백철쭉(H0.3×W0.3), 버즘나무(H3.5×B8), 병꽃나무(H1.0×W0.6), 사철나무(H1.0×W0.3), 산딸나무(H2.5×R6), 산수국(H0.3×W0.4), 산수유(H2.5×R8), 산철쭉(H0.3×W0.3), 서양측백(H2.0×W1.0), 소나무(H3.0×W1.5×R10), 소나무(H4.0×W2.0×R15), 소나무(H5.0×W2.5×R20), 소나무(둥근형)(H1.2×W1.5), 수수꽃다리(H1.5×W0.8), 아왜나무(H1.5×W0.8), 영산홍(H0.3×W0.3), 왕벚나무(H4.5×B10), 은행나무(H4.0×B10), 이팝나무(H3.5×R12), 자귀나무(H3.5×R12), 자산홍(H0.3×W0.3), 자작나무(H2.5×B5), 조릿대(H0.6×W0.3), 주목(둥근형)(H0.3×W0.3), 주목(선형)(H2.0×W1.0) 중국단풍(H2.5×R6), 쥐똥나무(H1.0×W0.3), 청단풍(H2.5×R8), 칠엽수(H3.5×R12), 태산목(H1.5×W0.5), 홍단풍(H3.0×R10), 화살나무(H0.6×W0.3), 회양목(H0.3×W0.3), 구절초(8㎝), 금계국(8㎝), 노랑꽃창포(8㎝), 둥글레(8㎝), 로즈마리(8㎝), 맥문동(8㎝), 벌개미취(8㎝), 부처꽃(8㎝), 붓꽃(8㎝), 비비추(2~3분얼), 샐비어(10㎝), 애기나리(10㎝), 애플민트(8㎝), 옥잠화(2~3분얼), 원추리(2~3분얼), 잔디(0.3×0.3×0.03)

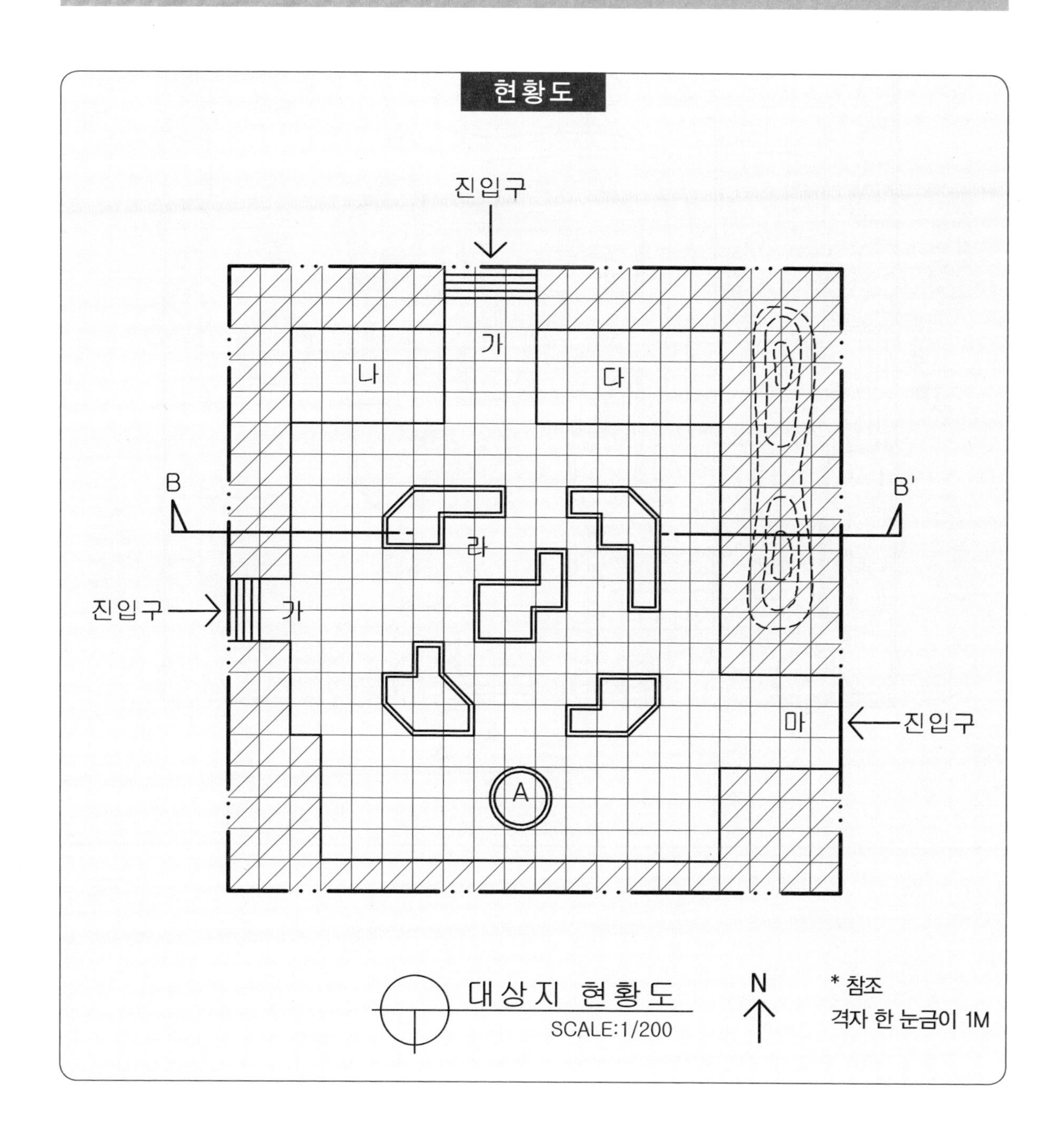

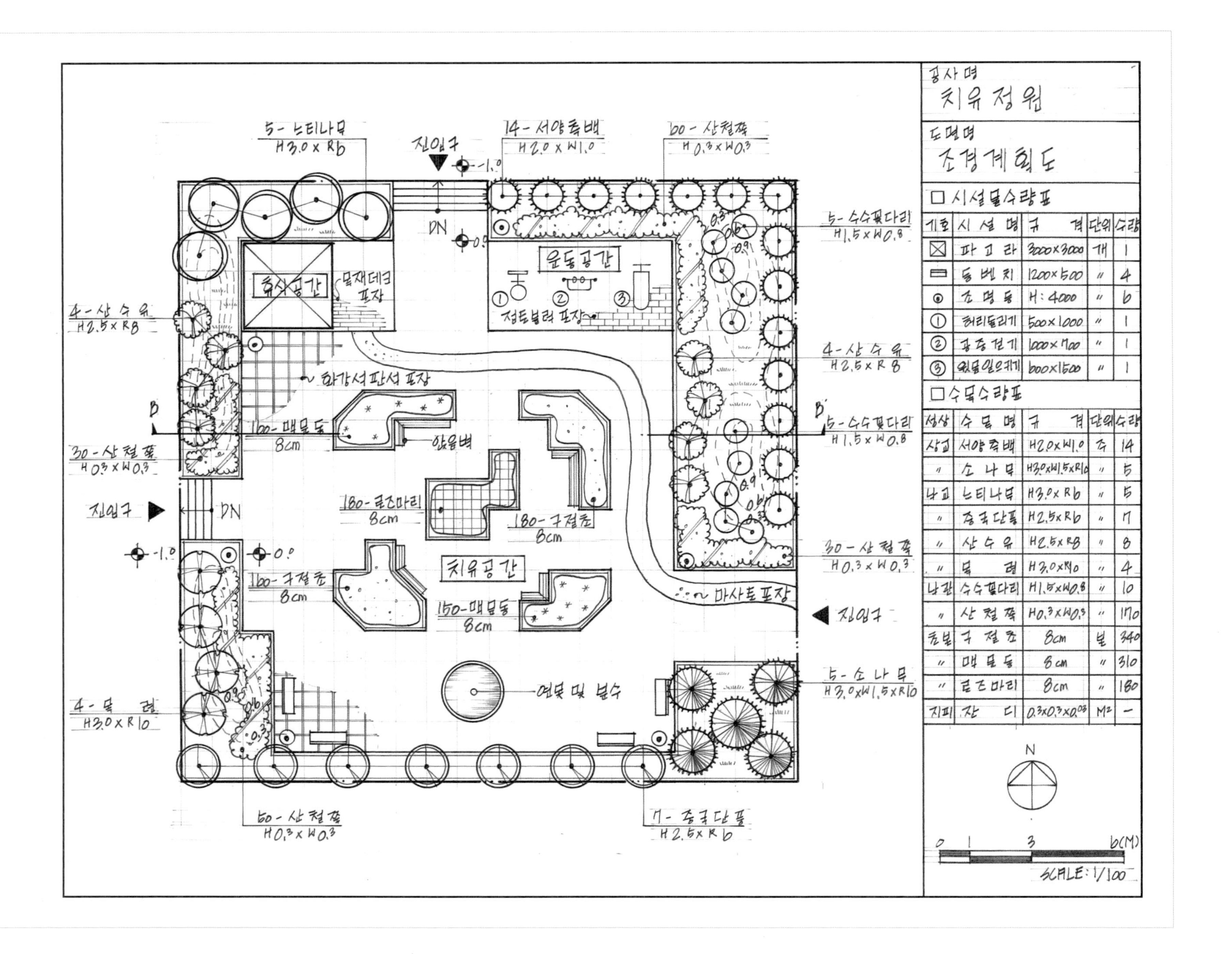
공사명
치유정원
도면명
조경계획도
□ 시설물수량표
기호 | 시설명 | 규격 | 단위 | 수량
파고라 | 3000×3000 | 개 | 1
등벤치 | 1200×500 | 〃 | 4
조명등 | H:4000 | 〃 | 6
① 허리돌리기 | 500×1000 | 〃 | 1
② 공중걷기 | 1000×700 | 〃 | 1
③ 윗몸일으키기 | 600×1500 | 〃 | 1
□ 수목수량표
성상 | 수목명 | 규격 | 단위 | 수량
상교 | 서양측백 | H2.0×W1.0 | 주 | 14
〃 | 소나무 | H3.0×W1.5×R10 | 〃 | 5
낙교 | 느티나무 | H3.0×R6 | 〃 | 5
〃 | 중국단풍 | H2.5×R6 | 〃 | 7
〃 | 산수유 | H2.5×R8 | 〃 | 8
〃 | 목련 | H3.0×R10 | 〃 | 4
낙관 | 수수꽃다리 | H1.5×W0.8 | 〃 | 10
〃 | 산철쭉 | H0.3×W0.3 | 〃 | 170
초본 | 구절초 | 8cm | 본 | 340
〃 | 매발톱 | 8cm | 〃 | 310
〃 | 금조마리 | 8cm | 〃 | 180
지피 | 잔디 | 0.3×0.3×0.03 | M² | —
N
0 1 3 6(M)
SCALE: 1/100
5-느티나무 H3.0×R6
14-서양측백 H2.0×W1.0
60-산철쭉 H0.3×W0.3
5-수수꽃다리 H1.5×W0.8
4-산수유 H2.5×R8
30-산철쭉 H0.3×W0.3
5-소나무 H3.0×W1.5×R10
7-중국단풍 H2.5×R6
4-목련 H3.0×R10
진입구
DN
휴식공간
목재데크 포장
운동공간
점토블럭 포장
화강석판석 포장
마사토 포장
치유공간
연못 및 분수
안음벽
100-매발톱 8cm
180-금조마리 8cm
180-구절초 8cm
160-구절초 8cm
150-매발톱 8cm
B
B'

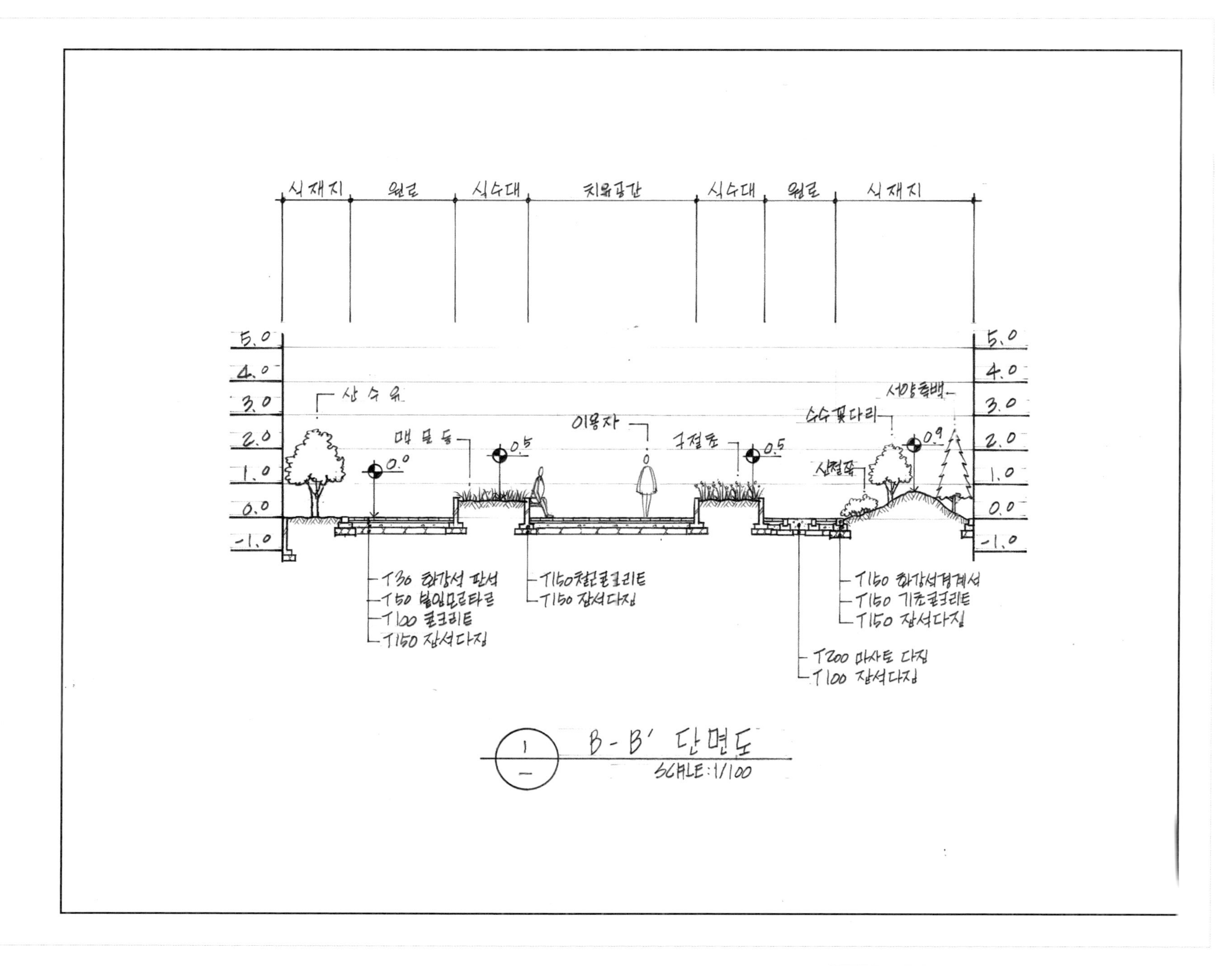
식재지
원로
식수대
치유공간
식수대
원로
식재지
5.0
4.0
3.0
2.0
1.0
0.0
-1.0
산수유
매몰등
이용자
구절초
수수꽃다리
서양측백
산철쭉
0.0
0.5
0.5
0.9
T30 화강석 판석
T50 붙임모르타르
T100 콘크리트
T150 잡석다짐
T150 철근콘크리트
T150 잡석다짐
T150 화강석경계석
T150 기초콘크리트
T150 잡석다짐
T200 마사토 다짐
T100 잡석다짐
B - B' 단면도
SCALE:1/100

도면이해하기

Floor Plan
부분평면도

'요구조건'에 맞추어 계획된 평면도의 일부분으로서, 설계도면에 나타나는 공간의 구성과 시설물 및 포장, 배식 등 설계요소의 내용 및 표현방법을 알 수 있다.

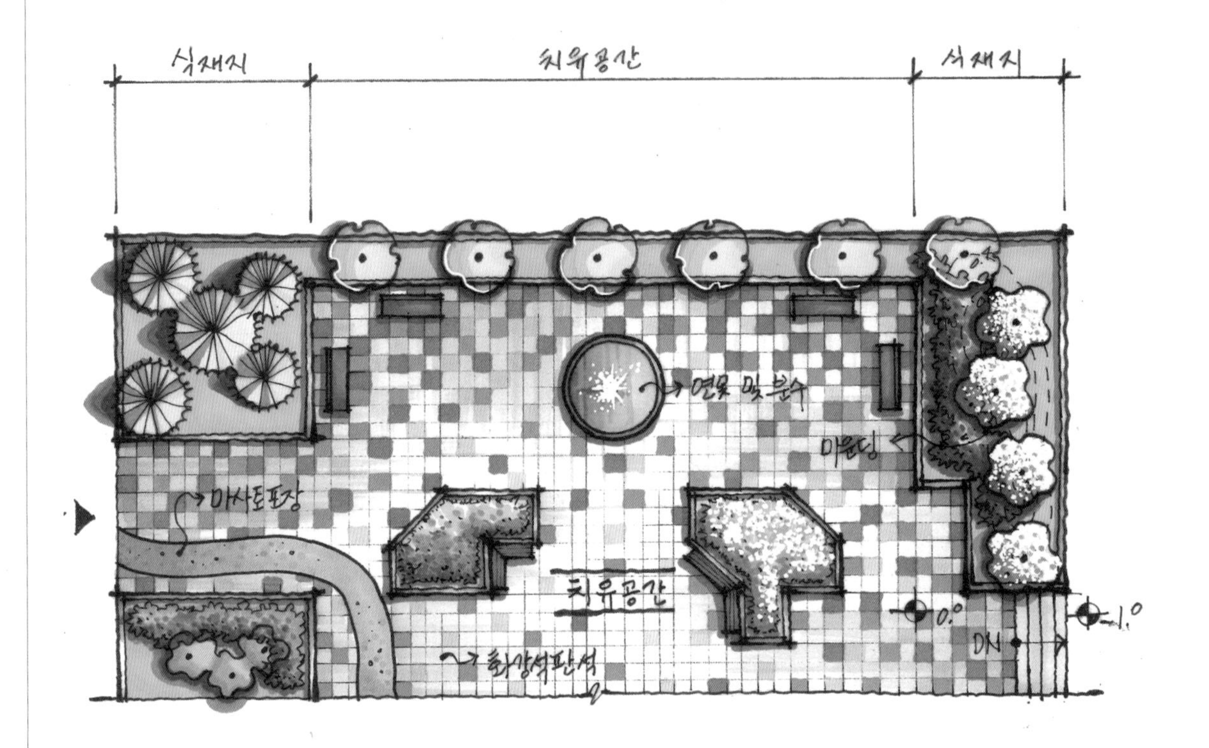

Section
단면도

수직적 입단면의 구조를 파악하여 설계된 내용을 이해하고, 더불어 기출문제와 다르게 단면의 위치와 방향이 변경되어 출제되어도 충분히 대비할 수 있도록 한다.

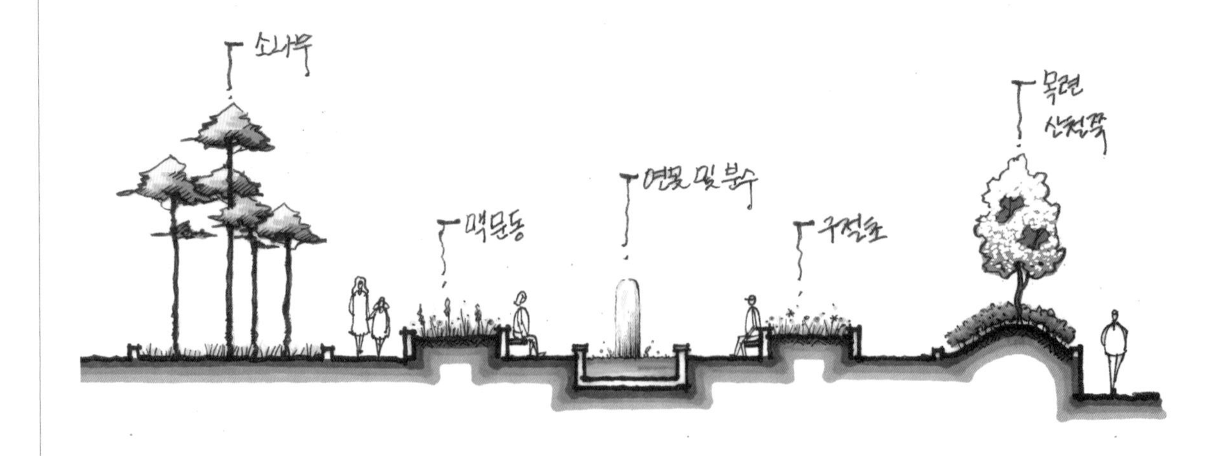

Perspective
투시도

평면설계와 단면설계를 바탕으로 한 전체 투시도로서, 공간의 구성과 시설물 및 수목의 조화를 한 눈에 볼 수 있도록 조감도 형태로 나타내었다. 설계의 내용을 파악하여 도면작성 시 반영하도록 한다.

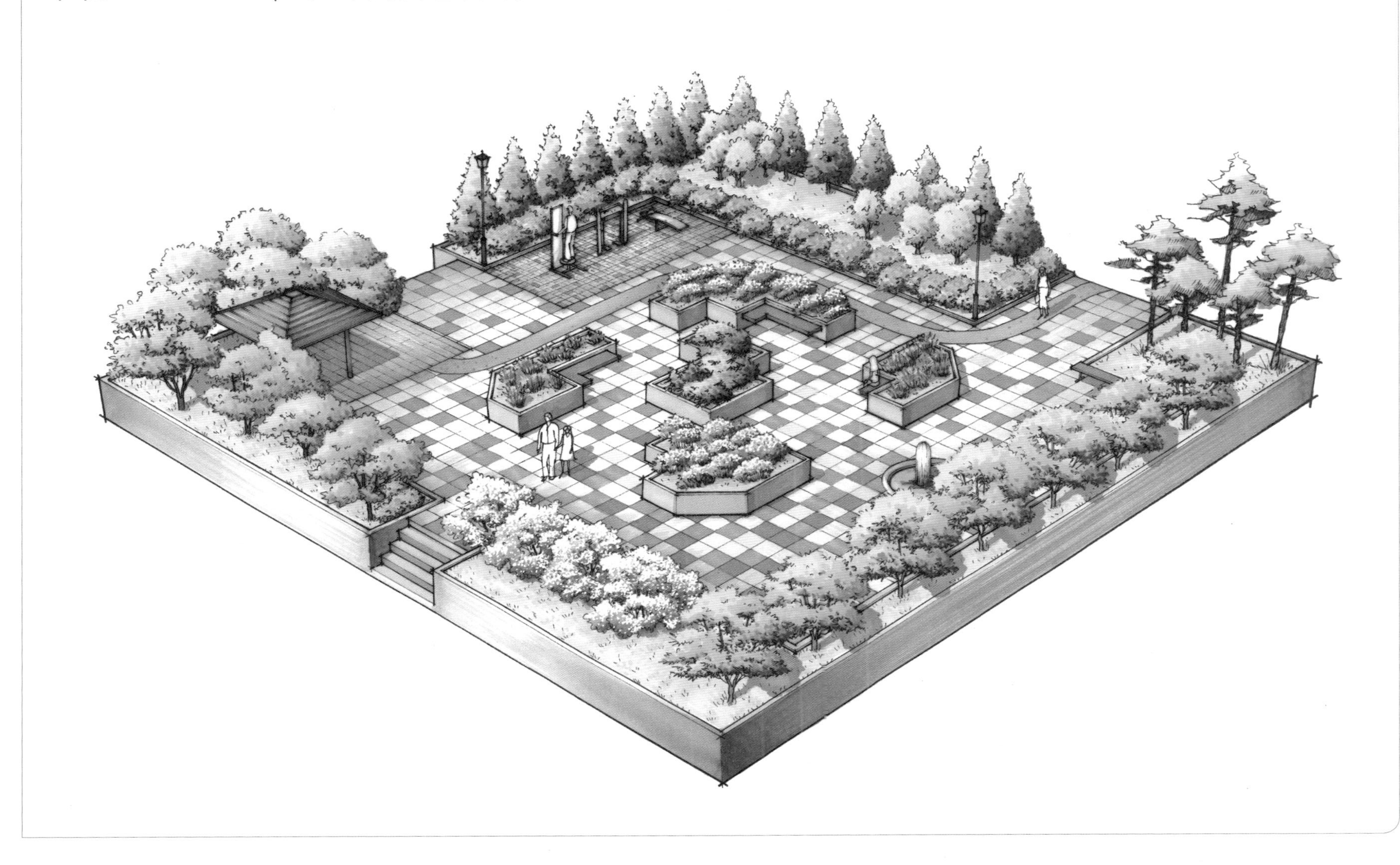

Part 2 조경시공작업

조경시공작업 준비물

망치(길이 75mm 못박기용), 손자 1m(손안에 들어가는 줄자 가능), 장갑, 전정가위, 기타 조경작업에 필요한 도구, 작업에 필요한 안전복장 및 장비(반드시 지참할 것)

Chapter 1 조경식재 및 관리

1 조경식재공사

조경식재공사는 나무를 옮겨 심는 작업을 말한다. '굴취→운반→식재→식재 후 조치'의 여러 작업과정을 거치며 이루어진다. 다음의 사항은 시험에 있어 구술질문에 관련된 내용과 직접 실습에 필요한 내용을 위주로 정리된 내용이므로 잘 숙지하도록 한다.

1. 수목식재의 전반적 내용

(1) 식재공사상의 유의사항

① 소운반 시 뿌리분의 파괴, 잔뿌리의 절단, 지엽과 수피의 손상에 주의한다.
② 식재장소의 토양, 배수 등을 파악하여 객토, 시비, 위치의 변경 등을 고려한다.
③ 식재 전 식재구덩이에 살균제·살충제로 소독하여 활착률을 높인다.
④ 원생육지의 지반과 방향을 맞추어 앉힌 후 2/3 정도 흙을 메우고 죽쑤기(물조임) 후 나머지에 흙을 덮어 잘 밟아준다.
⑤ 뿌리분 주위에 복토 후 높이 10cm 정도의 물받이를 설치한다.
⑥ 식재 후에는 흔들림 방지용 지주목을 설치한다.
⑦ 식재 전이나 직후에 지상부와 지하부의 균형유지(적정한 T/R율 유지)를 위해 정지·전정하여 수분증산 억제 및 뿌리의 부담을 경감시킨다.
⑧ 필요에 따라 관수, 멀칭, 수피감기 등을 실시한다.

(2) 뿌리돌림

1) 뿌리돌림의 목적

① 새로운 잔뿌리 발생을 촉진시키고, 분토 안의 잔뿌리 신생과 신장을 도모하여 이식 후의 활착을 돕고자 하는 사전조치를 말한다.
② 세근이 발달하지 않아 활착이 어려운 노목, 대형목, 쇠약한 수목 또는 야생의 수목 등에 적용한다.

2) 뿌리돌림 시행시기

① 해토 직후부터 4월 상순까지가 가장 좋으며 아주 추울 때나 더울 때가 아니면 가능하다.
② 이식하기 6개월~3년 전에 수목의 상태를 점검하여 실시하고, 필요에 따라 2~4회에 나누어 행한다.

3) 뿌리돌림 분의 크기

① 이식할 때의 뿌리분·크기보다 작게 하고, 측근의 밀도가 현저하게 줄어드는 깊이까지 실시한다.

② 분의 크기는 근원직경의 5~6배를 표준으로 하나 일반적으로 4배를 적용한다.

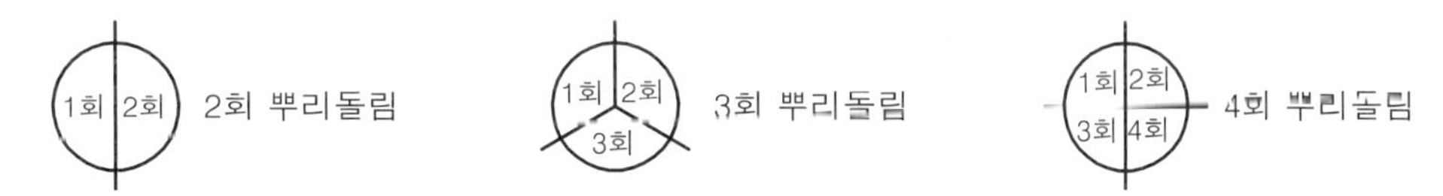

| 뿌리돌림 등분법 |

4) 뿌리돌림의 방법

① 결정된 분의 크기보다 약간 넓게 수직으로 굴삭한다.

② 가는 뿌리는 분의 바깥쪽에서 자르고, 굵은 뿌리는 도복방지를 위해 3~4방향의 굵은 뿌리만 남기고 잘라낸다.

③ 남겨진 굵은 뿌리는 15cm 정도의 넓이로 환상박피하여 세근이 발생되도록 한다.

④ 절단 및 박피 후 분을 새끼줄로 강하게 감은 다음 분 밑의 잔뿌리도 절단한다.

⑤ 흙의 되메우기는 토식으로 하며 물을 주지 않는다. 이때 비료를 같이 주면 효과적이다.

⑥ 뿌리와 가지의 균형을 위해 정지·전정을 실시한다. 낙엽수는 1/3, 상록활엽수는 2/3 정도의 가지치기가 적당하다.

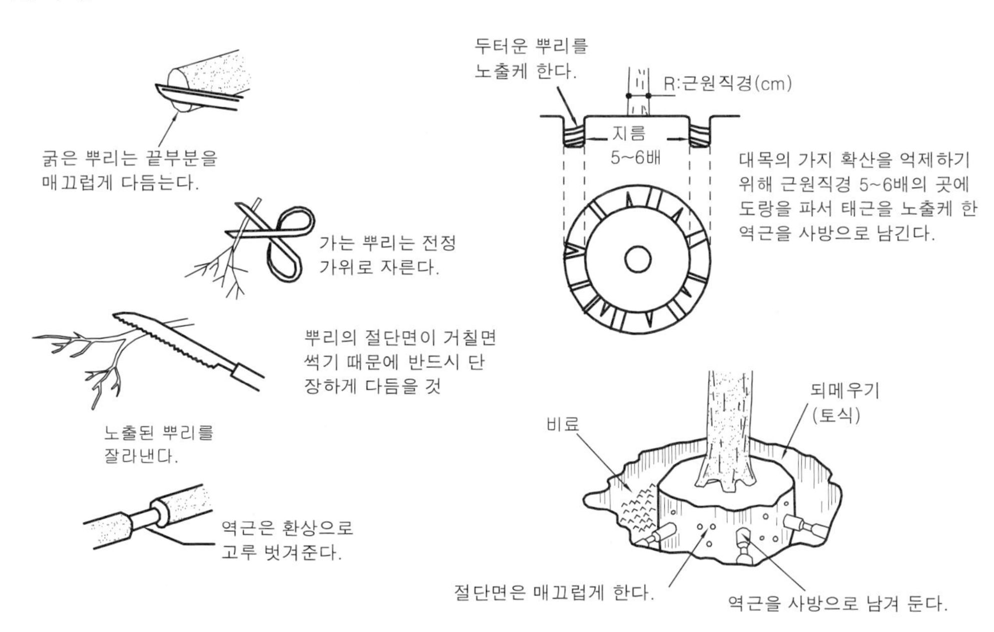

| 뿌리돌림의 방법 |

| 뿌리돌림 |

절단 및 환상박피

절단면은 지하를 향하도록 직각 또는 45° 정도로 매끈하게 절단하여 부패를 방지하고, 환상박피는 목질부를 약간 깎아낼 정도로 벗겨내어 뿌리의 발생이 용이하도록 한다.

뿌리분

뿌리와 흙이 서로 밀착하여 한덩어리가 되도록 한 것으로 이식 시 활착률을 높이기 위해 흙을 많이 붙이는 것이 좋으나 너무 커서 운반할 때 뿌리분이 깨지면 오히려 활착률이 떨어지므로 적당한 크기를 고려한다.

(3) 굴취

굴취란 이식하기 위하여 수목을 캐내는 작업으로 분의 크기를 결정하고, 분뜨기 및 뿌리감기를 실시하는 작업이다.

1) 뿌리분의 크기와 모양

① 일반적으로 분의 너비(지름)는 근원직경의 3~5배로 하며, 깊이는 너비의 1/2 이상으로 한다.

② 수식에 의할 때는 '분의 지름(cm)=24+(수목 근원직경-3)×상수(4 또는 5)'로 한다.

③ 현장에서 간단히 결정할 때에는 수목 근원직경의 4배로 한다.

④ 분의 깊이는 뿌리의 깊이에 따라 팽이분(조개분, 심근성 수종), 접시분(천근성 수종), 보통분(일반 수종)의 형태로 결정한다.

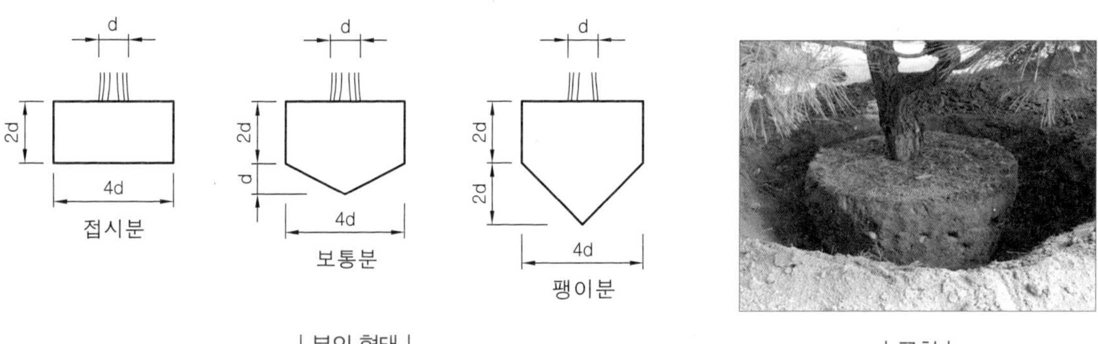

| 분의 형태 |

| 굴취 |

뿌리분의 형태별 적합수종

구분	수종
접시분	버드나무, 메타세쿼이아, 낙우송, 일본잎갈나무, 편백, 사시나무, 황철나무
보통분	단풍나무, 벚나무, 향나무, 버즘나무, 측백, 산수유, 감나무, 꽃산딸나무
팽이분	소나무, 비자나무, 전나무, 느티나무, 백합나무, 은행나무, 녹나무, 후박나무

2) 뿌리감기(분감기)

① 뿌리분 깊이만큼 주변을 파낸 다음 실시한다.

② 모래나 흐트러지기 쉬운 토양에서는 뿌리분 주위를 1/2 정도 파 내려갔을 때부터 시작하고 나머지 흙을 파낸 후 다시 분감기를 한다.

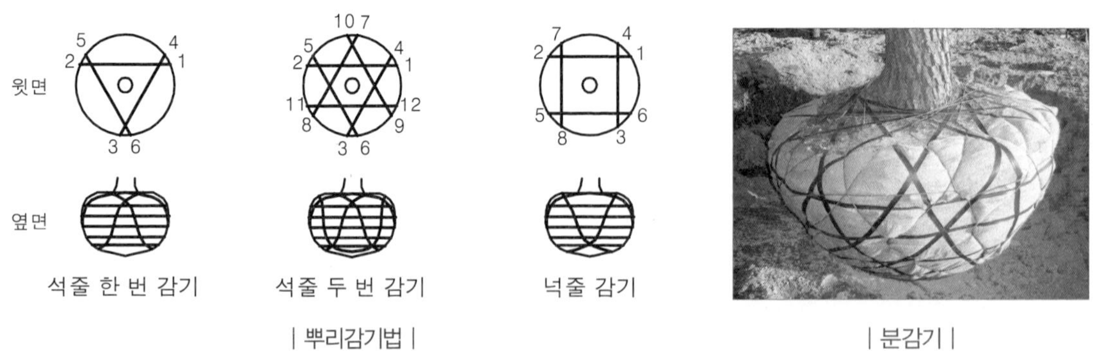

| 뿌리감기법 |

| 분감기 |

3) 굴취법

① 뿌리감기굴취법 : 분의 크기를 결정한 후 도랑모양으로 작업이 가능한 폭만큼 파 내려가며 새끼, 녹화끈, 밴드, 녹화마대, 가마니, 철사 등으로 고정하는 방법이다.

② 나근굴취법 : 유목이나 이식이 용이한 수목의 이식 시 뿌리분을 만들지 않고 굴취하는 방법이다.

③ 추적굴취법 : 흙을 파헤쳐 뿌리의 끝부분을 추적해 가면서 굴취하는 방법이다.

(4) 수목의 운반

① 조건에 따라 인력운반(목도·리어카), 기계운반(크레인차·트럭)을 선택하여 실시한다.

② 상·하차는 인력이나 대형목의 경우 체인블록·크레인 등의 중기를 사용한다.

③ 운반에 따른 보호조치

㉠ 운반 전에 뿌리의 절단면을 매끄럽게 마감한다.

㉡ 뿌리의 절단면이 클 경우에는 콜타르 등을 발라 건조를 방지

㉢ 세근이 절단되지 않도록 하고 뿌리분이 깨지지 않도록 하고, 이중적재를 하지 않는다.

㉣ 가지는 간단하게 가지치기를 하거나 간편하게 결박하여 이동한다.

㉤ 수목이나 뿌리분을 젖은 거적이나 시트로 덮어 수분증발을 방지한다.

(5) 수목의 가식

① 수목은 반입 당일 식재하는 것이 원칙이나 부득이한 경우에는 뿌리의 건조, 지엽의 손상 등을 방지하기 위하여 임시로 식재하여 둔다.

② 가식장소는 사질양토나 양토로 배수가 잘 되어야 하고 불량지는 배수시설을 설치한다.

③ 원활한 통풍을 위해 식재간격을 유지하고, 증산억제 및 동해방지에 대하여 조치한다.

(6) 수목의 식재

① 수목의 활착이 어려운 7~8월의 하절기나 12~2월의 동절기는 피하는 것이 원칙이며, 부적기의 이식은 보호 등 특별한 조치가 요구된다.

㉠ 춘식 : 봄에 발아하기 전에 이식하는 것으로 대체로 해토 직후부터 3월 초~3월 중순까지가 적기이며, 낙엽수는 해토 직후~4월 초, 상록수는 4월 상·중순, 6~7월 장마기에 행한다.

㉡ 추식 : 수목의 체내에 가장 많은 에너지가 함축되어 있는 낙엽을 완료한 시기로 보통 10월 하순~11월까지가 적기이며, 일반적으로 낙엽활엽수의 이식에 적용한다.

② 수목의 식재방법

㉠ 수식(죽쑤기·물조림) : 흙을 넣은 후 몇 차례 물을 부어가면서 진흙처럼 만들어 뿌리 사이에 흙이 잘 밀착되도록 막대기나 삽으로 기포를 제거하여 심는 방법

㉡ 토식 : 처음부터 끝까지 일체의 물을 사용하지 않고 흙을 다져가며 심는 방법

수목의 방향

수목은 이식 전의 방향(생육지 방향)으로 식재하는 것이 원칙이다. 그러나 생육이 부진한 부위를 남쪽으로 할 수도 있으며, 설계의도에 따라 달리할 수도 있다. 장령목의 경우 수목의 방향을 기존 생육지와 반대로 하여 식재하면 수피가 갈라지고 줄기의 통로조직이 파괴될 수도 있으므로 주의하여야 한다.

2. 교목의 식재 [실기시험 부분]

교목식재는 자주 출제되는 부분이므로 전체적인 내용을 잘 숙지하고 구술로 질문하는 내용도 있으므로 작업의 이유나 순서 등을 잘 숙지하도록 한다.

수목의 식재순서 : **구덩이 파기 → 수목 앉히기 → 2/3 정도 흙 채우기 → 죽쑤기 → 나머지 흙 채우기 → 물집 만들기**

(1) 식재구덩이(식혈) 파기

① 식재구덩이는 뿌리분 크기보다 1.5~3배 가량의 크기로 판다.

② 파낼 때 겉흙(표토)가 속흙(심토)을 구분하여 놓는다.

③ 구덩이를 판 후 이물질(돌멩이, 폐기물 등)을 제거하고, 유기질비료(퇴비)가 주어지면 적당량을 넣는다.(구술)

④ 겉흙을 먼저 넣고 모자랄 경우 겉흙을 넣고 바닥을 고른다.

⑤ 고르기를 할 때 수목의 방향, 경사도 등의 조절이 쉽도록 바닥면의 중앙을 약간 볼록하게 높인다.

교목식재 순서

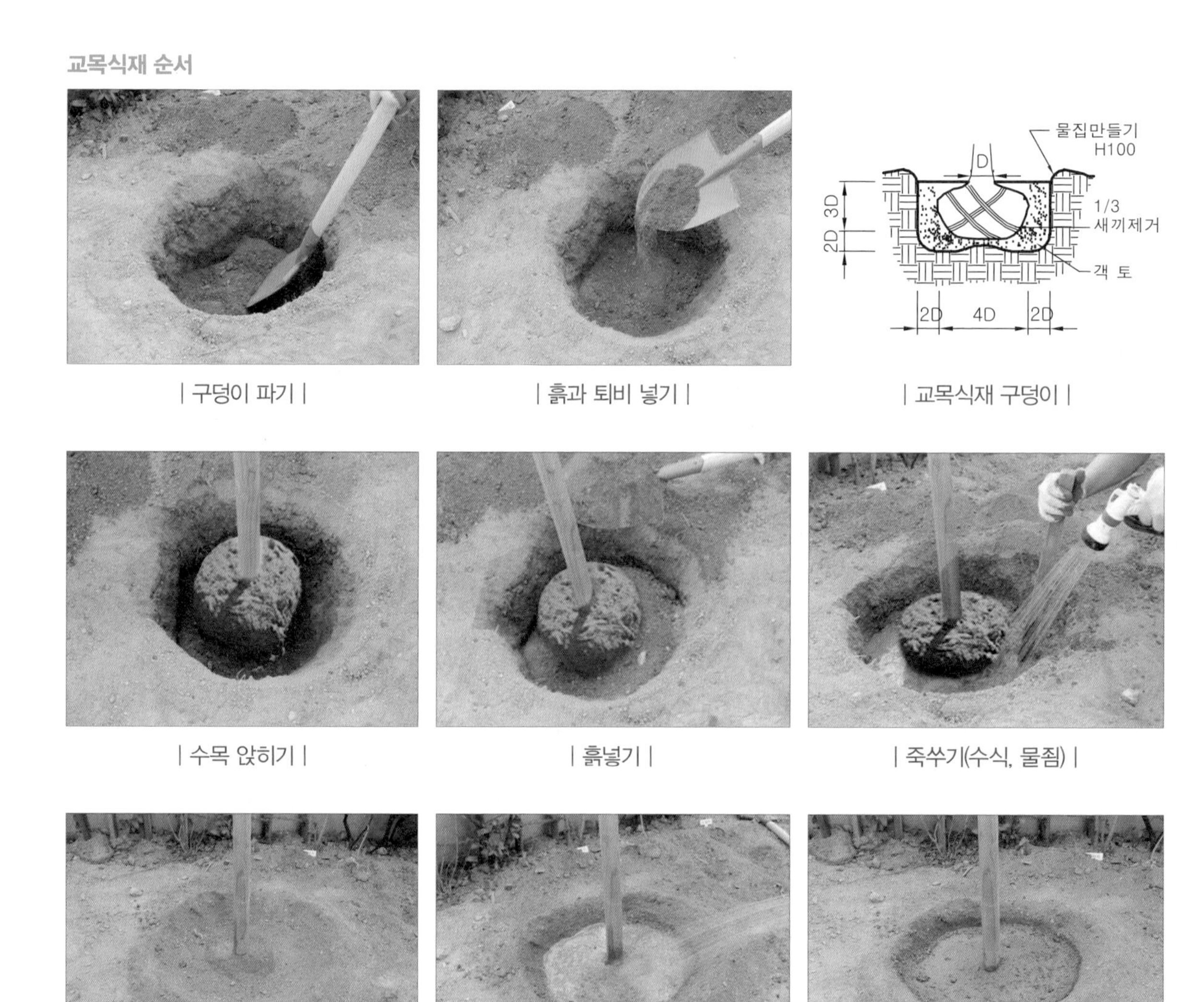

| 구덩이 파기 | | 흙과 퇴비 넣기 | | 교목식재 구덩이 |

| 수목 앉히기 | | 흙넣기 | | 죽쑤기(수식, 물죔) |

| 물집 만들기 | | 관수 ① | | 관수 ② |

(2) 심기

① 구덩이 안에 뿌리분이 깨지지 않도록 앉힌다.
② 이식 전의 방향(생육지 방향)과 수형을 고려하여 돌려가면서 고정시킨다.
③ 구덩이에 흙을 2/3 정도(70% 전후) 채워 넣는다.
④ 계속 물을 넣어가면서 막대기를 이용하여 분의 주위를 쑤셔가면서 흙과 뿌리분에 공극이 생기지 않도록 한다.
⑤ 물이 더 이상 들어가지 않으면 물주기를 정지한다.
⑥ 물이 완전히 스며든 후 나머지 흙을 넣고 밟아서 다져준다.

(3) 물집(윤상관수구) 만들기

① 복토 후 뿌리분 주위에 구덩이 크기 정도의 범위로 높이 10cm 정도의 물받이 턱(물집)을 만든다.
② 필요할 경우 물이 다 스며든 후 수분의 증발을 막기 위하여 나뭇잎이나 짚으로 멀칭한다.(구술)

구술질문 및 유의사항

질문) **이식하기 전에 전정하는 이유는 무엇인가?**
▪이식 후 전정을 하면 식재한 나무에 흔들림이나 충격을 주게되어 뿌리활착에 도움이 되지 않기 때문이다.
질문) **식재 전이나 직후에 정지·전정하는 이유에 대하여 설명하시오.**
▪이식한 수목은 뿌리의 손상으로 인하여 물의 흡수가 원활하지 못하므로 수분의 증산 억제와 뿌리의 부담을 경감시키기 위함이다. 즉 지상부와 지하부의 균형유지(T/R율 균형)를 위해 하는 것이다.
질문) **수목을 구덩이에 앉힐 때 어떤 방향이 적합하며 그 이유는 무엇인가?**
▪수목은 이식 전의 방향(생육지 방향)으로 식재하는 것이 원칙이다. 기존 생육지와 반대로 식재할 경우 수피의 온도 적응력에 따라 수피가 갈라지고 줄기의 통로조직이 파괴될 수도 있기 때문이다.
질문) **죽쑤기 방법에 대하여 설명하시오.**
▪수목을 앉힌 후 흙을 2/3가량 메운 다음 물을 충분히 주면서 나무막대기 등으로 골고루 쑤셔 죽처럼 만들어 주고, 물이 더 이상 스며들지 않으면 죽쑤기를 멈춘다. 물이 다 스며들 때까지 기다린 후 나머지 흙을 덮어 잘 밟아준다. 뿌리분이 클 경우 2번에 걸쳐 죽쑤기를 하는 경우도 있다.
질문) **죽쑤기를 하는 이유는 무엇인가?**
▪죽쑤기는 뿌리분과 채운 흙 사이에 공극을 없애 활착률을 높이기 위함이다. 일반낙엽수나 상록활엽수 등 대부분의 수목에 실시하며, 소나무류 등에는 물을 사용하지 않는 토식을 시행한다.
질문) **물집을 만드는 이유와 방법에 대하여 설명하시오.**
▪물집은 물을 충분히 주기 위한 것이며, 식재 구덩이 크기 정도에 높이 10cm 정도의 턱을 만든다.
질문) **멀칭하는 이유에 대하여 설명하시오.**
▪수분의 증발 억제 및 보온 효과로 뿌리를 보호하여 생장발육을 좋게 하며, 비료의 분해를 지연시키는 효과, 잡초의 발생을 억제하는 효과와 더불어 근원부를 답압으로부터 보호하는 기능을 한다.

3. 관목의 식재 [실기시험 부분]

(1) 군식

① 군식지의 위치를 석회 등으로 줄을 그어 표시한다.

② 식재간격은 조건에 주어진 경우 그에 따르고, 주어지지 않은 경우에는 30cm 정도로 한다.

③ 나무 심을 위치를 정한 후 뿌리분 보다 1.5배 이상 크게 구덩이를 파고 구덩이 속의 이물질을 제거한다.

④ 중앙부에 가장 큰 나무를 심고, 주변으로 작은 나무들을 심어 나간다.(아래 예시된 그림의 경우 중앙의 1번이 가장 큰 수목이며 2, 3의 순으로 작아진다.)

⑤ 흙을 덮은 후 나무를 살짝 당기면서 잘 밟아준다.

⑥ 뿌리 술이 많은 나무는 나무 꼬챙이로 골고루 쑤셔가며 밟아준다.

⑦ 물집이 필요할 경우 전체 수목에 대하여 물집을 만든다.

⑧ 전정 높이에 맞추어 전정을 실시한다.(감독관에게 대답만 한다.)

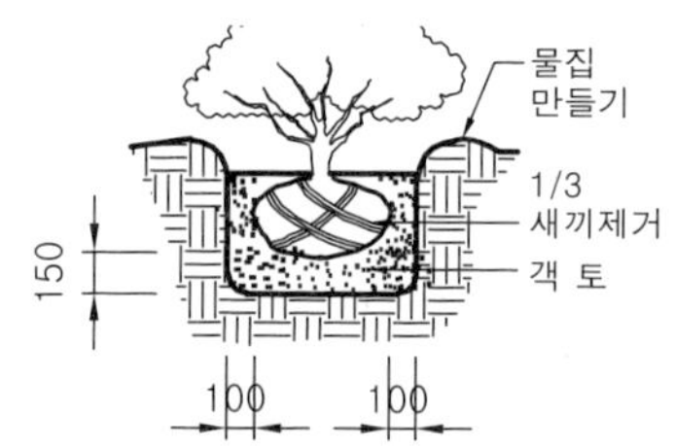

| 관목식재 구덩이 |

관목군식 순서

| 1번 수목 흙덮기 |

| 2번 수목 위치잡기 |

| 2번 수목 심기 |

| 1, 2번 식재완료 |

| 3번 수목 심기 |

| 1, 2, 3번 식재완료 |

| 물집만들기 |

| 작업완료 |

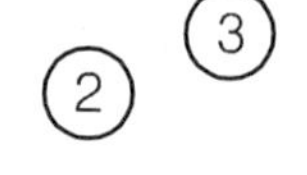

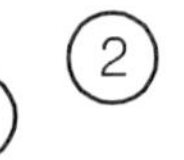

| 관목군식 평면 |

(2) 열식(산울타리 식재)

① 식재할 위치를 석회 등으로 줄을 그어 표시한다.
② 식재간격은 조건에 주어진 경우 그에 따르고, 주어지지 않은 경우에는 30cm 정도로 한다.
③ 두 줄로 식재할 경우 그림처럼 교호식재가 되도록 어긋나게 배치한다.
④ 식재간격이 넓은 경우에는 구덩이를 한 개씩 파고, 식재간격이 좁을 경우에는 두 줄 도랑파기를 한다.
⑤ 나무 심을 위치를 정한 후 뿌리분보다 1.5배 이상 크기로 구덩이를 파고 구덩이 속의 이물질을 제거한다.
⑥ 우측이나 좌측으로부터 큰 나무에서 작은 나무순으로 심어나간다.
⑦ 나무를 심고 흙을 덮은 후 나무를 살짝 당기면서 잘 밟아준다.
⑧ 뿌리 숱이 많은 나무는 나무 꼬챙이로 골고루 쑤셔가며 밟아준다.
⑨ 물집이 필요할 경우 전체 수목에 대하여 물집을 만든다.
⑩ 전정 높이에 맞추어 전정을 실시한다.(감독관에게 대답만 한다.)

관목열식 순서

| 도랑파기 |

| 교호배치 |

| 묻어주기1 |

| 묻어주기2 |

| 물집만들기 |

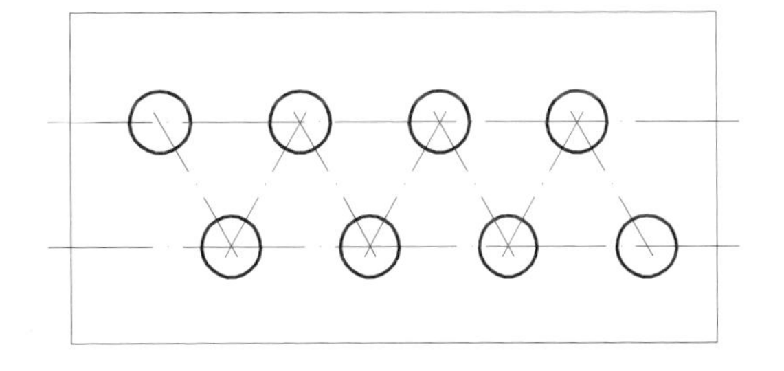

| 산울타리 열식 평면 |

일반적인 군식과 열식

| 군식 |

| 열식 도랑파기 |

| 열식 |

| 열식 성장 후 차폐 |

구술질문 및 유의사항

질문) **복토방법에 대하여 말하고 이유를 설명하시오.**

▪흙을 덮고 살짝 당기면서 밟아 주며, 이유는 뿌리가 너무 깊이 묻히는 것을 막기 위함이다.

질문) **산울타리 조성 시 식재간격은 어느 정도가 적당한가?**

▪이식목의 현재 상태나 성목 시의 상태에 따라 다르나 일반적으로 90cm 정도의 어린나무로 30cm 간격에 한 줄이나 두 줄로 교호식재를 하는 것이 바람직하다.

질문) **식재 후 관수에 대하여 말하시오.**

▪관수 시 삐뚤어진 나무는 바로 세워가며 물을 충분히 주고, 필요한 경우 전체적인 물집을 만들어서 물을 준다.

질문) **전정시기에 대하여 간단히 설명하시오.**

▪전정시기는 4~5월이나 9월이 적당하다. 사철나무, 회양목 등은 4~5월이 좋다.

질문) **전정요령에 대하여 간단히 설명하시오.**

▪전정을 할 때에는 위는 강하게 하고, 아래는 약하게 전정한다. 정부우세성을 고려한 것이다.

질문) **전정횟수에 대하여 간단히 설명하시오.**

▪전정횟수는 연 2~3회 실시하며, 필요에 따라 추가할 수 있다.

4. 잔디식재

(1) 잔디의 이해

1) 잔디의 구분

① 난지형 잔디 : 생육적온이 25~35℃인 잔디로 한국잔디가 이에 속하며, 도입잔디로는 버뮤다그래스, 버팔로그래스 등이 있다.

② 한지형 잔디 : 생육적온이 15~25℃로서 한국의 겨울에도 녹색을 유지하며, 컨터키블루그라스, 크리핑벤트그라스, 톨페스큐 등 대부분의 도입잔디가 이에 속한다.

2) 잔디의 번식

① 파종 : 발아율이 높은 잔디의 번식에 사용하는 방법으로 종자를 뿌려서 발아시킨다.

② 영양번식 : 발아율이 낮은 잔디의 번식에 이용하며 포복경 및 뿌리가 자라난 성체를 이용하는 방법이다. 주로 뗏장을 이용하며 풀어심기를 하는 경우도 있다.

| 떼 |

잔디의 규격 및 식재기준

구분	규격(cm)	식재기준
평떼	30×30×3	1m²당 11매
줄떼	10×30×3	1/2줄떼 : 10cm 간격, 1/3줄떼 : 20cm 간격

3) 잔디붙이기(뗏장심기)

① 뗏장이란 잔디의 포복경 및 뿌리가 자라는 잔디 토양층을 일정한 두께와 크기로 떼어낸 것이다

② 뗏장을 붙이는 방법 및 뗏장 사이의 간격에 따라 소요량과 조성속도에 차이가 발생한다.

③ 줄눈은 어긋나도록 식재하는 것이 좋으며, 조성기간은 평떼를 제외하고는 2~3년 정도 소요된다.

4) 잔디식재방법

① 평떼식재(전면식재) : 뗏장의 간격을 1~3cm 간격으로 어긋나게 배치한다.

② 이음매 식재 : 뗏장의 간격을 3~7cm 간격으로 어긋나게 배치한다.

③ 어긋나게 식재 : 20~30cm 간격으로 어긋나게 배치하거나 서로 맞물려 어긋나게 배치한다.

④ 줄떼식재 : 뗏장을 한쪽변의 1/2~1/3로 길게 잘라서 이어붙이고 간격은 15~20cm로 한다.

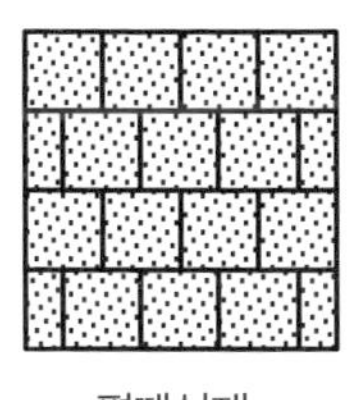

평떼식재

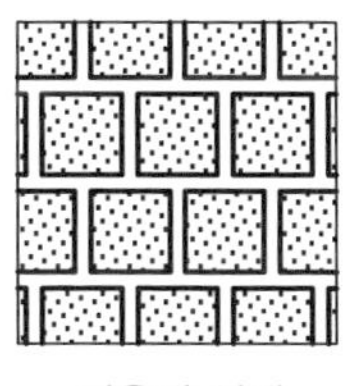

이음매 식재

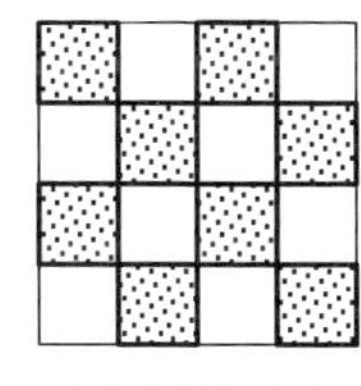

어긋나게 식재

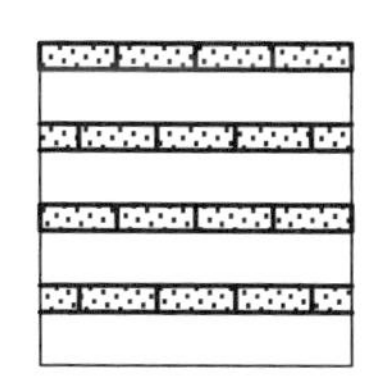

줄떼식재

| 잔디식재 방법 |

(2) 잔디식재 [실기시험 부분]

잔디식재는 작업의 순서와 함께 세부적인 내용을 상세하게 외우도록 한다. 비료의 양이나 물의 양 등 구체적인 질문에 답을 할 수 있도록 잘 숙지하도록 한다.

잔디의 식재순서 : **경운 → 정지 → 시비 → 레이킹 → 떼 붙이기 → 줄눈 채우기 → 전압 → 관수**

1) 정지작업

① 주어진 실이나 줄을 그어 식재지역을 정확하게 마름질한다.

② 식재지역을 20cm 정도의 깊이로 흙을 갈아엎는다.(기경)

③ 잡초나 돌 등의 이물질을 제거하고 평활한 면이 약간 경사지도록 흙을 고른다.

④ 복합비료 20g/m^2 정도를 골고루 뿌린 후 레이크로 긁어 흙 속에 깊이 5cm 정도로 묻히게 한다.(구술)

2) 잔디식재(떼 붙이기)

① 잔디를 조건에 맞게 배치한다.

② 뗏장의 이음매 간격이 넓을 경우 호미 등으로 홈파기를 하며 붙여 나간다.(구술)

③ 배치한 잔디 위에 흙(모래)을 적당히 뿌린 후 롤러(100~150kg/m^2)를 쓰거나 삽으로 두들겨준다.

④ 잔디 붙이기 후 6L/m^2 정도 충분히 관수한다.(구술)

잔디식재 순서

| 마름질하기 |

| 기경하기 |

| 시비 후 레이크작업 |

| 평떼붙이기 |

| 어긋나게 붙이기 |

| 줄눈 채우기 |

| 전압(삽 이용) |

| 물주기 |

(3) 잔디파종 [실기시험 부분]

잔디파종은 실제로 작업하기가 까다로우며, 파종법이나 복토, 관수에 대하여 잘 알아두도록 한다.

잔디의 파종순서 : **경운 → 정지 → 파종 → 레이킹 → 전압 → 관수**

① 주어진 실이나 줄을 그어 파종지역을 정확히 마름질한다.

② 파종지역을 20cm 정도의 깊이로 흙을 갈아엎는다.(기경)

③ 잡초나 돌 등의 이물질을 제거하고 평활한 면이 약간 경사지도록 흙을 고른다.(구술)

④ 롤러로 가볍게 눌러준다.(시험에서는 삽으로 눌러준다.)

⑤ 종자를 같은 양의 모래와 골고루 섞어 준 후 반은 가로 방향, 나머지 반은 세로 방향으로 뿌린다.

⑦ 파종 후에는 복토를 하지 않고 레이크(갈퀴)로 가볍게 긁어 주어 종자의 50% 이상이 지표면 3mm 이내에 존재하도록 한다.

⑧ 레이킹 후 롤러(60~80kg)로 전압하거나 발로 밟아주어 종자를 토양에 밀착시킨다.(시험에서는 삽으로 눌러준다.)

⑨ 파종지가 충분히 젖도록 관수한다.(구술)

⑩ 필요 시 비닐이나 짚으로 멀칭한다.(구술)

잔디파종 순서

| 마름질하기 |

| 기경하기 |

| 전압 |

| 종자와 모래 섞기 |

| 가로로 씨뿌리기 |

| 세로로 씨뿌리기 |

| 레이크로 긁어주기 |

| 전압 |

| 물주기 |

일반적인 잔디식재 순서

| 지반기경 |

| 전압 |

| 표면정리 |

| 유기질비료 시비 |

| 잔디배치 |

| 이음매채우기 |

| 전압 |

| 관수 |

구술질문 및 유의사항

질문) **잔디식재 시 비료의 종류와 시비량은 얼마인가?**

▪복합비료를 m^2당 20g 정도로 골고루 뿌린다.

질문) **잔디 붙이기 후 관수량은 얼마 정도가 적당한가 ?**

▪잔디 붙이기 후 m^2당 6L 정도로 충분히 관수한다.

질문) **파종 시 날씨에 대한 유의점은 어떤 것이 있는가?**

▪바람 심한 날에는 종자가 작고 가벼워 바람에 날리므로 작업을 하지 않는 것이 좋다.

질문) **파종 시 모래를 섞는 이유는 무엇인가?**

▪넓은 면적에 골고루 뿌리기 위하여 증량시키는 것이다.

질문) **파종 시 종자를 가로와 세로로 뿌리는 이유는 무엇인가?**

▪한 쪽에 치우침 없이 골고루 뿌리기 위함이다.

질문) **파종 후 관수 시 유의점에 대하여 설명하시오.**

▪수적(물방울)은 작게, 수압은 약하게 하여 종자의 유실을 막는다. 또한 관수량이 많으면 종자가 물에 떠 표면으로 올라오므로 주의하여야 한다.

질문) **파종이 끝나면 무엇을 하는 것이 좋은가?**

▪수적은 작게 수압은 약하게 하여 물을 충분히 주고, 필요하면 멀칭을 하여 수분의 증발이나 종자의 유실을 막는다.

질문) **파종 후 멀칭을 하는 이유는 무엇인가?**

▪습기를 보존하고 종자의 유실을 방지하기 위함이다.

2 조경수목관리

이 단원은 '이식 후 조치'부터 수목관리에 대한 전반적인 내용을 서술하였다. 다음의 사항은 시험에 있어 구술질문에 관련된 내용과 직접 실습에 필요한 내용을 위주로 정리된 내용이므로 잘 숙지하도록 한다.

1. 수피감기 [실기시험 내용]

수분의 증산을 억제하고 동절기의 동해, 하절기 태양의 직사광선으로부터 줄기의 피소 및 수피의 터짐을 보호하며, 병충해의 침입을 방지하고, 생육기능이 약해진 이식수목의 수피에 대한 양생작업이다.

(1) 수피감기의 목적 및 특성(구술)

① 피소(볕데기)방지 : 하절기 햇빛에 줄기가 타는 것을 막아준다.
② 동해·상해방지 : 동절기 낮은 온도에 의한 수간의 피해를 막아준다.
③ 수목의 상태나 식재시기를 고려하여 수피가 얇은 수목에 실시한다.
④ 수피가 매끄럽고 얇은 수목의 증산을 억제한다. -느티나무·단풍나무·배롱나무·목련류 등
⑤ 수피가 갈라져 관수나 멀칭만으로 증산억제가 어려운 수목에 시행한다. -소나무
⑥ 쇠약한 상태의 수목과 잔뿌리가 적은 수목, 부적기 이식 수목을 보호한다.
⑦ 가지치기를 많이 하거나 이식 시 분이 깨진 경우의 수목에 시행한다.
⑧ 뿌리돌림을 하지 않고 이식한 자연상태의 수목에 시행한다.
⑨ 병충해 방지를 위한 조치가 필요한 수목에 시행한다.
⑩ 지주목 설치 시 수피를 지주목이 닿는 부분을 보호하기 위하여 시행한다.

(2) 수피감기 방법

① 수피감기 : 수간 아래에서부터 위로 새끼줄이나 녹화마대를 촘촘히 감아 올라간다.
② 진흙바르기 : 수피를 감은 후 소나무좀 예방 등을 위하여 그 위에 진흙을 바르기도 한다.

수피감기 재료
수피감기 재료는 여러 다양한 소재가 있으나 일반적으로 자연소재를 이용한 재료가 많이 쓰이고 있다. 먼저 짚으로 만든 새끼가 있고, 야자섬유로 만들어진 코아로프, 녹화테이프, 황마섬유로 만들어진 녹화마대를 들 수 있으며, 짚으로 수피감기를 한 후 진흙을 바르는 번거로움을 줄인 황토마대 등이 있다. 새끼와 코아로프는 줄의 형태로 된 것을 촘촘히 감아서 사용하는 것이고, 녹화테이프는 얇은 것과 조금은 두꺼운 매트용이 있어 지주목의 완충재로 많이 사용되며, 녹화마대는 붕대처럼 생긴 것으로 재질이 상대적으로 부드러워 수피감기에 많이 쓰이는 재료이다.

수피감기 재료

| 새끼 |

| 코아로프 |

| 녹화테이프 |

| 녹화마대 |

수피감기의 사용

| 월동용 수피감기 |

| 녹화테이프 수피감기 |

| 녹화마대 수피감기 |

| 황토마대 수피감기 |

(3) 지제부 수피감기(형태1–수피감기의 기본방법) [실기시험 부분]

① 새끼의 한쪽 끝을 위쪽으로 조금 접는다.

② 접힌 부분을 감싸면서 수간을 촘촘하게 감아 올라간다.

③ 수간을 감아 올라가다 감아 줄 새끼가 어느 정도 남으면 마지막 감은 줄 사이로 넣어 당겨준다.

④ 남겨진 끝을 잘라내어 늘어진 새끼가 없도록 한다.(시험에서는 자르지 않는다.)

⑤ 진흙 바르기가 과제에 주어진 경우 주어진 진흙을 물에 이겨 발라 준다.

지제부 수피감기 순서

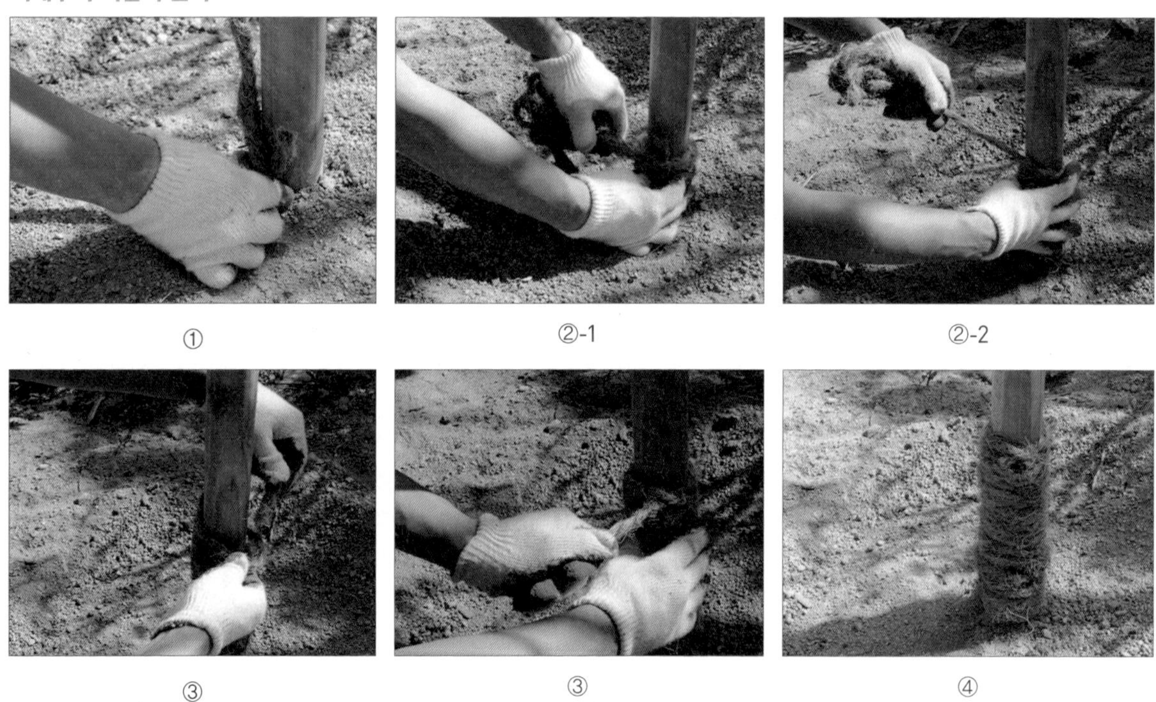

① ②-1 ②-2

③ ③ ④

진흙바르기

수피감기의 목적은 들어오는 것과 나가는 것을 조절하기 위하여 시행한다. 그런데 거기에 더하여 진흙을 추가로 발라 주어 특별한 기능을 하도록 한다. 주목적은 주로 소나무, 곰솔, 잣나무 등의 소나무과 식물에 큰 피해를 주는 소나무좀의 침입을 막기 위한 조치로서 시행한다. 소나무좀은 지제부(나무 밑동) 근처의 수피에서 월동을 하고, 봄이 되면 다른 나무로 이동하여 수피를 뚫고 들어가 산란을 한다. 따라서 소나무좀의 침입경로를 차단하기 위한 것이다. 진흙을 발라 줄 때는 새끼를 촘촘히 감지 않고 2~3cm 간격을 두고 감은 후 진흙을 발라준다. 물론 소나무좀뿐만 아니라 수간보호의 여러 가지 기능 및 효과를 증대시키는 역할도 한다.

(4) 완충용 수피감기(형태2-지주목 설치 시 방법) [실기시험부분]

① 새끼를 수피감기할 폭보다 길게 접는다.

② 접힌 부분을 감싸면서 아래쪽부터 수간을 촘촘하게 감아 올라간다.

③ 수간을 감아 올라간 후 감아 줄 새끼가 어느 정도 남으면 접어서 생긴 고리로 집어넣고 아래쪽의 길게 남아있는 새끼를 힘껏 당겨준다.

④ 남아있는 위와 아래의 새끼를 잘라내어 늘어진 새끼가 없도록 한다.(시험에서는 자르지 않는다.)

완충용 수피감기 순서

① ② ③-1

③-2 ③-3 ④

> **수피감기 방법의 선택**
> 제시된 두 가지 방법 중 '형태1'이 조금 수월할 것이고, '형태2'는 아래쪽에는 사용할 수 없다. 두 가지 방법을 구별해서 연습하는 것이 시험에 도움이 될 것이다. 그러나 '형태2'가 어려우면 '형태1'로 대신해도 괜찮다. 어느 것을 선택하든 수피를 감아줄 수 있는지 없는지가 더 중요하기 때문이다. 그렇지만 이왕이면 두 가지를 잘 연습해서 자신있게 시험장으로 가도록 하는 것이 좋겠다.

구술질문 및 유의사항

질문) **수피감기의 목적 3가지만 말해보시오.**

▪피소방지, 동해방지, 수분증발 방지, 병충해 방지, 지주목 설치 시 수간보호 등이 있다.

질문) **수피감기 후 진흙을 바르는 이유는 무엇인가?**

▪소나무에 침투하는 소나무좀 예방을 위한 것이다.

질문) **지주목 완충용 수피감기 시 길게 접어 고리를 만들어 작업하는 이유는 무엇인가?**

▪수피감기 후 남는 나머지 부분을 짧게 잘라내도 빠져서 풀어지지 않고, 매듭없이 깨끗이 정리할수 있기 때문이다.

2. 지주목 세우기 [실기시험 내용]

이 작업은 다른 작업보다 상대적으로 시간이 오래 걸리는 작업이다. 그러나 작업시간은 충분하니 절대로 서두르지 말고 순서를 맞추어 작업을 해야한다. 못을 사용하는 작업도 있으므로 서두르다 보면 위험할 수 있으니 조심하도록 한다.

지주목은 수목의 활착을 위하여 2m 이상의 교목에 설치하는 요동·전도 방지용 시설로서 2m 미만의 교목이나 단독 식재하는 관목에도 필요에 따라 설치한다. 특히 성목의 이식 후 가장 우선되는 작업이다.

(1) 지주설치 시 고려사항

① 주풍향, 지형 및 지반의 관계를 고려하여 튼튼하고 아름답게 설치한다.

② 목재의 경우 내구성이 강한 것이나 방부 처리(탄화법, 도포법)한 것을 사용한다.

③ 수목의 접촉 부위는 새끼나 마대, 고무 등의 재료로 수피손상을 방지한다.

④ 지주의 아랫부분을 30cm 이상 묻어 바람에 의한 흔들림을 방지한다.

(2) 지주의 형태

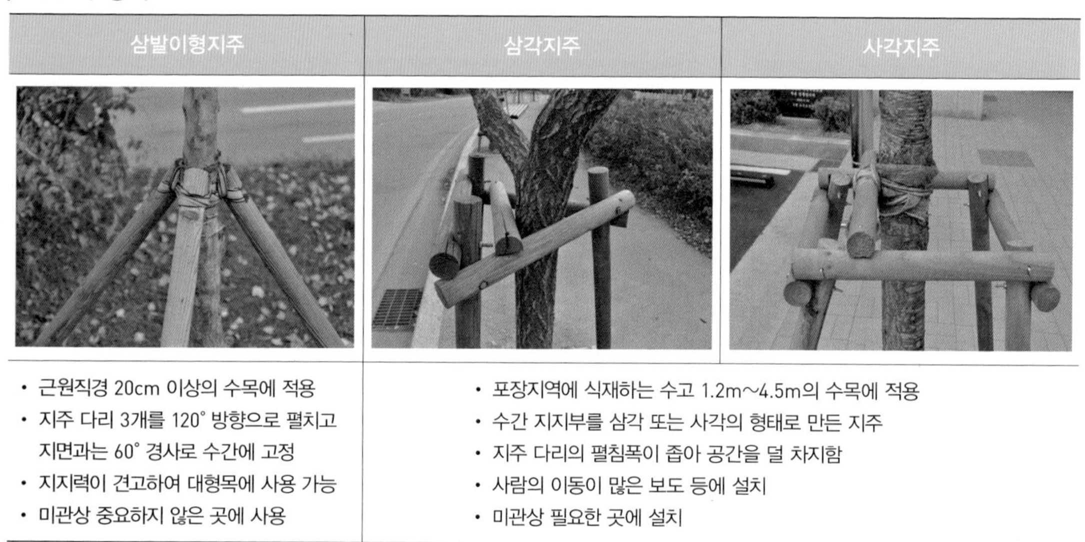

삼발이형지주	삼각지주	사각지주
• 근원직경 20cm 이상의 수목에 적용 • 지주 다리 3개를 120° 방향으로 펼치고 지면과는 60° 경사로 수간에 고정 • 지지력이 견고하여 대형목에 사용 가능 • 미관상 중요하지 않은 곳에 사용	• 포장지역에 식재하는 수고 1.2m~4.5m의 수목에 적용 • 수간 지지부를 삼각 또는 사각의 형태로 만든 지주 • 지주 다리의 펼침폭이 좁아 공간을 덜 차지함 • 사람의 이동이 많은 보도 등에 설치 • 미관상 필요한 곳에 설치	

(3) 삼발이 지주목(버팀대형) [실기시험 내용]

① 땅파기 : 나무 줄기를 중심으로 지주목을 이용하여 지주목이 묻힐 세 곳을 30cm 정도의 깊이로 판다.-정삼각형 모양 배치

② 수피감기 위치 확인 : 땅을 판 곳에 지주목을 놓고 기울여서 수간에 기주목이 결속되는 위치를 확인한다.(시험에서는 수피감기의 조건에 따라 달라질 수 있다.)

③ 수간보호 조치(수간에 새끼줄 감기) : 확인된 지주목의 결속 위치에 20~30cm 높이로 새끼를 감는다.(본서의 수피감기 부분 '형식2' 참조)

④ 지주목에 줄 고정 : 하나의 지주목에 검정 고무줄 또는 녹화끈을 묶는다.

⑤ 지주목 결속 : 땅을 판 세 곳에 지주목을 세워 같은 높이로 배치한 후 고무줄로 돌려가며 묶는다.

⑥ 지주목 묻기 : 지주목이 흔들리지 않도록 지주목을 단단히 땅 속에 묻는다.

⑦ 감독관의 확인을 받고 재료를 모두 원상태로 제자리에 놓는다.

삼발이 지주목 작업순서

| 땅파기 |

| 결속위치 확인 |

| 수목보호조치 |

| 지주목에 줄고정 |

| 지주목 결속 |

| 지주목 묻기 |

| 삼발이 지주목 완성 |

수피감기

지주목을 설치하기 전에 지주목이 닿는 부분의 수피를 보호하기 위하여 수피감기를 하게된다. 시험의 조건에 따라 다르나 수피를 감고 지주목을 설치해야 할 경우 지주목을 기울여 수피감기 위치를 정하면 그 곳을 중심으로 약간(예상 수간감기 폭의 1/3 정도) 아래쪽을 잡는 것이 유리하다. 너무 높이 감게 되면 다시 감아야 하는 경우가 생길 수 있기 때문이고, 조금 낮게 감은 경우는 지주목을 그만큼 깊게 땅 속으로 박으면 해결되기 때문이다.

지주목 결속

지주목을 결속하는 재료로는 고무밴드 또는 녹화밴드 등이 주어질 수 있다. 상대적으로 뻣뻣한 고무밴드의 경우 묶을 때 힘을 많이 주게 되고, 힘을 많이 주고 당기면 지주목이 딸려와 중심이 맞지 않게 묶어지는 경우가 종종 발생한다. 따라서 처음에는 힘을 조금 빼고 한 바퀴를 돌려 감은 후에 두 번째부터 힘을 더 주어가며 묶는 것이 한결 수월하다.

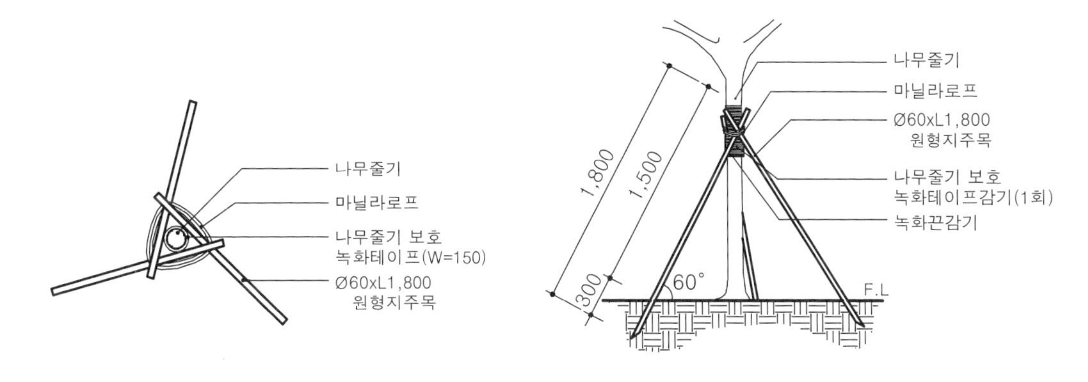

| 일반적인 삼각 지주목 상세도 |

(4) 삼각지주목 [실기시험 내용]

① 땅파기 : 나무줄기를 중심으로 지주목의 가로목을 이용하여 지주목이 묻힐 세 곳을 30cm 정도의 깊이로 판다. -정삼각형 모양 배치

② 수피감기 위치 확인 : 땅을 판 곳에 지주목 다리를 세워 수간에 지주목이 결속되는 위치를 확인한다.(시험에서는 수피감기의 조건에 따라 달라질 수 있다.)

③ 수간보호 조치(수간에 새끼줄 감기) : 확인된 지주목의 결속 위치에 20~30cm 높이로 새끼를 감는다.(책의 수피감기 부분의 형식2 참조)

④ 가로목 못박기 : 가로목 3개 모두 뒤쪽으로 못이 살짝 튀어나오게 미리 박아둔다.

⑤ 지주목 제작1 : 다리 2개를 땅을 판 곳에 세우고 가로목 1개를 이용하여 못을 마저 박아 'ㄷ'자 형태를 먼저 만든다.

삼각지주목 작업순서

| 땅파기 |

| 수목보호조치 |

| 가로목에 못박기 |

| 'ㄷ'자 형태 만들기 |

| 'ㅅ'자 형태 만들기 |

| 삼각형 만들기 |

| 중간목 묶기 |

| 지주목 묻기 |

| 삼각 지주목 완성 |

못박기 주의사항

삼각지주목과 사각지주목의 경우 망치로 못을 박아 지주목을 설치하는 것이기 때문에 작업 시 주의를 요한다. 특히 지주목을 해체할 때 못을 빼는 것도 어렵고, 위험하므로 주위에 다른 사람의 존재여부를 꼭 확인하도록 한다.

⑥ 지주목 제작2 : 나머지 땅을 판 곳에 나머지 다리 1개를 세우고 가로목 2개를 차례로 겹쳐서 못을 마져 박아 'ㅅ'자 형태를 만든다.

⑦ 지주목 결속 : 수간을 가운데 두고 'ㄷ'자 형태로 만든 것 위에 'ㅅ'자 형태로 만든 것을 올려서 못을 마져 박아 결속하고, 망치로 두드려가며 수평을 맞춘다.

⑧ 중간목 고정 : 중간목을 가로목 위에 덧대고 수목이 흔들리지 않도록 중간목과 수간을 서로 묶는다.

⑨ 지주목 묻기 : 지주목이 흔들리지 않도록 지주목을 단단히 땅 속에 묻는다.

⑩ 감독관의 확인을 받고 재료를 모두 원상태로 하여 제자리에 놓는다.

중간목의 고정

중간목의 고정방법은 못이나 고무밴드 등 시험장의 조건에 따라 다를 수 있다. 밴드가 주어지면 그냥 묶으면 되기 때문에 어렵지 않으나, 못이 주어질 경우 처음부터 가로목 위에 올려서 못을 박지말고, 앞서서 가로목에 못이 살짝 튀어나오도록 박은 것처럼 땅 위에서 못을 박은 후 가로목에 덧대어 박는다. 가로목의 높이가 서로 달라 기울어진 상태에서는 못을 똑바로 박는 것이 어렵기 때문이다.

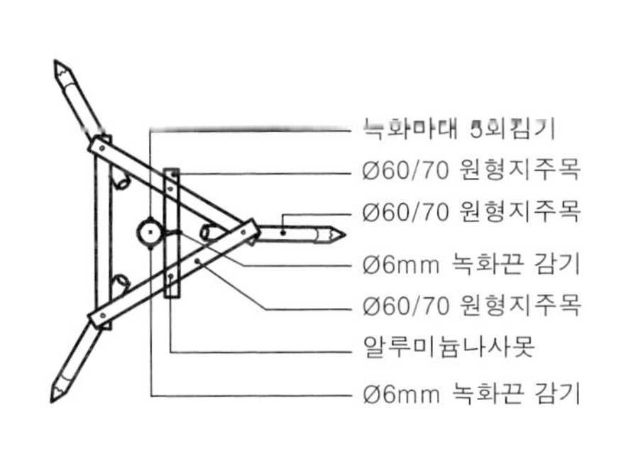

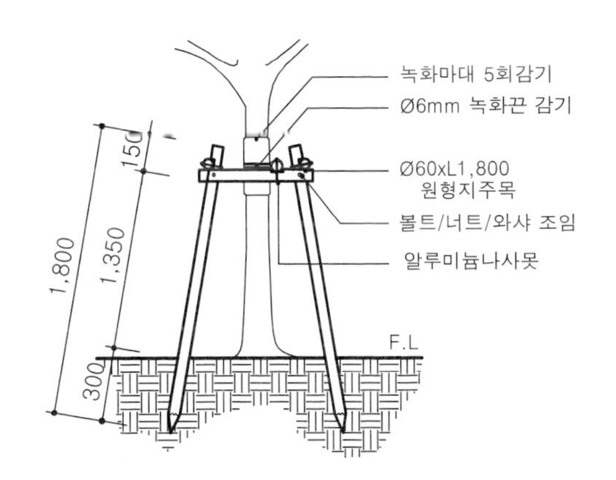

| 일반적인 삼발이 지주목 상세도 |

(5) 사각지주목 [실기시험 내용]

① 땅파기 : 나무 줄기를 중심으로 지주목의 가로목을 이용하여 지주목이 묻힐 네 곳을 30cm 정도의 깊이로 판다. -정사각형 모양 배치

② 수피감기 위치 확인 : 땅을 판 곳에 지주목 다리를 세워 수간에 지주목이 결속되는 위치를 확인한다.(시험에서는 수피감기의 조건에 따라 달라질 수 있다.)

③ 수간보호 조치(수간에 새끼줄 감기) : 확인된 지주목의 결속 위치에 20~30cm 높이로 새끼를 감는다.(본서의 수피감기 부분 '형식2' 참조)

④ 가로목 못 박기 : 가로목 4개 모두 뒤쪽으로 못이 살짝 튀어나오게 미리 박아둔다.

⑤ 지주목 제작 : 다리 2개를 땅을 판 곳에 세우고 가로목 1개를 이용하여 못을 마져 박아 'ㄷ'자 형태를 먼저 만든다. 다른 구멍에 다리를 세워 1개 더 만든다.

⑥ 지주목 결속 : 수간을 가운데 두고 'ㄷ'자 형태의 지주목을 양쪽에 세우고, 그 위에 가로목 2개를 양쪽에 덧대어 못을 마져 박아 결속한다.

⑦ 중간목 고정 : 중간목을 덧대고 수목이 흔들리지 않도록 중간목과 수간을 서로 묶는다.

⑧ 지주목 묻기 : 지주목이 흔들리지 않도록 지주목을 단단히 땅 속에 묻는다.

⑨ 감독관의 확인을 받고 재료를 모두 원상태로 하여 제자리에 놓는다.

사각지주목 작업순서

| 사각배치 |

| 가로목 못박기 |

| 'ㄷ'자 형태 만들기 |

| 지주목 결속1 |

| 지주목 결속2 |

| 중간목 고정 |

구술질문 및 유의사항

질문) **지주목이 땅에 묻히는 깊이는 얼마가 적당한가?**

▪30cm 이상의 깊이로 묻어준다.

질문) **지주목이 묻히는 부분의 처리방법에는 어떤 것이 있는가?**

▪길게 말할 때 : 표면을 그슬리는 탄화법, 도료를 발라주는 도포법, 방부제를 사용한 약물주입법 등이 있다.

▪간단하게 : 탄화법, 도포법이 있다.

질문) **삼발이 지주목에서 지주목과 지면이 이루는 경사각은 얼마 정도가 적당한가?**

▪지면과 이루는 각도는 60° 정도가 바람직하다.

질문) **삼발이 지주목의 지주목 간의 간격은 몇 도로 이루어지는가?**

▪지주목과 지주목 사이는 120°씩의 간격으로 이루어진다.

질문) **이식 후 지주목을 세우고 전정하는 것에 대한 의견을 제시해 보시오.**

▪이식 후 전정은 지주목을 세웠다 하더라도 나무의 흔들림이나 충격이 있을 수 있으므로 심기 전에 생리적 균형을 위한 전정을 하는 것이 바람직하다.

3. 정지 및 전정 [실기시험에서 주로 구술로 질문]

미관상·실용상·생리상의 목적을 달성하기 위하여 가지나 줄기를 솎아내는 작업을 말한다. 전정의 시기, 전정 횟수, 약전정과 강전정 등을 고려하여 계획을 세운다.

(1) 정지와 전정의 구분

① 정지 : 수목의 수형을 영구히 유지 또는 보존하기 위하여 줄기나 가지의 생장을 조절하여 목적에 맞는 수형을 만들어가는 기초 정리작업이다.

② 전정 : 수목의 관상, 개화·결실, 생육조절 등 조경수의 건전한 발육을 위해 가지나 줄기의 일부를 잘라내는 정리작업이다.

(2) 정지·전정의 효과

① 수관을 구성하는 주지와 부주지·측지를 균형있게 발육시킨다.

② 수관 내의 햇빛과 통기로 병충해 억제 및 가지의 발육을 촉진시킨다.

③ 화목이나 과수의 경우에는 충실한 개화와 결실을 유도한다.

④ 도장지나 허약지 등을 제거하여 건전한 생육을 도모한다.

⑤ 수목의 형태 및 크기의 조절로 정원이나 건축물과의 조화를 도모한다.

⑥ 수목의 기능적 목적인 차폐·방화·방풍·방음 등의 효과를 높인다.

(3) 정지·전정의 목적별 분류

① 조형 및 수형 조정 : 수목 본래의 특성 및 자연과의 조화미, 개성미 등 예술적 가치와 미적 효과 발휘를 위해 균형있는 생육을 위한 도장지 등을 제거한다.

② 생장조절 : 병충해를 입은 가지나 고사지 및 손상지 등을 제거한다.

③ 생리조절 : 이식 시 손상된 뿌리로부터 흡수되는 수분의 균형을 위해 가지와 잎을 적당히 제거한다.

④ 생장억제 : 수목의 일정한 형태를 유지하거나 필요 이상으로 생육되지 않도록 하기 위해 다듬기, 순지르기, 잎사귀 따기, 정지·전정을 실시한다.

⑤ 세력갱신 : 맹아력이 강한 활엽수가 늙어 생기를 잃거나 개화 상태가 불량해진 묵은 가지를 잘라 새로운 가지가 나오게 하기 위한 것이다.

⑥ 개화결실 촉진 : 과수나 화목류의 개화를 촉진시키거나 과수의 결실을 촉진하기 위해 실시한다.

(4) 전정해야 하는 가지

고사지, 허약지, 병해지, 도장지, 수하지, 내향지, 교차지, 평행지, 포복지, 맹아지 등을 제거한다.

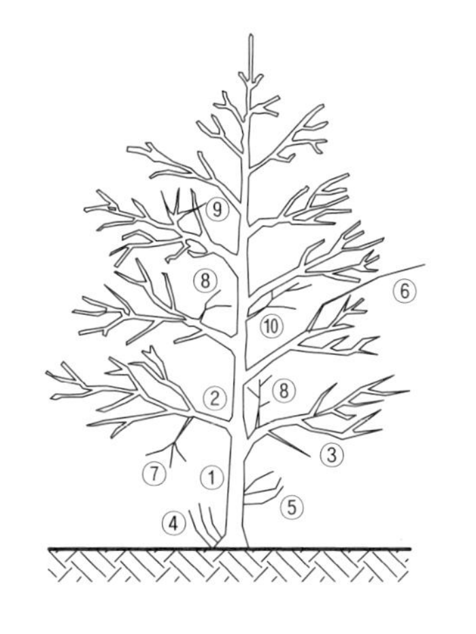

| 전정대상 수목의 각 부위도 |

(5) 전정방법

1) 산울타리 전정

① 식재 3년 후부터 제대로 된 전정 실시

② 맹아력을 고려하여 연 2~3회 실시

③ 높은 울타리는 옆부터 하고 위를 전정

④ 상부는 깊게 하부는 얕게 전정

⑤ 높이 1.5m 이상일 경우 윗부분이 좁은 사다리꼴 형태로 전정

2) 교목의 전정

① 전체적 수형을 고려하여 스케치한다.

② 주지선정를 선정하고, 고사지, 병해지 등 꼭 제거해야 할 대상 제거한다.

③ 수형을 위한 전정은 위에서 아래로, 오른쪽에서 왼쪽으로 가며 실시한다. -수관선 고려

④ 수관의 밖에서부터 안쪽으로 실시한다.

⑤ 상부는 강하게하고 하부는 약하게 전정한다. -정부우세성

구술질문 및 유의사항

질문) **전정에 대하여 간단히 설명하시오.**

▪전정시기 : 4~5월(사철나무, 회양목 등), 9월이 적당하다.

▪전정요령 : 위는 강하게 하고, 아래는 약하게 전정한다.

▪전정횟수 : 연 2~3회 실시한다.

질문) **위는 강하게 아래는 약하게 전정하는 이유는 무엇인가?**

▪나무의 생장 메커니즘에 있어 일반적으로 생장을 위한 생장물질(호르몬)이 위쪽을 향하는 성질 때문이다.

질문) **정지와 전정을 간단하게 구분하여 설명하시오.**

▪정지는 수목의 수형을 영구화하기 위한 것이고, 전정은 수목의 건전한 발육을 위한 작업이다.

질문) **순지르기에 대하여 간단하게 설명하시오.**

▪불필요한 곁가지를 없애고 지나치게 자라는 가지의 생장을 억제하기 위하여 신초(새가지)의 끝단을 전부 혹은 일부를 손으로 제거해 주는 것이다.

질문) **잎솎기와 가지솎기에 대하여 간단히 설명하시오.**

▪잎솎기는 수세를 조절하거나 통풍과 일조를 위해 밀생한 잎을 일부 제거해 주는 것이며, 가지솎기는 밀생한 가지로 인한 통풍과 일조 등이 방해를 받을 경우 잔가지 등을 제거하는 작업이다.

질문) **강전정과 약전정을 간단하게 구분하여 설명하시오.**

▪강전정은 굵은 가지를 솎아내는 것이고, 약전정은 수간 내의 통풍이나 일조 등을 위해 밀생된 부분을 제거하는 가지솎기작업이다.

4. 시비

수목이 보다 충실하게 성장할 수 있도록 천연 또는 인공의 양분을 공급하는 적극적인 수목관리 방법으로 주로 어린 나무를 대상으로 한다. 특히 시비시기 및 시비량을 잘 판단하여야 한다.

(1) 시비의 효과

① 뿌리의 발달을 촉진하고 건전한 생육을 도모한다.
② 병해충·추위·건조·바람·공해 등에 대한 저항력을 증진시킨다.
③ 건강한 꽃과 좋은 과일의 결실을 도모한다.
④ 토양 미생물의 번식을 활발하게 한다.
⑤ 양분의 이용이 쉽도록 환경이 개선된다.

(2) 비료의 구분

① 무기질 비료 : 질소질(황산암모늄·염화암모늄·요소), 인산질(과린산석회·토마스인비), 칼리질(염화칼리·황산칼리) 등이 있다.
② 유기질 비료 : 양질의 소재로 유해물 등 다른 물질이 혼입되지 않고 충분한 건조 및 완전히 부숙된 것을 사용한다.

(3) 시비의 구분

① 기비(밑거름) : 생육 초기에 흡수하도록 주는 비료로서 지효성 유기질 비료를 사용한다. 10월 하순~11월 하순, 2월 하순~3월 하순 잎이 피기 전에 시비하며, 연 1회 시비한다.
② 추비(덧거름) : 생육 촉진 및 수세 회복을 위하여 추가로 주는 비료로서 속효성 무기질(화학)비료를 사용한다. 주로 4월 하순~6월 하순에 시비하며, 일년에 1회 또는 필요에 따라 수회 시비한다.

(4) 시비방법

① 표토시비법 : 땅의 표면에 직접 비료를 뿌려주는 방법으로 시비 후 관수한다.
② 토양내 시비법 : 땅을 갈거나 구덩이를 파서 또는 주사식(관주)으로 비료성분을 직접 토양내부로 유입시키는 방법이다.
㉠ 방사상시비법 : 수간을 중심으로 빛이 밖으로 퍼져나가는 형태로 구덩이를 파고 시비한다.
㉡ 윤상시비법 : 수간을 중심으로 수관을 형성하는 가지 끝 아래에 동그랗게(윤상) 도랑을 파서 시비한다.
㉢ 대상시비법 : 윤상시비와 비슷하나 구덩이가 연결되어 있지 않고 일정 간격을 띄어 시비한다.
㉣ 선상시비법 : 산울타리 등 대상군식이 되었을 경우 식재 수목을 따라 일정 간격을 띄어 도랑처럼 길게 구덩이를 파서 시비한다.
③ 수간주사법 : 여러 방법의 시비가 곤란하거나 효과가 낮은 경우에 사용하는 방법이다.

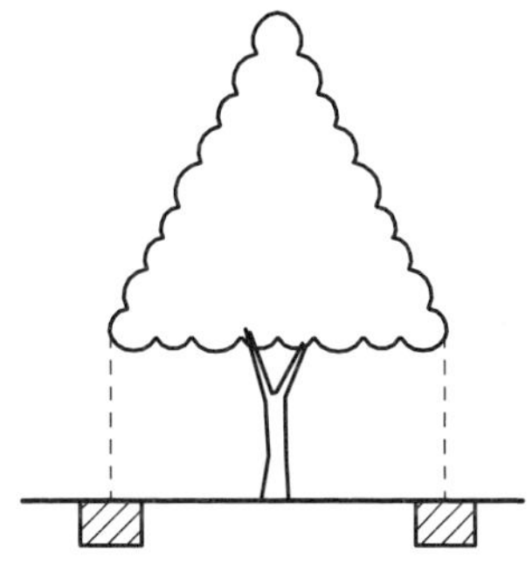

시비의 위치 : 일반적으로 성숙된 조경수목에 비료를 주는 부위는 수관 외주선의 지상투영부위 20cm 내외가 가장 효과적이다.

| 시비 구덩이의 단면상 위치 |

5. 수간주사 [실기시험 부분]

여러 가지의 방법으로도 시비가 곤란한 경우나 효과가 낮은 경우에 시행하며, 또는 수간주사를 이용하여 빠른 수세회복 및 병충해 방제를 위하여 실시한다.

(1) 수간주사의 특성

① 인력과 시간이 많이 소요되므로 특수한 경우에만 적용한다.

② 수액의 이동과 증산작용이 활발한 4월~9월의 맑은 날에 실시한다.

③ 약액 주입한 구멍은 이물질 퇴적, 벌레의 서식처가 될 수 있으므로 잘 막아주어야 한다.

(2) 수간주사 작업순서

① 첫번째 구멍뚫기 : 지표상에서 높이 5~10cm 되는 곳에 드릴로 지름 5mm, 깊이 3~4cm가 되게 구멍을 20~30°각도로 비스듬히 뚫고, 구멍 안의 톱밥 부스러기를 깨끗이 제거한다.

② 두번째 구멍뚫기 : 같은 방법으로 먼저 뚫은 구멍의 반대쪽 5cm 높은 곳(지표상 10~15cm)에 주입구멍 1개를 더 뚫는다.

③ 약통걸기 : 수간주입기의 약통을 사람의 키높이 정도(1.5~1.8m)에 설치한다.

④ 주사기 삽입하기 : 주사기의 캡을 열고 주입조절기를 열어 약액이 흘러 나오도록 하여 공기를 빼낸 후 주입기를 구멍에 꽂은 후 조절기를 사용하여 약액을 주입한다.

⑤ (감독관 확인 후) 약액 주입을 멈추고 주사기 캡을 닫은 후 약통 및 주입기를 걷어낸다.

⑥ 주입 구멍을 코르크 마개로 막고 방부, 방수, 표면처리한다.(구술)

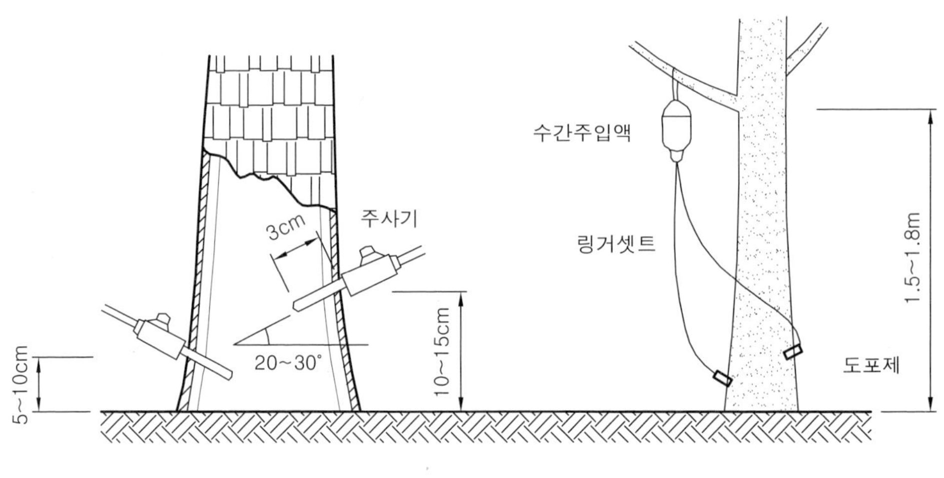

| 수간주사법 |

작업의 순서 외우기

수간주사는 실제의 작업내용을 순서에 맞게 차례로 잘 외우고 있어야 한다. 실제의 작업보다 구술로 물어볼 경우 오히려 더 헷갈리고 혼란스럽다. 또한 실제 작업 시에는 주사기의 캡이나 공기 빼내기 등을 빼먹는 수가 있으니 조심하도록 하여야 한다.

수간주사 순서

| 구멍뚫기 |

| 약액주입 |

| 작업완료 |

드릴(drill) 사용법

드릴의 종류는 다양하기도 하고, 메이커마다 모양과 기능 등이 서로 다르기 때문에 드릴을 처음 사용하는 사람은 헷갈리는 부분이 있을 수 있다. 특히 드릴의 속도조절이나 회전방향 등의 조절기능이 있는 경우는 더욱 그러하다. 의도적으로 회전방향을 달리해 놓고 수험자에게 주는 경우도 있으니 드릴을 지급받으면 잘 살펴보도록 한다.

구술질문 및 유의사항

질문) **수간주사 실시 시기는 언제가 적당한가?**

▪수액의 이동과 증산작용이 활발한 4월~9월의 맑은 날에 실시한다.

질문) **주입구멍의 위치를 설명하시오.**

▪지표상에서 높이 5~10cm 되는 곳과 반대쪽에 먼저 뚫은 구멍보다 5cm 높은 곳(지표상 10~15cm)을 뚫는다.

질문) **구멍의 규격 및 각도는 얼마인가?**

▪지름 5mm, 깊이 3~4cm, 각도는 20~30°로 한다.

질문) **수간주입 시 약통은 얼마의 높이에 걸어두는가?**

▪사람의 키높이 정도인 1.5~1.8m 정도의 높이에 걸어둔다.

질문) **대추나무빗자루병에 사용되는 약제와 희석배수는 어떻게 되는가?**

▪옥시테트라사이클린 1,000배액을 사용한다.

질문) **대추나무빗자루병을 옮기는 매개충은 어떤 곤충인가?**

▪마름무늬매미충이다.

6. 관수

식물의 생육에 중요한 인자인 물의 부족이 식물에게 부정적 영향을 미칠 수 있을 경우 기상조건, 토양조건, 식물의 특성 등을 고려하여 관수시기, 관수량을 판단하여 시행한다.

(1) 관수의 효과

① 토양 중의 양분을 용해·흡수하여 원활한 신진대사 성립
② 세포액의 팽압에 의해 체형 유지
③ 증산으로 잎의 온도 상승을 막고 수목의 체온 유지
④ 지표와 공중의 습도가 높아져 증발량 감소
⑤ 토양의 건조 방지 및 수목의 생장 촉진
⑥ 식물체 표면의 오염물질 세척 및 토양 중의 염류 제거

(2) 관수 시 고려사항

① 기상조건, 토양조건, 식물종, 용도, 식재지의 특성, 관리요구도 등을 고려하여 정한다.
② 기상조건은 관수의 빈도 및 양에 가장 영향을 미치는 인자로서, 고온건조로 가물어 증발산량이 많아지면 관수의 빈도 및 양을 증가시킨다.
③ 인공지반이나 보수성이 낮은 사질토양, 뿌리의 활착이 불충분한 이식지 등의 식물은 수분부족에 의한 건조의 피해가 우려되므로 이러한 곳에는 관수를 충분히 실시한다.

(3) 관수방법

① 비가 많이 오지 않는 4~5월에 집중적인 관수가 필요하다.
② 관수량은 관목 10cm 이상, 교목 30cm 이상 깊이의 토양이 흠뻑 젖도록 관수한다.
③ 기존 수목의 경우에는 수관폭의 1/3 정도, 이식한 수목의 경우에는 구덩이 크기 정도의 범위로 물집을 만들어 충분히 관수한다.
④ 토양의 건조나 한발이 심한 경우에는 이식한 수목에 있어 계속하여 수분을 유지시킨다.
⑤ 하루 중 강한 직사광선이 내리쬐는 한낮을 피해 아침이나 저녁에 관수하는 것이 좋다.
⑥ 관수는 지표면 관수와 엽면 관수로 구분하여 실시한다.

7. 멀칭

토양을 피복하거나 보호하여 식물의 생육에 도움이 되도록 하는 것으로, 모래와 자갈, 합성수지 재료를 사용하기도 하나 자연상태에서 분해 가능한 자연친화적 재료를 우선적으로 선정한다.

(1) 멀칭의 효과

① 빗방울이나 관수 등의 충격을 완화시켜 토양침식을 방지한다.
② 지표면의 증발을 막고 잡초의 발생을 억제하여 수분유실을 방지한다.
③ 멀칭재료의 부식으로 통기성·토양온도·습도의 증가와 함께 근계의 발달을 촉진시킨다.

④ 유기물 함량의 증가와 미생물 활동의 증가로 양분의 효용성이 증대되어 토양의 비옥도가 높아진다.
⑤ 지표면의 증발이 억제되어 염분의 농도가 희석되어 염분농도를 조절하는 기능을 갖는다.
⑥ 여름에는 토양온도를 낮추고 겨울에는 보온하는 등 토양온도를 조절한다.
⑦ 관수나 동행으로 인한 답압을 감소시켜 토양의 굳어짐을 방지하고, 시각적 개선 및 소음을 완화한다.
⑧ 잡초종자의 광도 부족에 의한 발아억제 효과로 잡초 및 병충해 발생을 억제한다.

(2) 멀칭 방법

① 낙엽·볏짚·콩깍지·풀·우드칩, 바크(bark, 수피) 등의 자연재료를 사용하는 것이 바람직하다.
② 너무 세립한 재료의 사용은 피하고, 너무 두껍게 덮지 말아야 한다.
③ 교목은 수관폭의 50%, 관목은 100%, 군식의 경우는 가장자리에 수관폭만큼 덮는다.

멀칭재의 사용

| 바크 | | 우드칩 | | 바크 멀칭 | | 우드칩 멀칭 | | 자갈 멀칭 |

8. 월동관리(방한)

수목의 계절적 영향에 대한 보호조치로서 동해의 우려가 있는 수종과 온난지역에서 생육한 수목을 한랭지역에 식재한 경우 기온이 5℃ 이하로 내려가는 경우에 대하여 취하는 조치를 말한다.

① 한랭기온에 의한 동해방지를 위하여 짚싸주기를 시행한다.
② 토양 동결로 인한 뿌리의 동해방지를 위하여 뿌리덮개를 해준다.
③ 관목류의 동해방지를 위하여 방한덮개를 해준다.
④ 한풍해를 방지하기 위하여 방풍조치를 취한다.
⑤ 잔디의 동해방지를 위하여 뗏밥주기를 시행한다.

방한조치

| 짚싸주기 |

| 뿌리덮개 |

| 방한덮개 |

| 방풍조치 |

Chapter 2 조경시설공사

1 조경포장공사

이 부분의 내용은 이론적 내용이 아닌 실제 시험에 대한 내용을 위주로 서술하였다. 조경 공간의 포장공사별 시공방법을 알아보고 주어진 재료로 시공도면과 같이 포장작업을 실시한다. 잡석, 콘크리트 등의 기초작업 및 모르타르 등은 시험의 특성상 사용하기 어려운 재료들로서 흙으로 대신하여 시험을 보지만 실제 현장에서의 작업내용도 알아두는 것이 바람직하다.

1. 벽돌포장 [실기시험 부분]

벽돌포장으로 시험은 보지만 벽돌은 현재 포장재로 거의 이용하지 않고 점토블록이 생산되어 벽돌포장을 대체하였다. 벽돌은 줄눈 폭 10mm를 표준으로 하기 때문에 줄눈을 만들어 주어야 이가 맞는다. 시험에서는 모래를 사용하여 시험을 보지만 모래 줄눈은 벽돌이 깔려진 형태를 유지하지 못하므로 실제 시공에서는 모르타르를 사용한다. 시험 시 벽돌이 아닌 소형고압블럭이 주어진 경우에는 평깔기와 동일하게 정지작업을 하고 소형고압블럭의 배치는 줄눈 없이 바짝 붙여서 깔아주면 된다.

(1) 벽돌의 규격

구분	길이	너비(마구리)	두께(높이)
기존형(mm)	210	100	60
표준형(mm)	190	90	57

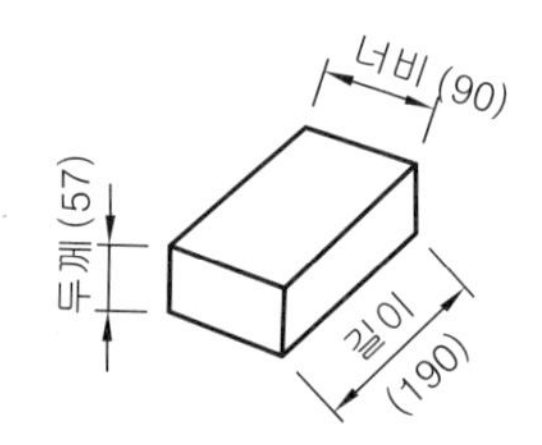

| 벽돌의 치수(표준형) |

(2) 벽돌포장의 패턴

시험지에 주어진 조건에 따라 패턴의 모양을 맞추어 깔아야 한다.

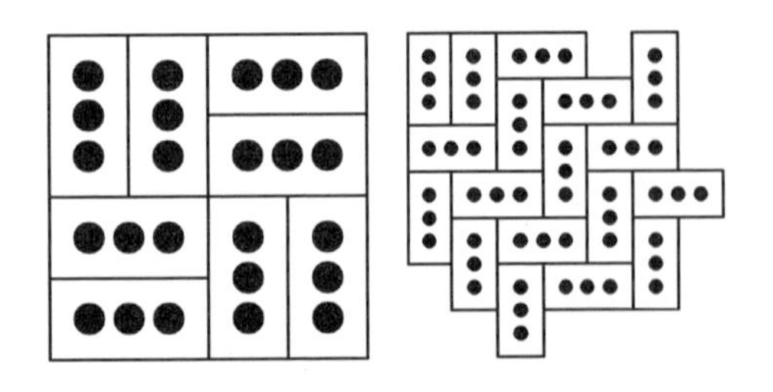
| 평깔기 |

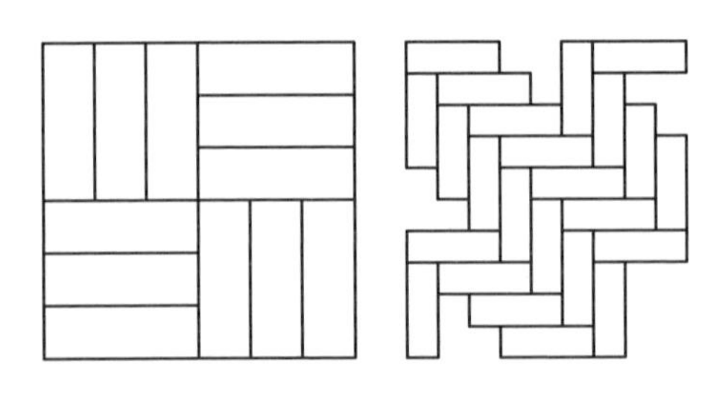
| 모로세워깔기 |

(3) 시공순서

1) 정지작업

① 주어진 실이나 줄을 그어 포장지역을 정확히 마름질한다.

② 구획한 포장지역을 깊이 10~13cm 정도로 흙을 파낸다. –문제의 조건에 따라 모로세워깔기는 13cm 정도, 평깔기는 10cm 정도를 파낸다.

③ 바닥면이 평활하도록 해 가면서 가운데를 약간 높이거나 한쪽으로 약간 경사지게 고른다.

④ 모래를 4cm 정도 고르게 깐다.

정지작업 순서

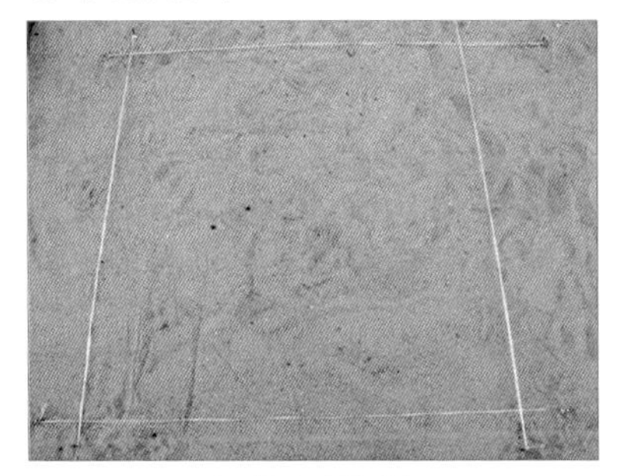

| 마름질하기 |

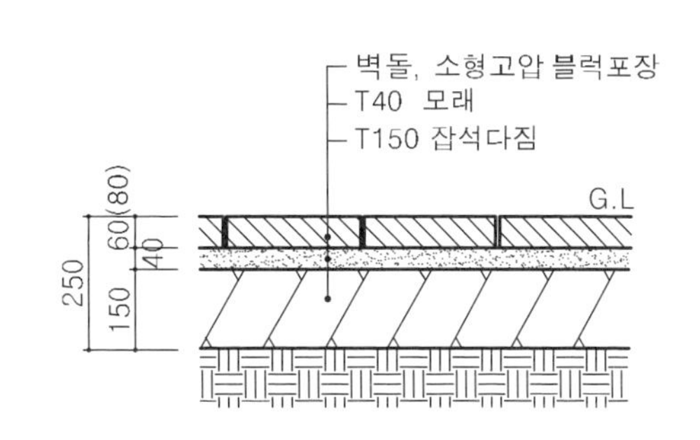

| 단면상세도 |

| 땅파기 |

| 깊이확인 |

| 고르기 |

흙파기 깊이 및 모래의 사용

흙파기는 기본적으로 포장 하부의 구조를 이해한 후 해야 한다. 시험장마다 환경조건이 조금씩 다를 수 있으므로 순간적인 대처능력이 요구된다. 포장재 하부 포설용 모래가 주어지는 경우 알고 있는 그대로 작업을 하면 된다. 그런데 모래가 주어지지 않고 구술로 대신하는 경우도 있고, 흙으로 대신하는 경우도 있다. 구술로 대신할 때는 바닥을 4cm 정도를 덜 파내도 괜찮고, 흙으로 대체할 때에는 상황을 봐서 다 파낼지 적당히 파내도 될지를 적절히 대처하도록 한다.

2) 벽돌깔기

① 문제에 주어진 포장의 형태로 한쪽 구석에서부터 벽돌을 깔아나가되 줄눈의 간격이 10mm 정도로 일정하게 보일 수 있도록 한다.

② 요철이 생기지 않도록 각목이나 고무망치를 사용하여 깔아나간다.(약 20여 장의 벽돌이 지급된다.)

③ 주어진 벽돌을 다 깐 후 벽돌 사이에 모래가 들어가도록 모래를 포장면 위에다 뿌린 후 손으로 쓸어주며 줄눈 틈을 채운다.(모래가 주어지지 않으면 흙으로 대신한다.)

④ 채우는 도중 요철이 있을 경우 고무망치로 두드려 가며 요철을 없애준다.

⑤ 남은 모래를 제거하며 가장자리 벽돌이 밀리지 않도록 벽돌 옆에 흙을 다져 보강한다.

벽돌깔기 순서

| 벽돌배치 |

| 모래뿌리기 |

| 줄눈채우기 |

| 높이조정 |

| 모래제거 |

| 물매확인 |

고무망치와 줄눈 모래 채우기

벽돌을 깔 때 고무망치를 이용하면 참 편리하다. 요철이 있을 때 두드려 가면서 깔고, 줄눈 모래를 채울 때에도 요철을 정리하면서 까는 데 유용하게 쓰여진다. 물론 준비된 시험장도 있고 지급된 재료 중의 목재 등을 사용해도 되지만 가격도 저렴하고 보기에도 좋으니 준비해 보도록 하자. 그리고 줄눈채우기를 할 때에는 꼭 손으로 벽돌이 쓰러지지 않도록 조심하며 작업하고, 가장자리 부분의 흙을 다질 때도 힘을 너무 가하지 않도록 한다.

구술질문 및 유의사항

질문) **수평깔기와 모로세워깔기 중 벽돌 소요량이 많은 것은 어느 방법인가?**

- 모로세워깔기가 더 많이 들어간다. 표준형 벽돌 기준으로 평깔기는 약 42매, 모로세워깔기는 약 75매가 들어간다.

질문) **벽돌포장 시 줄눈의 표준 간격은 얼마인가?**

- 줄눈은 10mm를 기준으로 한다.

질문) **벽돌포장 시 바탕모래의 두께는 얼마로 하는가?**

- 약 4cm 두께로 깔아준다.

질문) **벽돌포장 시 배수를 위한 경사(물매)는 얼마로 하는가?**

- 약 2~3% 정도의 물매를 확보한다.

질문) **벽돌포장 시 지반 위의 잡석은 얼마의 두께가 적당한가?**

- 10~15cm 정도로 다져주며, 일반적으로 10cm 정도로 깔아주는 경우가 많다.

질문) **벽돌 사이의 줄눈은 왜 만드는가?**

- 벽돌은 표준적으로 10mm의 줄눈을 사용해야 이가 맞는다.

2. 자연석 판석포장 [실기시험 부분]

일반적으로 판석은 얇은 것을 쓰는 경우가 많아 지반을 다지고 그 위에 잡석을 다시 다져서 기초를 만든다. 그리고 그 위에 콘크리트를 치거나 잡석 위에 붙인 모르타르를 깔고 그 위에 돌을 올려서 두드리면서 높이를 맞추어가면서 깔아나간다. 그런데 우리 시험에서는 모르타르를 사용하지 않고 흙으로 대신하므로 흙을 깊게 파낼 필요가 없고 돌 두께 정도로만 흙을 파내면 된다. 따라서 작업은 어렵지 않으며 줄눈의 폭과 형태를 조심하면서 작업하면 어렵지 않게 완성할 수 있다.

| 판석 포장 예시 |

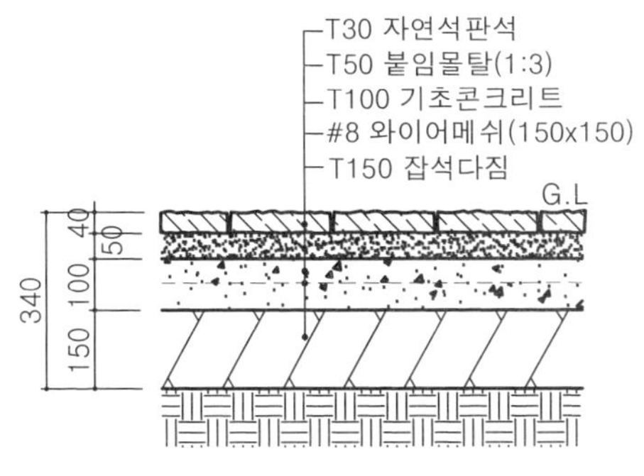

| 단면상세도 |

(1) 정지작업

① 주어진 실이나 줄을 그어 포장지역을 정확히 마름질한다.

② 구획한 포장지역을 깊이 5~10cm 정도로 흙을 파낸다.(시험장의 상황에 따라 5cm 정도만 파낼 수도 있다.)

③ 바닥면이 평활하도록 해 가면서 한쪽으로 약간 경사지게 고른다.

④ 모르타르를 4~5cm 정도 고르게 깐다.(모르타르를 구술로 대신하는 경우도 있고, 흙으로 대신하는 경우도 있다. 이 때에는 바닥을 파낼 때 5cm 정도를 덜 파내야 한다.)

(2) 판석놓기

① 판석은 미리 물을 흠뻑 축여 놓는다.(구술)

② 바탕모르타르를 일정량 깐다.(시험에서는 생략되어진다.) 큰 판석을 경계선에 맞추어 일직선이 되도록 놓고 사이사이에 작은 판석을 놓는다.

③ 요철이 생기지 않도록 각목이나 고무망치를 사용하여 깔아나간다.

④ 줄눈 간격은 1~2cm 정도로 하고 줄눈의 형태는 'Y'자 줄눈이 되도록 한다.

⑤ 판석의 깔기가 완료되면 줄눈을 모르타르로 채운다.

⑥ 줄눈의 깊이는 1cm 이내로 하며 판석의 면보다 튀어 나와서는 안 된다.(손가락으로 가볍게 누르며 줄눈을 판다.)

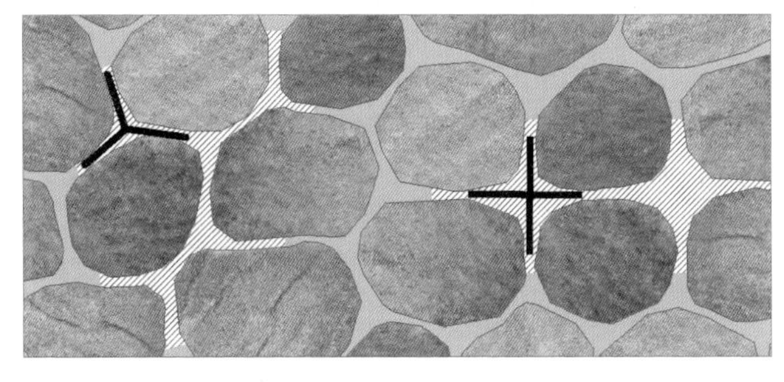

줄눈은 왼쪽과 같이 'Y'자 형태의 세 갈래 줄눈이 되도록 하며, 오른쪽과 같은 '십(+)'자 형태의 통줄눈이 되지 않도록 한다.

| 판석의 줄눈 형태 |

자연석판석 줄눈작업

| 줄눈파기 |

| 작업완료 |

일반적인 자연석포장

| 땅파기 |

| 깊이확인 |

| 잡석깔기 |

| 판석깔기 |

| 깔기 완료 |

| 시공완료 |

구술질문 및 유의사항

질문) **자연석 판석포장 시 줄눈의 형태는 어떤 것이 바람직한가?**

▪줄눈의 형태는 'Y'자 형태로 만들어 준다.

질문) **자연석 판석포장 시 줄눈을 'Y'자 형태로 만들어주는 이유는 무엇인가?**

▪'Y'자 형태의 줄눈이 '십(+)'자 형태보다 돌과 돌 사이를 가깝게 할 수 있기 때문이다.

질문) **줄눈의 폭과 깊이는 어느 정도가 적당한가?**

▪줄눈 폭은 1~2cm 정도로 하고 깊이는 1cm 이하가 되도록 한다.

질문) **자연석 판석포장 시 잡석 위의 콘크리트는 얼마의 두께가 적당한가?**

▪일반적으로 10cm 정도로 깔아주는 경우가 많다.

질문) **자연석 판석포장 시 지반 위의 잡석은 얼마의 두께가 적당한가?**

▪10~15cm 정도로 다져주며, 일반적으로 10cm 정도로 깔아주는 경우가 많다.

2 조경석공사

돌 쌓기와 돌 놓기는 출제기준에 속하는 항목이기는 하나 시험장 환경 및 수험자의 상황을 고려할 경우 실제 시험을 보기에는 어려움이 따른다. 그러나 조경석공사는 조경공사에 있어 아주 중요한 부분을 차지하고 있는 공종이므로 구술로 질문을 할 수도 있어 잘 숙지하도록 한다.

1. 조경석 쌓기

① 설치의 목적, 지형, 지질, 토질, 시공성, 경제성, 안전성 등을 유의하여 주변환경과 조화를 이루도록 한다.
② 조경석 쌓기의 상단부는 다소의 기복을 주어 조경석의 자연스러움을 보완, 강조한다.
③ 조경석 쌓기의 높이는 1~3m 정도가 바람직하며 그 이상은 안정성에 대해 검토를 해야 한다.
④ 경사진 절·성토면에 돌쌓기를 할 경우에는 석재면을 경사지게 하거나 약간씩 들여놓아 쌓도록 한다.
⑤ 맨 밑에 놓는 기초석은 비교적 큰 것으로 안정감 있는 돌을 사용하여 지면으로부터 10~30 cm 깊이로 묻히도록 한다.
⑥ 호안이나 기타 구조적 문제가 발생할 우려가 있는 곳은 콘크리트 기초로 보강한다.

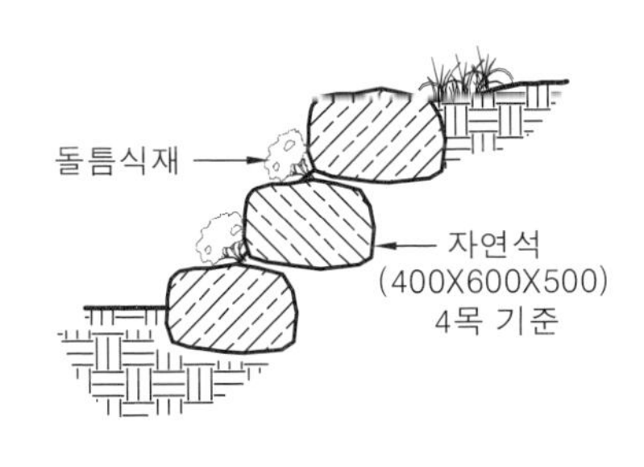

| 자연석 쌓기 |

| 자연석 무너짐 쌓기 |

자연석 무너짐 쌓기
지형의 단차를 수직적인 형태보다 경사면을 따라 자연석이 무너져 내린 형태를 의도적으로 만들어 오히려 안정된 모습의 자연스러운 경관을 조성할 수 있으며, 더불어 돌틈새에 초화류나 관목류를 식재하면 더욱 자연스러운 모습이 된다.

돌틈식재
자연석쌓기의 단조로움과 돌틈의 공간을 메우기 위해 관목류, 지피류, 화훼류 및 이끼류를 식재하며, 돌틈에 식재된 식물이 생육할 수 있도록 양질의 토양을 조성하고 수분이 충분히 공급되도록 한다.

2. 호박돌 쌓기

① 깨진 부분이 없고 표면이 깨끗하며 크기가 비슷한 것을 선택한다.
② 호박돌 쌓기는 찰쌓기로 한다.
③ 호박돌 쌓기는 줄쌓기를 하고, 튀어나오거나 들어가지 않도록 면을 맞추고 양옆의 돌과도 이가 맞도록 하여야 한다.
④ 호박돌 쌓기는 바른층 쌓기로 하되 통줄눈이 생기지 않도록 한다.
⑤ 규칙적인 모양을 갖도록 쌓는 것이 보기도 좋고 안정성이 좋다.

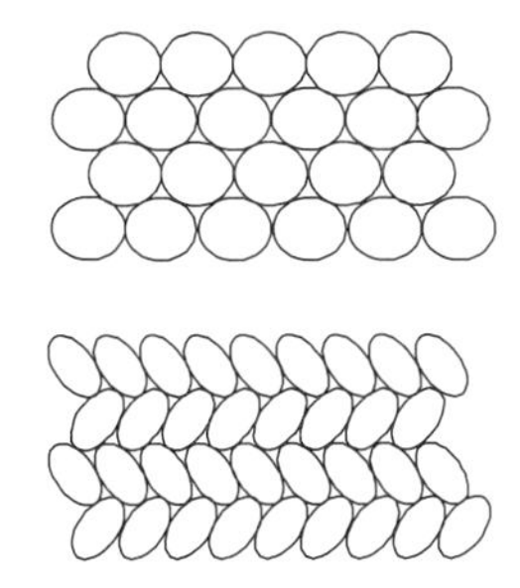
| 호박돌 쌓기 줄눈 |

3. 찰쌓기

① 찰쌓기의 전면 기울기는 높이가 1.5m까지 1:0.25, 3.0m까지 1:0.30, 5.0m까지 1:0.35를 기준으로 한다.

② 시공에 앞서 돌에 부착된 이물질을 제거하여야 한다.

③ 쌓기는 뒷고임돌로 고정하고 콘크리트로 채워가면서 쌓되, 맞물림 부위는 견치돌의 경우 10mm 이하, 막깬 돌 쌓기에서는 25mm 이하를 표준으로 한다.

④ 뒷면 배수를 위한 물 빼기 구멍은 직경 50mm의 경질 염화비닐관(PVC 관)을 사용하여 $3m^2$당 1개소의 비율로 근원 부가 막히지 않도록 설치한다.

⑤ 1일 쌓기 높이는 1.2m를 표준으로 하고, 최대 1.5m 이내로 하며, 이어 쌓기 부분은 계단형으로 마감한다.

⑥ 신축 줄눈은 설계도면에 의하되, 특별히 정하는 바가 없는 경우에는 20m 간격을 표준으로 하여 찰쌓기의 높이가 변하는 곳이나 곡선부의 시점과 종점에 설치한다.

⑦ 찰쌓기 시공 후 즉시 거적 등으로 덮고 적당히 물을 뿌려 습윤상태로 유지하여야 한다.

⑧ 골 쌓기에서 머릿돌은 5각의 형상을 이루도록 하고 큰 돌을 아래층에 쌓아 안정도를 높여야 한다

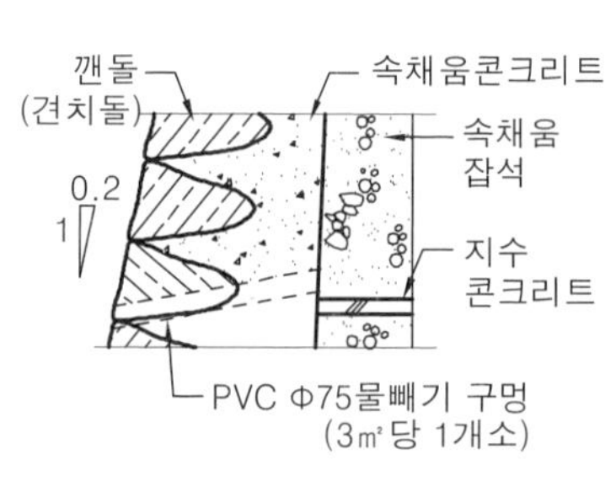

| 자연석 찰쌓기 |

| 찰쌓기 |

4. 메쌓기

① 메쌓기의 맞물림 부위는 10mm 이내로 하며, 해머 등으로 다듬어 접합시키고, 맞물림 뒤틈 사이에는 조약돌을 괴고, 그 사이와 뒷면에 채움용 잡석을 설계도면에 따라 충분히 채워야 한다.

② 메쌓기의 전면 기울기는 높이가 1.5m까지 1:0.30, 3.0m까지 1:0.35, 5.0m까지 1:0.40을 기준으로 한다.

③ 메쌓기는 줄쌓기를 하며, 1일 쌓기 높이는 1.0m 미만을 기준으로 한다.

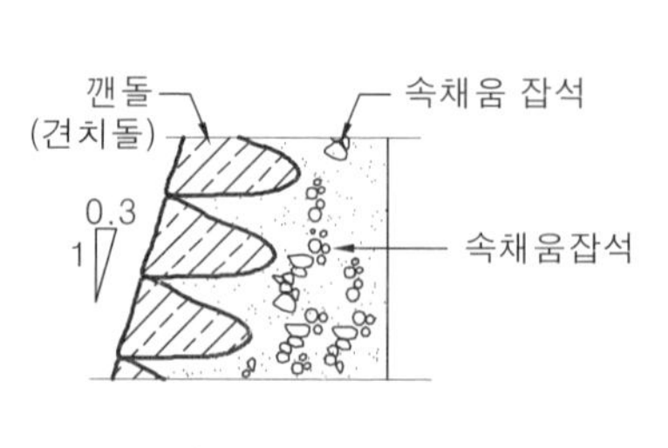

| 자연석 메쌓기 |

| 메쌓기 |

> **견치돌(간지석 間知石)**
> 형상은 사각뿔형(재두각추체)에 가깝고, 전면은 거의 평면을 이루며 대략 정사각형으로 뒷길이, 접촉면의 폭, 뒷면 등의 규격화된 돌로서 4방락 또는 2방락의 것이 있으며, 접촉면의 폭은 전면 1변의 길이의 1/10 이상이어야 하고, 접촉면의 길이는 1변의 평균 길이의 1/2 이상, 뒷 길이는 최소변의 1.5배 이상이어야 한다. 주로 옹벽(흙막이용 돌공사) 등의 메쌓기·찰쌓기용으로 사용된다.

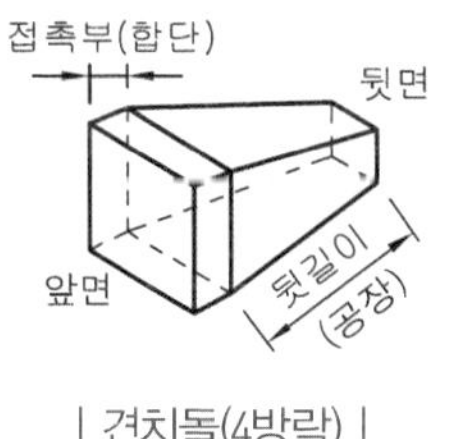

| 견치돌(4방락) |

5. 조경석 놓기

① 중심석, 보조석으로 구분하여 크기, 외형 및 설치 위치가 주변 환경과 조화를 이루도록 설치한다.
② 돌 틈 사이로 수목이나 초화류가 생육할 수 있도록 배수 조건을 고려하여 설치한다.
③ 조경석 놓기는 무리 지어 설치할 경우 주석과 부석의 2석조가 기본이며, 특별한 경우 이외에는 3석조, 5석조, 7석조와 같은 기수로 조합하는 것으로 한다.
④ 3석을 조합하는 경우에는 삼재미(천지인)의 원리를 적용하여 중앙에 하늘(중심석), 좌우에 각각 땅, 사람을 상징할 수 있도록 높이차를 두어 설계한다.
⑤ 5석 이상을 배치하는 경우에는 삼재 마의 원리 외에 음양 또는 오행의 원리를 적용하여 각각의 돌에 의미를 부여한다.
⑥ 조경석 높이의 1/3 이상이 지표선 아래로 묻히도록 설계한다.

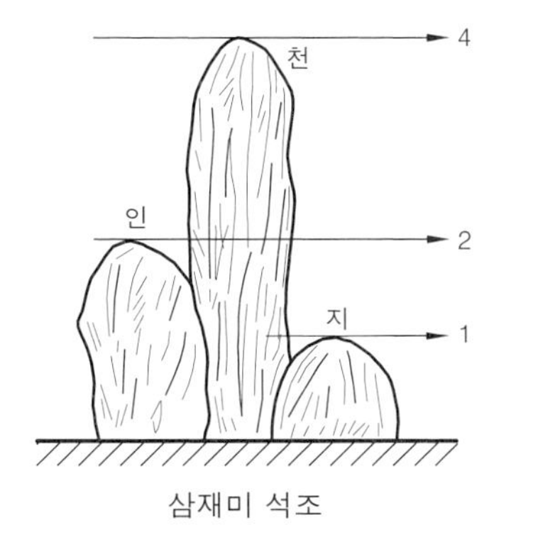

삼재미 석조

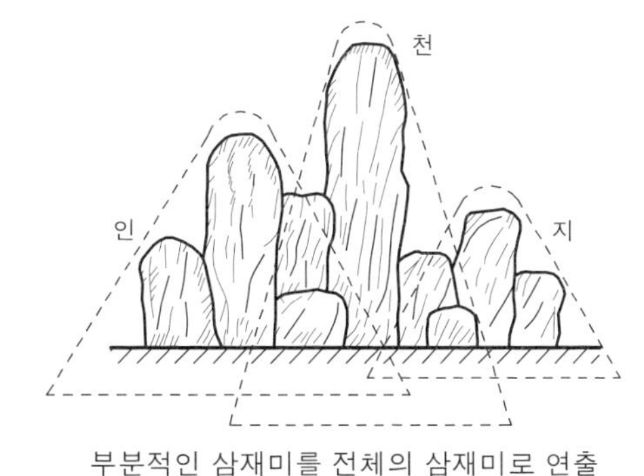

부분적인 삼재미를 전체의 삼재미로 연출

| 삼재미 석조법 |

> **삼재미(三才美)**
> 동양의 우주원리로 하늘과 땅과 인간의 3형태로 나누고 이것이 만물을 제재(制裁)한다고 하였다. 이것을 적용시켜 천·지·인의 자연스러운 비례로 석조에 적용하거나 수목의 조형, 수목의 배치 등 여러 형태의 배치에 적용하고 있다.

6. 디딤돌(징검돌) 놓기

① 보행에 적합하도록 지면(잔디·자갈) 또는 수면과 수평으로 배치한다.
② 디딤돌은 10~20cm 두께의 것으로 지면보다 3~6cm 높게 배치한다.
③ 징검돌은 높이가 30cm 이상의 것으로 수면보다 15cm 높게 배치한다.
④ 배치간격은 성인의 보폭으로 35~40cm 정도가 적당하다.

⑤ 디딤돌(징검돌)의 장축이 진행방향에 직각이 되도록 배치한다.
⑥ 디딤돌(징검돌)은 2연석, 3연석, 2·3연석, 3·4연석 놓기가 기본이다.
⑦ 디딤돌은 납작하면서도 가운데가 약간 두둑한 것을 사용한다.
⑧ 징검돌은 상·하면이 평평하고, 지름 또는 한 면의 길이가 30~60cm 정도 크기의 강석을 주로 사용한다.
⑨ 시작하는 곳, 끝나는 곳, 갈라지는 곳에는 다른 것에 비해 큰 돌을 배치한다.
⑩ 보행 중 군데군데 잠시 멈추어 설 수 있도록 50~55cm 정도의 크기(지름)로 설치한다.
⑪ 디딤돌(징검돌)은 고임돌이나 콘크리트타설 후 설치한다.

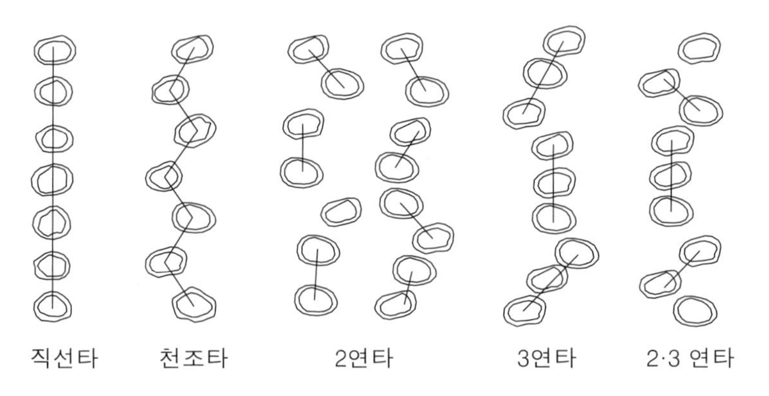

| 디딤돌의 배석법 |

Part 3 조경수목감별

수목감별 시험은 컴퓨터 모니터나 프로젝터 스크린에 보이는 사진을 보고, 수목을 판별하여, 수목의 이름을 답안지에 기입하는 형식이다. 출제되는 수종은 공단에서 발표한 '표준수종 120종'의 수목 중 20 수종이 나오며, 한 수종당 4~5장 정도의 사진을 보여준 후 답을 쓸 수 있는 시간이 짧게 주어지는데 20 수종을 다 보여준 후에 한 번 더 다시 반복하여 보여준다. 약 20분 정도의 제한된 시간에 나무를 구별할 수 있어야 하므로 수목의 여러 특징적 요소를 잘 도출하여 눈에 익히는 반복적인 학습이 필요하다.

1 수목감별 일반사항

조경수목을 구별할 때는 어느 한 가지만이 아닌 꽃과 잎, 가지, 수피, 열매, 겨울눈, 수형 등 여러 가지 특징을 정확하게 알아야 한다. 물론 한 가지의 특징만으로도 나무를 감별할 수도 있겠으나 시험에서 꼭 그것이 제시된다는 보장이 없으므로 여러 가지를 숙지하도록 한다.

1. 나무의 형태상 분류–수목의 성상

(1) 교목과 관목, 만경목

① 교목(키나무) : 다년생 목질인 곧은 줄기가 있고, 줄기와 가지의 구별이 명확하며, 중심 줄기의 상방향 생장이 현저한 수목을 말한다. 일반적으로 8m 이상의 키로 자라는 나무를 말하나 입지환경에 따라 수형과 수고에 차이가 발생한다.

② 관목(떨기나무) : 교목보다 수고가 낮고, 목질이 발달한 여러 개의 줄기를 가진 수목을 말한다. 일반적으로 곧은 뿌리가 없으며, 줄기는 뿌리 가까이에서 갈라지진다.

③ 만경목(덩굴나무) : 혼자 힘으로는 곧게 설 수 없어 다른 것에 감기거나 부착하면서 자라는 덩굴성 식물을 말한다.

| 교목(메타세쿼이아) |

| 관목(돈나무) |

| 만경목(능소화) |

(2) 활엽수와 침엽수

① 활엽수 : 넓은 잎을 가진 피자식물(속씨식물)의 목본류를 말한다.

② 침엽수 : 바늘 모양의 잎을 가진 나자식물(겉씨식물)의 목본류를 말한다.

(3) 상록수와 낙엽수

① 상록수 : 항상 푸른잎을 가지고 있으며 1~2년 사이에 낙엽계절에도 모든 잎이 일제히 낙엽되지 않는 수목을 말한다.

② 낙엽수 : 낙엽계절에 일제히 모든 잎이 낙엽되거나 잎의 구실을 할 수 없는 고엽의 일부가 붙어있는 수목을 말한다.

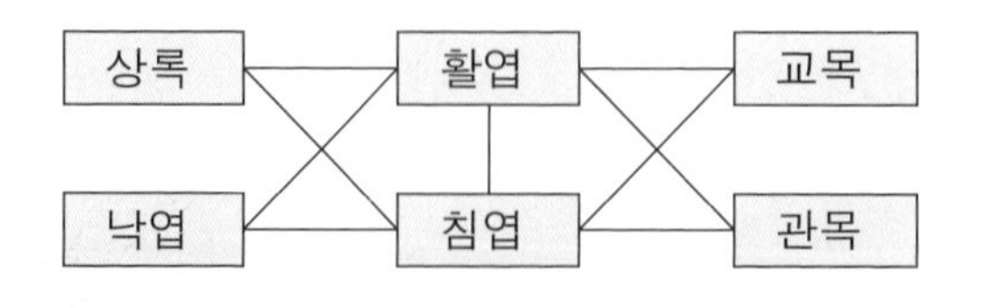

| 수목의 구분 및 성상 관계도 |

수목의 성상

상록활엽교목, 상록활엽관목
상록침엽교목, 상록침엽관목
낙엽활엽교목, 낙엽활엽관목
낙엽침엽교목

2. 나무의 각 부분별 특징

(1) 잎

물과 햇빛을 이용하여 필요한 양분을 만드는 기관으로 나무마다 진화되어 온 독특한 형태를 갖는다. 잎은 엽신(잎몸)과 엽병(잎사루)으로 되어있고, 잎자루 밑부분에 턱잎이 붙어있기도 한다. 잎의 가장자리도 각각의 모양을 하고 있어 잎을 구별하는 데 도움이 되며, 단풍도 나무를 구별하는 특징이 될 수 있으니 알아두는 것이 좋겠다.

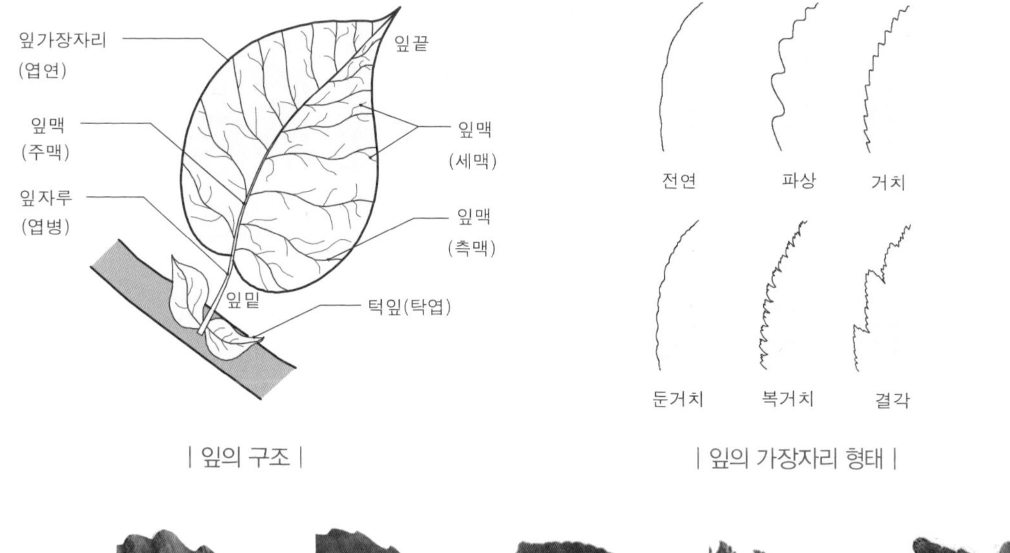

| 잎의 구조 |　　| 잎의 가장자리 형태 |

| 전연(층층나무) | | 파상(신갈나무) | | 거치(졸참나무) | | 둔거치(계수나무) | | 복거치(팥배나무) | | 결각(무궁화) |

1) 잎의 형태

식물의 잎은 크게 나누어 잎자루 하나에 잎몸 하나가 붙어있는 단엽(홑잎)과 하나의 잎자루에 여러 개의 작은잎이 붙는 복엽(겹잎)으로 구분한다.

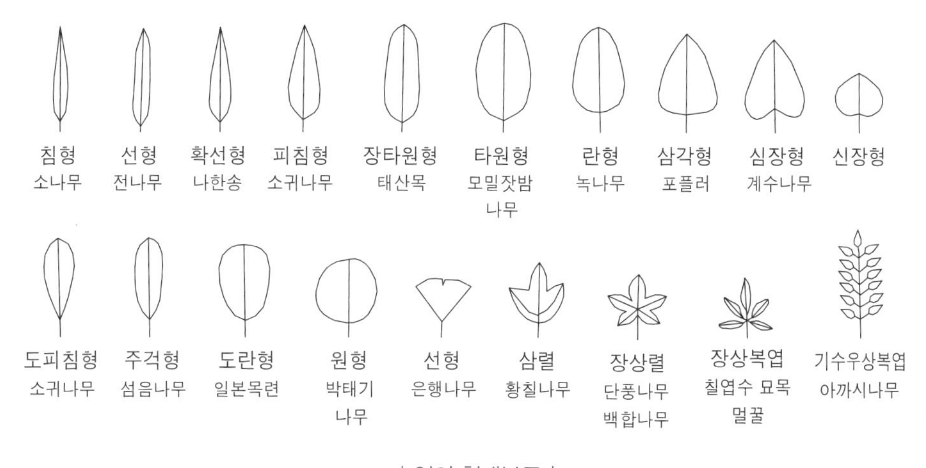

| 잎의 형태분류 |

2) 엽서(잎차례)

가지에 달리는 잎의 배열을 말한다.

① 호생(어긋나기) : 가지 1개 마디에 1장의 잎이 서로 어긋나게 붙어 달리는 것을 말한다.

② 대생(마주나기) : 가지 1개 마디에 2장의 잎이 마주 붙어 나는 것을 말한다.

③ 윤생(돌려나기) : 가지의 마디에 여러 장의 잎이 여러 방향으로 붙어 나는 것을 말한다.

④ 속생(총생, 모여나기) : 가지 끝이나 마디에 여러 장의 잎이 모여서 달리는 것을 말한다.

| 엽서(잎차례)의 종류 |

| 대생(계수나무) |

| 윤생(금송) |

| 속생(돈나무) |

(2) 꽃

씨앗을 만들어 번식할 수 있는 역할을 한다. 꽃은 일반적으로 꽃잎, 꽃받침, 암술, 수술 네 기관이 화병(꽃자루, 꽃대)에 달려있다. 양성화(갖춘꽃), 암꽃(자화), 수꽃(웅화)으로 나뉘며, 일반적으로 양성화가 달리는 나무와 달리 암꽃과 수꽃이 구별되어 달리는 나무(자웅동주, 암수한그루), 암꽃만 달리거나 수꽃만 달리는 나무(자웅이주, 암수딴그루), 수꽃과 양성화가 달리는 나무(웅성양성동주, 수꽃양성화한그루) 등 여러 종류로 구분할 수 있다.

1) 꽃의 구조

식물은 씨방의 유무에 따라 피자식물(속씨식물)과 나자식물(겉씨식물)로 구분한다. 피자식물은 밑씨가 씨방 속에 들어 있고, 나자식물은 씨방이 없어 밑씨가 겉으로 드러나 있다. 피자식물은 밑씨가 그림과 같이 꽃 속의 씨방에 들어있어 처음에는 열매의 형태를 잘 알기 어려우나, 나자식물은 씨방이 없어 사진의 예와 같이 어린 꽃이 성숙한 소나무의 솔방울이나 은행나무 열매와 비슷한 모습을 보인다.

| 소나무 암꽃 |

| 은행나무 암꽃 |

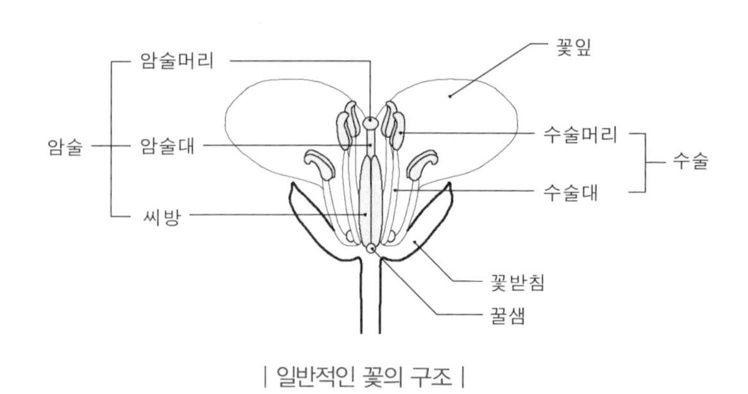

| 일반적인 꽃의 구조 |

2) 화서(꽃차례)

식물의 줄기나 가지에 꽃이 붙는 모양으로 식물마다 일정한 규칙을 갖는다.

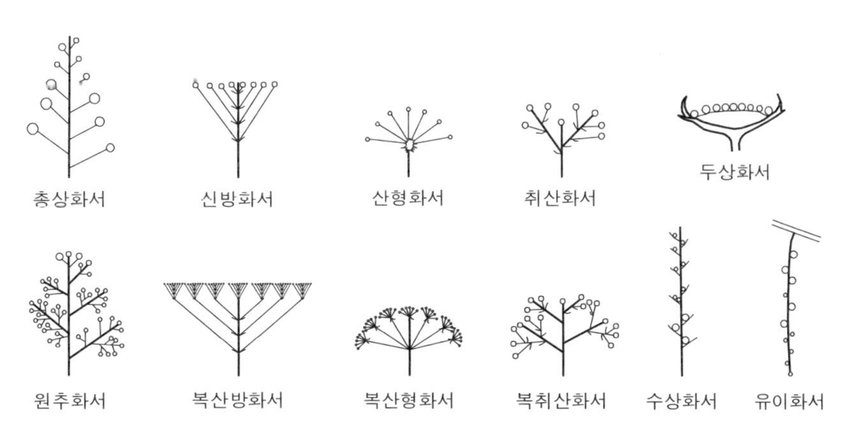

| 화서(꽃차례)의 종류 |

① 총상화서 : 긴 화축에 꽃대가 있는 여러 개의 꽃이 어긋나게 붙어서 밑에서부터 피기 시작하는 꽃차례를 말한다.

② 원추화서(복총상화서) : 꽃대가 둘 이상으로 갈라지고 마지막 분지에서 각각 총상화서를 이룬다.

③ 신방화서 : 꽃대의 길이가 밑의 것은 길고, 위로 갈수록 짧아 각 꽃은 거의 동일 평면으로 달린다.

④ 복산방화서 : 산방 꽃차례의 꽃대 끝에 다시 산방으로 갈라져 달린다.

⑤ 산형화서 : 많은 꽃대가 짧은 주축으로부터 흩어져 나와 우산살처럼 퍼져 있는 형태로 달린다.

⑥ 복산형화서 : 산형 꽃차례의 꽃대 끝에 다시 산형으로 갈라져 나온다.

⑦ 취산화서 : 먼저 꽃대 끝에 한 개의 꽃이 먼저 피고, 그 밑에 세 개 이상의 꽃대가 나와 꽃이 달린다.

⑧ 복취산화서 : 취산화서의 꽃대 끝에 다시 취산으로 갈라져 나온다.

⑨ 두상화서 : 여러 꽃이 꽃대 끝에 모여 붙어 머리 모양을 이루어 한 송이의 꽃처럼 보인다.

⑩ 수상화서 : 한 개의 긴 꽃대에 여러 개의 꽃이 이삭 모양으로 피는 형태를 하고 있다.

⑪ 유이화서(미상화서) : 가늘고 긴 주축에 꼬리처럼 된 모양의 꽃이 밑으로 늘어진 모양을 하고 있다.

(3) 열매

꽃이 수정되고 주로 암술의 씨방이 발육하여 만들어진 것을 말하며, 그 형성구조가 다양하고, 산포방식에 따라 다양한 형태를 보인다.

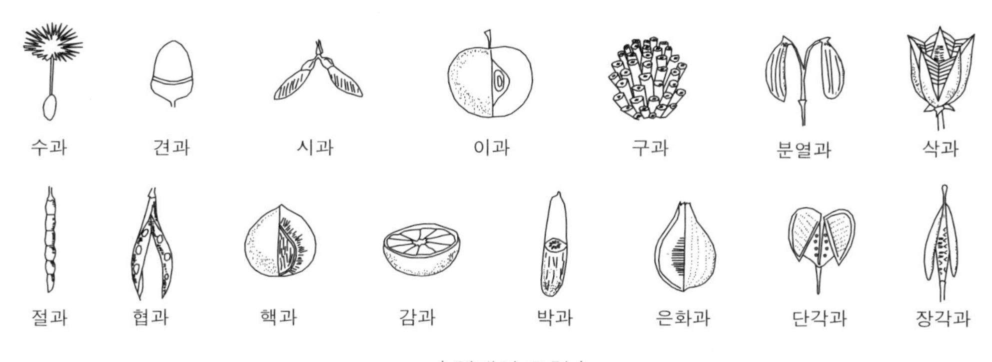

| 열매의 유형 |

① 수과 : 열매가 익어도 껍질이 갈라지지 않고 1개의 종자가 들어 있는 열매로 깃털을 가진 것도 있다.

② 견과 : 단단한 과피와 깍정이에 보통 1개의 종자가 싸여 있는 열매

③ 시과 : 과피가 얇은 막 모양의 날개를 이루어 바람을 타고 흩어지는 열매

④ 이과 : 꽃받침이 발달하여 육질로 되고, 심피는 연골질 또는 지질로 되어 다종자인 열매

⑤ 구과 : 솔방울처럼 모인 포린 위에 2개 이상의 소견과가 달려 있는 열매

⑥ 분열과 : 각 씨방이 열매가 되어 좌우 2개로 분리된 형태의 열매

⑦ 삭과 : 각각의 씨방이 성숙하여 2개 이상의 봉선을 따라 터지는 열매

⑧ 절과(분리과) : 콩 꼬투리와 비슷하지만, 종자가 들어 있는 사이가 잘록하고 익으면 여러 동강으로 분리되는 열매

⑨ 협과 : 씨방이 콩꼬투리처럼 만들어지고 성숙하면 봉선을 따라 두 갈래로 터지는 형태의 열매

⑩ 핵과 : 내과피는 매우 굳은 핵으로 되어 있고, 중과피는 육질이며, 외과피는 얇고 보통 1실에 1개의 종자가 들어 있는 열매

⑪ 감과 : 내과피에 의하여 과육이 여러 개의 방으로 분리되어 있는 열매

⑫ 박과 : 외과피가 다소 부드럽고 중과피, 내과피는 수분이 많은 두꺼운 다육질 열매

⑬ 은화과 : 주머니처럼 생긴 육질의 꽃받침 안에 많은 수과가 들어 있는 형태의 열매

⑭ 단각과 : 장각과와 같은 구조로 짧은 형태를 가지고 있다.

⑮ 장각과 : 2개의 씨방이 익어서 된 긴 열매로 성숙하면 아래로부터 2조각으로 벌어진다.

⑯ 장미과 : 주머니 모양으로 비대한 꽃받침의 바닥에 다수의 수과, 소견과가 들어 있는 열매

⑰ 골돌과 : 1개의 봉선을 따라 벌어지고 1개의 심피 안에 1개 또는 여러 개의 종자가 들어 있는 열매

⑱ 취과 : 심피 또는 꽃받침이 육질로 되고, 많은 소핵과로 구성되어 있는 열매

⑲ 장과(액과) : 육질로 되어 있는 내·외벽 안에 많은 종자가 들어 있는 열매

⑳ 석류과 : 상하로 된 여러 개의 방으로 구성되어 있으며, 종피도 육질인 열매

열매의 유형

| 시과(단풍나무) |

| 견과(신갈나무) |

| 핵과(매실나무) |

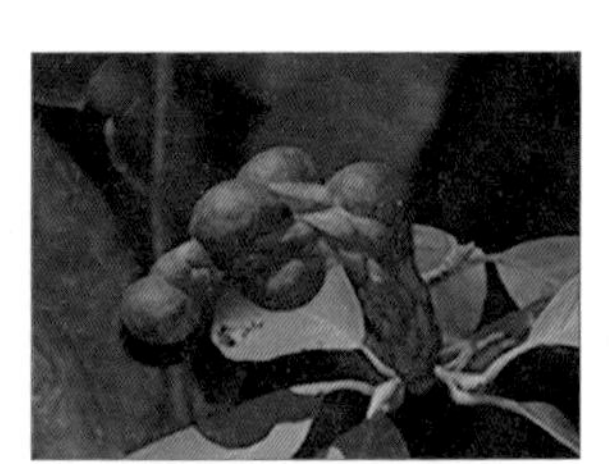
| 골돌과(백목련) |

| 장미과(해당화) |

| 취과(산딸나무) |

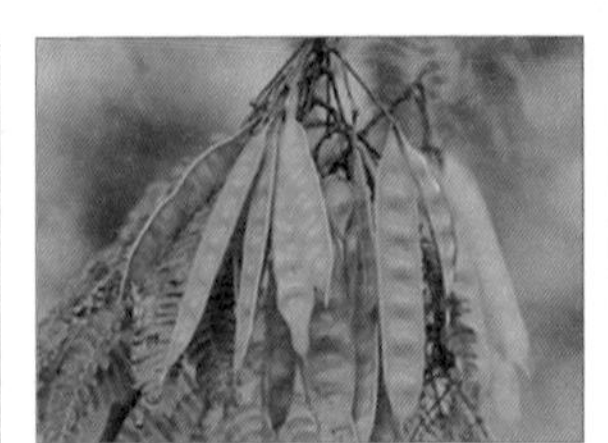
| 협과(자귀나무) |

| 삭과(무궁화) |

2 표준수종 목록

한국산업인력공단에서 발표한 표준수종 120종 목록으로, 수험자는 답안 작성 시 목록의 해당 수목명으로 작성하여야 정답으로 인정된다.

표준수종 120종 목록

※ 수목의 순서는 한국산업인력공단에서 발표한 것과 동일하게 게재하였다.

순서	수목명	순서	수목명	순서	수목명	순서	수목명
1	가막살나무	31	돈나무	61	산벚나무	91	졸참나무
2	가시나무	32	동백나무	62	산사나무	92	주목
3	갈참나무	33	등	63	산수유	93	중국단풍
4	감나무	34	때죽나무	64	산철쭉	94	쥐똥나무
5	감탕나무	35	떡갈나무	65	살구나무	95	진달래
6	개나리	36	마가목	66	상수리나무	96	쪽동백나무
7	개비자나무	37	말채나무	67	생강나무	97	참느릅나무
8	개오동	38	매화(실)나무	68	서어나무	98	철쭉
9	계수나무	39	먼나무	69	석류나무	99	측백나무
10	골담초	40	메타세쿼이아	70	소나무	100	층층나무
11	곰솔	41	모감주나무	71	수국	101	칠엽수
12	광나무	42	모과나무	72	수수꽃다리	102	태산목
13	구상나무	43	무궁화	73	쉬땅나무	103	탱자나무
14	금목서	44	물푸레나무	74	스트로브잣나무	104	백합나무
15	금송	45	미선나무	75	신갈나무	105	팔손이
16	금식나무	46	박태기나무	76	신나무	106	팥배나무
17	꽝꽝나무	47	반송	77	아까시나무	107	팽나무
18	낙상홍	48	배롱나무	78	앵도나무	108	풍년화
19	남천	49	백당나무	79	오동나무	109	피나무
20	노각나무	50	백목련	80	왕벚나무	110	피라칸다
21	노랑말채나무	51	백송	81	은행나무	111	해당화
22	녹나무	52	버드나무	82	이팝나무	112	향나무
23	눈향나무	53	벽오동	83	인동덩굴	113	호두나무
24	느티나무	54	병꽃나무	84	일본목련	114	호랑가시나무
25	능소화	55	보리수나무	85	자귀나무	115	화살나무
26	단풍나무	56	복사나무	86	자작나무	116	회양목
27	담쟁이덩굴	57	복자기	87	작살나무	117	회화나무
28	당매자나무	58	붉가시나무	88	잣나무	118	후박나무
29	대추나무	59	사철나무	89	전나무	119	흰말채나무
30	독일가문비	60	산딸나무	90	조릿대	120	히어리

※ 매화(실)나무는 매화나무 또는 매실나무 2가지 모두 정답으로 인정한다.

3 표준수종 해설도감

1. 수목의 공부

나무에 관한 공부는 짧은 시간에 하기 어려우므로 여유로운 마음을 가지고 하여야 한다. 알고 있는 나무는 새롭게 탐구하고, 모르는 나무는 새로운 세계를 탐험하듯이 접근하면 조금은 부담에서 벗어날 수 있다. 사진 몇 장으로 어떤 한 나무를 판별하기는 쉽지 않다. 형태적으로 구별되지 않는 나무의 특성은 사진으로 구별하기 어려운 것이므로 형태적 특성을 숙지하는 것이 중요하다. 여기에 설명된 나무의 특성은 외우는 것이 아니라, 여러분이 얻은 정보에서 그 나무의 특성을 찾아내는 데 참고하는 것이다. 공부하면서 "어떤 나무든 수피, 잎, 꽃, 열매 중 한 가지는 꼭 다른 것과 구별되는 것이 있다."고 생각하고 퀴즈를 풀듯이 가벼운 마음으로 찾아보도록 한다.

2. 수목의 게재 순서

수목의 게재 순서는 표준수종을 과(科)별로 묶은 후, 과별 가나다순으로 수록하였다. 침엽수를 먼저 싣고, 뒤에 활엽수를 배치하였으며, 수종을 과(科)별로 묶을 때도 비슷한 특성을 보이는 수목끼리 비교할 수 있도록 가까이 배치하였다. 다음 단원에 표준수종 전체를 가나다순으로 배열한 '찾아보기(표준수종 검색)'를 두어 나무별로도 쉽게 찾아볼 수 있도록 하였다.

개비자나무 *Cephalotaxus koreana* Nakai

- 개비자나무과 상록침엽관목, 높이 2~3m, 자웅이주(암수딴그루)
- 잎은 마주나며, 길이 37~40mm이다.
- 잎은 선형으로 깃털처럼 2줄로 나고, 잎끝은 예리하나 질감은 부드럽다.
- 잎의 주맥이 두드러지고, 뒷면에 2줄의 기공선이 있다.
- 꽃은 3~4월에 피며, 연노랑색 수구화수는 잎겨드랑이에 20~30송이씩 달린다.
- 암구화수는 연녹색으로 가지 끝에 2송이씩 달린다.
- 열매는 구과로 핵과처럼 가종피(헛씨껍질)에 싸여 길이 17~18mm로 이듬해 9~10월에 붉게 익는다.

금송 *Sciadopitys verticillata* (Thunb.) Siebold & Zucc.

- 낙우송과 상록침엽교목, 높이 10~30m, 자웅동주(암수한그루)
- 수피는 적갈색으로 세로로 길게 갈라지고, 벗겨진다.
- 바늘잎은 두 개씩 묶여서 15~40쌍이 촘촘하게 돌려나며, 길이 6~12cm이다.
- 잎 앞면 중앙은 오목하게 홈이 패여 있으며, 황금색이고, 뒷면에는 흰색 기공선이 있다.
- 잎이 굵고, 두꺼우나 촉감은 부드럽다.
- 꽃은 3~4월에 피고 수구화수는 길이 약 7mm의 타원형으로 가지 끝에 여러 개가 뭉쳐 달린다.
- 암구화수는 타원형으로 가지 끝에 1~2개가 핀다.
- 열매는 구과이며, 길이 8~12cm의 원뿔 모양이고, 이듬해 10~11월에 익는다.

메타세쿼이아 *Metasequoia glyptostroboides* Hu & W.C.Cheng

- 낙우송과 낙엽침엽교목, 높이 35~50m, 지름 2.0~2.5m, 자웅동주(암수한그루)
- 수피는 적갈색이나 오래된 것은 회갈색이고, 세로로 얕게 갈라져 벗겨지며, 일년생 가지는 녹색이다.
- 잎은 마주나며, 작은잎이 바늘잎으로 나며, 전체적으로 날개 모양을 하고 있다.
- 잎몸의 전체 길이는 12~15cm이고, 작은바늘잎은 길이 1~3cm이다.
- 작은바늘잎은 2장씩 마주붙고, 잎끝이 둥글고, 부드러워 찔려도 아프지 않다.
- 수구화수는 10월에 꽃눈이 잎겨드랑이에 달리고, 이듬해 잎이 나기 전 3월에 수분한다.
- 암구화수는 타원형으로 적록색이고, 짧은 가지 끝에 1개씩 달린다.
- 열매는 구과이며, 지름 1.4~2.5cm의 가로로 골이 진 솔방울이 달리고, 적갈색 단풍이 든다.

소나무*Pinus densiflora* Siebold & Zucc.

- 소나무과 상록침엽교목, 높이 35m, 자웅동주(암수한그루), 이엽송
- 수피는 붉은빛을 띤 갈색이나 밑 부분은 흑갈색이며, 2년 된 가지의 껍질이 불규칙하게 벗겨진다.
- 잎은 바늘 모양으로 잎끝이 뾰족하며, 2개가 뭉쳐나고, 길이 8~9cm, 폭 1.5mm이다.
- 잎의 횡단면은 반원형이고, 잎끝이 뾰족하지만 아프지는 않다.
- 새순이 붉은빛을 띠고, 4~5월 봄이 되면 새 가지에 꽃이 핀다.
- 수구화수는 새 가지의 밑 부분에 촘촘히 달리며, 노란색으로 길이 1cm의 타원형이다.
- 암구화수는 새 가지의 끝부분에 달리며 자주색이고, 길이 6mm의 난형이다.
- 열매는 난형의 구과로 길이 4~5cm이며, 70~100개의 작은 조각들로 이루어져 있다.

반송*Pinus densiflora* f. *multicaulis* Uyeki

- 소나무과 상록침엽교목, 높이 6~7m, 자웅동주(암수한그루), 이엽송
- 줄기 아랫부분에서 굵은 가지가 갈라져 나온 다간형으로 우산 모양으로 자란다.
- 잎, 꽃, 열매, 종자의 특징은 소나무와 같다.

곰솔 *Pinus thunbergii* Parl.

- 소나무과 상록침엽교목, 높이 35m, 자웅동주(암수한그루), 이엽송
- 수피는 윗부분까지 모두 흑갈색을 띠고, 2년 된 가지의 껍질이 규칙적으로 벗겨진다.
- 잎은 바늘 모양으로 잎끝이 뾰족하며, 2개가 뭉쳐나고, 길이 9~14cm, 폭 1.5mm이다.
- 잎은 짙은 녹색이며, 횡단면은 반원형이고, 잎끝이 단단하고, 뾰족하여 찔리면 아프다.
- 새순이 흰빛을 띠고 4~5월 봄이 되면 새 가지에 꽃이 핀다.
- 수구화수는 새 가지의 밑 부분에 촘촘히 달리며, 노란색으로 길이 1~1.7cm의 원통형이다.
- 암구화수는 새 가지의 끝부분에 달리며 자주색이고, 길이 5~9mm의 난형이다.
- 열매는 난형의 구과로, 길이 4~7cm이며, 50~60개의 작은 조각들로 이루어져 있다.

백송 *Pinus bungeana* Zucc. ex Endl.

- 소나무과 상록침엽교목, 높이 25~30m, 자웅동주(암수한그루), 삼엽송
- 수피는 회백색으로 밋밋하고, 비늘조각처럼 벗겨지기 때문에 얼룩져 보인다.
- 잎은 바늘 모양으로 잎끝이 뾰족하며, 3개가 뭉쳐나고, 길이 5~10cm, 폭 0.5~2.0mm이다.
- 잎은 진한 녹색으로 공기구멍선이 있으며, 단면은 삼각상 부채 모양이고, 단단해서 찔리면 아프다.
- 꽃은 4~5월에 새 가지에서 암수가 구별되어 핀다.
- 수구화수는 새 가지의 밑 부분에 촘촘히 달리며, 노란색으로 길이 1~1.5cm의 장타원형이다.
- 암구화수는 새 가지의 끝부분에 달리며, 연갈색에서 황갈색으로 변하고, 길이 7~12mm의 난형이다.
- 열매는 난형의 구과로 길이 5~7cm이며, 50~60개의 실편으로 덮여있고, 조각조각 골이 많이 진다.

잣나무 *Pinus koraiensis* Siebold & Zucc.

- 소나무과 상록침엽교목. 높이 20~30m, 지름 1.5m, 자웅동주(암수한그루), 오엽송
- 수피는 흑갈색이고, 오래되면 불규칙한 조각으로 떨어지며, 어린 가지는 적갈색이고, 황색 털이 난다.
- 잎은 바늘잎으로 짧은 가지 끝에 5장씩 뭉쳐나며, 길이 7~12mm로 3개의 능선이 있다.
- 잎 양면에 흰 기공선이 5~6줄씩 있으며, 가장자리에 잔 톱니가 있다.
- 잎끝은 뾰족하지만 약간 부드러워 찔려도 아프지 않다.
- 꽃은 4~5월에 피며, 수구화수는 황색으로 새 가지 밑에 달린다.
- 암구화수는 연한 홍자색으로 새 가지 끝에 달린다.
- 열매는 구과로 긴 난형이며, 길이 12~15cm, 지름 6~8cm이고, 이듬해 10월에 익는다.

스트로브잣나무 *Pinus strobus* L.

- 소나무과 상록침엽교목, 높이 67m, 지름 1.8m 정도, 자웅동주(암수한그루), 오엽송
- 수피는 회갈색으로 밋밋하지만 늙으면 깊게 갈라지고, 가지는 규칙적으로 돌려난다.
- 바늘잎은 5개씩 모여나고, 길이 6~10cm, 폭 0.7~1mm, 끝은 뾰족하지만 부드럽다.
- 잣나무보다 잎이 가늘어서 더 많이 처지고, 만지면 부드러운 느낌이 든다.
- 꽃은 5월에 성숙한다.
- 수구화수는 황색이고, 길이 1~1.5cm의 난형으로 햇가지 밑부분에 타래 모양으로 돌려난다.
- 암구화수는 타원형 또는 난상 구형이며, 햇가지 끝에 달리며 붉은색이다.
- 열매는 구과이며, 좁은 통 모양의 길이 8~15cm, 폭 4cm로서 밑으로 처지며, 이듬해 8월에 익는다.

전나무 *Abies holophylla* Maxim.

- 소나무과 상록침엽교목, 높이 40m, 지름 1.5m, 자웅동주(암수한그루)
- 수피는 흑갈색으로 거칠고, 껍질이 갈라지며, 잔가지는 회갈색으로 얕은 홈이 있다.
- 잎은 선형 바늘잎이 가지에서 입체적으로 나며, 길이 4cm, 폭 2mm이다.
- 잎 뒷면 양쪽에 2줄의 흰색 기공선이 있고, 잎끝이 뾰족하고, 단단하여 찔리면 아프다.
- 꽃은 4~5월에 수구화수는 길이 15mm의 황록색 원통형으로 피고, 2년지의 잎겨드랑이에 달린다.
- 암구화수는 2~3개가 가까이 달리며, 길이 3.5cm의 연녹색 장타원형으로 2년지에 곧추서서 달린다.
- 열매는 구과로 길이 10~20cm의 원통형이며, 10월에 갈색으로 익으면 조각과 씨가 부서져 내린다.

독일가문비 *Picea abies* (L.) H.Karst.

- 소나무과 상록침엽교목, 높이 50m, 자웅동주(암수한그루)
- 수피는 적갈색이고, 가지는 옆으로 퍼지며, 햇가지는 밑으로 처진다.
- 잎은 바늘 모양으로 가지에서 약간 굽은 상태로 입체적으로 나며, 길이 1~2.5cm이다.
- 잎의 단면은 사각형태이고, 잎끝이 뾰족하고, 단단하여 찔리면 아프다.
- 잎의 기부는 가지가 약간 부풀어 잎이 붙고, 짙은 녹색을 띠고, 윤기가 난다.
- 꽃은 5월에 달리며, 수구화수는 원통형으로 갈색이며, 암구화수는 장타원형이다.
- 열매는 구과이고, 솔방울은 길이 10~15cm의 길쭉한 타원형으로 아래를 향해서 달린다.

구상나무*Abies koreana* E.H.Wilson

- 소나무과 상록침엽교목, 높이 18m, 자웅동주(암수한그루)
- 수피는 회색이 돌고, 거칠며, 잔가지는 황색이지만 털이 없어지며 갈색이 돈다.
- 바늘잎은 가지나 줄기에 돌려나기를 하며, 잎 길이는 1.5~2cm이다.
- 잎은 납작하고, 주맥이 뚜렷하며, 잎끝이 오목하게 들어가 둥글어서 만져도 아프지 않고, 부드럽다.
- 잎 뒷면에 2줄로 된 흰색 숨구멍줄(기공선)이 있어 거의 흰빛을 띤다.
- 꽃은 4~5월에 피며, 수구화수는 타원형, 암구화수는 거의 장타원형이다.
- 암구화수는 겉으로 나온 포조각이 뒤로 젖혀지며 자라고, 검은 자주색부터 연한 녹색까지 다양하다.
- 열매는 구과로 길이 4~6cm 정도의 원통형이며, 8~9월 녹갈색 또는 자갈색으로 익어가며 부서진다.

은행나무*Ginkgo biloba* L.

- 은행나무과 낙엽침엽교목, 높이 60m, 지름 4m, 자웅이주(암수딴그루), 넓은잎
- 수피는 회색으로 두껍고, 코르크질이며, 균열이 생긴다.
- 잎은 긴 가지에서는 뭉쳐나고 짧은 가지에서는 모여나며, 길이 5~7cm이다.
- 잎은 부채꼴이며, 중앙에서 2개로 갈라지지만, 갈라지지 않는 것과 2개 이상 갈라지는 것도 있다.
- 수꽃은 연한 황록색이며, 길이 1~2cm 정도의 꼬리 모양 원주형으로 아래로 늘어진다.
- 암꽃은 짧은 가지 끝의 잎겨드랑이에서 길이 1~2cm의 자루 끝에 2개의 밑씨가 달린다.
- 열매는 핵과이며, 길이 2.5~3.5cm 정도의 타원형 열매가 1~2개씩 달리고, 10월에 황색으로 익는다.
- 단풍은 노란색으로 물든다.

주목 *Taxus cuspidata* Siebold & Zucc.

- 주목과 상록침엽교목, 높이 17~20m, 지름 1.5m, 자웅이주(암수딴그루)
- 수피는 적갈색으로 얇게 갈라지고 띠처럼 벗겨지며, 어린 가지는 녹색이다.
- 잎은 바늘잎으로 선형이며, 나선 형태로 달리고, 옆으로 뻗은 가지에서는 우상으로 2줄로 배열한다.
- 잎은 길이 1.5~2.5cm, 폭 3mm이고, 진한 녹색으로 광택이 있으며, 주맥 부분이 도드라져 보인다.
- 잎끝은 뾰족하나 부드러워 손으로 만져도 아프지 않고, 뒷면에 2개의 연한 노란색 줄이 있다.
- 꽃은 4월에 피고, 수구화수는 9~10개가 황색으로, 암구화수는 녹색으로 달린다.
- 꽃이 지면 작고 둥근 녹색의 열매가 달리고 헛씨껍질이 부풀어 오르기 시작한다.
- 열매는 구과로 가종피(헛씨껍질)에 싸인 열매는 가운데가 비어 종자가 보이고, 10월경에 붉게 익는다.

측백나무 *Thuja orientalis* L.

- 측백나무과 상록침엽교목, 높이 25m, 지름 1m, 자웅동주(암수한그루), 비늘잎
- 수피는 회갈색이며, 세로 방향으로 가늘고 길게 갈라지며, 벗겨지고, 큰 가지는 적갈색이다.
- 어린 가지는 녹색으로 납작하며, 수직 방향으로 발달한다.
- 잎은 비늘 모양으로 V자나 X자 모양으로 겹겹이 배열하며, 폭이 2~2.5mm로 뒷면에 작은 줄이 있다.
- 작고 납작한 잎은 잎끝이 뾰족하며, 흰점이 약간 있고, 앞뒤가 거의 비슷하고, 기공선도 보이지 않는다.
- 꽃은 3~4월에 가지 끝에 달리고, 암구화수는 연한 자갈색이고 길이 3mm 정도의 구형이다.
- 수구화수는 길이 2~2.5mm의 타원형이고, 갈색을 띤 노란색이다.
- 열매는 구과이며, 울퉁불퉁한 형태의 분백색이지만, 9~10월에 익으면 적갈색으로 변하여 갈라진다.

향나무*Juniperus chinensis* L.

- 측백나무과 상록침엽교목, 높이 20m, 지름 70cm, 자웅이주(암수딴그루) 또는 자웅동주(암수한그루)
- 수피는 적갈색이고, 세로로 갈라지며, 새로 난 가지는 녹색이다.
- 잎은 어린 가지에는 바늘잎이, 성숙한 개체에는 비늘잎이 달린다.
- 바늘잎은 짙은 녹색, 돌려나기 또는 마주나며 4~6렬로 배열된다.
- 비늘잎은 잎끝이 둥글며 가장자리가 흰색이다.
- 꽃은 4월에 피고, 수구화수는 타원 모양으로 지난해 가지 끝에 연한 황색으로 달린다.
- 암구화수는 가지 끝 또는 잎겨드랑이에 둥글고 긴 모양으로 달리며, 비늘조각은 6개이다.
- 열매는 구과이며, 지름 7~10mm의 원형으로 이듬해 10월에 흑자색으로 익어 벌어진다.

눈향나무*Pinus densiflora f. multicaulis* Uyeki

- 측백나무과 상록침엽관목, 자웅이주(암수딴그루)
- 원줄기는 땅을 기거나 바위 밑으로 처져 자란다.
- 잎이 향나무와 달리 뭉쳐서 나고, 거칠며, 바늘잎과 비늘잎이 무성히 난다.
- 잎은 어릴 때는 날카로운 바늘잎이지만 찌르지 않으며, 늙으면 비늘잎으로 바뀐다.
- 어린 나무나 길게 뻗은 가지에는 3엽 바늘잎이 돌려나기로 붙는다.
- 비늘잎에는 맥보다 넓은 2개의 흰색 줄이 있고, 길이 1mm 정도이다.
- 꽃은 4~5월에 피며, 수꽃은 달걀 모양이고, 길이는 2mm이며, 암꽃은 공 모양으로 가지 끝에 달린다.
- 열매는 편구형의 구과로 이듬해 10월에 익는다.

호두나무*Juglans regia* L.

- 가래나무과 낙엽활엽교목, 높이 10~20m, 자웅동주(암수한그루), 기수우상복엽(홀수깃꼴겹잎)
- 잎은 어긋나게 달리며, 작은잎이 2~3쌍(5~7장)인 홀수깃꼴겹잎이다.
- 잎몸의 전체 길이는 25~30cm이고, 작은잎은 길이 5~15cm, 폭 5~7cm이다.
- 작은잎은 타원형이며, 가장자리는 밋밋하거나 뚜렷하지 않은 톱니가 있고, 털은 거의 없다.
- 작은잎은 위쪽으로 갈수록 잎이 커지며, 뒷면은 연녹색이다.
- 꽃은 4~5월 피고, 수꽃이삭은 길이 15~30cm로 전년도 가지의 잎겨드랑이에 늘어져 달린다.
- 암꽃이삭은 햇가지 끝에서 위로 곧게 1~4개가 모여난다.
- 열매는 견과로 둥근 핵과 모양이며, 이삭처럼 늘어져 달리며, 9~10월에 익는데 표면에 털이 없다.

대추나무*Zizyphus jujuba* var. *inermis* (Bunge) Rehder

- 갈매나무과 낙엽활엽소교목, 높이 10m
- 수피는 회색이며, 벗겨지지 않는다.
- 잎은 어긋나게 달리며, 길이 2~6cm, 폭 1~2.5cm이다.
- 우상복엽(깃꼴겹잎)처럼 보이나 가지에서 어긋나기를 하는 단엽(홑잎)이다.
- 잎은 난형으로 잎끝이 길쭉하고, 광택이 있으며, 가장자리에 둔한 톱니가 있다.
- 잎의 밑부분에서 3개의 뚜렷한 잎맥이 잎끝을 향해 뻗쳐있고, 턱잎은 길이 3cm의 가시로 변한다.
- 꽃은 5~6월에 연한 녹색으로 피며, 2~3개씩 잎겨드랑이에 취산화서로 달린다.
- 열매는 핵과이며, 구형으로 9~10월에 암갈색으로 익으며, 단풍은 노란색으로 든다.

감나무*Diospyros kaki* Thunb.

- 감나무과 낙엽활엽교목, 높이 10~20m, 자웅동주(암수한그루)
- 잎은 어긋나게 달리며, 길이 7~17cm, 폭 4~10cm이고, 잎자루는 길이 0.8~2cm이다.
- 잎은 둥근 타원형이고 잎끝이 갑자기 뾰족해 지며, 가장자리는 밋밋하다.
- 잎은 가죽질이고, 앞면에 광택이 있으며, 잎맥을 따라 털이 많다.
- 잎 뒷면은 회백색이고, 부드러운 털이 있으며, 잎자루에도 굵은 털이 나 있다.
- 꽃은 5~6월에 잎겨드랑이에서 연노란색으로 나고, 암꽃과 수꽃이 구별되어 달린다.
- 수꽃은 종모양으로 여러 송이가 달리고, 암꽃은 한 송이씩 달리는데 꽃받침이 크다.
- 열매는 장과로 9월 말에 황홍색으로 익으며, 단풍은 붉은색으로 든다.

감탕나무*Ilex integra* Thunb.

- 감탕나무과 상록활엽교목, 높이 10m, 자웅이주(암수딴그루)
- 잎은 어긋나게 달리며, 길이 5~10cm, 폭 2~3.5cm이고, 잎자루는 길이 8~15mm이다.
- 잎은 타원형으로 가죽질이고, 잎끝이 조금 돌출되어 있다.
- 잎의 주맥만 약간 보이고, 측맥은 거의 보이지 않으며, 양면에 털은 없다.
- 잎가장자리는 밋밋하거나 2~3개의 톱니가 있다.
- 꽃은 3~5월에 잎겨드랑이에서 황록색으로 나고, 암꽃은 1~4개, 수꽃은 2~15개가 모여 나온다.
- 열매는 핵과이며, 지름 1cm 정도의 크기로 10~11월경 붉게 익는다.

먼나무 *Ilex rotunda* Thunb.

- 감탕나무과 상록활엽교목, 높이 5~10m, 자웅이주(암수딴그루)
- 잎은 어긋나게 달리며, 길이 6~10cm, 폭 2.5~4cm, 잎자루는 길이 1.2~2.8cm이다.
- 잎은 타원형이며, 가죽질로 광택이 나며, 가장자리는 밋밋하다.
- 뒷면은 연녹색이고, 주맥만 약간 보이며, 측맥은 거의 보이지 않는다.
- 어린 가지와 잎자루는 보라색에서 붉은색을 띤다.
- 꽃은 5~6월에 햇가지의 잎겨드랑이에서 붉은빛이 도는 녹색꽃이 취산꽃차례로 2~7개씩 달린다.
- 열매는 핵과로 지름 5~8mm 정도의 둥그런 열매는 10월경 붉게 익으며, 겨우내 달려있다

꽝꽝나무 *Ilex crenata* Thunb.

- 감탕나무과 상록활엽관목, 높이 1~3m, 자웅이주(암수딴그루)
- 잎은 어긋나게 달리며, 길이 1.5~3.0cm, 폭 0.5~2.0cm이고, 잎자루는 길이 1~5mm이다.
- 잎은 타원형 또는 긴 타원형으로 가죽질 광택이 있다.
- 잎이 뒤로 젖혀지고, 주맥이 뚜렷하며, 가장자리에 둔한 톱니가 있다.
- 잎 앞면은 짙은 녹색으로 윤이 나며, 뒷면은 연한 녹색으로 샘점이 있다.
- 꽃은 5~6월에 잎겨드랑이에 달리며, 황록색의 작은 꽃이 핀다.
- 수꽃은 총상꽃차례에 3~7개씩, 암꽃은 1개씩 달린다.
- 열매는 핵과이며, 지름 6~7mm로 둥글고 10월에 검게 익는다.

호랑가시나무 *Ilex cornuta* Lindl. & Paxton

- 감탕나무과 상록활엽관목, 높이 2~3m, 자웅이주(암수딴그루)
- 수피는 회색이 도는 흰색이고, 줄기는 가지가 많이 갈라진다.
- 잎은 어긋나게 달리며, 길이 4~8cm, 폭 2~3cm이고, 잎자루는 길이 5~8mm이다.
- 잎은 두꺼운 가죽질로 광택이 강하며, 모서리가 날카로운 가시로 변해있다.
- 잎 앞면은 짙은 녹색이며, 뒷면은 노란빛이 도는 녹색이다.
- 꽃은 4~5월에 피며, 잎겨드랑이의 산형꽃차례에 5~6개씩 지름 7mm의 흰색 꽃이 달린다.
- 열매는 핵과이며, 지름 0.8~1.0cm의 원형으로 9~10월에 붉은 색으로 익어 겨우내 달려있다.

낙상홍 *Ilex serrata* Thunb.

- 감탕나무과 낙엽활엽관목, 높이 1~3m, 자웅이주(암수딴그루)
- 잎은 어긋나게 달리며, 길이 3~9cm, 너비 2~4cm이고, 잎자루는 길이 5~8cm이다.
- 잎은 타원형으로 잎끝은 뾰족하고, 가장자리에 날카로운 톱니가 있다.
- 잎의 뒷면은 연녹색이며, 엽맥에 흰색 털이 나있고, 양면에 털이 나있다.
- 꽃은 5~6월에 지름 3~4mm의 작은 연분홍색 꽃잎은 4~5개 산형꽃차례로 모여 핀다.
- 열매는 핵과로 지름 5mm 정도의 작은 공 모양인데 10월에 붉은색으로 익는다.

계수나무*Cercidiphyllum japonicum* Siebold & Zucc. ex J.J.Hoffm. & J.H.Schult.bis

- 계수나무과 낙엽활엽교목, 높이 10~30m, 지름 2m, 자웅이주(암수딴그루)
- 수피는 회갈색으로 세로로 갈라져 조각으로 떨어진다.
- 잎은 마주나며, 길이와 폭이 각각 4~8cm이다.
- 잎은 동그란 하트형이고 가장자리에 둔한 톱니가 있다.
- 잎에 5~7개의 잎맥이 뻗어있고, 잎 뒷면은 분백색이며, 잎자루에서 붉은빛이 돈다.
- 꽃은 4~5월에 피며, 꽃잎이 없고, 향기가 있다.
- 수꽃은 선형이며, 암꽃은 연한 홍색으로 암술머리가 가늘다.
- 열매는 골돌과이며, 길이 1.5~2cm의 짙은 갈색으로 11월에 익으며, 단풍은 노란색으로 든다.

사철나무*Euonymus japonicus* Thunb.

- 노박덩굴과 상록활엽관목, 높이 2~6m
- 가지는 녹색이며, 매끈하다.
- 잎은 가지에서 마주나며, 가지 끝에서는 모여나고, 길이 3~8cm, 폭 2~4cm이다.
- 잎은 도란형 또는 긴 타원형으로 가죽질이며, 가장자리에 둔한 톱니가 있다.
- 잎 앞면은 짙은 녹색으로 윤이 나며, 뒷면은 노란빛이 도는 녹색이다.
- 꽃은 6~7월에 잎겨드랑이나 가지 끝에 취산꽃차례로 자잘한 황록색 꽃이 모여 핀다.
- 열매는 삭과로 둥글며, 붉게 익으면 4갈래로 갈라져서 주황색 씨가 드러나 오래 매달려 있다.

화살나무*Euonymus alatus* (Thunb.) Siebold f. alatus

- 노박덩굴과 낙엽활엽관목, 높이 1~3m
- 가지나 줄기 겉에 2~4줄로 코르크질 날개가 난다.
- 잎은 마주나며, 길이 2~7cm, 폭 1~4cm이고, 잎자루는 길이 1~3mm이다.
- 잎은 난형 또는 넓은 피침형으로 잎끝이 뾰족하고, 가장자리에 톱니가 있으며, 뒷면은 연녹색이다.
- 꽃은 5~6월에 피는데 잎겨드랑이에서 난 길이 2~4cm의 취산꽃차례에 2~5개씩 달린다.
- 꽃은 꽃잎 4장의 연한 녹색으로 지름 6~7mm이며, 꽃받침은 4갈래로 갈라진다.
- 열매는 삭과이며, 9~10월에 완전히 익으면 벌어져서 밝은 적색의 가종피에 싸인 씨앗이 나온다.
- 단풍은 붉은색으로 든다.

녹나무*Cinnamomum camphora* (L.) J.Presl

- 녹나무과 상록활엽교목, 높이 20m
- 수피는 갈색 또는 짙은 회색으로 깊게 패인다.
- 잎은 돌려나며, 길이 6~10cm이고, 잎자루는 길이 1.5~2cm이며, 잎맥이 3개로 갈라진다.
- 잎은 타원형으로 잎끝이 뾰족하고, 가장자리는 밋밋하며, 물결모양이 나타난다.
- 앞면은 짙은 녹색으로 윤기가 나며, 봄에 새로 돋는 잎은 붉은색을 보인다.
- 꽃은 5~6월경에 잎겨드랑이에서 나온 원추화서(원뿔꽃차례)에 자잘한 흰색 꽃이 달린다.
- 열매는 장과이며, 지름 8mm 정도의 구슬 모양으로 10~11월에 검은색으로 익는다.

후박나무 *Machilus thunbergii* Siebold & Zucc.

- 녹나무과 상록활엽교목, 높이 20m, 지름 1m
- 잎은 가지에서 어긋나게 나지만 가지 끝에서 모여난 것처럼 보인다.
- 잎은 도란형 또는 넓은 도피침형으로 길이 7~15cm, 폭 3~7cm이고, 잎자루는 길이 2~3cm이다.
- 잎끝은 급하게 좁아지고, 가장자리는 밋밋하다.
- 잎 앞면은 짙은 녹색이고 윤이 나며, 뒷면은 회색이 도는 녹색이다.
- 꽃은 5~6월 잎겨드랑이에서 잎과 함께 나온 원추꽃차례에 노란빛이 도는 녹색으로 핀다.
- 열매는 장과이며, 지름 1.0~1.3cm의 원형으로 이듬해 여름부터 붉은빛이 도는 검은색으로 익는다.
- 열매자루는 붉은색으로 굵은 편이며, 열매의 살은 녹색이다.

생강나무 *Lindera obtusiloba* Blume

- 녹나무과 낙엽활엽관목, 높이 3~5m, 자웅이주(암수딴그루)
- 잎은 어긋나게 달리며, 길이 5~15cm, 폭 4~13cm이고, 잎자루는 길이 1~2cm이다.
- 잎은 심장형 또는 난형으로 끝부분이 3갈래로 갈라지거나 갈라지지 않은 것 등 다양하게 나타난다.
- 잎자루와 닿는 부분에 큰 잎맥 3개가 뻗어있고, 잎자루는 붉은색을 띤다.
- 꽃은 3~4월에 잎보다 먼저 피며, 꽃대가 없는 산형꽃차례에 달리고 노란색이다.
- 열매는 장과이며, 지름 7~8mm의 구형으로 청색, 적색을 거쳐 10월에 흑색으로 익는다.
- 단풍은 노란색으로 든다.

느티나무 *Zelkova serrata* (Thunb.) Makino

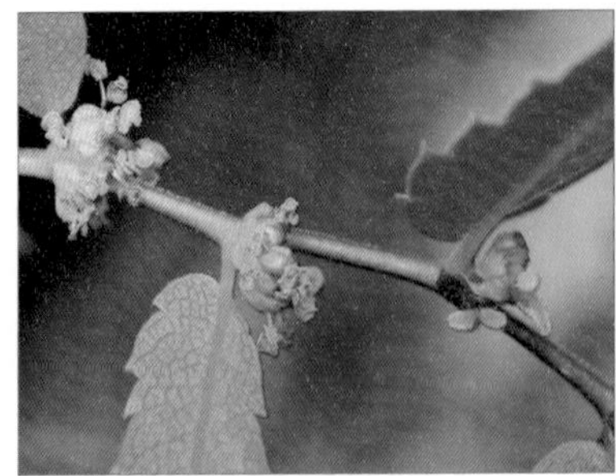

- 느릅나무과 낙엽활엽교목, 높이 25m, 자웅동주(암수한그루)
- 수피는 평활하나 오래되면 비늘처럼 떨어지고, 겹질눈은 옆으로 길다.
- 잎은 어긋나게 달리며, 길이 3~7cm, 폭 1~5cm이고, 잎자루는 길이 1~3mm로 매우 짧다.
- 잎은 긴 타원형 또는 난형으로 잎끝이 길게 뾰족하고, 가장자리에 커브 모양의 톱니가 있다.
- 잎의 앞면은 까칠한 촉감이 있으며, 뒷면은 연녹색이고, 잎맥이 잘 보인다.
- 꽃은 4~5월에 잎겨드랑이에서 취산꽃차례로 자잘한 꽃이 핀다.
- 수꽃은 어린 가지의 밑부분 잎겨드랑이에 달리고, 암꽃은 윗부분 잎겨드랑이에 달린다.
- 열매는 핵과이며, 지름 4mm 정도의 작고 찌그러진 형태로 10월에 갈색으로 익는다.

팽나무 *Celtis sinensis* Pers.

- 느릅나무과 낙엽활엽교목, 줄기는 높이 20m, 지름 2m, 웅성양성동주(수꽃양성화한그루)
- 잎은 어긋나게 달리며, 길이 4~9cm이고, 잎자루는 길이 1~12mm이다.
- 잎은 넓은 타원형으로 잎끝은 뾰족하고, 광택이 있으며, 가장자리의 윗부분에만 둥근 톱니가 있다.
- 잎자루와 만나는 부분에서 잎맥이 3개로 갈라지며, 측맥은 3~4쌍이고, 뒷면의 잎맥이 뚜렷하다.
- 꽃은 4~5월에 피는데 수꽃은 새 가지의 밑부분 잎겨드랑이에 취산꽃차례로 달린다.
- 양성꽃은 새 가지 윗부분에 1~3개씩 달리며, 암술대는 2개로 갈라져 뒤로 젖혀진다.
- 열매는 핵과이며, 지름 7~8mm 구형으로 9~10월에 황적색으로 익으며, 적갈색으로 변한다.
- 단풍은 노란색으로 든다.

참느릅나무 *Ulmus parvifolia* Jacq.

- 느릅나무과 낙엽활엽교목, 높이 10~15m
- 수피는 회갈색으로 두텁고, 불규칙하게 갈라지며, 조각이 되어 벗겨진다.
- 잎은 어긋나게 달리며, 길이 2~5cm, 폭 1.5~2.5cm이고, 잎자루는 길이 1~7mm로 털이 나 있다.
- 잎은 긴 타원형 또는 난형으로 잎끝이 좁아지며 뾰족하거나 둔하고, 가장자리에 둔한 톱니가 있다.
- 가지의 위쪽 잎일수록 크고, 잎의 아래쪽은 비대칭이며, 잎 뒷면의 잎맥이 튀어나오고 털은 없다.
- 꽃은 9월에 피는데 새 가지의 잎겨드랑이에서 자잘한 크기의 황록색 꽃 여러 개가 모여 달린다.
- 꽃부리는 종 모양으로 4~5갈래로 갈라진다,
- 열매는 시과로 넓은 타원형이며, 납작한 날개를 가진 열매가 10~11월 갈색으로 익는다.

능소화 *Campsis grandiflora* (Thunb.) K.Schum.

- 능소화과 낙엽만경목, 길이 8~10m, 기수우상복엽(홀수깃꼴겹잎)
- 곳곳에서 공기뿌리가 나와 다른 물체를 붙잡고, 줄기는 덩굴진다.
- 잎은 마주나며, 작은잎이 3~5쌍(7~11장)인 기수우상복엽이다.
- 잎몸의 전체 길이는 10~20cm이고, 작은잎은 길이 3~6cm, 폭 1.5~3.0cm이다.
- 작은잎은 난형으로 가장자리에 엉성하고 거친형태의 톱니가 있다.
- 작은잎 양면에는 털이 없고, 뒷면은 분백색이다.
- 꽃은 7~9월 새로 난 가지 끝에서 큼직한 주홍색 꽃이 원뿔꽃차례로 나와 아래로 늘어진다..
- 열매는 삭과이며, 네모지고 길쭉한 모양으로 달리고, 9~10월경 익으면 2개로 갈라진다.

개오동 *Catalpa ovata* G.Don

- 능소화과 낙엽활엽교목, 높이 10~20m,
- 잎은 마주나기를 하거나 3개씩 돌려나기도 하며, 길이와 폭이 10~25cm이고, 잎자루는 6~18cm이다.
- 잎은 넓은 난형으로 잎끝은 뾰족하며 3~5갈래로 갈라지거나 갈라지지 않는 것도 있다.
- 잎몸과 긴 잎자루가 만나는 부분에 흑갈색 꿀샘이 있고, 뒷면은 연녹색을 띤다.
- 꽃은 6~7월에 가지 끝의 원추화서에 피며, 길이 2~3cm인 황백색의 깔대기 모양으로 달린다.
- 꽃부리는 5갈래로 갈라진 입술 모양이고, 안쪽에 검은 보라색 반점이 있다.
- 열매는 삭과로 8월경에 가늘고 긴 열매(20~30cm)가 달리며, 10월이면 갈색으로 익는다.

단풍나무 *Acer palmatum* Thunb.

- 단풍나무과 낙엽활엽교목, 높이 10m, 웅성양성동주(수꽃양성화한그루)
- 잎은 마주나며, 길이 4~7cm이고, 잎자루는 길이 3~5cm로 길며 붉은색이다.
- 잎은 손바닥모양으로 5~7갈래로 깊이 갈라지는 장상형이다.
- 잎은 가장자리에 불규칙한 겹톱니가 있고, 뒷면은 잎자루 부분에 털이 남아있다.
- 꽃은 4월에 잎이 돋을 때 함께 나오며, 붉은색(꽃받침) 꽃이 가지 끝에 산방꽃차례로 달린다.
- 꽃송이는 긴 꽃자루에 달려 밑으로 늘어지며, 암꽃과 수꽃으로 피기도 하고 양성화가 피기도 한다.
- 열매는 날개가 달린 시과로 꽃이 지면 꽃이 달린 모양대로 열매가 모여 달린다.
- 단풍은 붉은색으로 든다.

중국단풍 *Acer buergerianum* Miq.

- 단풍나무과 낙엽활엽교목, 높이 20m, 웅성양성동주(수꽃양성화한그루)
- 오래된 나무의 껍질은 불규칙하게 벗겨져 얼룩무늬가 생긴다.
- 잎은 마주나며, 길이 6~10cm, 폭 4~6cm이고, 잎자루는 길이 2~6cm이다.
- 잎은 역삼각형으로 윗부분이 오리발처럼 3갈래로 갈라지나 드물게 갈라지지 않은 것도 있다.
- 잎에는 3개의 잎맥이 뚜렷하며, 앞면은 짙은 녹색으로 광택이 있으며, 뒷면은 연한 녹색이다.
- 꽃은 4월에 연한 노란색으로 피는데 가지 끝에 산방꽃차례로 달린다.
- 열매는 시과로 날개의 각은 평행하거나 예각이며, 8월에 익는다
- 단풍은 붉은색으로 든다.

신나무 *Acer tataricum* L. subsp. ginnala (Maxim.) Wesm.

- 단풍나무과 낙엽활엽교목, 높이 8m, 자웅동주(암수한그루)와 웅성양성동주(수꽃양성화한그루)
- 수피는 검은 빛을 띤 갈색이며, 전체에 털이 없다.
- 잎은 마주나며, 길이 4~8cm, 폭 3~6cm이고, 잎자루는 길이 1~4cm로서 붉다.
- 잎은 세모진 난형이고, 밑부분에서부터 3갈래로 갈라지며, 가운데 갈래가 길게 보인다.
- 잎의 가장자리에 깊이 패어 들어간 흔적과 겹톱니가 있으며, 겉면은 윤이 나고 잎끝이 길게 뾰족하다.
- 꽃은 잡성화로 5~7월에 노란빛을 띤 흰색으로 피고, 복산방화서에 양성화와 단성화가 달린다.
- 열매는 시과로 길이 약 3.5cm이고, 양쪽 날개가 거의 평행하거나 겹쳐지며 9~10월에 익는다.
- 단풍은 붉은색으로 든다.

복자기 *Acer triflorum* Kom.

- 단풍나무과 낙엽활엽교목, 높이 10m, 웅성양성이주(수꽃양성화딴그루), 장상복엽(손꼴겹잎)
- 수피는 회백색이고, 껍질이 벗겨진 자리는 연한 붉은색을 띤다.
- 잎은 마주나며, 작은잎 3장이 달리는 장상복엽으로 작은잎의 좌우가 비대칭이다.
- 잎은 길이 5cm의 잎자루에 작은잎들이 달리고, 작은잎 잎자루는 거의 없다.
- 잎은 길이 5~10cm, 폭 2~4cm이며, 타원상 피침형으로 잎끝은 뾰족하고, 2~3개의 큰 톱니가 있다.
- 꽃은 5~6월에 잎과 함께 황록색 꽃이 피는데 가지 끝에서 3개씩 달리고, 꽃자루에 갈색 털이 있다.
- 열매는 시과로 9~10월에 익으며, 예각 또는 둔각으로 벌어지고, 겉에 회갈색 털이 있다.
- 단풍은 붉은색으로 든다.

때죽나무 *Styrax japonicus* Siebold & Zucc.

- 때죽나무과 낙엽활엽교목, 높이 5~15m
- 잎은 어긋나게 달리며, 잎길이 4~8cm, 폭 2~4cm이다.
- 잎은 난형 또는 장타원형으로 잎끝이 길게 뾰족하며, 가장자리에 둔한 톱니가 있거나 없는 것도 있다.
- 잎의 뒷면은 연녹색으로 잎자루에 갈색의 털이 있다.
- 잎겨드랑이에 겨울눈이 갈색의 털로 덮여 있다.
- 꽃은 5~6월에 꽃자루가 긴 종 모양의 흰색 꽃이 총상꽃차례에 2~5개씩 모여 밑을 향하여 핀다.
- 열매는 삭과로 길이 1.0~1.4cm의 타원형이며, 10월이면 미세한 털이 덮인 회백색 열매가 벌어진다.
- 단풍은 노란색으로 든다.

쪽동백나무*Styrax obassia* Siebold & Zucc.

- 때죽나무과 낙엽활엽소교목, 높이 5~15m
- 잎은 어긋나게 나며, 길이 7~20cm, 폭 8~20cm이고, 잎자루는 길이 1~2cm로 겨울눈이 들어 있다.
- 잎은 넓은 타원형에서 원형이고, 가장자리에 톱니 등이 불규칙적이며 없는 것도 있다.
- 큰 잎 밑에 작은 잎이 2장 달리는 경우가 많아서 3장이 한 세트처럼 보인다.
- 꽃은 5~6월 햇가지에 잎과 함께 나고, 길이 10~20cm의 총상꽃차례에 20여 개가 밑을 향해 달린다.
- 꽃의 지름은 2cm쯤이며, 끝이 5갈래로 갈라지고, 꽃자루는 길이 1cm쯤이다.
- 열매는 삭과로 지름 2cm 정도의 타원형이고, 9~10월에 익으며 불규칙하게 갈라진다.
- 단풍은 노란색으로 든다.

돈나무*Pittosporum tobira* (Thunb.) W.T.Aiton

- 돈나무과 상록활엽관목, 높이 2~3m, 자웅이주(암수딴그루)
- 잎은 어긋나게 모여 달리며, 길이 4~10cm, 폭 2~3cm이다.
- 잎은 주걱처럼 생겼으며, 주맥이 뚜렷하게 보이고, 가장자리는 밋밋하다.
- 햇빛을 많이 받은 잎은 가장자리가 뒤로 말린다.
- 꽃은 5~6월에 백색 또는 황색으로 가지 끝 취산화서에 달리며, 향기가 강하다.
- 열매는 삭과로 길이 1.2cm 정도이며, 10월에 3개로 갈라져 붉은 종자가 나온다.

팔손이 *Fatsia japonica* (Thunb.) Decne. & Planch.

- 두릅나무과 상록활엽관목, 높이 2~3m, 웅성양성동주(수꽃양성화한그루), 장상엽(손꼴잎)
- 잎은 줄기 끝에 모여서 어긋나며, 7~9갈래로 가운데까지 갈라져 손바닥 모양이다.
- 지름 20~40cm로 밑이 심장형, 가장자리에 톱니가 있으며, 잎자루는 길이 15~45cm이다.
- 잎 앞면은 짙은 녹색으로 윤기가 있고, 뒷면은 노란빛이 도는 녹색이다.
- 꽃은 10~12월에 가지 끝에서 산형꽃차례가 모여서 된 원추꽃차례에 흰색 꽃송이가 모여 달린다.
- 열매는 장과로 지름 6~8mm의 둥근 열매가 공 모양으로 달리며, 다음해 3~5월에 검게 익는다.

작살나무 *Callicarpa japonica* Thunb.

- 마편초과 낙엽활엽관목, 높이 2~4m
- 수피는 연한 회색이고, 가지는 보라색을 띠며, 어린 가지에 작은 별 모양의 털이 있다.
- 잎은 마주나며, 길이 5~15cm, 폭 3~5cm이고, 잎자루는 길이 2~3mm이다.
- 잎은 도란형 또는 타원형으로 잎끝이 길게 뾰족하고, 가장자리에 잔톱니가 있다.
- 꽃은 8월에 흰색~연한 자줏빛으로 피며, 잎겨드랑이에서 나와 취산화서를 이룬다.
- 열매는 핵과이며, 지름 4~5mm의 둥근 형태로 10월에 자주(보라)색으로 익는다.
- 단풍은 노란색으로 든다.

당매자나무*Berberis poiretii* C.K.Schneid.

- 매자나무과 낙엽활엽관목, 높이 1.0~1.5m
- 가지에 능선이 있고, 가시는 단순하거나 3갈래로 갈라지며, 길이는 1~2cm이다.
- 잎은 어린 가지에서 어긋나게 달리며, 짧은 가지에서는 모여나고, 길이는 3~6cm이다.
- 잎은 거꿀피침모양이며 가장자리는 밋밋하나 윗부분은 다소 톱니가 있으며, 뒷면은 회녹색이다.
- 꽃은 4~5월에 황색으로 피며, 가지 끝에서 10~15개가 모여 총상꽃차례를 이룬다.
- 열매는 장과로 1cm 정도의 타원형이며, 9월에 붉게 익는다.

남천*Nandina domestica* Thunb.

- 매자나무과 낙엽활엽관목, 높이 2~3m, 기수3회우상복엽(홀수3회깃꼴겹잎)
- 잎은 마주나며, 작은잎이 3번 반복되는 기수3회우상복엽이다.
- 잎몸의 전체 길이는 30~50cm이고, 작은잎은 길이 3~10cm, 폭 1~4cm이다.
- 작은잎은 타원상 피침형의 뾰족한 형태이며, 다소 가죽질로 광택도 나고, 가장자리는 밋밋하다.
- 잎은 겨울에 붉게 변하지만, 낙엽이 지지는 않으며, 봄철에 돋는 새순도 적색이다.
- 꽃은 6~7월에 지름 6~7mm, 길이 20~30cm의 원추화서로 달리며, 노란빛이 도는 흰색이다.
- 열매는 장과이며, 지름 6~8mm의 원형으로 10~11월에 붉게 익는다.

백목련*Magnolia denudata* Desr.

- 목련과 낙엽활엽교목, 높이 15m
- 수피는 회백색이고, 어린 가지와 겨울눈에 털이 있다.
- 잎은 어긋나게 달리며, 길이 8~15cm, 폭 6~10cm이다.
- 잎은 도란형으로 잎끝이 갑자기 뾰족해지고, 톱니는 없으며, 잎의 윗부분이 최대 폭을 갖는다.
- 잎 앞면에 털이 약간 있고, 뒷면은 연한 녹색이며, 잎맥 위에 털이 있다.
- 꽃은 3~4월 잎이 나오기 전에 지름 10~16cm의 종 모양을 한 백색 꽃이 풍성하게 달린다.
- 열매는 골돌과로 길이 12~15cm의 장타원형이며, 10월에 적갈색으로 익고, 갈라져 씨가 드러난다.
- 단풍은 노란색으로 든다.

일본목련*Magnolia obovata* Thunb.

- 목련과 낙엽활엽교목, 높이 30m
- 잎은 가지 위쪽에 모여 달리며, 길이 20~40cm, 폭 10~25cm이고, 잎자루는 길이 2~4cm이다.
- 잎은 긴 타원형으로 가장자리는 밋밋하며, 뒷면은 흰빛이 돌고, 부드러운 털이 흩어져있다.
- 꽃은 잎이 다 자란 5~6월에 가지 끝에서 지름 12~15cm의 큰 백색 꽃이 위를 향해 핀다.
- 꽃잎은 도란형 6~9장으로 노란빛이 도는 흰색이며, 수술대는 붉고, 꽃밥은 노란색을 띤다.
- 열매는 골돌취과이며, 길이 12~20cm, 폭 6cm의 길쭉한 형태로 9~10월에 적갈색으로 익는다.
- 열매가 붉은색으로 익으면 칸칸이 갈라지면서 붉은색 씨가 드러난다.
- 단풍은 노란색으로 든다.

태산목*Magnolia grandiflora* L.

- 목련과 상록활엽교목, 높이 20m
- 잎은 가지에서 어긋나게 달리며, 길이 10~23cm, 폭 4~10cm이고, 잎자루는 길이 2~3cm이다.
- 잎은 긴 타원형이며, 가죽질로 매우 단단하고, 광택이 나며, 잎이 뒤로 말리는 경향이 있다.
- 잎 뒷면은 주맥이 뚜렷하고, 갈색의 털로 빽빽하게 덮여있어 금빛이 난다.
- 꽃은 5~6월에 가지 끝에서 1개씩 피며, 지름 15~25cm로 흰색의 큼직한 꽃을 피운다.
- 꽃받침잎과 꽃잎이 구분되지 않으며, 모두 9장으로 3장씩 3줄로 난다.
- 열매는 골돌과로 길이 7~10cm의 타원형이며 갈색의 털이 빽빽하게 나 있다.
- 10월에 열매가 익으면 칸칸이 벌어져 붉은 씨가 드러난다.

백합나무*Liriodendron tulipifera* L.

- 목련과 낙엽활엽교목, 높이 40m
- 수피는 회흑색으로 불규칙하게 벗겨진다.
- 잎은 어긋나게 달리며, 길이와 폭이 각각 10~15cm이고, 잎자루는 길이 3~10cm이다.
- 잎은 도란형 또는 타원형으로 2~4개로 갈라지며, 잎끝은 V자 형으로 얕게 갈라진다.
- 꽃은 5~6월에 피는데 가지 끝에 1개씩 달리며, 황록색을 띠고, 꽃잎 기부에는 주황색 무늬가 있다.
- 열매는 취과로 길이 7cm 정도의 솔방울 모양이며, 그 안에 다수의 시과가 모여 달린다.
- 10~11월이면 열매가 벌어져 열매조각이 바람에 날려간다.
- 단풍은 노란색으로 든다.

모감주나무*Koelreuteria paniculata* Laxmann

- 무환자나무과 낙엽활엽소교목, 높이 3~6m, 기수우상복엽(홀수깃꼴겹잎)
- 잎은 어긋나게 달리며, 작은잎 3~7쌍(7~15장)이 마주 붙는 기수우상복엽이다.
- 잎몸의 전체 길이는 25~35cm이고, 작은잎은 길이 3~10cm, 폭 3~5cm이다.
- 작은잎은 난형으로 잎끝이 뾰족하고, 가장자리에는 불규칙한 톱니와 갈라짐이 있다.
- 꽃은 6~7월에 길이 25~35cm의 원추꽃차례에 노란색으로 촘촘히 달린다.
- 꽃이 지면 바로 꽈리 모양의 열매가 열리는데 삼각뿔의 형태를 보인다.
- 열매는 삭과로 10월에 갈색으로 익으면 셋으로 갈라지고, 종자는 구형으로 검은색이다.
- 단풍은 노란색으로 든다.

물푸레나무*Fraxinus rhynchophylla* Hance

- 물푸레나무과 낙엽활엽교목, 높이 10m, 자웅이주(암수딴그루), 기수우상복엽(홀수깃꼴겹잎)
- 잎은 마주나며, 작은잎 3~4쌍(7~9장)이 마주 붙는 기수우상복엽이다.
- 잎몸의 전체 길이는 20~30cm이고, 작은잎은 길이 6~15cm, 폭 3~7cm이다.
- 작은잎은 넓은 난형 또는 넓은 피침형으로 잎끝이 뾰족하고, 크기는 밑으로 내려갈수록 작아진다.
- 앞면은 녹색으로 털이 있고, 뒷면은 회색빛을 띤 녹색이며, 가장자리에는 물결 모양의 톱니가 있다.
- 꽃은 4~5월에 피는데 새 가지 끝이나 잎겨드랑이에 자잘한 꽃들이 원추꽃차례로 달린다.
- 열매는 시과로 길이 2~4cm의 열매가 꽃송이 모양대로 모여 달리며, 10월에 진갈색으로 익는다.
- 단풍은 붉은색으로 든다.

이팝나무 *Chionanthus retusus* Lindl. & Paxton

- 물푸레나무과 낙엽활엽교목, 높이 20m, 자웅이주(암수딴그루)
- 수피는 짙은 회색으로 오래되면 갈라지고, 어린 가지는 회갈색이다.
- 잎은 마주나며, 길이 3~15cm, 폭 2.5~6cm이고, 잎자루는 길이 1~3cm이다.
- 잎은 도란형으로 잎끝은 뾰족하거나 둔하고, 가장자리는 밋밋하다.
- 잎 앞면 주맥에 흔히 털이 있고, 뒷면 주맥의 밑부분에 연한 갈색 털이 있으며, 연녹색이다.
- 꽃은 5~6월에 피는데, 새 가지 끝에 원뿔모양의 취산화서로 4갈래로 갈라진 흰꽃이 달린다.
- 열매는 핵과로 길이 1~2cm 정도의 타원형이며, 10월이면 검보라색으로 익는다.
- 단풍은 노란색으로 든다.

수수꽃다리 *Syringa oblata* var. *dilatata* (Nakai) Rehder

- 물푸레나무과 낙엽활엽관목, 높이 2~3m
- 잎은 마주나며, 길이 4~10cm이고, 잎자루는 길이 2~2.5cm이다.
- 잎은 넓은 심장형으로 잎끝이 뾰족하며 가장자리는 밋밋하다.
- 잎 뒷면은 연녹색이며 양면에 털은 없다.
- 꽃은 4~5월에 피고, 연한 자주색이며, 묵은 가지에서 자란 원추꽃차례에 달린다.
- 열매는 1~1.5cm의 타원형으로 꽃송이 모양대로 달려 있어 수수이삭 모양과 비슷하다.
- 열매는 삭과로 9~10월 경에 갈색으로 익어 윗부분이 2개로 갈라져 씨가 나온다.
- 단풍은 붉은색으로 든다.

개나리*Forsythia koreana* (Rehder) Nakai

- 물푸레나무과 낙엽활엽관목, 높이 2~5m, 자웅이주(암수딴그루)
- 수피는 점차 회갈색으로 되고, 피목이 뚜렷하며, 줄기의 속은 흰색으로 군데군데 비어있다.
- 잎은 서로 마주나며, 길이 3~12cm이고, 잎자루는 길이 1~2cm이다.
- 잎은 길쭉하고, 뾰족한 생김새로 잎의 가장자리 상반부에만 톱니가 있다.
- 꽃은 2~4월에 잎보다 먼저 노란색으로 피고, 잎겨드랑이에 1~3개씩 달린다.
- 꽃은 보통 2개씩 짝을 이루어 달리며, 종 모양의 꽃은 4갈래로 깊게 갈라지며 벌어진다.
- 열매는 삭과로 길이 1.5~2cm의 뾰족한 모양이며, 9월에 익으면 2개로 쪼개지면서 씨가 나온다.

미선나무*Abeliophyllum distichum* Nakai

- 물푸레나무과 낙엽활엽관목, 높이 1~2m
- 가지는 끝이 처지며, 자줏빛이 돌고, 골속은 계단모양이며, 어린 가지의 단면이 사각형이다.
- 잎은 마주나며, 길이 3~8cm, 너비 0.5~3cm이고, 잎자루는 길이 2~5mm이다.
- 잎은 난상 타원형으로 잎끝이 뾰족하하거나 뾰족해지고, 가장자리는 밋밋하다.
- 잎 뒷면은 연녹색이고, 잎맥이 튀어나왔다.
- 꽃은 3~4월에 잎보다 먼저 피고, 총상꽃차례에 개나리꽃 닮은 흰색 꽃이 달린다.
- 열매는 시과이며, 지름 25mm 정도의 둥근 부채모양으로 9월경 성숙한다.

쥐똥나무 *Ligustrum obtusifolium* Siebold & Zucc.

- 물푸레나무과 낙엽활엽관목, 높이 2~3m
- 잎은 마주나며, 길이 2~7cm, 폭 2~2.5cm, 잎자루는 길이 1~2mm로 거의 없다.
- 잎은 우상복엽(깃꼴겹잎)처럼 보이지만 단엽(홑잎)이다
- 잎은 타원형으로 주맥이 뚜렷하게 들어가 보이며, 잎끝은 둥근 편이고, 가장자리는 밋밋하다.
- 잎 뒷면은 주맥이 뚜렷하며, 망상의 측맥이 무늬처럼 보인다.
- 꽃은 5~6월에 피는데 새 가지 끝에서 길이 2~4cm의 총상꽃차례를 이루어 작은 꽃이 많이 달린다.
- 꽃부리는 통 모양이며, 끝이 4갈래로 갈라져서 밖으로 젖혀지다
- 열매는 핵과이며, 길이 5~8mm의 둥근 모양으로 10~11월에 검은색으로 익는다.

광나무 *Ligustrum japonicum* Thunb.

- 물푸레나무과 상록활엽관목, 높이 3~5m
- 가지는 회색이고, 피목이 뚜렷하다.
- 잎은 마주나며, 길이 3~10cm, 너비 2.5~4.5cm이고, 잎자루는 길이 5~12mm로 적갈색이 돈다.
- 잎은 장타원형으로 두꺼운 가죽질로 광택이 나며 잎끝은 쥐똥나무보다 뾰족하다.
- 잎의 주맥만이 뚜렷이 보이며 잎 뒷면은 연녹색으로 잔 점이 있으며, 가장자리는 밋밋하다.
- 꽃은 6월에 새 가지 끝에서 흰색으로 피며, 길이 5~12cm의 원추화서에 달린다.
- 열매는 장과로 길이 8~10mm 정도의 타원형이며, 10월에 자흑색으로 익는다.

금목서 *Osmanthus fragrans* var. *aurantiacus* Makino

- 물푸레나무과 상록활엽관목, 높이 3~4m, 자웅이주(암수딴그루)
- 가지에 털이 없고, 연한 회갈색이다.
- 잎은 마주나며, 길이 7~12cm, 너비 2.5~4cm이고, 잎자루는 길이 7~15mm이다.
- 잎은 긴 타원형이며, 가죽질로 광택이 있으며 ,앞면은 짙은 녹색이고, 뒷면은 연녹색이다.
- 잎끝은 뾰족하고, 가장자리는 밋밋하거나 상부에 잔 톱니가 있기도 하다.
- 잎맥이 패이고 햇볕을 쬔 잎은 울퉁불퉁해진다.
- 꽃은 9~10월에 피고, 지름이 5mm 정도의 등황색 작은 꽃이 잎겨드랑이에 모여 달린다.
- 열매는 핵과로 콩과 비슷한 녹색의 열매가 이듬해 5월에 길이 2cm의 타원형 검은색으로 익는다.

버드나무 *Salix koreensis* Andersson

- 버드나무과 낙엽활엽교목, 높이 20m, 자웅이주(암수딴그루)
- 수피는 암갈색으로 얕게 터지며, 일년생 가지는 밑으로 처지고, 어린 가지는 황록색으로 털이 많다.
- 잎은 어긋나게 달리며, 길이 5~12cm, 폭 0.3~3cm이고, 잎자루는 길이 3~10mm로 털이 밀생한다.
- 잎은 양 끝이 뾰족하고, 긴 형태로 가장자리에 안으로 굽는 잔톱니가 있다.
- 잎 앞면은 짙은 녹색이며, 뒷면은 회백색으로 주맥을 따라 털이 있지만, 점차 없어진다.
- 꽃은 3~4월에 잎보다 먼저 피고, 암꽃이삭은 길이 1~2cm이다.
- 수꽃이삭은 길이 1~2cm이며, 붉은색 꽃밥이 터지면서 노란색 꽃가루가 나온다.
- 열매는 삭과이며, 암꽃의 이삭 모양으로 달리고 5월이면 솜털이 달린 씨가 바람에 날려 퍼진다.

수국 *Hydrangea macrophylla* (Thunb.) Ser.

- 범의귀과 낙엽활엽관목, 1m
- 잎은 마주나며, 길이 7~15cm, 폭 5~10cm이다.
- 잎은 난형 또는 넓은 난형으로 두꺼우며, 잎끝이 뾰족하고, 가장자리에 톱니가 있다.
- 잎 앞면은 짙은 녹색으로 윤채가 있으며, 가장자리에는 톱니가 있다.
- 꽃은 무성화로 6~7월에 피며, 10~15cm 크기이고, 산방꽃차례로 달린다.
- 꽃받침조각은 꽃잎처럼 생겼고, 4~5개이며, 처음에는 연한 자주색, 하늘색, 다시 연한 홍색이 된다.
- 암술은 퇴화하여 결실하지 못한다.

벽오동 *Firmiana simplex* (L.) W.F.Wight

- 벽오동과 낙엽활엽교목, 높이 10~20m, 자웅동주(암수한그루)
- 수피는 청록색으로 오래 되어도 평활하다.
- 잎은 가지에서 어긋나기를 하고, 가지 끝에서는 모여나며, 3~5개로 갈라지고 가장자리가 밋밋하다.
- 잎은 길이와 폭이 15~30cm이고, 잎자루의 길이는 잎몸과 비슷하거나 더 길다.
- 꽃은 6~7월에 자잘한 연노란색 꽃이 가지 끝에서 원추화서로 암꽃과 수꽃이 섞여 달린다.
- 꽃잎은 없고, 꽃잎처럼 보이는 꽃받침이 5갈래로 갈라져 뒤로 말리고, 암술과 수술이 튀어나온다.
- 열매는 골돌과로 자라면서 밑으로 늘어지며, 씨가 익기 전에 벌어져 씨가 갈색으로 익는다.
- 단풍은 노란색으로 든다.

보리수나무 *Elaeagnus umbellata* Thunb.

- 보리수나무과 낙엽활엽관목, 높이 3~5m, 자웅이주(암수딴그루)
- 잎은 잎은 어긋나게 달리며, 길이 3~8cm, 폭 1.2~2.5cm이고, 잎자루는 길이 4~10mm이다.
- 잎은 도피침형 또는 넓은 도란형이고, 잎끝은 조금 무디며 가장자리는 밋밋하다.
- 앞면은 은빛에서 녹색으로 변하고, 뒷면은 은빛이 나는 흰색이다.
- 뒷면은 은백색의 비늘털로 덮여있으며 짧은 잎자루와 가지에도 비늘털이 나있다.
- 꽃은 5월에 암수딴그루로 피며, 잎겨드랑이에서 1~5개씩 달리고, 은빛이 난다.
- 꽃받침통은 4갈래로 갈라져 꽃잎처럼 보이고, 안쪽은 노란빛에서 갈색으로 변한다.
- 열매는 장과이며, 길이 6~8mm의 원형·타원형으로 10월에 익고, 표면에 흰색의 털이 남아있다.

배롱나무 *Lagerstroemia indica* L.

- 부처꽃과 낙엽활엽소교목, 높이 3~7m
- 수피는 갈라져 벗겨지며, 줄기 껍질은 붉은 갈색이고, 벗겨진 곳은 흰색이다.
- 잎은 어긋나게 달리며, 길이 3~7cm, 폭 2~4cm이고, 잎자루는 거의 없다.
- 잎은 타원형으로 두껍고, 광택이 있으며, 잎끝이 오목한 것이 많다.
- 잎은 가장자리가 밋밋하고, 뒷면은 연녹색이다.
- 꽃은 7월부터 10월까지 피며, 가지 끝에 길이 10~20cm의 원추화서로 붉은색(흰색) 꽃이 모여 핀다.
- 6장의 꽃잎이 가장자리에 돌려나는 꽃잎은 주름지고, 가늘어져 자루처럼 된다.
- 열매는 삭과로 지름 1cm쯤으로 둥글며, 10월에 익으면 6갈래로 갈라지고, 씨에 날개가 있다.

석류나무*Punica granatum* L.

- 석류나무과 낙엽활엽교목, 높이 2~7m
- 어린 가지는 네모가 지고, 짧은 가지 끝이 가시로 된다.
- 잎은 가지에서 마주나고, 가지끝에서 모여나며, 길이 2~8cm, 폭 1~2cm이고, 잎자루는 짧다.
- 잎은 도란형 또는 긴 타원형으로 잎끝이 둥근 것과 뾰족한 것이 있으며, 가장자리는 밋밋하다.
- 잎이 4~5월에 늦게 나며, 앞면은 광택이 나고, 뒷면은 연녹색이고, 양면에 털이 없다.
- 꽃은 5~7월에 피는데 가지 끝에서 1~5개씩 달리며, 꽃잎 6장의 붉은 색 꽃이 지름 2~5cm로 핀다.
- 꽃받침은 통 모양의 다육질이며, 붉은색을 띠고, 6갈래로 갈라진다.
- 열매는 석류과로 지름 6~8cm로 둥글며, 10월에 황홍색으로 익으면 외피가 터져 종자가 보인다.

무궁화*Hibiscus syriacus* L.

- 아욱과 낙엽활엽관목, 높이 2~3m
- 잎은 어긋나게 달리며, 길이 4~10cm, 폭 3~5cm이고, 잎자루는 길이 0.7~2.0cm이다.
- 잎은 마름모꼴이고, 보통 3갈래로 갈라지나 여러 변형이 많다.
- 잎의 주맥이 밑에서 3갈래로 뚜렷이 뻗어있고, 가장자리에 불규칙한 톱니가 있다.
- 잎의 뒷면은 연녹색이며, 3갈래의 주맥이 더욱 뚜렷하다.
- 7~9월에 잎겨드랑이에서 꽃이 피며, 수술과 암술이 1개의 기둥에 달려있다.
- 열매는 삭과이며, 길이 1.5~2cm의 크기로 열리고, 가을이 되면 5갈래로 갈라져 벌어진다.
- 단풍은 노란색으로 든다.

탱자나무*Poncirus trifoliata* (L.) Raf.

- 운향과 낙엽활엽관목, 높이 3m, 장상복엽(손꼴겹잎)
- 가지는 녹색으로 다소 편평하며, 길이 3~5cm의 억센 가시가 어긋나게 나 있다.
- 잎은 어긋나게 달리며, 손바닥 모양의 3출겹잎이며, 잎자루에 좁은 날개가 있다.
- 작은잎은 도란형 또는 타원형으로 길이 3~6cm이고, 잎자루는 길이 2.5cm이다.
- 잎끝은 둔하거나 약간 오목하고, 밑은 뾰족하며, 앞면은 가죽질이고, 가장자리에 둔한 톱니가 있다.
- 꽃은 4~5월 잎이 나기 전에 피며, 가지 끝과 잎겨드랑이에서 흰 꽃이 1~2개씩 달리고, 꽃자루는 없다.
- 열매는 장과이며, 지름 3~5cm의 원형으로 9~10월에 황색으로 익는다.
- 단풍은 노란색으로 든다.

백당나무*Viburnum opulus* var. *calvescens* (Rehder) H. Hara

- 인동과 낙엽활엽관목, 높이 3~6m
- 줄기 껍질에 코르크가 발달하고, 어린 가지는 붉은빛이 도는 녹색이며, 털이 없다.
- 잎은 마주나며, 길이와 폭이 4~12cm이고, 잎자루는 길이 2~3.5cm이다.
- 잎이 3갈래로 갈라지는 것이 보통이고, 갈라지지 않은 것 등 여러 형태로 나타난다.
- 잎자루는 세로로 골이 지고, 윗부분에 꿀샘이 있으며, 밑에는 턱잎이 2장 있다.
- 꽃은 5~6월에 접시 모양의 산방꽃차례로 피는데 가장자리에는 장식꽃이 빙 둘러있다.
- 열매는 핵과이며, 지름 1cm 정도의 둥근 열매가 9월이면 붉게 익는다.
- 단풍은 노란색, 붉은색으로 든다.

인동덩굴*Lonicera japonica* Thunb.

- 인동과 낙엽만경목, 길이 5m
- 줄기는 오른쪽으로 감고 올라가며, 속이 비어 있다.
- 잎은 마주나며, 길이 3~8cm, 폭 1~3cm이고, 잎자루는 짧고 털이 있다.
- 잎은 넓은 피침형 또는 타원형으로 잎끝이 둔하게 뾰족하고 가장자리는 밋밋하다.
- 잎의 뒷면은 연녹색으로 털이 남아 있는 것도 있으며, 가지와 잎자루에 털이 많다.
- 꽃은 5~8월에 잎겨드랑이에서 1~2개씩 달리며, 처음은 흰색이지만 나중에 노란색으로 변한다.
- 꽃은 입술 모양으로 길이 3~4cm이며, 5개로 갈라져 뒤로 젖혀지고 겉에 털이 빽빽하게 있다.
- 열매는 장과로서 지름 7~8mm의 둥근 열매가 9~10월에 검게 익는다.

가막살나무*Viburnum dilatatum* Thunb.

- 인동과 낙엽활엽관목, 높이 3m
- 잎은 마주나며, 길이 6~12cm, 폭 3~13cm이고, 잎자루는 길이 6~20mm이다.
- 잎은 원형이나 넓은 난형으로 잎끝이 갑자기 뾰족해진다.
- 잎가장자리에 물결모양의 톱니가 있고, 앞뒷면에 별모양 털이 있다.
- 잎맥이 깊이 패이고, 잎자루와 가지에 별 모양의 털이 있다.
- 꽃은 5월에 가지 끝에서 겹산형꽃차례에 자잘한 흰색 꽃이 달린다.
- 열매는 핵과로 지름 8mm의 넓은 난형이며, 9~10월경 붉은색으로 익는다.

병꽃나무*Weigela subsessilis* (Nakai) L.H.Bailey

- 인동과 낙엽활엽관목, 높이 2~3m
- 수피는 회흑색이며, 껍질눈이 발달하고, 오래되면 조각으로 갈라진다.
- 잎은 마주나며, 길이 1~7cm, 너비 1~5cm이고, 잎자루는 거의 없다.
- 잎은 도란형 또는 넓은 난형으로 잎끝이 급하게 뾰족해지고, 가장자리에 잔톱니가 있다.
- 양면에 털이 있으나 점차 없어지며, 뒷면의 잎맥위에 흰 털이 많이 나있다.
- 꽃은 4월에 잎겨드랑이에서 1~2개씩 나오고, 처음에는 황록색이 돌지만 차츰 적색으로 변한다.
- 열매는 삭과로 잔털이 있으며, 10~15mm의 길쭉한 열매는 9~10월 성숙하고, 2개로 갈라진다.

자작나무*Betula platyphylla* var. *japonica* (Miq.) H. Hara

- 자작나무과 낙엽활엽교목, 높이 15~20m, 자웅동주(암수한그루)
- 수피는 밝은 회색을 띠는 흰색이고, 윤기가 있으며, 종이같이 옆으로 벗겨진다.
- 잎은 어긋나게 달리며, 길이 2.5~7.0cm, 폭 2~6cm이고, 잎자루는 길이 1.0~2.5cm이다.
- 잎은 세모진 모양으로 잎끝은 뾰족하고, 가장자리에는 불규칙한 겹톱니가 있다.
- 잎 앞면은 털이 없고, 뒷면은 연녹색으로 털이 없거나 조금 있으며, 짧은 가지에는 2장씩 달린다.
- 꽃은 4~5월에 피며, 수꽃차례는 길이 6cm쯤으로 아래로 처지며, 암꽃차례는 위를 향해 나온다.
- 열매는 소견과이며, 열매이삭은 여름부터 갈색으로 익고, 길이 2~3cm, 폭 8~9mm로 날개가 있다.
- 단풍은 노란색으로 든다.

서어나무 *Carpinus laxiflora* (Siebold & Zucc.) Blume

- 자작나무과 낙엽활엽교목, 높이 15m, 자웅동주(암수한그루)
- 잎은 어긋나게 달리며, 길이 7~9cm, 폭 5~5.5cm이고, 잎자루는 길이 1~2cm이다.
- 잎은 둥근 타원 모양으로 잎끝은 길게 뾰족하고, 겹톱니가 있으며, 뒷면 맥 위에 잔털이 난다.
- 잎은 어릴 때는 붉은빛을 띠고, 자라면 녹색으로 되며, 10~12쌍의 측맥이 가지런히 뻗어 있다.
- 꽃은 4~5월에 잎보다 먼저 피고, 가지 끝에 꼬리 모양 꽃차례로 달린다.
- 수꽃이삭은 지난해 가지에서 나와 늘어지며, 암꽃이삭은 어린 가지 끝에서 나와 늘어진다.
- 열매는 견과로 길이 5~10cm 정도의 긴 원통형이며, 9~10월에 익는다.
- 과실을 둘러싸는 과포는 길이 1~2cm 정도로 가장자리에 불규칙한 톱니가 있다.

마가목 *Sorbus commixta* Hedl.

- 장미과 낙엽활엽소교목, 높이 6~12m, 기수우상복엽(홀수깃꼴겹잎)
- 잎은 어긋나게 달리며, 작은잎 4~6쌍(9~13장)이 마주 붙는 기수우상복엽이다.
- 잎몸의 전체 길이는 13~20cm이고, 작은잎은 길이 3~6cm, 폭 1~2cm이다.
- 작은잎은 긴 타원형 또는 피침형으로 길쭉하고, 뾰족하며, 주맥이 뚜렷하고, 좌우 비대칭이다.
- 작은잎의 가장자리에 날카로운 톱니가 있고, 뒷면은 연녹색이다.
- 꽃은 5~6월에 피는데 가지 끝의 겹산방꽃차례에 달리며, 흰색이고 지름 8~10mm다.
- 열매는 이과이며, 지름 6~8mm의 둥근형태로 여름에 노란색으로 변하고, 가을에 붉은색으로 익는다.
- 단풍은 붉은색으로 든다.

팥배나무*Sorbus alnifolia* (Siebold & Zucc.)

- 장미과 낙엽활엽교목, 높이 10~20m
- 잎은 어긋나게 달리며, 길이 5~12cm, 폭 4~7cm이고, 잎자루는 길이 1~2cm이다.
- 잎은 넓은 타원형으로 주맥을 따라 측맥이 나란히 나 있고, 잎맥을 따라 골이진다.
- 잎의 가장자리에는 불규칙하게 겹톱니가 있으며, 뒷면은 연녹색이다.
- 꽃은 4~6월에 가지 끝의 복산방꽃차례에 꽃잎 5장의 흰색 꽃이 달린다.
- 열매는 이과로 길이 8~12mm의 타원형이며, 9~10월에 누런빛이 도는 붉은색으로 익는다.
- 단풍은 붉은색 또는 노란색으로 든다.

산사나무*Crataegus pinnatifida* Bunge

- 장미과 낙엽활엽소교목, 높이 3~6m
- 수피는 잿빛 또는 회색이고, 가지에는 가시가 있다.
- 잎은 어긋나게 달리며, 길이 5~10cm, 폭 5~6cm이고, 잎자루는 2~6cm이다.
- 잎은 넓은 타원형으로 5~7갈래로 갈라지며, 갈라지는 모양이 불규칙적이고, 거의 좌우 비대칭이다.
- 잎가장자리에 날카로운 겹톱니가 있으며, 잎자루 밑에 턱잎이 있다.
- 꽃은 5~6월에 흰색으로 피는데 산방꽃차례로서 가지 끝에 달린다.
- 열매는 이과로 지름 1.5cm의 둥근 모양이며, 9~10월에 암자색으로 익는다.
- 단풍은 황갈색으로 든다.

모과나무 *Chaenomeles sinensis* (Thouin) Koehne

- 장미과 낙엽활엽교목, 높이 10m
- 수피는 회갈색이며, 조각으로 벗겨져 얼룩덜룩한 무늬가 생긴다.
- 잎은 어긋나게 달리며, 길이 4~8cm이고, 잎자루는 길이 5~10mm이다.
- 잎은 둥근 타원형으로 광택이 있고, 잎끝이 좁으며, 가장자리에 바늘 모양의 잔톱니가 있다.
- 잎 뒷면은 연녹색이며, 주맥을 따라 부드러운 털이 있다.
- 꽃은 4월에 잎이 돋을 때 분홍색으로 함께 피며, 꽃받침 조각이 뒤로 젖혀진다.
- 열매는 이과이며, 길이 10~15cm의 타원형으로 향기가 좋으며, 9월에 노란색으로 익는다.
- 단풍은 노란색에서 붉은색으로 든다.

피라칸다 *Pyracantha angustifolia* (Franch.) C.K.Schneid.

- 장미과 상록활엽관목, 높이 1~4m
- 줄기는 가지가 많이 갈라져서 엉키고, 가시가 있다.
- 잎은 어긋나게 달리며, 길이 1.5~5.0cm, 폭 0.4~0.8cm이고, 잎자루는 없거나 1~3mm이다.
- 잎은 좁고 긴 타원형으로 두껍고, 광택이 나며, 잎끝이 둥글고, 가장자리는 밋밋하다.
- 잎 뒷면은 털이 많아서 흰빛이 돈다.
- 꽃은 5~6월에 위쪽 잎겨드랑이에서 산방화서로 지름 3~5mm의 자잘한 흰색 꽃이 모여 달린다.
- 열매는 이과이며, 지름 5~6mm로 둥글납작하고, 10~12월에 등황색 또는 붉은색으로 익는다.

왕벚나무*Prunus yedoensis* Matsum.

- 장미과 낙엽활엽교목, 높이 15m
- 수피는 암회색~회갈색으로 평활하며, 가로로 긴 껍질눈이 있으며, 어린 가지에 잔털이 약간 있다.
- 잎은 어긋나게 달리며, 길이 5~12cm, 폭 3~6cm이고, 잎자루는 길이 2~3cm이다.
- 잎은 둥근 타원형으로 잎끝이 뾰족하고, 뒷면은 연녹색이며, 가장자리에 날카로운 톱니가 있다.
- 잎 뒷면의 잎맥 위와 잎자루에 털이 있고, 잎자루와 잎몸이 만나는 곳에 보통 1쌍의 꿀샘이 있다.
- 꽃은 4월에 흰색~연홍색으로 피고, 산방꽃차례에 3~6개의 꽃이 긴(1.6-1.8cm) 꽃자루에 달린다.
- 꽃은 5장의 타원형 꽃잎을 가지며, 꽃받침은 원통형으로 털이 있거나 없고, 꽃자루에는 털이 있다.
- 열매는 핵과이며, 지름 7~8mm의 열매는 6~7월에 흑자색으로 익고, 단풍은 황갈색으로 든다.

산벚나무*Prunus sargentii* Rehder

- 장미과 낙엽활엽교목, 높이 20m
- 수피는 짙은 자갈색이며, 옆으로 벗겨지고 껍질눈이 옆으로 길게 나타난다.
- 잎은 어긋나게 달리며, 길이 8~12cm, 폭 3.5~7cm이고, 잎자루는 길이1.5~3cm로 붉은색을 띤다.
- 잎은 타원형으로 잎끝이 급하게 뾰족하고, 뒷면은 분백색이며, 가장자리에 톱니가 있다.
- 잎 뒷면과 잎자루에 털이 없으며, 잎자루와 잎몸이 만나는 곳에 보통 1쌍의 꿀샘이 있다.
- 꽃은 4~5월에 잎과 같이 나오며, 흰색~연홍색으로 피고, 2~3개가 모여 산형꽃차례를 이룬다.
- 꽃은 5장의 타원형 꽃잎을 가지며, 종 모양의 꽃받침과 꽃자루에는 털이 없다.
- 열매는 핵과이며, 지름 10mm의 열매는 5~6월에 흑자색으로 익고, 단풍은 황갈색으로 든다.

매화(실)나무*Prunus mume* (Siebold) Siebold & Zucc.

- 장미과 낙엽활엽소교목, 높이 5m, 잔가지는 녹색이다.
- 잎은 어긋나게 달리며, 잎길이 4~9cm이고, 짧은 잎자루에 작은 꿀샘이 있다.
- 잎은 난형 또는 둥근 타원형으로 잎끝이 길게 뾰족하고, 가장자리에 잔톱니가 있다.
- 잎 뒷면은 연녹색이고, 앞뒤에 털이 있거나 뒷면 잎맥 위에만 털이 있다.
- 꽃은 2~4월에 잎보다 먼저 흰색으로 피며, 꽃자루는 아주 짧아 없는 것처럼 보인다.
- 꽃의 지름은 2~2.5cm 정도로 5장의 꽃잎은 끝부분이 둥글고 활짝 벌어진다.
- 붉은빛이 도는 꽃받침통은 종 모양이며, 꽃받침조각은 끝이 둔하게 뾰족하다.
- 열매는 핵과이며, 지름 2~3cm의 타원형 열매는 6월에 황색으로 익는다. 단풍은 붉은색으로 든다.

살구나무*Prunus armeniaca* var. *ansu* Maxim.

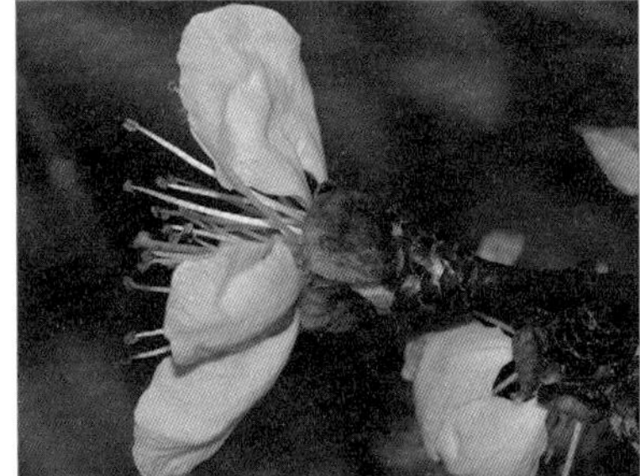

- 장미과 낙엽활엽소교목, 높이 5~12m
- 수피는 붉은빛을 띠며, 햇가지는 적갈색이다.
- 잎은 어긋나며, 길이 6~8cm, 폭 4~7cm이고, 잎자루는 길이 1~3cm이고, 잎자루에 작은 꿀샘이 있다.
- 잎은 넓고 둥근 타원형으로 잎끝이 뾰족하고, 가장자리에 둔한 톱니가 있다.
- 잎 뒷면은 연녹색이며, 잎맥이 튀어나오고, 앞뒤에 털이 있다.
- 꽃은 4월에 잎보다 먼저 피는데 지름 25~35mm이고, 꽃자루가 거의 없으며 연한 홍색이다.
- 꽃잎은 5장으로 둥근 모양이고, 꽃받침잎도 5장으로 홍자색이고, 뒤로 젖혀진다.
- 열매는 핵과이며, 지름 3cm쯤의 둥근 모양으로 7월에 붉은빛을 띠는 노란색으로 익는다.

복사나무*Prunus persica* (L.) Batsch

- 장미과 낙엽활엽소교목, 높이 3~8m
- 수피는 짙은 적갈색으로 거칠고, 어린 가지는 털이 없고, 겨울눈에는 짧은 털이 있다.
- 잎은 어긋나게 달리며, 길이 7~16cm, 폭 1.5~4.0cm이고, 잎자루는 길이 1~2cm이다.
- 잎은 좁고 긴 형태로 주맥이 깊게 들어가 있고, 가장자리에 잔톱니가 있다.
- 잎 뒷면은 연녹색이고, 털이 있는 것도 있으며, 주맥이 뚜렷하게 튀어나온다.
- 잎자루 윗부분에 1~2쌍의 꿀샘이 있다.
- 꽃은 4~5월에 잎보다 먼저 연분홍색 꽃이 피며, 꽃자루는 짧다.
- 열매는 핵과로 넓은 난형, 7~9월에 익으며, 겉에 연한 털이 모여난다.

앵도나무*Prunus tomentosa* Thunb.

- 장미과 낙엽활엽관목, 높이 3m
- 수피는 흑갈색이고, 어린 가지에 부드러운 털이 밀생한다.
- 잎은 어긋나게 달리며, 길이 5~7cm, 폭 3~4cm이고, 잎자루는 길이 2~4mm이다.
- 잎은 난형 또는 타원형으로으로 잎끝은 뾰족하고 가장자리에는 얕은 겹톱니가 있다.
- 잎의 앞면에 주름이 깊고, 잔털이 많으며, 뒷면은 흰털이 많이 나있고, 잎자루에도 흰털이 많다.
- 꽃은 4월에 잎보다 먼저 피거나 또는 같이 피며, 백색~연홍색으로 1~2개씩 모여 달린다.
- 꽃자루가 길이 2mm 미만으로 거의 없고, 꽃받침 조각과 씨방에 털이 있다.
- 열매는 핵과로 지름 1cm쯤으로 둥글며, 잔털이 있고, 6월에 붉은색으로 익는다.

쉬땅나무*Sorbaria sorbifolia* var. *stellipila* Maxim.

- 장미과 낙엽활엽관목, 높이 2m, 기수우상복엽(홀수깃꼴겹잎)
- 잎은 어긋나게 달리며, 작은잎이 6~11쌍(13~23장)인 기수우상복엽이다.
- 잎몸의 전체 길이는 20~30cm이고, 작은잎은 길이 6~10cm, 폭 1.8~2.5cm이다.
- 작은잎은 피침형으로 잎끝은 점차 뾰족해지고, 잎맥이 뚜렷하며, 가장자리에 겹톱니가 있다.
- 잎 앞면은 털이 없고, 뒷면은 연녹색으로 별모양 털이 있으며, 잎자루도 털이 있다.
- 꽃은 6~7월 가지끝에서 길이 10~20cm의 복총상화서에 지름 5~6mm의 자잘한 흰색 꽃이 달린다.
- 꽃받침잎과 꽃잎은 각각 5개이며, 꽃받침잎은 삼각상 난형이다.
- 열매는 골돌과로 5개의 골이 진 길이 6mm 정도의 열매가 9~10월에 성숙한다.

해당화*Rosa rugosa* Thunb.

- 장미과 낙엽활엽관목, 높이 1.0~1.5m, 기수우상복엽(홀수깃꼴겹잎)
- 잎은 어긋나게 달리며, 작은잎 2~4쌍(5~9장)으로 된 홀수깃꼴겹잎이다.
- 잎몸의 전체 길이는 9~11cm이고, 작은잎은 타원형으로 길이 3~5cm, 폭 2~3cm이다.
- 잎은 두껍고, 잎맥이 패여 주름이 많고, 가장자리에 날카로운 톱니가 있으며, 뒷면은 잔털이 많다.
- 턱잎은 넓은 삼각형으로 밑부분이 잎자루에 붙고, 잔털과 샘점이 많고, 잎축과 가지에 가시가 많다.
- 꽃은 6~8월 가지 끝에 1~3개씩 짙은 장미색 꽃이 지름 6~10cm 크기로 달린다.
- 꽃자루에 잔털이 많고, 가시가 나기도 하며, 길이 1~3cm다.
- 열매는 편구형 수과이며, 지름 2.0~2.5cm로 둥글고 8~9월에 노란빛이 도는 붉은색으로 익는다.

풍년화 *Hamamelis japonica* Siebold & Zucc.

- 조록나무과 낙엽활엽관목, 높이 2~4m
- 잎은 어긋나게 달리며, 길이 4~12cm, 폭 3~8cm이고, 잎자루 길이 5~12mm이다.
- 잎은 찌그러진 마름모꼴 타원형 또는 도란형이며, 중앙 이상의 가장자리에 물결 모양 톱니가 있다.
- 꽃은 3~4월에 잎보다 먼저 피고, 잎겨드랑이에 노란색 꽃이 여러 개가 달린다.
- 꽃잎은 4장으로 선형이며, 길이는 1cm쯤이다.
- 꽃받침잎은 4장으로 난형이며, 뒤로 젖혀진다.
- 열매는 삭과로 난상구형이고, 겉에 짧은 털이 나며, 10월~1월에 황갈색으로 성숙하면 2개로 갈라진다.

히어리 *Corylopsis gotoana* var. *coreana* (Uyeki) T.Yamaz.

- 조록나무과 낙엽활엽관목, 높이 3~5m
- 잎은 어긋나게 달리며, 길이 5~9cm, 폭 4~8cm이고, 잎자루는 길이 1.5~3.0cm이다.
- 잎은 난상 원형으로 밑이 심장 모양이고, 가장자리에 잔 물결 모양의 뾰족한 톱니가 있다.
- 잎 뒷면은 회색이 돌며, 6~8개의 나란히 배열된 측맥이 직선적이고, 뚜렷하다.
- 꽃은 3~4월에 잎보다 먼저 노란색으로 피며, 길이 3~4cm의 총상꽃차례에 6~8개씩 늘어져 달린다.
- 열매는 삭과로 둥글고 털이 많으며, 9월에 성숙하는 열매는 검은색 종자가 나온다.

진달래 *Rhododendron mucronulatum* Turcz.

- 진달래과 낙엽활엽관목, 높이 2~3m
- 수피는 회색으로 매끈하며, 줄기는 가지가 많이 갈라진다.
- 잎은 긴 가지에서 어긋나고, 짧은 가지에서는 모여나며, 길쭉한 타원형으로 잎끝은 뾰족하다.
- 잎은 길이 4~7cm, 폭 2~3cm, 잎자루는 길이 5~10mm로 비늘털이 있고, 잎가장자리는 밋밋하다.
- 잎 뒷면은 연녹색이고, 잎의 앞뒤에 백색과 갈색의 미세한 털로 덮여있다.
- 3월에 잎보다 먼저 꽃이 피며, 보통 가지 끝에 2~5개가 달린다.
- 깔대기 모양의 꽃은 5갈래로 갈라지며, 활짝 벌어지고, 꽃받침은 없다.
- 열매는 삭과이며, 길이 10~15mm의 타원형으로 10월에 갈색으로 익어 5갈래로 벌어진다.

철쭉 *Rhododendron schlippenbachii* Maxim.

- 진달래과 낙엽활엽관목, 높이 2~5m
- 잎은 새 가지에서는 어긋나기, 묵은 가지 끝에서는 4~5장씩 모여나며, 길이 5~7cm, 폭 3~5cm이다.
- 잎은 도란형 또는 넓은 난형으로 잎끝이 둥글며, 잎자루는 짧고, 가장자리는 밋밋하다.
- 잎 뒷면은 연녹색이며, 잎맥 위에 털이 많다.
- 꽃은 4~6월 잎과 동시에 피며, 가지 끝에 3~7개씩 산형으로 달리고, 연분홍색 또는 드물게 흰색이다.
- 꽃의 윗부분 안쪽에 붉은 갈색 반점이 있으며, 지름 5~6cm이고, 꽃자루는 길이 1~1.5cm이다.
- 열매는 삭과로 난상 타원형이고, 길이 1.5cm 정도의 선모가 있으며, 10월에 익는다.
- 단풍은 붉은색으로 든다.

산철쭉*Rhododendron yedoense* f. *poukhanense* (H.Lév.) M.Sugim. ex T.Yamaz.

- 진달래과 낙엽활엽관목, 높이 1~2m
- 잔가지에 갈색 털이 있으며, 꽃자루와 어린 가지에 끈적이는 성질이 있다.
- 잎은 긴 가지에서 어긋나게 달리며, 짧은 가지에서는 모여 나고, 길이 3~8cm 정도이다.
- 잎은 긴 타원형 또는 거꾸로 된 피침형으로 양 끝이 뾰족하고, 가장자리는 밋밋하다.
- 잎 뒷면은 연녹색이고, 맥 위에는 잎자루와 더불어 갈색 털이 빽빽하게 난다.
- 꽃은 4~5월에 가지 끝에 2~3개씩 달리고, 붉은빛이 도는 자주색으로 핀다.
- 꽃부리는 지름 5~6cm의 깔때기 모양이며, 5개로 갈라지고, 안쪽에 짙은 자주색의 반점이 있다.
- 열매는 삭과이며, 난형이고 9월에 익으며 긴 털이 있다.

노각나무*Stewartia pseudocamellia* Maxim.

- 차나무과 낙엽활엽교목, 높이 10~15m
- 수피의 껍질이 조각조각 벗겨져서 흑황색 얼룩무늬가 생긴다.
- 잎은 어긋나게 달리며, 길이 4~10cm, 폭 2~5cm이다.
- 잎은 타원형으로 잎끝은 뾰족하고, 가장자리 톱니는 얕고 둔하게 있다.
- 잎 앞면은 진한 녹색으로 윤이 나고, 뒷면은 노란빛이 돌며, 엽맥이 튀어나와 있고, 잔털이 있다.
- 꽃은 6~7월에 새 가지의 잎겨드랑이에서 1개씩 피며, 흰색으로 지름이 6~7cm가량이다.
- 열매는 삭과이며, 9~10월경 길이 5cm 정도의 오각형 황적색 열매가 성숙한다.

동백나무 *Camellia japonica* L.

- 차나무과 상록활엽소교목, 높이 7m
- 수피는 회갈색으로 평활하며, 소지는 갈색이다.
- 잎은 어긋나게 달리며, 잎길이 5~10cm, 폭 3~7cm이고, 잎자루는 길이 길이 2~15mm다.
- 잎은 넓은 타원형으로 잎끝이 뾰족하며, 두껍고, 딱딱하며, 광택이 난다.
- 잎의 가장자리에 물결모양의 잔톱니가 있으며, 앞면은 짙은 녹색이고, 뒷면은 황록색이다.
- 꽃은 2~4월에 붉은색으로 1개씩 피며, 꽃자루 없이 반 정도 벌어져 핀다.
- 꽃의 수술은 밑에 부분이 붙어 있어 통처럼 되어있다.
- 열매는 삭과로 지름 3~4cm의 둥근 열매는 가을에 갈색으로 익으면 3갈래로 벌어진다.

떡갈나무 *Quercus dentata* Thunb.

- 참나무과 낙엽활엽교목, 높이 20m, 자웅동주(암수한그루)
- 수피는 회갈색이고, 두꺼운 나무껍질을 가지고 있으며, 깊게 갈라진다.
- 잎은 가지에서는 어긋나며, 가지 끝에서는 모여나고, 잎길이 5~42cm, 너비 4~27cm 정도이다.
- 잎은 도란형으로 잎의 위쪽으로 갈수록 넓어지고, 잎자루가 짧아서 거의 없는 것처럼 보인다.
- 잎가장자리에 둥그스름한 파상의 크고 둔한 톱니가 있고, 잎 뒷면에는 별처럼 생긴 털들이 있다.
- 꽃은 5월에 피며, 수꽃은 길게 늘어지고, 암꽃은 곧추선다.
- 열매는 견과로 길이 1.0~2.7cm인 도토리가 깍정이(털같은 비늘로 덮임)에 덮여 10월에 익는다.
- 단풍은 적갈색, 적황색으로 든다.

신갈나무*Quercus mongolica* Fisch. ex Ledeb.

- 참나무과 낙엽활엽교목, 높이 30m, 자웅동주(암수한그루)
- 잎은 가지에서는 어긋나기를 하며, 가지 끝에서는 모여나고, 길이 7~20cm, 폭 6~12cm이다.
- 잎자루가 2~5mm 정도로 짧아서 거의 없는 것처럼 보인다.
- 잎은 도란형으로 잎끝은 다소 둥글고, 가장자리에 둥그스름한 물결모양의 둔한 톱니가 있다.
- 잎 뒷면은 연녹색을 띠고, 털이 없다.
- 꽃은 4~5월에 서로 다른 꽃차례에 달리며, 수꽃은 길게 늘어지고, 암꽃은 곧추선다.
- 열매는 견과로 길이 6~25mm인 도토리가 울퉁불퉁한 깍정이에 1/3가량 덮여 10월에 결실한다.
- 단풍은 적갈색, 적황색으로 든다.

갈참나무*Quercus aliena* Blume

- 참나무과 낙엽활엽교목, 높이 25m, 직경 1m, 자웅동주(암수한그루)
- 수피는 그물처럼 얕게 갈라진다.
- 잎은 어긋나게 달리며, 길이 5~30cm, 너비 3~20cm이다.
- 잎자루는 길이 1~2cm 정도이고, 노란빛 또는 빨간빛이 돌고, 잎 뒷면은 회백색이다.
- 잎가장자리에 굵은 톱니를 가지고 있다.
- 꽃은 5월에 피며, 수꽃은 길게 늘어지고, 암꽃은 곧추선다.
- 열매는 견과로 길이 6~23mm인 도토리가 깍정이(고운 무늬)에 덮여 10월에 익는다.
- 단풍은 적갈색, 적황색으로 든다.

졸참나무*Quercus serrata* Thunb.

- 참나무과 낙엽활엽교목, 높이 25m, 지름 1m, 자웅동주(암수한그루)
- 수피는 회백색으로 처음에는 평활하나 나중에는 얕게 세로로 갈라진다.
- 잎은 어긋나게 달리며, 길이 2~19cm, 너비 1.5~10cm, 잎자루는 길이 1~2cm이고 털이 있다.
- 잎은 난상 피침형으로 잎끝은 점차 뾰족해지며, 가장자리에 잎끝을 향한 톱니를 가지고 있다.
- 잎 앞면과 맥 위에 털이 있고, 잎 뒷면은 회백색이다.
- 4~5월에 수꽃은 길이 8~12cm로 새 가지 아래로 처지고, 암꽃은 길이 1.5~3cm로 위로 곧게 선다.
- 열매는 견과로 길이 1.5~2cm의 도토리가 고운 깍정이에 1/3 미만 정도 덮여 9~10월에 익는다.
- 단풍은 적갈색, 적황색으로 든다.

상수리나무*Quercus acutissima* Carruth.

- 참나무과 낙엽활엽교목, 높이 30m, 직경 1m, 자웅동주(암수한그루)
- 잎은 잎은 어긋나게 달리며, 길이 10~20cm, 폭 3~4cm이고, 잎자루는 길이 1~3cm이다.
- 잎은 장타원형으로 잎가장자리에 매우 뾰족한 끝을 지닌 톱니들이 있고, 측맥은 12~16쌍이다.
- 잎 앞면에는 털이 없으나, 뒷면에는 털들이 달려 있다가 자라면서 탈락하며, 회백색을 띤다.
- 꽃은 5월에 피며, 수꽃은 길게 늘어지고, 암꽃은 곧추선다.
- 열매는 견과로 길이 2~3cm인 도토리가 깍정이(털같은 비늘로 덮임)에 2/3 정도 덮여 10월에 익는다.
- 단풍은 적갈색, 적황색으로 든다.

가시나무*Quercus myrsinifolia* Blume

- 참나무과 상록활엽교목, 높이 15~20m, 자웅동주(암수한그루)
- 수피는 회색빛이 도는 검은색(회흑색)으로 평활하다.
- 잎은 어긋나게 달리며, 길이 7~12cm, 너비 2~3cm이고, 잎자루는 길이 1~2cm이다.
- 잎은 기다란 타원형 또는 피침형으로 잎끝은 뾰족하고, 가장자리에는 잔 톱니가 있다.
- 잎가장자리에 2/3 정도까지 둥근 톱니가 있고, 뒷면은 회백색이며, 털은 없다.
- 꽃은 4~5월에 피며, 수꽃은 가지에서 늘어지고, 암꽃은 잎겨드랑이에서 3~4개 곧추서 나온다.
- 열매는 견과로 길이 1.5~1.7cm인 도토리가 깍정이(6~7개의 동심원층)에 덮여 10월경 익는다.

붉가시나무*Quercus acuta* Thunb.

- 참나무과 상록활엽교목, 높이 20m, 자웅동주(암수한그루)
- 수피는 푸른빛이 도는 회색이고 어린 가지엔 갈색 털이 빽빽하게 난다.
- 잎은 어긋나게 달리며, 길이 7~13cm이고, 잎자루 2~4cm이다.
- 잎은 긴타원형 또는 긴 난형으로 잎끝이 길게 뾰족하며, 가죽질로 두껍다.
- 잎가장자리는 밋밋하나 위쪽에 있는 것도 있고, 측맥은 9~13쌍이 있다.
- 잎 앞면은 광택나는 짙은 녹색이고, 뒷면은 황록색으로 털은 없다.
- 꽃은 5월에 피며, 수꽃은 가지에서 늘어지고, 암꽃은 잎겨드랑이에서 곧추 나와, 2~5개씩 달린다.
- 열매는 견과로 길이 2.0cm인 도토리가 깍정이(5~6개 동심원층)에 덮여 10월에 익는다.

층층나무 *Cornus controversa* Hemsl.

- 층층나무과 낙엽활엽교목, 높이 20m
- 수피는 어두운 회갈색이며, 얕게 홈이져 터지고, 어린 가지는 적색을 띠고, 계단상으로 돌려난다.
- 잎은 어긋나게 달리며, 길이 5~12cm, 폭 3~8cm이고, 잎자루는 3~5cm로 붉은빛이 돌고, 털이 없다.
- 잎은 넓은 타원형으로 잎끝이 뾰족하며, 앞면은 녹색, 뒷면은 흰색이고, 가장자리는 밋밋하다.
- 측맥은 5~8쌍이며, 잎끝을 향해 활처럼 둥글게 뻗고, 잎 뒷면은 흰빛이 돌고 잔털이 촘촘히 나 있다.
- 꽃은 5~6월 복산방화서에 흰꽃으로 피고, 꽃잎은 넓은 바소꼴로 꽃받침통과 더불어 겉에 털이 있다.
- 열매는 핵과이며, 지름 6~7mm의 원형으로 가을에 검은색으로 익는다.
- 단풍은 붉은색으로 든다.

산딸나무 *Cornus kousa* F.Buerger ex Miquel

- 층층나무과 낙엽활엽교목, 높이 10m
- 잎은 마주나며, 길이 5~12cm길이, 폭 3.5~7cm이고, 잎자루는 길이 3~7cm이다.
- 잎은 난상 타원형으로 잎끝이 뾰족하고, 가장자리에 톱니가 없으나 약간 물결 모양이다.
- 측맥은 4~5쌍이며, 잎끝을 향해 활처럼 둥글게 뻗는다.
- 잎 뒷면은 회녹색이고, 누운 털이 빽빽하며, 잎맥겨드랑이에 갈색 털이 뭉쳐있다.
- 꽃은 6~7월 가지 끝에 백색의 총포가 달린 두상화서(두상꽃차례)에 작은 꽃들이 핀다.
- 열매는 집합과로 지름 1.5~2cm의 원형이며, 기다란 자루 끝에 달려 가을에 적색으로 익는다.
- 단풍은 붉은색으로 든다.

산수유 *Cornus officinalis* Siebold & Zucc.

- 층층나무과 낙엽활엽교목, 높이 5~12m
- 수피는 거칠고, 오래된 가지에서 껍질 조각이 떨어진다.
- 잎은 마주나며, 길이 4~12cm, 폭 2~6cm이고, 잎자루는 길이 5~10mm이다.
- 잎은 넓은 타원형으로 잎끝이 뾰족하고, 측맥은 4~7쌍이며, 잎끝을 향해 활처럼 둥글게 뻗는다.
- 잎가장자리는 밋밋하고, 뒷면은 연녹색으로 누운 털이 많고, 잎맥겨드랑이에 갈색 털이 뭉쳐있다.
- 꽃은 3~4월에 잎보다 먼저 피고, 지름 4~5mm 노란색 작은 꽃이 산형꽃차례를 이루며 핀다.
- 열매는 핵과이며, 길이 1.0~1.5cm의 긴 타원형으로 10월에 붉게 익는다.
- 단풍은 붉은색으로 든다.

말채나무 *Cornus walteri* F.T.Wangerin

- 층층나무과 낙엽활엽교목, 높이 10m
- 수피는 흑갈색으로 그물처럼 갈라지고, 어린 가지는 연갈색이다.
- 잎은 마주나며, 길이 5~14cm, 폭 3~5cm이고, 잎자루의 길이는 1~3cm이다.
- 잎은 넓은 난형 또는 타원형으로 잎끝은 점차 뾰족해지고, 가장자리는 밋밋하다.
- 측맥은 4~5쌍이며, 잎끝을 향해 활처럼 둥글게 뻗으며, 잎 뒷면은 흰빛이 돌고 거센 털이 나있다.
- 꽃은 5~6월에 피는데 가지 끝에서 취산꽃차례에 황백색 꽃이 달린다.
- 열매는 핵과이며, 지름 6~7mm 정도의 둥근 열매는 9~10월에 검게 익는다.

흰말채나무 *Cornus alba* L.

- 층층나무과 낙엽활엽관목, 높이 3~4m
- 수피는 여름에는 청색을 띠고, 가을부터 붉은 빛이 돌아 짙은 자주색이 된다.
- 잎은 마주나며, 길이 5~10cm, 폭 3~4cm이고, 잎자루는 길이 5~15mm이다.
- 잎은 타원형 또는 난형으로 잎끝은 뾰족하며, 가장자리는 밋밋하고, 잎자루와 가지는 붉은색을 띤다.
- 잎 양면에 털이 있으며, 뒷면은 흰빛이 돌고, 측맥은 5~6쌍으로 잎끝을 향해 활처럼 둥글게 뻗는다.
- 꽃은 5~6월에 흰색 또는 노란빛이 도는 흰색으로 피며, 가지 끝에서 취산꽃차례로 달린다.
- 열매는 핵과이며, 지름 5~6mm의 타원형으로 8~9월에 우윳빛 또는 푸른빛이 도는 흰색으로 익는다.
- 단풍은 붉은색으로 든다.

노랑말채나무 *Cornus sericea* L.

- 층층나무과 낙엽활엽관목, 높이 2~3m
- 수피는 짙은 노란색이고, 껍질눈이 많으며, 광택이 있다.
- 잎은 마주나며, 타원형으로 길이 5~10cm, 잎끝이 뾰족하고, 가장자리는 밋밋하다.
- 측맥은 4~6쌍이며, 잎끝을 향해 활처럼 둥글게 뻗고, 뒷면은 흰빛이 돌고, 잔털이 나있다.
- 꽃은 5~6월에 가지 끝에 흰색으로 피며, 산방 모양의 취산꽃차례를 이룬다.
- 열매는 핵과이며, 지름 8mm 정도의 구슬 모양으로 7~9월에 백색으로 익는다.

금식나무*Aucuba japonica* f. *variegata* (Dombrain) Rehder

- 층층나무과 상록활엽관목, 높이 2~4m, 자웅이주(암수딴그루)
- 잎은 마주나며, 길이 5~20cm, 폭 2~10cm이고, 잎자루는 길이 2~5cm이다.
- 잎은 긴 타원형 또는 피침형이며, 두꺼운 가죽질로 광택이 난다.
- 잎 양면에 노란색 반점이 있고, 뒷면의 주맥은 도드라져 있고, 잎자루 표면에 얕은 홈이 있다.
- 잎가장자리에는 깊지 않은 큰 톱니가 드문드문 나있다.
- 꽃은 3~4월에 피며, 지름 8mm쯤의 자주색 또는 검은보라색으로 원추꽃차례에 달린다.
- 열매는 핵과이며, 지름 1.5~2cm의 타원형으로 10월경 붉은색으로 익어 겨우내 달려있다.

칠엽수*Aesculus turbinata* Blume

- 칠엽수과 낙엽활엽교목, 높이 30m, 웅성양성동주(수꽃양성화한그루), 장상복엽(손꼴겹잎)
- 잎은 어긋나게 달리며, 작은잎 5~7장으로 된 손바닥 모양의 장상복엽이다.
- 작은잎은 긴 도란형이며, 길이 13~30cm, 폭 4~15cm이고, 잎자루는 길이 5~25cm이다.
- 작은잎은 가운데 잎이 가장 크고, 가장자리에 겹톱니가 있고, 잎 뒷면에 부드러운 털이 있다.
- 꽃은 5~6월에 피는데 가지 끝의 원추화서로 달리며, 길이 15~25cm, 붉은빛을 띠는 흰색이다.
- 꽃받침은 불규칙하게 5갈래로 갈라지며, 꽃잎은 4장이다.
- 열매는 삭과이고, 지름 3~5cm의 원형으로 10월에 갈색으로 잘 익으면 3개로 갈라진다.
- 단풍은 노란색이나 황갈색으로 든다.

회화나무 *Sophora japonica* L.

- 콩과 낙엽활엽교목, 높이 15~25m, 지름 1~2m, 기수우상복엽(홀수깃꼴겹잎)
- 수피는 어두운 회색으로 세로로 갈라지며, 잔 가지는 녹색이고, 짧은 흰색 털이 밀생한다.
- 잎은 가지에서 어긋나게 달리며, 작은잎 3~7쌍(7~15장)이 마주 붙는 홀수깃꼴겹잎이다.
- 잎몸의 전체 길이 15~25cm, 작은잎의 길이 2.5~6.0cm, 폭 15~25mm이고, 잎자루는 짧고, 털이 있다.
- 작은잎은 타원형으로 잎끝이 뾰족하고, 가장자리는 밋밋하고, 뒷면은 회색이고, 잔털이 있다.
- 꽃은 7~8월에 피는데 황백색이고, 가지 끝에서 나온 길이 15~30cm의 원추꽃차례에 달린다.
- 열매는 협과로 염주처럼 굴곡이 졌으며, 길이 5~8cm로 10월에 익는다.
- 단풍은 노란색으로 든다.

아까시나무 *Robinia pseudoacacia* L.

- 콩과 낙엽활엽교목, 높이 25m, 기수우상복엽(홀수깃꼴겹잎)
- 잎은 어긋나게 달리며, 작은잎 4~9쌍(9~19장)이 마주 붙는 기수우상복엽이다.
- 잎몸의 전체 길이는 15~25cm이고, 작은잎은 길이 2.5~4.5cm이다.
- 작은잎은 타원형으로 잎끝이 둥글고, 조금 오목하게 들어갔으며, 가장자리는 밋밋하다.
- 잎 뒷면은 연녹색이고, 잎자루 밑부분에 턱잎이 변한 가시가 있다.
- 꽃은 5~6월에 피는데 햇가지의 잎겨드랑이에서 나오는 총상꽃차례에 나비 모양의 흰색 꽃이 달린다.
- 열매는 협과이고, 길이 5~10cm의 납작한 꼬투리 열매는 가을에 갈색으로 익는다.
- 단풍은 노란색으로 든다.

자귀나무*Albizia julibrissin* Durazz.

- 콩과 낙엽활엽소교목, 높이 5~15m, 웅성양성동주(수꽃양성화한그루), 우수2회우상복엽
- 잎은 어긋나며, 짝수2회깃꼴겹잎으로 첫 번째 갈래는 5~12쌍이고, 각각에 작은잎 15~30쌍씩 붙는다.
- 잎몸의 전체 길이는 20~30cm이고, 작은잎은 길이 6~15mm, 폭 2~4mm로 자루가 없이 마주난다.
- 잎몸은 낫 모양으로 굽은 긴 타원형으로 주맥을 중심으로 밤에 접힌다.
- 꽃은 6~7월 가지 끝에 난 길이 3~4cm의 꽃대에 머리모양의 붉은 꽃 20여 개가 총상화서로 달린다.
- 꽃은 깃털형태로 모여나고, 5갈래로 갈라지며, 꽃받침은 통 모양의 녹색이다.
- 열매는 협과이며, 길이 10~15cm, 폭 1.5~2.5cm의 납작한 긴 타원형으로 9~10월에 익는다.
- 단풍은 붉은색으로 든다.

박태기나무*Cercis chinensis* Bunge

- 콩과 낙엽활엽관목, 높이 3~5m
- 잎은 어긋나게 달리며, 길이 6~10cm이고, 잎자루는 길이 3cm이다
- 잎은 둥근 하트 모양으로 생겼고, 녹색의 가죽질 광택이 나고, 뒷면은 연두색이다.
- 잎맥이 잎자루 끝에서 5갈래로 갈라지고, 잎자루의 양끝은 부풀어 있고, 가장자리는 밋밋하다.
- 꽃은 4~5월에 잎보다 먼저 피며, 나비모양의 홍자색 꽃이 7~10송이씩 모여 달린다.
- 열매는 협과로 납작하고, 긴 꼬투리의 끝이 뾰족하며, 가을에 갈색으로 익는다.
- 단풍은 노란색으로 든다.

골담초 *Caragana sinica* (Buc'hoz) Rehder

- 콩과 낙엽활엽관목, 높이 1~2m, 우수우상복엽(짝수깃꼴겹잎)
- 잎은 어긋나게 달리며, 작은잎 2쌍인 우수우상복엽이다.
- 잎몸의 전체 길이는 10~15cm이고, 작은잎 길이는 1~3cm이다.
- 작은잎은 타원형으로 가장자리는 밋밋하며, 약간 뒤로 말린다.
- 작은잎끝이 둥글거나 약간 오목하고, 뒷면은 연녹색이다.
- 턱잎이 변한 가시가 날카롭다.
- 꽃은 4~5월에 잎겨드랑이에서 나비모양의 노란색 꽃이 핀다.
- 열매는 협과이며, 9월경 꼬투리 모양의 열매가 3~4cm 정도의 크기로 달린다.

등 *Wisteria floribunda* (Willd.) DC.

- 콩과 낙엽만경목, 길이 10m, 기수우상복엽(홀수깃꼴겹잎)
- 다른 물체를 오른쪽으로 감아 올라가면서 자라며, 어린 가지에는 밤색 또는 회색의 얇은 막이 있다.
- 잎은 어긋나게 달리며, 작은잎이 13~19장으로 이루어진 기수우상복엽이다.
- 잎몸의 전체 길이는 20~30cm이고, 작은잎은 길이 4~8cm, 잎자루 길이 4~5mm 정도이다.
- 작은잎은 긴 난형으로 가장자리는 밋밋하나 물결처럼 굴곡진다.
- 작은잎 양면에는 털이 있으나 점차 없어진다.
- 꽃은 5월에 잎과 같이 연한 자주색으로 피고, 총상꽃차례에 달려 아래로 늘어진다.
- 열매는 협과이며, 9월에 길이 10~20cm 정도의 잔털이 있는 콩꼬투리로 성숙한다.

담쟁이덩굴*Parthenocissus tricuspidata* (Siebold & Zucc.) Planch.

- 포도과 낙엽만경목, 길이 5~10m
- 덩굴손은 잎과 마주나고, 잘게 갈라져서 뿌리처럼 되어, 줄기를 바위나 나무줄기에 붙인다.
- 잎은 어긋나게 달리며, 홑잎 또는 작은 잎 3장의 겹잎으로 나오고, 작은잎은 넓은 난형이다.
- 잎몸의 길이와 폭은 각각 5~20cm이고, 잎자루는 잎몸보다 길다.
- 잎 뒷면의 잎줄 위에 잔털이 나있으며, 가장자리에 불규칙한 톱니가 있다.
- 꽃은 6~7월에 잎겨드랑이에서 난 취산꽃차례에 피며, 노란빛이 도는 녹색이다.
- 열매는 장과이며, 지름 6~8mm의 둥근 형태로 9~10월 검게 익는데 분을 칠한 것 같다.

피나무*Tilia amurensis* Rupr.

- 피나무과 낙엽활엽교목, 높이 20m, 너비 1m
- 수피는 회갈색으로 세로로 얇게 갈라진다.
- 잎은 어긋나게 달리며, 길이 3~9cm이고, 잎자루는 길이 1.5~6cm이다.
- 잎은 넓은 난형 또는 심장형으로 잎끝이 급히 뾰족하며, 가장자리에 예리한 톱니가 있다.
- 잎의 아래쪽이 비대칭을 이루고, 잎 뒷면의 잎맥겨드랑이에 갈색 털이 밀생한다.
- 꽃은 5~7월 잎겨드랑이에서 산방화서로 연노란색 꽃이 피고, 꽃자루에 주걱 모양의 포가 붙어 있다.
- 열매는 견과로 도란형이며, 8~9월에 황백색으로 익으며, 겉에 줄무늬가 있고, 갈색 털이 빽빽하다.

오동나무*Paulownia coreana* Uyeki

- 현삼과 낙엽활엽교목, 높이 15m,
- 잎은 마주나며, 길이 15~23cm, 너비 12~29cm이고, 잎자루 길이 9~21cm이다.
- 잎은 달걀모양의 원형 또는 아원형이나 흔히 5각형으로 되고, 가장자리에는 톱니가 없다.
- 잎 표면에는 털이 없으나 뒷면에 다갈색의 성모가 있다.
- 꽃은 5~6월에 자주색으로 피고, 가지 끝에 원추화서로 달린다.
- 꽃받침은 5개로 갈라지고, 열편은 긴달걀모양으로 끝이 뾰족하며, 양면에 잔털이 있다.
- 화관은 길이 약 6cm이고, 후부는 황색이며, 내외부에 성모와 선모가 있다.
- 열매는 삭과로 난형모양이며, 길이 3cm로 10월에 성숙한다.

회양목*Buxus koreana* Nakai ex Chung & al.

- 회양목과 상록활엽관목, 높이 7m, 자웅동주(암수한그루)
- 잎은 마주나며, 길이 12~17mm이고, 잎자루는 길이 2mm로 털이 있다.
- 잎몸은 둥근 타원형으로 잎끝이 약간 오목하며, 두꺼운 가죽질로 광택이 있다.
- 잎의 가장자리는 밋밋하고, 뒤로 젖혀지며, 뒷면은 황록색이다.
- 꽃은 3~4월에 피며, 암꽃과 수꽃이 몇 개씩 한군데에 달린다.
- 꽃은 노란색으로 잎겨드랑이에서 작은 꽃이 피며, 암꽃은 암술머리가 있는 삼각형 씨방이 있다.
- 열매는 삭과로 길이 10mm의 뿔이 달린 난형으로 7월이면 갈색으로 익어가며, 3갈래로 벌어진다.
- 상록수이지만 겨울 추위에 잎이 붉은색으로 변한다.

조릿대 *Sasa borealis* (Hack.) Makino

- 화본과(벼과)의 대나무, 높이 1m, 지름 3~6mm
- 마디는 밋밋하고, 포는 줄기를 감싸는데 마디보다 길며 센 털이 달린다.
- 잎은 가지 끝에 2~3장씩 모여 있는 것처럼 달리며, 길이 10~30cm, 폭 2~6cm이다.
- 잎은 긴 타원상의 피침형으로 잎끝은 점차 뾰족해지고, 가장자리에 가시같은 잔 톱니가 있다.
- 잎 뒷면 아래쪽에 털이 달리기도 하며, 엽초에는 털이 없다.
- 꽃은 4월에 원추화서에 무리 지어 피고, 꽃차례에는 털이 있으며, 아래쪽에는 자주색 포가 있다.
- 작은 이삭은 2~5개의 낱꽃으로 이루어지며, 포영은 길이가 다르고, 호영은 길이 7~10mm이다.
- 열매는 영과로 5~6월에 밀알 같은 열매가 결실을 맺는다.

4 표준수종 검색

가나다 순 찾아보기

Memo

Memo

Memo